Write Great Code, Volume 2
Thinking Low-Level, Writing High-Level, 2nd Edition

编程卓越之道（卷2）

运用底层语言思想编写高级语言代码

[美] **Randall Hyde** 著　　张益硕　刘坤玉　张菲　译　　第2版

电子工业出版社
Publishing House of Electronics Industry
北京·BEIJING

内 容 简 介

本书介绍在使用高级语言编程时，程序员如何点点滴滴地提高程序运行效率，并在编写代码时，透彻地理解变量、数组、字符串、数据结构、过程与函数等方面各种方案的优缺点，从而恰当运用。书中阐述计算机编程语言在底层硬件上的工作原理，引入了一种被称为"高级汇编语言HLA"的学习工具。通过查看、比较编译器生成的汇编语言或机器代码，程序员能够了解代码的底层实现，以便在高级语言编程时选择最恰当的方式高效地达到自身的目标。本书是一部提高程序员专业能力，以及通往编程大师之路的不可多得的佳作。

本书适合高等学校学生在掌握基本编程能力后，在有志于从事软件行业并精于此道时修炼使用，也可供已参加工作的程序员进一步研修、优化工作技能时参考。此外，对于有意向编写编译器的程序员，此书可提供从普通应用到底层编译的衔接，便于他们学习初步的编译原理入门知识。

版权贸易合同登记号　图字：01-2021-0813

图书在版编目（CIP）数据

编程卓越之道. 卷2，运用底层语言思想编写高级语言代码 /（美）兰德尔·海德（Randall Hyde）著；张益硕等译. —2 版. —北京：电子工业出版社，2023.3
　　书名原文：Write Great Code，Volume 2: Thinking Low-Level，Writing High-Level，2nd Edition
　　ISBN 978-7-121-45074-7

　　Ⅰ. ①编… Ⅱ. ①兰… ②张… Ⅲ. ①程序设计 Ⅳ. ①TP311.1

中国国家版本馆 CIP 数据核字（2023）第 028699 号

责任编辑：张春雨
文字编辑：李云静
印　　刷：三河市君旺印务有限公司
装　　订：三河市君旺印务有限公司
出版发行：电子工业出版社
　　　　　北京市海淀区万寿路 173 信箱　　　　邮编：100036
开　　本：787×980　　1/16　　　印张：43.75　　　字数：832 千字
版　　次：2007 年 5 月第 1 版
　　　　　2023 年 3 月第 2 版
印　　次：2023 年 3 月第 1 次印刷
定　　价：238.00 元

凡所购买电子工业出版社图书有缺损问题，请向购买书店调换。若书店售缺，请与本社发行部联系，联系及邮购电话：(010) 88254888，88258888。
质量投诉请发邮件至 zlts@phei.com.cn，盗版侵权举报请发邮件至 dbqq@phei.com.cn。
本书咨询联系方式：010-51260888-819，faq@phei.com.cn。

译 者 序

　　2021 年 10 月底，博文视点的张春雨编辑联系到我，说 Randall Hyde 先生的《编程卓越之道（卷 2）：运用底层语言思想编写高级语言代码》出第 2 版了，问我有没有兴趣继续担任此书的译者。接到这个消息，我又惊又喜。是啊，时光飞逝，转眼间距离上一版中文版的出版已经过去了 15 年。这些年，信息技术日新月异：新的编程语言不断涌现；计算机编程正朝着多平台、网络化方向大步迈进，且物联网、人工智能、云技术大行其道；与此同时，手机移动端编程异军突起，大有取代桌面编程之势……软件的重要性越来越突出，对代码的质量要求也越来越高。

　　比起前辈程序员，我们这一代人要幸福得多——我们可以从几百种高级编程语言中挑选出自己顺手的那种语言来用，可以坐在显示器前面操作键盘，摆弄鼠标，使用各式先进的输入/输出设备。机器的处理和联网速度如此之快，硬盘如此之海量，文本编辑器的功能又是如此强大，集成开发环境如此方便，以至于我们只需用鼠标指指点点，偶尔敲几下键盘，就能得到一个像模像样的应用程序。大行其道的高级语言，一方面屏蔽了底层硬件的工作细节，降低了编程的难度，大大加快了程序的生成速度；另一方面也使得大多数新一代程序员不了解代码的底层实现，很容易忽略代码的效率问题。而汇编语言程序员由于以机器指令形式与硬件打交道，因此他们对指令的执行效率了解得很透彻。可是众所周知，汇编语言是一种底层语言，其效率虽高，但可读性差，编写、维护起来都很不容易，且没有可移植性，这让包括我在内的大多数程序员望而却步。怎样才能既利用高级语言开发周期短、维护便捷的优势，又不过分地丧失效率，逼近汇编语言程序的性能呢？这是每个专业程序员都应认真思考的问题。

如今计算机的资源如此丰富，让许多程序员觉得程序效率低一些也没什么大不了的。这种想法对于编写简单程序的非专业级程序员尚且说得过去，但实际上，商品级软件在功能越来越强的同时，也在变得越来越复杂，必须耗用更多的计算机资源才能运行。我们作为用户，经常会感到恼火，计算机性能已经够强了，为什么系统运行得更慢了呢？相信所有用过计算机或手机的人都会感同身受，计算机或手机有时莫名其妙地很卡，有时甚至会出现白屏死机、系统崩溃的情况。这要么是因软件运行了一大堆不必要的进程或功能所致；要么是因算法不够精良，耗用了太多的资源所致。作为一名专业程序员，我们应该明白，在当今的时代，具有编写可用程序的能力已经显得平平无奇，真正体现自身编程水平的是，能在资源受限的情况下编写卓越代码，即代码高效、可读性与可维护性强。这才能体现程序员的素养。因此，Randall Hyde 先生的《编程卓越之道》系列图书可谓恰逢其时，它为广大程序员亟待解决的问题指明了解题思路，提供了完整的方法论。

《编程卓越之道》系列图书旨在讲解卓越编程的方法。具体到卷 2，则是探讨怎样用高级语言（而非汇编语言）编程，即可得到高效率的机器代码。它将引导我们学习在确保实现设计目标的前提下，如何尽量少地占用系统资源，又能充分发挥代码性能的方法。该卷将使我们鱼与熊掌兼得，既让我们免受使用汇编语言编程之苦，免于牺牲程序的可读性、可维护性和可移植性，又能通过高级语言得到尽可能高效的机器码。其核心思想就是 "Thinking Low-Level, Writing High-Level"，即在用高级语言编程的同时，思考其底层机器码会是怎样的。它不是一本入门级的编程教材，而是在我们用高级语言编程获得一些经验后，希望能再提高编程水平的用书。尽管其中的例子多数采用 C/C++、Pascal、Swift 等语言，汇编用的是 HLA 等汇编语言，但书中的理论超出了特定的编程语言和 CPU 架构，各种处理器平台的高级语言程序员都能从中汲取卓越编程的营养。本书还与时俱进，适时加入了 ARM、Swift、64位架构等话题，对于程序员修炼卓越的编程能力极具指导价值。

本书作为中文版《编程卓越之道（卷 2）》的第 2 版，翻译尽量承袭卷 1 的风格，并力图更上一层楼：改正原版书中已知的一些错误；为了方便读者查阅本书中提到的参考资料，我特意搜索了参考资料中一些原版图书在国内的引进版，并以"译者注"的形式标出了其中文版或影印版的书名、译者、出版社等信息。另外，若干术语的译法与本系列图书卷 1 有所区别，主要包括：padding byte(s)在卷 1 中译作"补齐字节"，本卷则译为"填充字节"；architecture 在卷 1 中译作"体系结构"，本卷则主要译为"架构"；object 在卷 1 中大都译作"对象"，尽管该单词确为此意，但考虑到这样容易让读者与"面向对象编程"中的对象混淆，因此除第 12 章讲述类时把 object 译作"对象"、另有一些地方译为目标（根据语境，会与其他词组合为目标码、目标文件……）外，其余位置均根据上下文语境改译为"数据""变量"等。

本版原书和第 1 版一样，出现单词 teach、you 的地方比比皆是，在本书中，"you"尽量译作"我们"，而"teach"则改译为"研究、探讨、研讨、讨论、学习"等。另外，原文的叙述中用了大量括号，严重影响读者阅读的流畅性，因此在翻译过程中我设法去除了大部分括号，将括号内的文字融入正文。

对本书进行翻译的过程也是我学习的过程。在此期间，我对编译器的优化原理及编程时的注意事项有了更加理论化的认识。相信本书对渴望提高编程水平的程序员是很好的学习资料，且必然能让他们收获甚丰。

15 年沧桑，在《编程卓越之道（卷 2）：运用底层语言思想编写高级语言代码》中译本出版后的这么多年，我从 Visual C++编程转向了微软.NET 的编程，专注于 PC 桌面应用程序的 C#编程。由于第 1 版中译本的译者序留有我的个人邮箱，因此我经常收到热心读者探讨一些技术问题的邮件，每次我都非常认真地回复。能经常得到读者的反馈，让我知道了这本书和自己劳动的价值所在，并深感欣慰。这些年来，我个人的情况也发生了巨大变化——在儿子上小学那年婚姻破裂，我独自带着儿子，母亲赶来照顾我俩的起居。有了儿子和母亲的陪伴，我的生活既艰辛，又充满了乐趣。感谢上天眷顾，最近经同学介绍，我迎娶了新的爱妻，开启了新的生活。她既美丽，又温柔善良、贤惠达礼，还带来一个可爱的小仙女。儿子在我翻译第 1 版时刚呱呱坠地，如今已上高中，身高一米八五，成了我还得仰视的英俊小伙儿。家人听说我要翻译本书，都非常开心和支持，且积极参与。妻子刘坤玉在外企主管供应商质量管理，对系统和软件编程有相当深刻的理解，且有一定的造诣；儿子张益硕对计算机技术尤其是对编程充满了兴趣，从小就在我的熏陶下养成了较为严密的逻辑思维能力和高超的计算机操作能力。由于我平时的工作较忙，而图书翻译的时间紧、任务重，因此他们两人都主动请缨，分担了部分翻译工作。这样我就能从烦琐的字斟句酌中解脱出来，专注于整书翻译质量的把控。女儿李曼晴由于正上初三，面临中考，学习任务非常繁重，没有直接参与翻译工作，但她给了我们全家快乐轻松的氛围。除此之外，亲友王华敏、刘尚锁、赵钰霞、李爱义、刘胜崇、张璐、白荣献、宋韬、张永、王蕊、冯汉兴、方姝淯也参与了本书的部分翻译和审校工作，在此一并表示感谢！

博文视点的张春雨编辑策划了本书的引进与出版工作，正是他把这本书的翻译机会交给了我。李云静女士作为本书的文字编辑，对译稿提出了许多宝贵的建议，极大地提高了本书的翻译质量。在此向春雨老师和李云静女士表达我由衷的感谢和敬意。我还想借此机会向 Randall Hyde 先生致敬，这么多年还能孜孜不倦地撰写软件编程方面的专著，您的坚毅执着让我钦佩。

最后也是最重要的，我想感谢选择阅读本书的读者。市面上并不仅此一部讲述编程优化的著作，而且每个人的时间和精力都有限，您愿意研读本书，愿意为它投入时间和精力，表明了您对它的信任和期望。我希望本书能助您达成目标，一帆风顺！

本译作力争以通俗流畅的中文叙述方式再现原著的风采。由于译者水平有限，可能存在某些疏漏之处，请读者不吝赐教。您的意见、建议能够帮助我们改善本书的质量。也欢迎您发邮件到 zhangfei97@163.com，与我交流本书的相关信息，再次感谢！

张菲

2022 年 6 月

人们对《编程卓越之道（卷2）：运用底层语言思想编写高级语言代码》（第1版）的赞誉之辞

"花些钱买这本书，或者从买到这本书的朋友那里借来看。拿回家后读上两遍，以便掌握书页上写的内容。然后再读一遍。"

——DevCity

"《编程卓越之道（卷2）：运用底层语言思想编写高级语言代码》超出了其目标，即提醒开发人员在用高级语言编写应用程序时，要更加关注应用程序的性能。这本书是任何用高级语言开发应用程序的人员的必备书。"

——《自由软件杂志》（Free Software Magazine）

"作为高级语言程序员，如果你想知道程序到底在做什么，就要花一点儿时间去学习汇编语言——除此之外，别无捷径。"

——DevX

"这是一本好书，一本非常非常好的书。坦率地说，本书的写作质量给我们留下了深刻印象。"

——多伦多"红宝石"用户组（Toronto Ruby User Group）

关于作者

Randall Hyde是*The Art of Assembly Language*（《汇编语言的编程艺术》）和*Write Great Code*（《编程卓越之道》）第1~3卷（均由No Starch Press出版），以及*Using 6502 Assembly Language* 和*P-Source*（由Datamost出版）的作者。他也是*Microsoft Macro Assembler 6.0 Bible*（由The Waite Group出版）一书的合著者。在过去的40年中，Hyde一直从事嵌入式软件/硬件工程师的工作，为核反应堆、交通控制系统及其他电子设备开发相关指令集。他还在加州州立理工大学波莫纳分校和加州大学河滨分校教授计算机科学课程。他的个人网站参见网址链接1[1]。

关于技术审校者

Tribelli 在软件开发方面有超过35年的经验，包括从事嵌入式设备内核和分子建模方面的工作。他在暴雪娱乐（Blizzard Entertainment）公司开发视频游戏已有10年。现在他是一名软件开发顾问，在业余时间会开发与计算机视觉相关的应用程序。

---

1   本书提供的"网址链接1""网址链接2"等参考资料，可从读者服务处获取。

目　　录

致　　谢

　　许多人反复阅读这本书中的每一个词、每一个符号和每一个标点，以达到更好的出版品质。感谢以下人员对本书的精心工作：开发编辑 Athabasca Witschi、文字编辑/制作编辑 Rachel Monaghan 和校对员 James Fraleigh。

　　我想借此机会感谢一位老朋友 Anthony Tribelli。他欣然接受我的邀请，对本书做了技术审校工作。他的付出远超作为本书技术审校的职责范围。他从本书中抽出每一行代码（包括代码片段），编译、运行，以确保其正常工作。在整个技术审校的过程中，他提供的建议和意见极大地提升了本书的出版品质。

　　当然，我也要感谢多年来无数的读者，你们发来电子邮件给出了建议和更正意见。其中的许多建议和意见都已融入本书之中。

　　谢谢你们。

——Randall Hyde

引　言

我们所说的"卓越代码"到底为何意？不同程序员对此有不同的观点。因而没法提供一个公认的定义让所有人都满意。本书采用以下的定义：

"卓越代码"是用一种恒定且优先顺序明确的良好软件风格写出的软件。特别是，"卓越代码"遵循一套规则，该规则指导程序员在通过源代码实现算法时做出各种决定。

然而正如我在《编程卓越之道（卷1）》（简称为 *WGC1*）中写的那样，基本上所有人都会认可"卓越代码"有一些特性，尤其是以下几点：

- 高效地使用 CPU，即运行速度快
- 高效地使用内存，即占用内存少
- 高效地使用系统资源
- 容易看懂和维护
- 遵守一套恒定的风格原则
- 采用已有软件工程习惯的明确设计
- 容易增强功能
- 经过仔细测试，健壮，即能够正常工作
- 有详细的说明文档

我们还能在这个清单上列出几十条内容。例如，有的程序员认为"卓越代码"

必须可移植，必须遵循一整套编程风格指导，或者必须用某种语言写成，抑或一定不能用某种语言写成。有些程序员觉得"卓越代码"必须写得尽可能简洁，还有些程序员相信"卓越代码"应该很快能写出来，也有些程序员则认为"卓越代码"应该按时、在预算内实现。

卓越代码涵盖太多方面的要素，远不是一本书能够包容的。所以本书作为《编程卓越之道》系列图书的第 2 卷，将关注卓越代码的一个重要组成部分——性能。尽管效率并不总是软件开发努力的首要目标，也不是必须要求"质量卓越"，但人们通常都会赞同这样一种观点：效率欠佳的代码算不上卓越代码。对于现代应用程序而言，效率欠佳是主要问题之一，所以这是要强调的重要话题。

卓越代码的性能特征

随着计算机系统的速度已经从原先的兆赫级增长到几百兆赫级，又至吉赫级，软件获得了广阔的性能施展空间。时至今日，软件工程师声称"代码根本无须优化！"已是司空见惯的现象。有趣的是，使用计算机应用程序的人却很少说这样的话。

尽管本书讲述如何编写高效代码，但它并非一本关于优化的书。优化指的是在软件开发生命周期（Software Development Life Cycle，SDLC）几近结束时，由软件工程师判断其代码为何不能符合性能要求，并为达到要求而修改代码的过程。然而不幸的是，倘若直到优化阶段才想到应用程序的性能，优化将无从实施。在软件开发生命周期的前期，即设计与实现阶段，就该确保应用程序具备合理的性能特征。优化措施可以调校系统性能，但对编写糟糕的代码是无力回天的。

Tony Hoare 最早说过："不成熟的优化乃万恶之源。"而 Donald Knuth 让这句话流行开来。它成了长期以来有些软件工程师的战斗口号，这些工程师不到软件开发生命周期行将收尾，就总是一味地不考虑应用程序的性能问题，即便最后也往往以经济性或销售时限为借口而将优化不了了之。然而，Hoare 可没说"在应用开发的早期阶段，关注应用程序的性能就是万恶之源"。他强调的是不成熟的优化，在当时这意味着注意汇编语言代码的周期数和指令条数，而不是在初始程序设计期间要操心编码的类型，毕竟此时程序的骨架尚未定型。故而 Hoare 的话是切中要害的。

下面这段话摘自 Charles Cook 在网址链接 2 上的一篇短文，其中谈到了某些人对上述说法断章取义的问题。

> 我经常在想，这句话老是导致软件设计者犯严重错误，因为不同立场的人对其有不同的解读。
>
> 这句引语的完整版本是"我们应当在 97% 的时间里忘掉琐碎的效率问题：不成熟的优化乃万恶之源"。我赞同这种说法。在性能没有明显成为瓶颈时，花大量时间去精雕细刻代码是不值得的。但相反，要是在系统级设计软件，着手时就应考虑性能问题。出色的软件开发者会自觉这样做，他们已经形成了"性能问题终将导致麻烦"的意识；而没有经验的开发人员却不这么想，他们自以为后期调整一丁点儿，就能够将以前遗留的问题统统排除。

Hoare 真正的意思是，软件工程师应当把心操在诸如精良的算法设计、算法的恰当实现等方面，然后再关注传统的优化措施，例如执行特定语句要花费多少 CPU 周期之类的问题。

我们当然可以将本书的概念用到优化阶段，但多数技术其实都需要在初始编码时运用。有着丰富经验的软件工程师大概会争辩说，这些技术都只会对性能起到微不足道的改善作用。在有些情况下，这种评价是对的。但我们必须知道，这些微小的改良措施具有累加效应。如果在程序行将完工时才付诸实施，那么这些技术很可能在软件中已无立足之地。因为在既成事实面前，履行这些思路要做的工作量太大了，何况对已经工作起来的代码做这些修改，面临的风险太大。

本书的目标

本书和卷 1（*WGC1*）尝试填充当代程序员的教育空白，让他们能够写出高质量的代码。特别是，本书将涵盖以下概念：

- 对于我们的高级语言程序，为何考虑其底层的执行很重要？
- 编译器怎样对高级语言（HLL）语句生成机器码？

- 编译器如何使用底层的原始数据类型来表示高级语言数据类型？
- 怎样编写高级语言代码，帮助编译器生成更好的机器码？
- 如何利用编译器的优化机制？
- 怎样在编写高级语言代码时，从底层的汇编语言角度"思考"？

本书意在教授怎样选择适当的高级语言语句，以便让现代的优化型编译器生成有效率的机器码。大多数情况下，不同的高级语言语句可提供多种途径来达到给定结果；而在机器层级，有些方法天生就比另一些方法强。尽管舍弃高效的语句，选用低效的语句序列可能有充分理由——例如，出于可读性考虑——但实际情况是，多数软件工程师并不了解高级语言语句的运行开销。没有这些知识，他们在选择语句时就无法做出明智的决定。本书的目标就在于改变这种面貌。

再次说明，本书并不是讲在任何情况下都要选择最高效的语句；而在于了解不同高级语言语句的开销，从而在面临多个选项时，我们有翔实的理由来选择哪个序列是最恰当的那个。

章节组织

尽管我们不必成为汇编语言专家就能写出高效的代码，但至少得懂一些汇编语言的知识，以理解编译器的输出。第 1 章和第 2 章探讨学习汇编语言的若干方面，涵盖常见的误区、围绕编译器的考虑和有效资源等内容。第 3 章提供 80x86 汇编语言的快速入门知识。网上附录（参见链接 1）给出了 PowerPC、ARM、Java 字节码和"通用中间语言"（Common Intermediate Language，CIL）汇编语言的启蒙教程。

在第 4 章和第 5 章中，我们将学习通过检查编译器输出来确定所用高级语言语句的代码质量。这两章描述反汇编器、目标代码转储工具、调试器、高级语言编译器显示汇编代码的各种选项，以及一些有用的软件工具。

本书的其余部分，从第 6 章到第 15 章，说明编译器为不同高级语言语句、数据类型生成机器码的原理。有了这些知识来武装头脑，我们就能选取最适当的数据类型、常量、变量和控制结构，以便生成高效的应用程序。

假设与前提条件

本书对你具备的知识有若干假定条件。如果你的个人技能匹配下列要求，就会从本书获得最大收益：

- 应当至少熟练掌握一种命令式（过程）语言或面向对象的编程语言，包括 C 与 C++、Pascal、Java、Swift、BASIC、Python 和汇编语言，还包括 Ada、Modula-2 和 FORTRAN。

- 应当能够领会一些小问题的描述，并可完成对问题的软件解决方案从设计到实现的过程。通常半个或一个学期的大学课程，或者几个月的自行实践就能为此准备充分。

- 对机器组织和数据表示有基本的掌握。你应该知道十六进制、二进制编码系统，理解计算机在内存里是如何表示有符号整数、字符和字符串等高层数据类型的。接下来的几章会介绍机器语言的一些入门知识，如果你已经掌握了这些知识，就会锦上添花。倘若你感觉自己在机器组织方面的知识薄弱，可以阅读 *WGC1*，该书完整讲解了这些内容。

本书的环境

尽管本书提供一般性知识，但我们的讨论还是有必要特定于某些系统的。由于 Intel 架构的个人计算机（PC）在当代最常见，因此我将用它来探讨依赖于特定系统的概念。然而，这些概念依然适用于其他系统和 CPU，例如早期 Power Macintosh 系统上的 PowerPC CPU，手机、平板电脑和单板计算机（single-board computer，SBC；例如 Raspberry Pi、更高端的 Arduino 板）上的 ARM CPU 及 UNIX 机器上的其他精简指令集 CPU；若实在没办法用其他方案写出卓越的代码时，才去执行特定于某操作系统的调用。

本书的大部分示例运行在 macOS、Windows 和 Linux 下。当创作这些示例时，只要可能，我会尽量遵从操作系统的标准库接口；只有在替代方案中只能写出"欠缺卓越"的代码时，才去执行特定于某操作系统的调用。

本书的大多数示例代码可以运行于最新 Intel 架构（包括 AMD 在内）的 CPU 中，

计算机的操作系统是 Windows、macOS 或 Linux，有一定容量的 RAM 及其他现在个人计算机上该有的外设。这些概念倘若不是软件本身的，就也适用于 Mac 计算机、UNIX 主机、单板计算机、嵌入式系统，甚至大型机。

获取更多信息

- Rico Mariani 编写的 *Designing for Performance*，参见网址链接 3。
- 维基百科（Wikipedia）上的 *Program Optimization*，参见网址链接 4。

读者服务

微信扫码回复：45074

- 获取书中的链接地址
- 加入本书读者交流群，与更多同道中人互动
- 获取【百场业界大咖直播合集】（持续更新），仅需 1 元

1

以底层语言思考，用高级语言编程

"要想写出极致的高级语言代码，就学习汇编语言。"

——常规的编程建议

本书不打算探究什么革新性的东西，而是讲述如何得到卓越的程序，所提到的方法都经过长时间实践的考验，证明是切实可行的——这些方法将使我们了解所编代码怎样实际运行于机器上。

我们的理解过程就从这里开始，本章将探讨如下话题：

- 程序员对典型编译器所生成代码的质量有误解
- 为什么最好还是学一学汇编语言
- 用高级语言编程时，如何用底层语言考虑问题

不多说了，我们着手干吧！

1.1　关于编译器质量的误区

在个人计算机革命的早期，高性能的软件都是用汇编语言编写的。随着时间的推移，高级语言的编译器得到优化，其作者于是声称：编译器生成的代码可拥有相当于手工优化汇编语言代码 10%到 50%的性能。这些迹象表明，高级语言在 PC 软件开发中的地位有所上升，似乎为汇编语言敲响了丧钟。许多程序员开始引用这样的数字——"我的编译器能达到汇编语言代码 90%的速度，所以无须使用汇编语言编程"来为自己辩解。问题是他们从不为其应用程序编写手工优化的汇编语言版本来核实这些说法。他们对编译器性能的假设往往是经不起推敲的。更糟糕的是，尽管诸如 C 和 C++编程语言的编译器能够产生非常棒的输出代码，但程序员们还是移情别恋于更高级的编程语言，例如 Java、Python 和 Swift。这些更高级的编程语言要么是解释（或半解释）型语言，要么原本并不成熟，其代码生成器会输出糟糕的代码。

编译器优化的作者并未说谎。在适当条件下，优化型编译器产生的代码几乎足以与手工优化的汇编语言代码相媲美。然而，要得到这么高的性能，高级语言代码必须按适当的方式编写。要做到这一点，就要求对计算机操作和执行软件的原理了如指掌。

1.2　最好还是学一学汇编语言

当程序员最早将汇编语言弃之不用，而采纳高级语言编程时，他们通常清楚其高级语言语句的底层结果，所以会恰当选择高级语言的语句。糟糕的是，随后一代的程序员并没有掌握汇编语言的好处，因而也不知道如何明智地选择语句和数据结构，以便高级语言将其有效地转换成机器代码。如果把他们的应用程序和手工优化的汇编语言代码做一个性能对比，结果肯定会让编译器的编写者汗颜不已。

那些是过来人的程序员认识到了此问题，他们向新手提供了一条开明的建议："要想学写优质的高级语言代码，就得学习汇编语言。"通过学习汇编语言，程序员将会思考其代码的底层实现，并在用高级语言编程时做出最合适的选择[1]。第 2 章将

---

[1] 汇编语言的知识对做调试也迟早有用，程序员可通过检查汇编指令和寄存器来查看高级语言代码在哪里出了问题。

较深入地探讨汇编语言。

1.3　为何学习汇编语言并非绝对必要

任何成熟的程序员都该学习用汇编语言编程。尽管这个想法很有道理，但学习汇编语言对于编写卓越高效的代码并非必要条件。关键是要理解高级语言编译器如何将语句转换为机器代码，这样我们就能选择适当的高级语言语句。要想达到这种程度，一条途径就是将自己锤炼成为汇编语言高手，但这需要我们投入相当多的时间和精力。

如此一来，问题就成了"程序员只学习机器底层的机理，并依此改善其高级语言代码，不必精通汇编语言，就能实现上述目标吗？"问得好！答案确实是"对！"本书作为《编程卓越之道》系列图书的第 2 卷，旨在讲述大家需要知道的这些内容，让你无须成为汇编语言高手，就能卓越编程。

1.4　以底层语言思考

Java 在 20 世纪 90 年代末期逐渐流行开来后，我们常常听到如下的抱怨：

> Java 的解释性代码逼着我写软件时要注意许多东西：我不能用 C/C++中的线性查找，而只能用二分查找之类的算法——这种算法虽好，但实现起来更麻烦。

类似这种牢骚真实反映了使用优化型编译器时存在的主要问题——它们让程序员变得懒惰。尽管优化型编译器在过去几十年突飞猛进，但谁也不可能摆平那些写得糟糕的高级语言源代码。

许多高级语言程序员很天真，想当然地认为现代编译器的优化算法非常厉害，不管给编译器塞入什么东西，都能得到高效的代码。然而事实并不是那么回事：尽管编译器的确能做一大堆工作，可将写得好的高级语言代码转换为高效的机器码；但如果送入的是糟糕的源代码，让优化算法乱套照样容易得很。事实上，不止一个C/C++程序员吹嘘其编译器多么能干。他们从没意识到，由于其程序实在不敢恭维，编译器的活儿干得有多差。问题在于，他们从未看一眼编译器根据其程序源码所生成的机器码。他们盲目地以为编译器会干得很好，因为听说编译器产生的代码几乎和汇编语言高手写的代码一样出色。

1.4.1　编译器生成的机器码只会与送入的源代码质量相配

编译器不会为了改善软件的性能而去修改算法，这是毋庸置疑的。例如，如果使用线性查找算法而非二分查找算法，别指望编译器替你换成更好的算法。当然，优化器也许能加快线性查找算法的速度，比如使代码速度提高至原来的两到三倍，但这种改进与采用更好的算法相比不值一提。事实很容易证明，对于足够大的数据库，解释器的二分查找算法即便未经优化，仍比顶尖的编译器采用的线性查找算法快得多。

1.4.2　如何协助编译器生成更好的机器码

假设我们为应用程序选定了尽可能好的算法，并且不惜血本购置了最好的编译器。要想编写出有效率的高级语言代码，还有什么要做的吗？是的！我们还得做一些事情。

编译器业界的一个秘密就是大多数编译器的评测分数都有作弊之嫌。现存编译器的评测分数多数都基于某种指定要用的算法，但算法具体怎样实现则由编译器厂商在其特定语言中决定。既然编译器厂商通常知道其编译器在送入特定代码序列时会表现得如何，那么为了产生尽可能好的可执行代码，他们能够写出相应的高级语言代码序列。

有人会觉得这是欺骗行为，其实还谈不上欺骗。如果编译器在一般条件下——即没有为了提高评测分数而采用专门的代码生成技巧——能生成同样的代码序列，炫耀编译器的性能就无可厚非。既然编译器厂商能采取一些小窍门，你也可以这样做。在高级语言代码中，通过仔细选择所用的语句，我们可以"手工优化"编译器产生的机器码。

手工优化有若干级别。在最抽象的层，可以为软件选择更好的算法来优化程序，其技术与特定的编译器和语言无关。

抽象级别再低一层，就要基于所用的高级语言来优化代码，优化不依赖于语言的特定实现。这样的优化或许无法用到其他语言，但适用于该语言的不同编译器。

再下一级，可以考虑代码的组织，优化只对某个厂商的编译器，或者只对某编译器的特定版本有用。

最低一级，就得考虑编译器发出的机器码，从而调整我们在高级语言中的语句写法，促使编译器生成希望的机器指令序列。Linux 内核就是这种办法的例子。据说内核开发者是为了控制 GCC 编译器所产生的 80x86 机器码质量，才不断调整其 C 语言代码的。

尽管这种开发过程近乎夸张，但有一点确凿无疑：经历这个过程后，程序员将能生成足够好的机器码。这种代码可以与汇编语言程序员生成的代码平分秋色；程序员在为编译器产生的代码与手工汇编的性能比较争论时，这种编译器的输出才是他们该吹牛的地方。事实是，大部分人都不会这么极端，其高级语言代码从来都没有达到这种境界。然而还有一个事实是，倘若精心用高级语言编写，程序可以基本达到严谨汇编代码的效率。

那么，编译器生成的代码能和汇编语言高手写的代码旗鼓相当吗？正确答案是"否"。毕竟汇编语言高手总能看到编译器输出，并据此不断完善自己的代码。不过，认真的程序员以高级语言（比如 C/C++语言）所写的代码——如果其代码便于被编译器转换为高效机器代码——效率可以逼近高效机器代码。所以，真正的问题是"我该如何编写高级语言代码，使编译器转换为尽量高效率的代码？"嗯，回答这个问题正是本书的目标。要是用一句话回答，就是"以底层（汇编）语言思考，用高级语言编程"。我们来看看怎样做到这一点。

1.4.3　在用高级语言编程时如何以汇编语言思考

高级语言编译器将语言中的语句转换为一条或多条机器语言（即汇编语言）指令的序列。应用程序占用的地址空间和花在执行上的时间，与机器指令数、编译器发出的机器指令类型息息相关。

然而在高级语言中用不同方法取得同样结果，并不是意味着编译器对每种方法产生的指令是一样的。典型的示例就是 if 语句和 switch/case 语句。多数入门性质的编程文章指出 if-elseif-else 语句等效于 switch/case 语句。我们来考虑下面的简单 C 程序：

```c
switch( x )
  {
    case 1:
      printf( "X=1\n" );
      break;

    case 2:
      printf( "X=2\n" );
      break;

    case 3:
      printf( "X=3\n" );
      break;

    case 4:
      printf( "X=4\n" );
      break;

    default:
      printf( "X does not equal 1, 2, 3, or 4\n" );
  }

/* 等价的 if 语句 */

  if( x == 1 )
    printf( "X=1\n" );
  else if( x== 2 )
    printf( "X=2\n" );
  else if( x==3 )
    printf( "X=3\n" );
  else if( x==4 )
    printf( "X=4\n" );
  else
    printf( "X does not equal 1, 2, 3, or 4\n" );
```

尽管这两段代码在句法上等效，即它们能计算出同样的结果，然而不能保证编译器会为这两个例子生成同样的机器指令。

哪个更好呢？如果我们不清楚编译器如何把这些语句转换成机器码，对各种机器指令的效率差异又不甚了解，是无法选择其中更优的那个代码序列的。程序员要是对编译器转换这两个序列的机理成竹在胸，就会根据其期望编译器生成什么质量的代码，而做出明智的选择。

通过以底层语言思考，而用高级语言编程，程序员就能协助优化型编译器来达到手工优化的汇编语言代码的质量。不过令人沮丧的是，其负面情形通常也成立：假如程序员不考虑其高级语言代码的底层结果，编译器几乎不可能生成足够好的机器码。

1.5　编程用高级语言

"以底层语言思考，用高级语言编程"的问题在于，这样进行高级语言编程的工作量就同写汇编代码一样多。它使高级语言编程的常见优势——例如，开发进度更快、可读性更好、维护起来更容易等等——丧失殆尽。如果你牺牲了用高级语言编写程序的优越性，还不如一开始就用汇编语言编写程序呢。

实践证明，以底层语言思考并不像你想的那样，会延长项目的整体进度。尽管它确实会在初始编码时降低速度，但得到的高级语言代码仍然可读、可移植，仍然保持着精心编写的卓越代码的其他特性。更重要的是，它会获得采用其他方式所不具备的效率。一旦代码已经写好，到了软件开发生命周期（SDLC）的维护和增强阶段，就无须总是从底层考虑。因而在软件初始开发期间从底层考虑，会同时保留高层与底层编码的好处（效率及便利的维护），而摒弃各自的不足之处。

1.6　不特定于某种语言的方法

尽管本书假设你至少熟悉一种命令式语言，但其理论并不特定于某种语言；其概念超越于我们所用的各种语言。为了使例子更容易让人看懂,我们轮番使用 C/C++、

Pascal、BASIC、Java、Swift 和汇编语言作为编程示例。当给出例子时，我会解释代码在确切做什么，即使你不熟悉这一特定语言，仍能通过伴随的说明理解其操作。

本书在例子中用到以下语言和编译器。

- C/C++：GCC、微软公司的 Visual C++
- Pascal：Borland 公司的 Delphi 和 Free Pascal
- 汇编语言：微软公司的 MASM、HLA（High-Level Assembly）及 GNU 汇编器 Gas
- BASIC：微软公司的 Visual Basic（简称"VB"）

倘若你用汇编语言工作还不习惯，不要担心。关于 80x86 汇编语言的两章入门知识及网上参考资料（参见网址链接 5）将使你能够读懂编译器的输出。若想拓展自己在汇编语言方面的知识面，可以阅读本章结尾给出的参考资料。

1.7 附加提示

没有一本书能够完全涵盖可帮助我们编写卓越代码的所有应知信息。本书致力于介绍与编写优质软件最相关的方面，为那些有意写好代码的人们提供 90%的解决方案。若要取得余下的 10%解决方案，你还需要额外的资源。这里有一些建议：

- **成为一名汇编语言高手**。通晓至少一种汇编语言，会填补你在本书中了解不到的很多细节。如前所述，本书旨在教会你怎样编写尽可能好的代码，又无须成为汇编语言程序员。若再付出一些额外的努力，你以底层语言思考的能力将会提高。
- **学习编译器构建理论**。尽管这是计算机科学的高级话题，然而要理解编译器如何产生代码，没有比学习编译器背后的理论更棒的办法了。有许多教科书谈到这个主题，但都要求有一定的基础技能。在购书前应仔细审阅其内容，判断其是否适合你的技术水平。你也可以在网上搜索一些优秀的在线教程。
- **学习最新的计算机架构**。机器组织和汇编语言编程是研究计算机架构的子集。你也许无须知晓如何自行设计 CPU，但学习计算机架构会有助于你发现一些额外途径，以改进所写的高级语言代码。

1.8　获取更多信息

- Jeff. Duntemann 编写的 *Assembly Language Step-by-Step*（第 3 版），由 Wiley 出版社于 2009 年出版。

- John L. Hennessy、David A. Patterson 合著的 *Computer Architecture：A Quantitative Approach*（第 5 版）[1]，由 Morgan Kaufmann 出版社于 2012 年出版。

- Randall Hyde 编写的 *The Art of Assembly Language*（第 2 版）[2]，由 No Starch Press 于 2010 年出版。

1　国内引入为《计算机体系结构：量化研究方法（英文版·原书第 6 版）》，机械工业出版社出版。
　　——译者注

2　中文版《汇编语言的编程艺术（第 2 版）》，包战、马跃译，清华大学出版社于 2011 年出版。
　　——译者注

2

要不要学汇编语言

本书讲授不掌握汇编语言即写出更好代码的办法，然而顶尖的高级语言程序员确实了解汇编语言，这些知识是他们能写出卓越代码的原因之一。本书可为那些有志于写好代码的人提供 90% 的解决方案，余下 10% 的解决方案只能在掌握汇编语言后才会得到填补。讲述汇编语言超出了本书的范围，但这一重要课题仍有必要探讨。

为此，在本章中，我们将探讨如下话题：

- 学习汇编语言时存在的问题
- 高层汇编器（HLA）及其是如何便于学习汇编语言的
- 怎样利用现有的产品，如微软 Macro Assembler（MASM）、Gas（GNU Assembler，GNU 汇编器）及 HLA 来使汇编语言的学习容易一些
- 汇编语言程序员是怎样考虑问题的，即汇编语言的编程范型（paradigm）
- 有助于学习汇编语言编程的可用资源

2.1 学习汇编语言的好处与障碍

学习汇编语言，真正学会汇编语言，将有两点好处：首先是我们能对编译器产生的机器代码（简称"机器码"）有透彻的理解。通过掌握汇编语言，你能取得前述的完美无缺之解决方案，从而写出更好的高级语言代码。其次，在高级语言编译器不擅长的地方，我们能够下沉到汇编语言层，对应用程序的关键部位采用汇编语言编码，从而生成尽可能好的代码。所以要是你汲取了后续几章的知识，锤炼了高级语言技能，转而学习汇编语言将是一个不错的想法。

汇编语言的学习有一个障碍：以前，学习汇编语言是一个漫长而艰辛的任务。汇编语言的编程范型与高级语言编程范型的差异很大，以至于多数人觉得学习汇编语言是从零开始的。当你明知如何用诸如 C/C++、Java、Swift、Pascal 或 Visual Basic 来实现目的，而在学习汇编语言时却无法找出解决办法时，会感到非常地郁闷。

大部分程序员学习新东西时，总爱用上学过的东西。遗憾的是，传统的汇编语言学习方法倾向于逼迫高级语言程序员忘掉以前所学的东西。相比而言，本书将提供一个办法，让我们能把已学知识派上用场，以助推自身对汇编语言的学习。

2.2 本书如何帮助你

通读本书后，你会找到 3 个理由，它们可大大方便自己进行汇编语言的学习：

- 由于了解到掌握汇编语言有助于写出更好的代码，你就会有学习汇编语言的更大劲头。
- 本书提供 5 个平台上的汇编语言，即 80x86、PowerPC、ARM、Java 字节码和微软中间语言的简明入门材料，所以即使从未接触过汇编语言，你仍能够在学完本书时对汇编语言有所了解。
- 你看清了编译器为所有常见控制和数据结构生成机器码的过程，也就学习了汇编语言程序员新手需要经历的最难课程之一——怎样通过汇编语言实现自己在高级语言中已能达到的目标。

尽管本书不打算教你成为汇编语言高手，但大量的程序示例会展示编译器是如何将高级语言转换为机器码的，并让你熟悉汇编语言的许多编程技术，这些技术会在你读完本书后决定学习汇编语言时用到。

当然，如果你已经了解汇编语言，将会发现本书通俗易懂。不过，一旦你读了本书，还会发现汇编语言其实掌握起来并不难。既然学习汇编语言大概是这两项任务（学习汇编语言和阅读本书）中较花时间的那个，最有效率的办法是先从本书开始你的学习之旅。

2.3 向高层汇编器求援

回想 1995 年，我曾和加州大学（UC）河滨分校计算机科学系的主任有过一次讨论。我感叹说，学生在学习汇编语言课程时，必须推倒重来，花费宝贵的时间重复学习这么多东西。随着讨论的深入，问题变得明朗起来——这不是汇编语言本身的错，而应归咎于现有汇编器，如微软 MASM 的语法所带来的麻烦。汇编语言的学习远不止学一些机器指令。首要的是，我们必须学会新的编程风格。掌握汇编语言不光包括学会机器指令的语义，还要学会如何组织这些指令来解决现实问题。这才是掌握汇编语言的难点所在。

其次，纯汇编语言并非一次只用几个指令就能写程序的玩意儿。即便是最简单的程序，也要求掌握许多知识和对指令系统的完整理解。学生在汇编课程中必须熟悉指令系统等计算机组织的课题，往往需要经过几个星期的准备，才能写出点什么，在汇编语言里无法从简单的应用程序一步步地学下去。

1995 年的 MASM 有一个重要特性，就是支持类似高级语言的控制语句，例如.if、.while 等。尽管这些语句的确不是机器指令，却允许学生使用他们熟悉的、已学过的编程结构，直到经过一段时间学习足够的机器指令，再用这些底层的机器指令写出自己的应用程序。在学期的前阶段，通过使用这些高层结构，学生就能专注于汇编语言编程的其他方面，而不必将所有东西立即吸收。这能让学生在课程中尽早着手编写代码，在学期结束时他们就能学会更多东西。

MASM 之类的汇编器——我们指 32 位 v6.0 及以后的版本，除了有可以做同样事情的底层机器指令，还提供与高级语言一样的控制语句。这样的汇编器被称为高层汇编器。理论上，有了适当的汇编语言教材，又有这些高层汇编器帮忙，学生在课程的前几周就能着手编写简单程序了。

但诸如 MASM 之类的高层汇编器有一个缺点，就是它们只提供了几条高层语言的控制语句和数据类型。对于熟悉高级语言编程的人，其余所有东西都是陌生的。例如，MASM 中的数据声明与大部分高级语言中的数据声明迥然不同。尽管有一些类似高级语言的控制语句，汇编语言程序员还是不得不重新学习相当多的信息。

2.4 高层汇编语言或汇编器（HLA）

在和系主任讨论后没多长时间，我就发现汇编器不必改变汇编语言的语义，完全可以吸纳更多的高级语言语法。打个比方，请看下面用 C/C++和 Pascal 声明整型数组变量的语句：

```
int intVar[8];      // C/C++
var intVar: array[0..7] of integer;    (* Pascal *)
```

再考虑用 MASM 声明来实现同样的变量声明：

```
intVar sdword 8 dup (?)        ;MASM
```

尽管 C/C++和 Pascal 的声明各不相同，汇编语句随着版本差异也不是一成不变的，但即使从未见过 Pascal 代码，C/C++程序员也能琢磨出 Pascal 声明的含义，反过来也一样。然而 C/C++和 Pascal 程序员大概会对汇编语言的声明摸不着头脑。这只是高级语言程序员初次学习汇编语言所遇到的问题之一。

这种情况实在可悲，为什么非要让汇编语言的变量声明和高级语言不同呢？变量声明语法在最终的可执行文件中与汇编器结果并无区别。既然如此，汇编器为何不用类似高层语言的语法，以使人们从高级语言转而学习汇编语言比较容易呢？这正是引发我深思的问题，也促使我开发了新的汇编器——HLA，它特别适合面向汇编语言编程的教学，可以供已掌握了高级语言编程的学生使用。例如在 HLA 中，先前提到的数组声明是这样的：

```
var intVar:int32[8];     // HLA
```

HLA 的语法尽管与 C/C++、Pascal 有少许区别，因为它其实是后两者语法的结合，但大多数高级语言程序员能够领会该声明的意思。

设计 HLA 完全是为了创造一个汇编语言编程环境，使其与传统的命令式高级语言环境尽可能相似，又不丧失编写真正汇编语言程序的能力。语言中那些与机器指令毫不相干的地方采用了人们熟悉的高级语言语法，而机器指令仍可一一对应到底层的 80x86 机器指令。

通过将 HLA 汇编器做得尽量和各种高级语言相似，学生学习汇编语言时就不必花费太多时间去适应大相径庭的语法，而可以运用其已有的高级语言知识，这使得学生学习汇编语言更快、更容易。

有了顺眼的声明语法和一些类似于高级语言的控制语句，还不足以使汇编语言的学习足够有效率。学习中常见的抱怨是汇编语言为程序员提供的支持太少，写程序时程序员只好不断地重新"发明车轮"。举个例子，当用 MASM 学习汇编语言编程时，我们很快发现汇编语言不提供有用的 I/O 机制，例如将整数值作为字符串显示到用户控制台，汇编语言程序员要自己负责编写这些代码。不幸的是，写个像样的 I/O 子程序（或称为"例程"）就需要有汇编语言编程的复杂知识，而要获得那些知识又得先写相当多的代码。因此，好的汇编语言教学工具还应提供一套 I/O 子程序，使新手能在自己有本事写出这种子程序前完成简单的 I/O 任务，比如读/写整数值。HLA 以"HLA 标准库"的形式提供了这种功能。该标准库是一个子程序和宏的集合，使得编写复杂应用程序变得非常容易。

由于 HLA 汇编器日益受到人们的欢迎，而且 HLA 是免费、开源且运行于 Windows、Linux 上的大众化软件，因此本书将使用 HLA 语法来表示无关于特定编译器的汇编语言例子。尽管 HLA 已经有超过 20 年的历史，且只支持 32 位 Intel 指令集，但它依然是学习汇编语言编程的利器。虽然最新 Intel 的 CPU 直接支持 64 位寄存器和操作，但学习 32 位汇编语言编程能让高级语言程序员对 64 位汇编语言触类旁通。

2.5　以高级语言思考，用底层语言编程

HLA 旨在允许汇编语言程序员新手在写底层代码时，能以高级语言思考。换句

话说，这正好和本书要谈的范型相反。学生一开始接触汇编语言，就能用高级语言思考是很难得的——在遇到特定的汇编语言编程问题时，学生会用其学过的其他语言的技术解决。把控学生学习新概念的速度，教学过程会更富有效率。

终极目标当然是学会在底层编程的范型。这意味着要将与高级语言类似的控制结构抛到脑后，写出真正的底层代码，也就是"在底层思考，在底层编写"。不过"在高层思考，而在底层编写"是学习汇编语言的好办法。

2.6 汇编语言的编程范型 —— 在底层思考

显而易见，用汇编语言编程与用一般的高级语言编程相比可谓有天壤之别。幸运的是，本书中我们只需看懂有关汇编语言的内容，能分析编译器的输出就行了；不必能够从头编写汇编语言程序。如果理解汇编程序的写法，就能理解编译器发出某些代码序列的原因。到那个时候，我们再谈汇编语言程序员以及编译器是如何"思考"的。

汇编语言编程范型[1]的最基本方面，就是将需要完成的任务分解成机器能处理的许多小块。CPU在原则上于某个时刻只能执行一个微操作，这对复杂指令集计算机（complex instruction set computer，CISC）的CPU同样成立。因此，像高级语言语句中的复杂操作，只能被分解成机器能直接执行的多条小操作。作为示例，请看下列Visual Basic（VB）的赋值语句：

```
profits = sales - costOfGoods - overhead – commissions
```

哪个 CPU 都无法用一条机器指令就执行完此 VB 语句，都要将其分解为机器指令序列，执行该赋值语句的各个组成部分。比如，许多 CPU 提供 *subtract* 指令，用于将某机器寄存器的值减去某个值。由于该赋值语句包含 3 个减法运算，必须将此赋值操作分解为至少 3 条减法指令。

80x86 CPU 家族提供了相当灵活的减法指令 sub。这一指令可允许执行如下形式

---

1 "范型"意为"模型"。编程型就是编程方法的模型，所以汇编语言的编程范型就是对汇编语言编程实现方法的描述。

的减法运算（以 HLA 语法给出）：

```
sub( constant, reg );        // reg = reg - constant
sub( constant, memory );     // memory = memory - constant
sub( reg1, reg2 );           // reg2 = reg2 - reg1
sub( memory, reg );          // reg = reg - memory
sub( reg, memory );          // memory = memory - reg
```

假设前面 VB 代码的标识符都表示变量，我们就可以使用 80x86 的 sub 和 mov 指令实现上述操作，其 HLA 代码序列如下：

```
// 取 sales 的值放入寄存器 EAX
mov( sales, eax );

// 计算 sales-costOfGoods (EAX := EAX - costOfGoods)
sub( costOfGoods, eax );

// 计算(sales-costOfGoods) - overhead
// （注意：此时 EAX 的值为 sales-costOfGoods）
sub( overhead, eax );

// 计算(sales-costOfGoods-overhead)-commissions
// （注意：此时 EAX 的值为 sales-costOfGoods-overhead）
sub( commissions, eax );

// 将 EAX 中的结果存入 profits
mov( eax, profits );
```

这段代码将单条 VB 语句分解成了 5 条不同的 HLA 语句，每句完成整个运算的一部分。汇编语言编程范型的诀窍在于要知道如何将复杂操作分解成一串机器指令的简单序列，就像本例所做的那样。我们在第 13 章还会探讨这一过程。

高级语言控制结构属于另一个将复杂操作分解为较简单语句序列的范畴。例如，我们来看如下 Pascal 语言的 if 语句：

```
if( i = j ) then begin
  writeln( "i is equal to j" );
end;
```

CPU 不支持机器指令 if，但它可比较两个值，以此设置条件码标志位，再通过条件转移指令检验这些条件码的结果。常见办法是将高级语言的 if 语句转换成下列汇编代码：倘若检验出相反条件（i<>j），就跳过原始条件（i=j）为 true 时要执行的语句。例如，这里将前面 Pascal 的 if 语句转换为"纯粹"的 HLA 汇编语言，而非 HLA 类似高级语言的结构：

```
mov( i, eax );   // 取 i 值, 放至寄存器 EAX 中
cmp( eax, j );   // 将 EAX (即 i 值) 与 j 值进行比较
jne skipIfBody;  // 如果(i<>j), 就跳过 if 语句体, 到标号 skipIfBody 处
< 欲显示字符串的代码 >

skipIfBody:
```

高级语言控制结构中的布尔表达式越复杂，对应的机器指令数目也就越多，但过程都是一样的。后面我们将会探讨编译器将高级语言控制结构转换到汇编语言的原理，请参看第 13 章和第 14 章。

向过程或函数传递参数、在过程或函数中访问这些参数，以及访问过程或函数中的其他数据，这些都是汇编语言比一般高级语言复杂得多的地方。本章不再赘述，我们在第 15 章会谈到这一重要课题。

总的原则是，当将某个算法从高级语言转换过来时，必须将问题分解成许多较小的块，以便能用汇编语言编码。正如前面所述，我们不必猜测要用什么机器指令，只要阅读汇编语言代码就行了——生成代码的编译器或汇编语言程序员已经替我们做了这些工作，这样多好！我们只需将高级语言代码与汇编代码对应起来。至于如何对应，则是本书后面很多部分要完成的课题。

2.7　获取更多信息

- Jonathan Bartlett 编写的 *Programming from the Ground Up*，由 Dominick Bruno 编辑，并于 2004 年自行出版。其作为本书的老旧而免费版本，教授大家使用 Gas 进行汇编语言编程，参见网址链接 6。
- Richard Blum 编写的 *Professional Assembly Language*，由 Wiley 出版社于 2005

年出版。

- Paul Carter 编写的 *PC Assembly Language*（参见网址链接 7），于 2019 年自行出版。

- Jeff. Duntemann 编写的 *Assembly Language Step-by-Step*（第 3 版），由 Wiley 出版社于 2009 年出版。

- Randall Hyde 编写的 *The Art of Assembly Language*（第 2 版）[1]，由 No Starch Press 于 2010 年出版。

- "Webster: The Place on the Internet to Learn Assembly"，参见网址链接 8。

---

1 中文版《汇编语言的编程艺术（第 2 版）》，包战、马跃译，清华大学出版社于 2011 年出版。
　　——译者注

3

高级语言程序员应具备的
80x86 汇编知识

　　贯穿本书，我们会检视高级语言程序，并将其与编译器
为之生成的机器码做对照。搞懂编译器的输出需要一些汇编
语言的知识。要成为汇编语言高手需要时间和经验，幸而这
并非我们达到目标的必要条件。正如前面两章提到的，我们
只要能看懂编译器产生的代码以及其他汇编语言程序员写的
代码就够了。

　　在本章中，我们将重点探讨下列关于 80x86 汇编语言的 5 个话题：

- 80x86 机器的基本架构
- 如何看懂各编译器的 80x86 输出
- 32 位和 64 位 80x86 CPU 支持的寻址方式
- 几种常见 80x86 汇编器（HLA、MASM 及 Gas）所用的语法
- 给出汇编语言编程时常量的用法和数据的声明方法

3.1 学一种汇编语言很好，能学几种汇编语言更好

倘若我们想为除 80x86 之外的处理器编程，就应当学会看懂至少两种汇编语言。这么做可以免除高级语言中只为 80x86 编码的隐患，并找出只适合于 80x86 CPU 的优化措施。正因如此，本书提供了 5 个在线辅助资料的附录：

- 网上附录 A x86（即 80x86）最简指令集
- 网上附录 B 高级语言程序员需要学习的 PowerPC 汇编语言
- 网上附录 C 高级语言程序员需要学习的 ARM 汇编语言
- 网上附录 D 高级语言程序员需要学习的 Java 字节码汇编语言
- 网上附录 E 高级语言程序员需要学习的 CIL 汇编语言

你会看到这 5 种架构拥有许多相同概念，但它们彼此之间还有重大差异，有各自的优缺点。

例如，复杂指令集计算机（complex instruction set computer，CISC）与 PowerPC 之类的精简指令集计算机（reduced instruction set computer，RISC）相比，主要区别大概在于它们使用内存的方式。RISC 架构对某些指令限制了内存访问，所以为避免访问内存，应用程序大大加长；而 80x86 架构的大多数指令都能访问内存，应用程序往往能利用这种便利条件。

Java 字节码（JBC）、微软中间语言（IL）架构与 80x86、PowerPC 和 ARM 系列的区别在于 JBC 和 IL 是虚拟机，而不是真正的 CPU。一般来说，软件在运行时解释或试图编译 JBC，而中间语言代码总是在运行时编译 [1]。这意味着 JBC 和中间语言代码要比真正的机器码运行缓慢很多。

3.2 80x86 汇编语言的语法

80x86 程序员可以从大量编程开发工具中挑选自己喜欢的工具使用，但这种丰富

---

1 JBC 解释器可以提供即时（just-in-time）编译，在运行时将字节码解释为机器码。微软的中间语言代码总是即时编译过的。然而，即时编译器的质量很难与本机代码编译器生成的机器码相媲美。

性有一个小缺点：语法可能存在不兼容性。对同样一个程序，80x86 家族上的不同编译器和调试器会产生不同的汇编语言清单。这是因为那些工具为不同的汇编器发出代码。例如，微软 Visual C++软件包产生的汇编语言代码兼容于其 MASM，GNU 的编译器套件（GCC）产生与 Gas 兼容的源代码——Gas 是自由软件基金会（Free Software Foundation）的 GNU 汇编器。除了由编译器发出的代码，我们还会发现大批汇编语言编程示例是由 FASM、NASM、GoAsm、HLA（High-Level Assembly）等汇编器写成的。

只用某种汇编器的语法贯穿本书自然不错，但由于我们的方法并不特定于某个编译器，必须考虑到几种常见汇编器的语法。本书通常用 HLA 给出不特定编译器的示例。因此，本章将讨论 HLA 和另外两种汇编器，即 MASM 和 Gas 的语法。幸运的是，如果我们掌握了一种汇编器的语法，学习其他汇编器的语法将会非常轻松。

3.2.1　80x86 基本架构

Intel 的 CPU 一般归类于冯·诺依曼（Von Neumann）结构。冯·诺依曼计算机系统主要包含三大部分：中央处理单元（CPU）、内存和输入/输出（I/O）设备。这 3 个组件通过系统总线（包括地址总线、数据总线和控制总线）相连。图 3-1 给出了其相互关系。

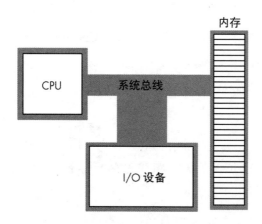

图 3-1　冯·诺依曼计算机系统模块图

CPU 将地址值放入地址总线，以此选择内存单元位置或 I/O 设备端口位置，从而与内存和外设通信。这些内存单元或端口位置在系统中占有唯一的二进制地址值。然后，CPU、内存和 I/O 设备通过数据总线互相传递数据。控制总线里的信号线控制着数据进出内存或 I/O 设备的方向。

3.2.2 寄存器

寄存器组是 CPU 内部最突出的特性。几乎所有 80x86 CPU 操作都涉及至少一个寄存器。例如，要将两个变量的值加起来，将结果放入第 3 个变量，必须将其中一个变量放入寄存器，对其加上第 2 个操作数，然后将结果送入目标变量。寄存器几乎是每个操作的中介。因此在 80x86 汇编语言程序中，寄存器是必不可少的。

80x86 CPU 的寄存器可以分成四类：通用寄存器、特殊目的寄存器（应用可访问）、段寄存器和特殊目的核心模式寄存器。由于段寄存器在 Windows、BSD、MacOS 和 Linux 等现代操作系统中不常用，而特殊目的核心模式寄存器用来编写操作系统、调试器和其他系统级工具，我们不再考虑段寄存器和特殊目的核心模式寄存器。

3.2.3 80x86 的 32 位通用寄存器

Intel 的 32 位 80x86 CPU 家族为应用程序提供若干通用寄存器，包括如下 8 个 32 位寄存器：EAX、EBX、ECX、EDX、ESI、EDI、EBP、ESP。

每个寄存器名的“E”前缀表示“扩展”（extended），以便将这些 32 位寄存器与下列 16 位寄存器区分开来：AX、BX、CX、DX、SI、DI、BP、SP。

80x86 CPU 还提供如下 8 个 8 位寄存器：AL、AH、BL、BH、CL、CH、DL、DH。

特别要注意的是，这些通用寄存器并非各为一体，即 80x86 架构并不提供 24 个单独的寄存器，而是 32 位寄存器与 16 位寄存器重叠，16 位寄存器又与 8 位寄存器重叠。图 3-2 给出了其相互关系。

因此实际修改某个寄存器内容时，可能没有特别指明就改动了 3 个寄存器的值。例如，修改寄存器 EAX 也许会改变寄存器 AL、AH 和 AX 的值。我们将会经常看到编译器所产生的代码用到 80x86 的这种特性。举个例子，编译器会清除（置 0）寄存器 EAX 的所有位，然后将 AL 设为 1 或 0，以便得到一个 32 位的 true（1）或 false（0）值。有的机器指令只操纵 AL 寄存器，而程序也许需要以 EAX 返回这些指令的结果。利用寄存器重叠的优点，编译器产生的代码就能够通过操纵 AL 的指令而返回整个 EAX 值。

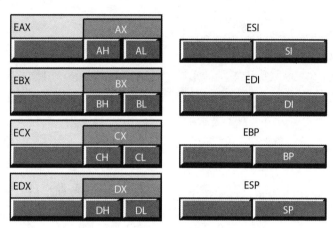

图 3-2　Intel 80x86 CPU 的通用寄存器

虽然 Intel 将这些寄存器称作通用寄存器，但不能因而以为它们可用于任何目的。比如，寄存器 SP/ESP 有着专门用途，切勿挪作他用，因为它是栈指针。类似地，寄存器 BP/EBP 也是专用的，无法当作通用寄存器使用。所有 80x86 寄存器都有各自的特殊意图，仅可在特定环境下使用。在讨论使用这些寄存器的机器指令时，我们会考虑这些特殊用法的，请参看在线资源。

80x86 CPU 的当代版本（即 *x86-64 CPU*）为 32 位寄存器提供了两个重要的扩展：一套 64 位寄存器及二分之一套 8 个寄存器（64 位、32 位、16 位、8 位）。主要的 64 位寄存器有下列名字：RAX、RBX、RCX、RDX、RSI、RDI、RBP 和 RSP。

这些 64 位寄存器与 32 位名字以 "E" 打头的寄存器重叠。即 32 位寄存器占据了 64 位寄存器低 32 位。例如，EAX 是 RAX 的低 32 位。类似地，AX 是 RAX 的低 16 位；AL 是 RAX 的低 8 位。

除了提供已有 80x86 32 位寄存器的 64 位变种，x86-64 CPU 还另外增加了 8 个 64/32/16/8 位寄存器：R15、R14、R13、R12、R11、R10、R9 和 R8。

我们可以这么引用上述寄存器的低 32 位：R15d、R14d、R13d、R12d、R11d、R10d、R9d 和 R8d；这么引用上述寄存器的低 16 位：R15w、R14w、R13w、R12w、R11w、R10w、R9w 和 R8w；最后，这么引用上述寄存器的低字节：R15b、R14b、R13b、R12b、R11b、R10b、R9b 和 R8b。

3.2.4 80x86 的 EFLAGS 寄存器

32 位EFLAGS寄存器将许多单一比特位的布尔值（true/false）集合在一起，这些单一比特位又被称为"标志位"。这些比特位大部分要么为操作系统的核心模式函数保留，要么与应用程序员没有太大关系。但是，应用程序员要用汇编语言代码读/写其中的 8 位：溢出标志位、方向标志位、中断标志位[1]、符号标志位、零标志位、辅助进位标志位、奇偶标志位和进位标志位。图 3-3 展示了EFLAGS寄存器内这些标志位的布局。

应用程序员可用的这 8 个标志位中，4 个标志位具有特别价值：溢出标志位、进位标志位、符号标志位和零标志位。我们将这 4 个标志位称为条件码（condition code）。每个标志位都有一个状态——要么是设置（1），要么是清除（0），可以用来检验上次运算的结果。例如，在比较两个值后，条件码标志可告诉我们，其中一个值小于、等于，还是大于另一个值。

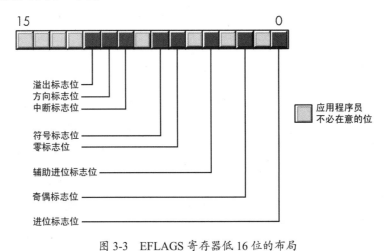

图 3-3 EFLAGS 寄存器低 16 位的布局

---

1 应用程序不能修改中断标志位，但本书后面我们会研讨这一标志位，所以在此还是提到了它。

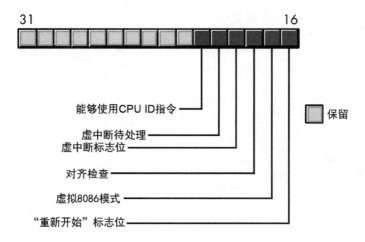

図 3-3　EFLAGS 寄存器低 16 位的布局（续）

x86-64 的 64 位 RFLAGS 寄存器将 b32 到 b63 之间的比特位保留。EFLAGS 的高 16 位通常只对操作系统代码有用。

我们阅读编译器输出时，由于 RFLAGS 寄存器并不包含有价值的信息，本书将只会按 EFLAGS 参考 x86 和 x86-64 的标志位。即便是在 64 位版本的 CPU 上，也是如此。

3.3　文字常量

汇编器大都支持文字型的数值（包括二进制、十进制及十六进制数值）、字符和字符串常量。不巧的是，各汇编器对文字常量采用的语法可谓五花八门。本节将说明本书所用汇编器的语法。

3.3.1　二进制文字常量

所有汇编器都支持基数为 2 的文字常量。很少有编译器发出二进制的常量，所以不大可能在编译器输出中发现这些值，但在手工编写的汇编代码中我们也许会看到二进制文字常量。C++第 14 版本也支持二进制文字常量，即 0b*xxxxx*。

3.3.1.1 HLA中的二进制文字常量

HLA中的二进制文字常量以百分号字符%打头,后面跟着一到多位的二进制数字0或1。在二进制数的任意相邻两位之间可放置下画线字符。HLA程序员习惯上将二进制数的每4位用下画线分隔。例如:

```
%1011
%1010_1111
%0011_1111_0001_1001
%1011001010010101
```

3.3.1.2 Gas中的二进制文字常量

Gas中的二进制文字常量以"0b"打头,后面跟着一到多位二进制数0或1,例如:

```
0b1011
0b10101111
0b0011111100011001
0b1011001010010101
```

3.3.1.3 MASM中的二进制文字常量

在MASM中,二进制文字常量是以"b"为后缀的一到多位二进制数0或1。下面是一些例子:

```
1011b
10101111b
0011111100011001b
1011001010010101b
```

3.3.2 十进制文字常量

十进制常量在大多数汇编器中都采用标准格式——一到多位十进制数,不需要任何特别的前后缀。这是编译器发出的常见数字格式之一,故而在编译器输出代码中经常会看到十进制文字常量。

3.3.2.1 HLA 中的十进制文字常量

HLA 允许在十进制数的任意相邻两位间插入下画线。HLA 程序员往往使用下画线将十进制数分隔成每 3 位数在一起的形式。例如，十进制数可表示为如下这样：

```
123
1209345
```

HLA 程序员还可对十进制数插入下画线：

```
1_024
1_021_567
```

3.3.2.2 Gas、MASM 中的十进制文字常量

Gas、MASM 使用十进制数串，即标准的十进制"计算机"格式，例如：

```
123
1209345
```

Gas、MASM 不允许在十进制文字常量中嵌入下画线，这一点有别于 HLA。

3.3.3 十六进制文字常量

十六进制文字常量是汇编语言程序，尤其是编译器输出的汇编语言程序中常见的另一种数值形式。

3.3.3.1 HLA 中的十六进制文字常量

在 HLA 中，十六进制文字常量以"$"开头，后面是十六进制数 0 到 9、a 到 f 或 A 到 F 组成的串。任意相邻两个数之间都可以有下画线。习惯上，HLA 程序员用下画线将每 4 位数分隔开来。例如：

```
$1AB0
$1234_ABCD
$dead
```

3.3.3.2　Gas 中的十六进制文字常量

在 Gas 中，十六进制文字常量以 "0x" 为前缀，后面是一串十六进制数 0 到 9、a 到 f 或 A 到 F，比如：

```
0x1AB0
0x1234ABCD
0xdead
```

3.3.3.3　MASM 中的十六进制文字常量

在 MASM 中，十六进制文字常量为带后缀 "h" 的一串十六进制数 0 到 9、a 到 f 或 A 到 F。数值必须以数字打头，如果第一位数为 a 到 f，则应再加上前缀 "0"。例如：

```
1AB0h
1234ABCDh
0deadh
```

3.3.4　字符与字符串文字常量

字符与字符串也是汇编语言程序中的常见数据类型。MASM 不区分字符与字符串，但 HLA 和 Gas 对字符、字符串采用不同的内部表示，所以使用此类汇编器时，区别这两种文字常量是很有必要的。

3.3.4.1　HLA 中的字符与字符串文字常量

HLA 的字符文字常量有好几种形式。最常见的形式是用单引号括住单个可打印的字符，比如 'A'。为了说明单引号为字符文字常量，HLA 要求将两个单引号用单引号括起来（即四个单引号——''''）。也可以把 "#" 放在表示 ASCII 值的二进制数、十进制或十六进制数的前面来表示其对应的字符。举例如下：

```
'a'
''''
' '
#$d
#10
```

```
#%0000_1000
```

HLA 字符串文字常量是用双引号括住零到多个字符表示的。如果字符串常量中包含了双引号，则应在字符串中用两个双引号代表一个双引号。

示例如下：

```
"Hello World"
""  ——此为空字符串
"He said ""Hello"" to them"
""""  ——该字符串包含一个双引号
```

3.3.4.2　Gas 中的字符与字符串文字常量

Gas 中的字符文字常量由单引号后跟着单个字符表示。越来越多的 Gas 现代版本及 Mac 上的 Gas，都支持'a'形式的字符常量。例如：

```
'a
''
'!
'a'    // Gas 现代版本及 Mac 上的 Gas 支持此形式
'!'    // Gas 现代版本及 Mac 上的 Gas 支持此形式
```

字符串文字常量在 Gas 中用双引号括住零到多个字符来表示，其语法与 C 语言的字符串一样。可以通过"\"转义序列向 Gas 字符串中嵌入特殊字符。例如：

```
"Hello World"
""  ——此为空字符串
"He said \"Hello\" to them"
"\""  ——该字符串包含一个双引号
```

3.3.4.3　MASM 中的字符与字符串文字常量

MASM 采用的字符与字符串文字常量形式一样：一个或多个字符用单引号括住，也可以用双引号括住。MASM 汇编器无所谓字符常量与字符串常量，示例如下：

```
'a'
"'"  ——一个单引号字符
'"'  ——一个双引号字符
```

```
"Hello World"
""  ——此为空字符串
'He said "Hello" to them'
```

3.3.5 浮点型文字常量

在汇编语言中，浮点型文字常量的表示方法通常与高级语言一样——一串数字，可能有小数点，后面也可能带有符号整数作为指数。例如：

```
3.14159
2.71e+2
1.0e-5
5e2
```

3.4 汇编语言中的明示（符号）常量

几乎所有汇编器都提供声明符号（具名）常量的机制。实际上，大部分汇编器提供若干办法将值与源文件中的标识符关联起来。

3.4.1 HLA 中的明示常量

HLA 汇编器——如同它的名字那样——在源文件中采用高级语言的语法声明具名常量。定义常量可以用以下 3 种方法：在 const 处、在 val 处或使用编译期间操作符 "?"。const 和 val 位于 HLA 程序的声明部分，其语法相似。差异之处在于 val 定义的标识符可重新赋值，而 const 中的标识符则不能。HLA 为支持这些声明提供了一大堆选项，而基本的声明是下列形式：

```
const
    someIdentifier := someValue;
```

在源文件中出现标识符"*someIdentifier*"的地方，HLA 将用值"*someValue*"代替之。例如：

```
const
```

```
    aCharConst := 'a';
    anIntConst := 12345;
    aStrConst := "String Const";
    aFltConst := 3.12365e-2;

val
    anotherCharConst := 'A';
    aSignedConst := -1;
```

在 HLA 的源文件中，只要是允许有空白的地方，都可以使用?语句嵌入 val 声明。有些时候在声明节中声明常量并非总是很方便，这种方法就能派上用场了。下面是一个例子：

```
?aValConst := 0;
```

3.4.2　Gas 中的明示常量

Gas 通过.equ（"等于"）语句在源文件中定义符号（明示）常量。该语句的语法如下：

```
.equ symbolName, value
```

这里是 Gas 源文件里一些"等于"的例子：

```
.equ false, 0
.equ true, 1
.equ anIntConst, 12345
```

3.4.3　MASM 中的明示常量

MASM 也有两种方法来在源文件中定义明示常量，其中一种方法是使用 equ 指示性语句：

```
false       equ  0
true        equ  1
anIntConst  equ  12345
```

另一种方法是用等号：

```
false           =       0
true            =       1
anIntConst      =       12345
```

这两种方法有少许区别，细节可参看 MASM 的文档说明。

注意： 多数情况下，编译器倾向于生成 equ 格式语句，而不是等号格式的语句。

3.5 80x86 的寻址模式

寻址模式（addressing mode）是为了访问指令操作数而设置的特定于某种硬件的机制。80x86 家族提供了 3 种不同类别的操作数：寄存器操作数、立即操作数及内存操作数。下面几节将讨论这些寻址模式。

3.5.1 80x86 的寄存器寻址模式

80x86 指令大都能够操作 80x86 的通用寄存器。可以将寄存器的名字作为指令操作数，以访问该寄存器。

我们用 80x86 的 mov（"移动"）指令来看一些示例，了解汇编器是如何实现这种策略的。

3.5.1.1 HLA 中的寄存器访问

HLA 的 mov 指令看上去是这样的：

```
mov( source, destination );
```

该指令将操作数 *source* 中的数据拷贝到操作数 *destination* 中。8 位、16 位和 32 位寄存器都可以作为该指令的有效操作数。对两个操作数的唯一限制就是要求其位数相同。

我们来看一些实际的 80x86 mov 指令:

```
mov( bx, ax );      // 将 BX 的内容传送到 AX
mov( al, dl );      // 将 AL 的内容传送到 DL
mov( edx, esi );    // 将 EDX 的内容传送到 ESI
```

请注意 HLA 只支持 32 位的 80x86 寄存器,而不支持 64 位寄存器集合。

3.5.1.2 Gas 中的寄存器访问

Gas 中的每个寄存器名要冠以百分号%,例如:

```
%al, %ah, %bl, %bh, %cl, %ch, %dl, %dh
%ax, %bx, %cx, %dx, %si, %di, %bp, %sp
%eax, %ebx, %ecx, %edx, %esi, %edi, %ebp, %esp
%rax, %rbx, %rcx, %rdx, %rsi, %rdi, %rbp, %rsp
%r15b, %r14b, %r13b, %r12b, %r11b, %r10b, %r9b, %r8b
%r15w, %r14w, %r13w, %r12w, %r11w, %r10w, %r9w, %r8w
%r15d, %r14d, %r13d, %r12d, %r11d, %r10d, %r9d, %r8d
%r15, %r14, %r13, %r12, %r11, %r10, %r9, %r8
```

Gas 的 mov 指令语法与 HLA 类似,只是不需要括号和分号,并且要求其汇编语句在源代码中不能跨行。例如:

```
mov %bx, %ax      // 将 BX 的内容传送到 AX
mov %al, %dl      // 将 AL 的内容传送到 DL
mov %edx, %esi    // 将 EDX 的内容传送到 ESI
```

3.5.1.3 MASM 中的寄存器访问

MASM 汇编器使用的寄存器名与 HLA 相同,且添加了对 64 位寄存器集合的支持:

```
al, ah, bl, bh, cl, ch, dl, dh
ax, bx, cx, dx, si, di, bp, sp
eax, ebx, ecx, edx, esi, edi, ebp, esp
rax, rbx, rcx, rdx, rsi, rdi, rbp, rsp
r15b, r14b, r13b, r12b, r11b, r10b, r9b, r8b
r15w, r14w, r13w, r12w, r11w, r10w, r9w, r8w
r15d, r14d, r13d, r12d, r11d, r10d, r9d, r8d
r15, r14, r13, r12, r11, r10, r9, r8
```

MASM 基本语法则类似于 Gas，但源和目标操作数需要互换位置（互换位置这种做法符合标准的 Intel 语法规范）。也就是说，典型的 mov 指令是这样的：

```
mov destination, source
```

这里有一些 MASM 语法的 mov 指令示例：

```
mov ax, bx      ; 将 BX 的内容传送到 AX
mov dl, al      ; 将 AL 的内容传送到 DL
mov esi, edx    ; 将 EDX 的内容传送到 ESI
```

3.5.2 立即寻址模式

将寄存器和内存作为操作数的指令多数也能用立即数，即以常量为操作数。例如，HLA 的下列 mov 指令将数值送入相应的目标寄存器：

```
mov( 0, al );
mov( 12345, bx );
mov( 123_456_789, ecx );
```

采用立即寻址模式时，大部分汇编器都允许指定各种各样的文字常量类型。例如，可以提供十六进制、十进制或二进制形式的数；也可以提供字符常量作为操作数。原则是常量必须在目标操作数中放得下。

下面是一些 HAL、Gas 和 MASM 的例子，注意 Gas 要求在立即数前加$标识：

```
mov( 'a', ch );              // HLA
mov $'a', %ch                // Gas
mov ch, 'a'                   ; MASM

mov( $1234, ax );            // HLA
mov $0x1234, %ax             // Gas
mov ax, 1234h                 ; MASM

mov( 4_012_345_678, eax );   // HLA
mov $4012345678, %eax        // Gas
mov eax, 4012345678           ; MASM
```

几乎每个汇编器都允许创建符号常量名，并将这些常量名当作源操作数。例如，HLA 预定义了两个布尔常量 true 和 false，我们可以将其作为 mov 指令的操作数：

```
mov( true, al );
mov( false, ah );
```

某些汇编器甚至可用指针常量等抽象数据类型的常量，请参看对应汇编器的手册来了解其用法细节。

3.5.3 位移寻址模式

最常见且最易理解的 32 位寻址模式是位移（displacement-only）寻址模式，即直接（direct）寻址模式，其中通过 32 位常量指定内存单元的地址。内存单元可以是源操作数，也可以是目标操作数。请注意这种寻址模式只能在 32 位 x86 处理器上，或者在 64 位处理器的 32 位模式下使用。

举个例子，假设变量 J 是位于地址 $8088 的字节变量，则 HLA 指令"mov(J, al);"将位于内存地址 $8088 中的内容传送入寄存器 AL 中。类似地，如果字节变量 K 在内存中位于 $1234，则指令"mov (dl, K);"将把寄存器 DL 中的内容传送到地址单元 $1234 中，请参看图 3-4。

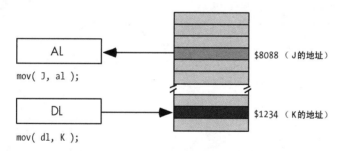

图 3-4　位移寻址模式（直接寻址模式）

位移寻址模式非常适合于访问简单标量变量。高级语言程序中通常使用这种寻址模式访问静态变量或全局变量。

注意： Intel 将这种寻址模式称作"位移寻址模式"，是因为操作码 mov 后面跟着 32 位常量的内存地址（即位移值）。在 80x86 处理器上，位移值是相对于内存开头位置（即地址 0）的偏移量。

本章中的示例通常访问内存中的字节型数据。但也要知道，在 80x86 处理器上通过指定第一个字节的地址，同样可以访问字和双字，请参看图 3-5。

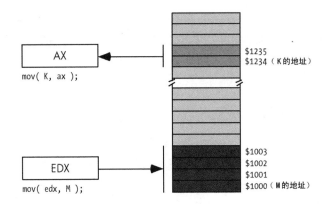

图 3-5　使用直接寻址模式（位移寻址模式）访问字或双字型数据

MASM 和 Gas 对于位移寻址模式所采用的语法与 HLA 相同，即只要指定欲访问的变量名为操作数即可。有的 MASM 程序员爱用方括号括住变量名，尽管在这些汇编器中并无必要这么做。

下面是一些使用 HLA、Gas 和 MASM 语法的示例：

```
mov( byteVar, ch );          // HLA
movb byteVar, %ch            // Gas
mov ch, byteVar              ;MASM

mov( wordVar, ax );          // HLA
movw wordVar, %ax            // Gas
mov ax, wordVar              ; MASM

mov( dwordVar, eax );        // HLA
movl dwordVar, %eax          // Gas
mov eax, dwordVar            ; MASM
```

3.5.4　RIP 相对寻址模式

x86-64 CPU 在工作于 64 位模式时，不支持 32 位直接寻址模式。AMD 工程师不想通过在指令末尾添加 64 位常量的办法来支持 64 位地址空间，而是创立了 RIP 相对寻址模式——对存放指令指针的 RIP 寄存器加上有符号 32 位常量来计算有效内存地址，以此代替直接寻址。这样就可以访问到当前指令前后 2GB 范围内的数据[1]。

3.5.5 寄存器间接寻址模式

80x86 CPU 能够使用寄存器间接寻址模式，即通过寄存器间接访问内存。我们称这种模式为间接模式，是因为操作数本身并非地址，操作数的值才是要用的内存地址。在寄存器间接寻址模式中，寄存器的值指向要访问的内存地址。例如，HLA 指令"mov (eax, [ebx]);"告诉 CPU，将 EAX 中的内容保存到以 EBX 值为地址的内存单元中。

x86-64 CPU 也支持 64 位模式下的寄存器间接寻址模式，通过使用如 RAX，RBX，…，R15 中的某个 64 位寄存器，寄存器间接寻址模式能够充分访问 64 位地址空间。例如，MASM 指令 mov eax, [rbx]告诉 CPU，将从地址位于 RBX 寄存器里的内存单元内容调入 EAX 寄存器。

3.5.5.1 HLA 的寄存器间接寻址模式

80x86 的这种寻址模式有 8 个形式，使用 HLA 时是这样的：

```
mov( [eax], al );
mov( [ebx], al );
mov( [ecx], al );
mov( [edx], al );
mov( [edi], al );
mov( [esi], al );
mov( [ebp], al );
mov( [esp], al );
```

这 8 个寻址形式以方括号内寄存器（分别为 EAX、EBX、ECX、EDX、EDI、ESI、EBP 或 ESP）的内容作为偏移量，寻址到相应的内存单元。

注意： 寄存器间接寻址模式要求通过 32 位寄存器指定内存地址，在这

---

[1] 从技术上讲，x86-64 文档允许我们使用 64 位偏移量调入或存储 AL、AX、EAX 或 RAX 寄存器。存在这种寻址模式，主要是为了访问映射到内存空间的 I/O 设备，而并非通常应用程序要用到的指令。

种寻址模式下不能通过 8 位或 16 位寄存器指定内存地址。

3.5.5.2　MASM 的寄存器间接寻址模式

MASM 在 32 位寄存器间接寻址模式下的语法与 HLA 一模一样（但要记住 MASM 的指令操作数要反过来，只是寻址模式的语法相同）。在 64 位寄存器间接寻址模式下也是如此——用一对方括号括住寄存器名——只是要用 64 位寄存器，而非 32 位寄存器。

前面的 HLA 指令用 MASM 表示时等效为下面这样：

```
mov al, [eax]
mov al, [ebx]
mov al, [ecx]
mov al, [edx]
mov al, [edi]
mov al, [esi]
mov al, [ebp]
mov al, [esp]
```

64 位寄存器间接寻址模式的 MASM 示例如下：

```
mov al,   [rax]
mov ax,   [rbx]
mov eax,  [rcx]
mov rax,  [rdx]
mov r15b, [rdi]
mov r15w, [rsi]
mov r15d, [rbp]
mov r15,  [rsp]
mov al,   [r8]
mov ax,   [r9]
mov eax,  [r10]
mov rax,  [r11]
mov r15b, [r12]
mov r15w, [r13]
mov r15d, [r14]
mov r15,  [r15]
```

3.5.5.3 Gas 的寄存器间接寻址模式

Gas 以圆括号括住寄存器名。前面 32 位 HLA 的 mov 指令的 Gas 形式如下：

```
movb (%eax), %al
movb (%ebx), %al
movb (%ecx), %al
movb (%edx), %al
movb (%edi), %al
movb (%esi), %al
movb (%ebp), %al
movb (%esp), %al
```

64 位寄存器间接寻址模式的 Gas 示例如下：

```
movb (%rax), %al
movb (%rbx), %al
movb (%rcx), %al
movb (%rdx), %al
movb (%rdi), %al
movb (%rsi), %al
movb (%rbp), %al
movb (%rsp), %al
movb (%r8), %al
movb (%r9), %al
movb (%r10), %al
movb (%r11), %al
movb (%r12), %al
movb (%r13), %al
movb (%r14), %al
movb (%r15), %al
```

3.5.6 变址寻址模式

在所有地址运算完成后，指令终将访问的内存地址被称为有效地址（effective address）。变址寻址模式通过将变量地址——也被称为位移（displacement）或偏移（offset）——与方括号内的 32 位或 64 位寄存器值相加来计算有效地址，其和才是指令准备访问的内存地址。所以，如果 *VarName* 位于地址$1100，而 EBX 的内容为 8，则 HLA 的 "mov (*VarName*[ebx]，al)；" 将会把地址单元**$1108** 的内容放入寄存器 AL，请参看图 3-6。

x86-64 CPU 也支持 64 位模式下的变址寻址模式。不过请注意，编码到指令中的偏移量依然是 32 位的。因此寄存器必须保存着基地址（简称为基址），而由偏移量提供要访问的内存单元自基地址的偏移。

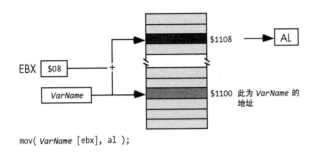

mov(*VarName* [ebx], al);

图 3-6　变址寻址模式

3.5.6.1　HLA 的变址寻址模式

在 HLA 中采用下列变址寻址语法，其中 *VarName* 为程序中某个静态变量的名字。

```
mov( VarName[ eax ], al );
mov( VarName[ ebx ], al );
mov( VarName[ ecx ], al );
mov( VarName[ edx ], al );
mov( VarName[ edi ], al );
mov( VarName[ esi ], al );
mov( VarName[ ebp ], al );
mov( VarName[ esp ], al );
```

3.5.6.2　MASM 的变址寻址模式

MASM 的 32 位语法与 HLA 相同，它还允许多种变址寻址的语法变形。下面是 MASM 支持的变形的等效形式：

```
varName[reg32]
[reg32+varName]
[varName][reg32]
```

```
[varName+reg₃₂]
[reg₃₂][varName]
varName[reg₃₂+const]
[reg₃₂+varName+const]
[varName][reg₃₂][const]
varName[const+reg₃₂]
[const+reg₃₂+varName]
[const][reg₃₂][varName]
varName[reg₃₂-const]
[reg₃₂+varName-const]
[varName][reg₃₂][-const]
```

由于加法满足交换率，MASM 还允许其他很多组合。这些汇编器对待方括号内的并列项，就像它们被加号分隔一样。

这里给出的 MASM 语句等效于前面的 HLA 示例：

```
mov al, VarName[ eax ]
mov al, VarName[ ebx ]
mov al, VarName[ ecx ]
mov al, VarName[ edx ]
mov al, VarName[ edi ]
mov al, VarName[ esi ]
mov al, VarName[ ebp ]
mov al, VarName[ esp ]
```

在 64 位模式下，MASM 要求指定 64 位的寄存器名来实现变址寻址模式。此寄存器保存的是变量在内存里的基地址，编码到指令中的偏移量则是距此基地址的偏移。这意味着我们不能用寄存器作为全局数组的下标，数组下标通常可用 RIP 相对寻址模式。

下面是 MASM 在 64 位时的变址寻址模式例子：

```
mov  al, [ rax + SomeConstant ]
mov  al, [ rbx + SomeConstant ]
mov  al, [ rcx + SomeConstant ]
mov  al, [ rdx + SomeConstant ]
mov  al, [ rdi + SomeConstant ]
mov  al, [ rsi + SomeConstant ]
mov  al, [ rbp + SomeConstant ]
mov  al, [ rsp + SomeConstant ]
```

3.5.6.3　Gas 的变址寻址模式

　　和寄存器间接寻址模式相同，Gas 在变址寻址模式中仍然用圆括号而非方括号。下面是 Gas 允许的变址寻址语法：

```
varName(%reg32)
const(%reg32)
varName + const(%reg32)
```

　　前面的 HLA 指令在 Gas 中等效为：

```
movb VarName( %eax ), al
movb VarName( %ebx ), al
movb VarName( %ecx ), al
movb VarName( %edx ), al
movb VarName( %edi ), al
movb VarName( %esi ), al
movb VarName( %ebp ), al
movb VarName( %esp ), al
```

　　在 64 位模式下，Gas 要求为变址寻址模式指定 64 位的寄存器名。其规则与 MASM 相同。下面是一些 Gas 的 64 位变址寻址模式示例：

```
mov  %al, SomeConstant(%rax)
mov  %al, SomeConstant(%rbx)
mov  %al, SomeConstant(%rcx)
mov  %al, SomeConstant(%rdx)
mov  %al, SomeConstant(%rsi)
mov  %al, SomeConstant(%rdi)
mov  %al, SomeConstant(%rbp)
mov  %al, SomeConstant(%rsp)
```

3.5.7　比例变址寻址模式

　　比例变址寻址模式与变址寻址模式类似，区别只有两点。比例变址寻址模式还允许：

- 将两个寄存器值相加，外加一个位移量。
- 可将变址寄存器的值乘以比例因子 1、2、4 或 8。

怎么做呢？请看下面的 HLA 例子：

```
mov( eax, VarName[ ebx + esi*4 ] );
```

比例变址寻址模式与变址寻址模式的主要差异在于它们有无"esi*4"。该示例通过将 EBX 加上 4 倍的 ESI 值来求得有效地址，图 3-7 给出了比例变址寻址模式的地址计算过程，其中 *scale* 指比例因子，在本例中 *scale* 等于 4。

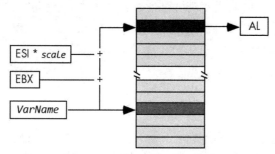

mov(*VarName*[ebx + esi * *scale*], al);   // *scale* = 1、2、4 或 8

图 3-7　比例变址寻址模式

在 64 位模式下，将基址寄存器和变址寄存器替换成 64 位寄存器即可。

3.5.7.1　HLA 的比例变址寻址模式

HLA 语法提供若干方式来指定使用比例变址寻址模式。这里有一些语法形式：

```
VarName[ IndexReg₃₂ * scale ]
VarName[ IndexReg₃₂ * scale + displacement ]
VarName[ IndexReg₃₂ * scale - displacement ]

[ BaseReg₃₂ + IndexReg₃₂ * scale ]
[ BaseReg₃₂ + IndexReg₃₂ * scale + displacement ]
[ BaseReg₃₂ + IndexReg₃₂ * scale - displacement ]

VarName[ BaseReg₃₂ + IndexReg₃₂ * scale ]
VarName[ BaseReg₃₂ + IndexReg₃₂ * scale + displacement ]
VarName[ BaseReg₃₂ + IndexReg₃₂ * scale - displacement ]
```

例子中的 *BaseReg*$_{32}$ 表示任意 32 位通用寄存器，*IndexReg*$_{32}$ 则表示除 ESP 外的

任意 32 位通用寄存器，*scale* 必须是 1、2、4、8 中的某个常数，而 *VarName* 表示静态变量名，*displacement* 表示 32 位常量。

3.5.7.2 MASM 的比例变址寻址模式

MASM 支持的语法与 HLA 相同，但另有一些形式与变址寻址模式中给出的语法对应。这些形式只是基于加法交换率的语法变形。

MASM 也支持 64 位的比例变址寻址模式，语法同 32 位的比例变址寻址模式，只是要改用 64 位寄存器名。32 位比例变址寻址模式与 64 位比例变址寻址模式的主要区别在于，没有 64 位的 `disp[reg*index]` 寻址模式。在 64 位寻址模式下，对应的是 PC 相对变址寻址模式，偏移量是基于当前指令指针值的 32 位偏移。

3.5.7.3 Gas 的比例变址寻址模式

Gas 还是一如既往地使用圆括号而非方括号来括住比例变址操作数。Gas 也使用 3 个操作数的语法来指定基址寄存器、变址寄存器和比例值，而不像其他汇编器那样用算术表达式给出这些值。Gas 比例变址寻址模式的一般语法如下：

expression(baseReg$_{32}$, indexReg$_{32}$, scaleFactor)

具体有以下形式：

VarName(,IndexReg$_{32}$, scale)
VarName + displacement(,IndexReg$_{32}$, scale)
VarName - displacement(,IndexReg$_{32}$, scale)

(BaseReg$_{32}$, IndexReg$_{32}$, scale)
displacement(BaseReg$_{32}$, IndexReg$_{32}$, scale)

VarName(BaseReg$_{32}$, IndexReg$_{32}$, scale)
VarName + displacement(BaseReg$_{32}$, IndexReg$_{32}$, scale)
VarName - displacement(BaseReg$_{32}$, IndexReg$_{32}$, scale)

scale 是 1、2、4、8 中的某个值。

Gas 也支持 64 位的比例变址寻址模式，语法同 32 位的比例变址寻址模式，只是要改用 64 位寄存器名。使用 64 位寻址模式时，不能同时指定 RIP 相对寻址模式（如上例中的 *VarName*）；只有 32 位的 *displacement*（偏移量）是合法的。

3.6 汇编语言的数据声明

80x86 只提供几种底层的数据类型，供各机器指令操作。这些数据类型如下：

- "字节"（byte）——存放任意的 8 位数值。
- "字"（word）——存放任意的 16 位数值。
- "双字"（double word，又称 dword）——存放任意的 32 位数值。
- "四字"（quad word，又称 qword）——存放任意的 64 位数值。
- "32 位实数"（real32，又称 real4）——存放 32 位单精度浮点数。
- "64 位实数"（real64，又称 real8）——存放 64 位双精度浮点数。

注意： 80x86 汇编器一般都支持十字节（tbyte，即 ten byte）和 "real80/real10（80 位实数）"，但我们不打算用这些数据类型，因为大部分现代 64 位高级语言编译器并不使用它们。不过，个别 C/C++编译器以 "long double" 数据类型来支持 real80 的数值；Swift 也在 Intel 机器上支持 real80 值，它用的是 float80 数据类型。

3.6.1 HLA 的字节数据声明

HLA 汇编器由于有高级语言的特性，会提供相当多的单字节数据类型，包括字符型、有符号整型、无符号整型、布尔型和枚举类型。用汇编语言编写应用程序时，要是有这么多种数据类型，再带上 HLA 提供的类型检查功能，该多好。然而依据本意，我们真正需要的是为字节变量分配存储空间，或为较大的数据结构分配一个字节块。HLA 的 byte 类型足以应付 8 位变量及数组的声明。

在 HLA 的 static 部分可以这么声明 byte 变量：

```
static
    variableName : byte;
```

要为字节块分配存储空间，可用下列的 HLA 语法：

```
static
    blockOfBytes : byte[ sizeOfBlock ];
```

这些 HLA 声明将创建未初始化的变量。从技术上讲，HLA 总是将 static 变量初始化为 0，因此，它们并非未初始化。这里主要是指代码并没有将 byte 变量显式初始化为某值。不过，让 HLA 使用类似下面的语法，可以在操作系统把程序调入内存时将字节变量初始化到某个值：

```
static
  // InitializedByte 的初始值为 5:
  InitializedByte : byte := 5;

  // InitializedArray 数组元素的初始值依次为 0, 1, 2, 3:
  InitializedArray : byte[4] := [0,1,2,3];
```

3.6.2　MASM 的字节数据声明

MASM 一般在 .data 节中用 db 或 byte 指示性语句，为字节或字节变量数组分配存储空间。单个字节的声明可采用下面两种等效方式中的一种：

```
variableName    db      ?
variableName    byte    ?
```

这两个声明都创建未初始化的变量——实际初始化为 0，就像 HLA 中那样。db/byte 中的 "?" 操作数域通知汇编器：我们不想显式声明此变量为某个值。

要声明一个字节块的变量，可用下列语法：

```
variableName    db      sizeOfBlock    dup (?)
variableName    byte    sizeOfBlock    dup (?)
```

要创建初始值非零的变量，可以用类似下面的语法：

```
                .data
InitializedByte     db     5
InitializedByte2    byte   6
InitializedArray0   db     4    dup (5)    ;数组元素值依次为 5,5,5,5
InitializedArray1   db     5    dup (6)    ;数组元素值依次为 6,6,6,6,6
```

要想创建元素值不等的字节型数组，只需在 db/byte 指示的操作数域列出这些值，其间以逗号分隔即可：

```
            .data
InitializedArray2    byte    0,1,2,3
InitializedArray3    byte    4,5,6,7,8
```

3.6.3 Gas 的字节数据声明

GNU 的 Gas 汇编器在 `.data` 节中使用 `.byte` 指示性语句声明字节变量。该指示性语句的一般形式如下：

```
variableName: .byte 0
```

Gas 不提供显式形式来创建未初始化的变量，如果需要创建这种变量，应对其设置操作数 `0`。下面是 Gas 中的两个实际变量声明：

```
InitializedByte:    .byte    5
ZeroedByte          .byte    0       // 值 0
```

Gas 也未提供显式的指示性语句来声明字节变量数组，但可以像下面那样通过 `.rept`/`.endr` 指示性语句创建 `.byte` 指示性语句的多个拷贝：

```
variableName:
    .rept            sizeOfBlock
    .byte            0
    .endr
```

注意：如果想把数组元素初始化为不同的值，应提供一个用逗号分隔各值的清单。

这里是在 Gas 里声明数组的一些示例：

```
            .section         .data
InitializedArray0:           //所创建的数组中元素值分别为 5,5,5,5
            .rept            4
            .byte            5
            .endr

InitializedArray1:
            .byte            0,1,2,3,4,5
```

在汇编语言中访问字节变量

要访问字节变量，只需在 80x86 寻址模式中使用声明变量时的名字即可。举个例子，假如有一个字节变量名为 byteVar，另一个字节数组名为 byteArray，可以使用如下 mov 指令将变量值送入寄存器 AL——这些示例都被假定为 32 位代码：

```
// HLA 的 mov 指令采用"src, dest"语法:
mov( byteVar, al );
mov( byteArray[ebx], al );    // EBX 为 byteArray 数组元素的下标

// Gas 的 movb 指令也采用"src, dest" 语法:
movb byteVar, %al
movb byteArray(%ebx), %al

; MASM 的 mov 指令则采用"dest, src" 语法:
mov al, byteVar
mov al, byteArray[ebx]
```

对于 16 位长的变量，HLA 使用 word 数据类型，MASM 使用 dw 或 word 指示性语句，而 Gas 使用 .int 指示性语句。这些指示性语句除了所声明的变量尺寸不同外，其用法与字节变量的声明并无区别。例如：

```
// HLA 示例:
static
   // HLAwordVar: 2 字节变量, 初始值为 0:
   HLAwordVar : word;
   // HLAwordArray: 共 4 个字变量（8 字节）, 初始值均为 0:
   HLAwordArray : word[4];
   // HLAwordArray2: 共 5 个字变量（10 字节）, 初始值依次为 0,1,2,3,4:
   HLAwordArray2 : word[5] := [0,1,2,3,4];

; MASM 示例:
                 .data
MASMwordVar      word ?
MASMwordArray    word 4 dup (?)
MASMwordArray2   word 0,1,2,3,4

// Gas 示例:
                 .section .data
```

```
GasWordVar:          .int  0
GasWordArray:
                     .rept 4
                     .int  0
                     .endr

GasWordArray2:   .int  0,1,2,3,4
```

对于 32 位变量，HLA 使用 dword 数据类型，MASM 使用 dd 或 dword 指示性语句，而 Gas 使用 .long 指示性语句。例如：

```
// HLA 示例:
static
    // HLAdwordVar: 双字变量（4 字节），初始值为 0:
    HLAdwordVar : dword;

    // HLAdwordArray: 共 4 个双字变量（16 字节），初始值均为 0:
    HLAdwordArray : dword[4];

    // HLAdwordArray: 共 5 个双字变量（20 字节），初始值依次为 0,1,2,3,4:
    HLAdwordArray2 : dword[5] := [0,1,2,3,4];

; MASM 示例:
                        .data
MASMdwordVar          dword    ?
MASMdwordArray        dword    4 dup (?)
MASMdwordArray2       dword    0,1,2,3,4

// Gas 示例:
                        .section .data
GasDWordVar:          .long    0
GasDWordArray:
                        .rept    4
                        .long    0
                        .endr

GasDWordArray2:       .long    0,1,2,3,4
```

3.7 在汇编语言中指定操作数尺寸

80x86 上的汇编器通过两种机制指定操作数尺寸：

- 操作数使用类型检查来说明尺寸——多数汇编器都这么做。
- 指令本身指定了尺寸——Gas 是这么做的。

举例来说，我们考虑下列 3 条 HLA 的 mov 指令：

```
mov( 0, al );
mov( 0, ax );
mov( 0, eax );
```

每个情况里都由寄存器操作数说明了 mov 指令传送到对应寄存器的数据尺寸。MASM 采用类似的语法，只是操作数要互相调换位置：

```
mov al, 0    ;8 位数据传送
mov ax, 0    ;16 位数据传送
mov eax, 0   ;32 位数据传送
```

一定要注意的是，上面 6 条语句的指令助记符都是一样的，均为 mov。正是操作数而非指令助记符指明了要传送数据的尺寸。

> **注意：** Gas 的现代版本也允许我们无须使用 b 或 w 后缀，就能以操作数（寄存器）的尺寸指定运算规模。然而，本书将继续沿用诸如 movb 或 movw 这类助记符，以避免 Gas 较早版本带来的混淆。具体内容请参见 3.7.3 节。

3.7.1 HLA 的类型强制转换

前面指定操作数的方法存在一个问题。请考虑下列的 HLA 示例：

```
mov( 0, [ebx] );       //将 0 拷贝到地址为[ebx]的内存单元
```

该指令是含糊不清的：EBX 指向的内存位置可以是字节、字或双字。指令并未把操作数的尺寸告知汇编器。要是遇到这样的指令，汇编器就会报错，我们必须明确指出内存操作数的尺寸。如果是在 HLA 中，这可以通过类型强制转换运算符实现：

```
mov( 0, (type word [ebx]) );        //16位数据传送
```

通常用下列 HLA 语法能将任何内存操作数强制转换成适当尺寸的：

```
(type new_type memory)
```

其中，*new_type* 表示 byte、word 或 dword 等数据类型，*memory* 为要强制转换类型的内存地址。

3.7.2　MASM 的类型强制转换

MASM 同样存在这一问题。应当这么使用强制转换运算符来指定内存单元：

```
mov word ptr [ebx], 0     ;16位数据传送
```

当然，将例子中的 word 替换成 byte 或 dword，就能将内存单元强制转换为字节或双字尺寸。

3.7.3　Gas 的类型强制转换

Gas 汇编器无须强制转换运算符，因为它采用了截然不同的技术来指定操作数的尺寸——由指令助记符明确说明尺寸。不是用单一一个助记符 mov，Gas 用了 4 种指令助记符，由 mov 和一个表示尺寸的字符后缀组成，具体如下：

movb　　传送 8 位数据（字节 byte）

movw　　传送 16 位数据（字 word）

movl　　传送 32 位数据（长整型 long）

movq　　传送 64 位数据（long long）

采用这些指令助记符时，即使操作数尺寸没有明确，也永远不会产生歧义。例如：

```
movb $0, (%ebx)     //8位数据传送
movw $0, (%ebx)     //16位数据传送
movl $0, (%ebx)     //32位数据传送
movq $0, (%rbx)     //64位数据传送
```

有了这些基础知识，你应该能够理解典型编译器的输出了。

3.8 获取更多信息

- Jonathan Bartlett 编写的 *Programming from the Ground Up*，由 Dominick Bruno 编辑，并于 2004 年自行出版。其作为本书的老旧而免费版本，教授大家使用 Gas 进行汇编语言编程，参见网址链接 9。
- Richard Blum 编写的 *Professional Assembly Language*，由 Wiley 出版社于 2005 年出版。
- Jeff. Duntemann 编写的 *Assembly Language Step-by-Step*（第 3 版），由 Wiley 出版社于 2009 年出版。
- Randall Hyde 编写的 *The Art of Assembly Language*（第 2 版）[1]，由 No Starch Press 于 2010 年出版。
- Intel 公司编写的 *Intel 64 and IA-32 Architectures Software Developer Manuals* 于 2019 年 11 月 11 日更新，参见网址链接 10。

---

1 中文版《汇编语言的编程艺术（第 2 版）》，包战、马跃译，清华大学出版社于 2011 年出版。
   ——译者注

4

编译器的操作与代码生成

若想写出能产生高效机器码的高级语言程序，确有必要了解编译器和链接器将高级语言源语句转换为可执行机器码的过程。编译器理论的完整说明超出了本书范围；不过本章我们将阐释转换的基础知识，以便理解高级语言编译器的种种局限性，从而在这些限制内工作。

本章将探讨如下话题：

- 编程语言用到的各种输入文件类型
- 编译器和解释器的区别
- 典型编译器是如何处理源文件，并生成可执行程序的
- 优化的过程，以及编译器为什么无法对给定源文件生成尽可能好的代码
- 编译器所生成文件的各种类型
- 常见的目标文件格式，如 COFF 和 ELF
- 内存组织和对齐，其影响到编译器所生成可执行文件的大小和效率
- 链接器选项对代码效率的影响

这些知识是所有后续章节的基础。要想协助编译器产生足够好的代码，本章内容是不可或缺的。首先我们来讨论编程语言的文件格式。

4.1　编程语言所用的文件类型

程序往往有许多形式。程序员创建的源文件（source file）既供人读，又送往语言转换器，如编译器。典型的编译器将一个或多个源文件转换为目标码（object code）文件。链接器程序（linker program）将分立的目标模块结合起来，产生可重定位，即可执行的文件。最后，由加载器（loader，或称为"加载程序"）——通常就是操作系统——将可执行文件调入内存，对目标码做最后的修改，然后执行。请注意，这时对目标码的修改是在内存中进行的，磁盘上的实际文件毫发未动。这些文件类型并非语言处理系统能操作的全部类型，但它们具有代表性。要充分理解编译器的局限性，就有必要了解语言处理器是怎样加工这些文件类型的。我们先谈谈源文件。

4.2　编程语言的源文件

习惯上，源文件均为纯 ASCII 或其他某种字符集的文本，由程序员用文本编辑器创建。使用纯文本文件的好处是，只要是可处理文本文件的程序，程序员就可以用来操作源文件。例如，某程序若能对文本文件的行数进行统计，同样也就能计算源程序的行数。既然有几百种能处理文本文件的小程序可用，源文件是纯文本文件，维护起来就会很方便。这种格式有时也被称为单纯功能文本（plain vanilla text）。

4.2.1　源文件的记号化

有些语言处理系统，特别是解释器，在维护源文件时采用特殊的记号化的（tokenized）方式。记号式源文件通常使用专门的单字节记号（token）值来表示源程序中的保留字等语句元素。这种形式的文件一般比文本源文件小一些，因为它们把多字符的保留字和值压缩成单字节的记号。更重要的是，以记号形式维护源文件可以让解释器运行得更快，毕竟处理 1 个字节的记号远比识别保留字符串要高效得多——以记号形式工作的解释器通常要比其工作于纯文本的同类快一个数量级。

一般来说，解释器的记号化文件包含一个字节序列，该字节序列可与原始源文件中的 `if`、`print` 等字符串直接对应。如此一来，使用字符串表和一些额外的逻辑，就能将记号程序译解为原先的源文件——通常会丢弃我们在源文件中插入的空白区，但也仅此而已。早期 PC 系统上运行的许多 BASIC 解释器都是这么干的。在解释器中敲入一行 BASIC 源代码，解释器会立即对那一行进行记号化处理，将记号化处理后的形式放入内存。之后我们执行 `LIST` 命令时，解释器会将内存中的源代码去记号化（detokenize），从而产生程序清单。

然而，对源文件进行记号化处理时通常使用专有格式，因此无法利用能操作文本文件的一般工具，如 `wc`（word count）、`entab` 和 `detab`。`wc` 能够计算文本文件的行数、词数、字符数；`entab` 将空格替换成制表符，而 `detab` 则将制表符替换成空格。

为了克服这一缺陷，多数以记号化文件工作的语言都提供"去记号化的"源文件，并能从记号化数据生成标准文本文件。这样的语言转换器也能够对给定的源文件（ASCII 文本）进行记号化处理。对生成的标准文本文件运行某个过滤程序，对过滤程序的输出重新进行记号化处理，以得到新的记号化源文件。尽管这么做太烦琐，但确实能使语言转换器既工作于记号化文件，又能利用基于文本的工具程序。

4.2.2　专门的源文件格式

有些编程语言，如 Embarcadero 的 Delphi 和 Free Pascal 的类似程序 Lazarus，不用传统的文本文件格式。它们常常采用图形元素，例如流程图或表格，表示程序要完成的指令。另一个例子是 Scratch 编程语言，我们可用图形化元素在位图显示器上写出简单的程序。Microsoft 的 Visual Studio 和 Apple Xcode 集成开发环境（IDE）让我们能够通过图形化操作来指定屏幕布局，而不是通过文本源文件进行。

4.3　计算机语言处理器的类型

我们一般将计算机语言系统分为以下四类：纯解释器、解释器、编译器和增量编译器。它们处理源程序和执行其结果的方式各不相同，这将影响到各自执行程序时的效率。

4.3.1　纯解释器

纯解释器直接工作于文本源文件，往往非常没有效率。解释器持续扫描源文件（通常即 ASCII 文本文件），将其当作字符串数据处理。为了识别其中的词素（lexeme）——诸如保留字、文字常量等语言组件，其操作很是耗时。实际上，许多解释器在处理词素，在"词法分析"方面花的时间比它们实际执行程序还多。纯解释器可能是最小的计算机语言处理程序，这是因为所有语言转换器都要进行词法分析，而对词素实时分析的执行最省气力。正因如此，纯解释器在期望语言处理程序非常紧凑的场合很受欢迎。纯解释器还流行于脚本语言以及超高级语言中。超高级语言允许我们在程序执行期间将其源代码当作字符串来操纵。

4.3.2　解释器

解释器在程序运行时执行源文件的替身。这一替身并非人可阅读的文本文件。正如前面所述的那样，许多解释器是对记号化的源文件进行操作，以免执行时分析词素。有些解释器读入文本源文件后，将其转换成记号化形式再执行。这样程序员既可用其喜爱的文本编辑器工作，又能享受到以记号化格式执行程序的快速。仅有的代价就是对源文件进行记号化处理时需要耽误一点时间，不过这在多数现代计算机上几乎察觉不到；还有可能无法将字符串当作程序语句执行。

4.3.3　编译器

编译器将文本形式的源程序转换为可执行的机器码。处理过程很复杂，在优化型编译器中尤其如此。对编译器生成的代码要说明两点。首先，编译器生成的机器指令可由底层的 CPU 直接执行。因此，CPU 在执行程序时，不必为解析源文件而牺牲任何周期——CPU 的所有资源都用来执行机器码。故而得到的程序通常比其解释性版本要快很多倍。当然，编译器转换源代码的质量参差不齐，但即便是蹩脚的编译器，也比多数解释器做得出色。

编译器将源代码转换为机器码是单向的功能。相比解释器而言,要从给定的机器码重构得到程序原来的源文件,即使可能,也是很困难的。

4.3.4　增量编译器

增量编译器是编译器和解释器的"交集"。有各式各样的增量编译器。通常,增量编译器类似于解释器,不会将源文件编译成机器码,而是将源代码转换到某种中间形式。不过它又不像解释器,其中间形式与原始源文件的联系并不紧密。这种中间形式通常是一种虚拟机器语言的机器码,"虚拟"指没有哪个真正的 CPU 能执行这种代码。然而,很容易为这种虚拟机编写解释器,由解释器来实际执行代码。由于虚拟机解释器往往比记号化代码要有效率得多,执行虚拟机代码远比执行解释器中的一大堆记号快。Java 等语言正是采用这种编译技术,通过解释程序——Java 字节码引擎(Java byte code engine)解释性地执行 Java "机器码"的,如图 4-1 所示。虚拟机执行的一大优势在于虚拟机代码可移植——只要是有解释器的地方,虚拟机的程序就可以执行。相比而言,真正的机器代码只能在为之编写的 CPU 家族上执行。一般来说,解释的虚拟机代码比解释性代码运行快 2 到 10 倍,而纯机器代码通常又比解释的虚拟机代码快 2 到 10 倍。

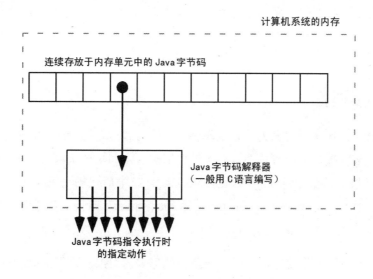

图 4-1　Java 字节码(JBC)解释器

为了改进增量编译器所编译程序的性能，许多厂商，尤其是 Java 系统厂商采取了一种被称为即时编译（just-in-time compilation）的技术。该概念基于这样一个事实：在运行时期，解释器所花的相当多时间其实都花在了获得并解析虚拟机代码的操作上。在程序执行时，解释过程会反复进行。即时编译技术会在首次遇到虚拟机指令时，就将虚拟机代码转换为实际机器码。这样做，解释器就会在下次遇到程序的同一语句时（例如在循环中）省掉解释过程。即时编译技术远比不上真正的编译器，但它可以将程序的性能提高 2~5 倍。

> **注意：** 有趣的是，早先的编译器以及某些免费的编译器往往将源代码编译成汇编语言代码。我们得另有一个编译器，也即汇编器，才能将输出汇编成机器码。现代的高效编译器大都不这么干了，而是一步到位。请参看 4.5 节来了解更多信息。

在上面所述的 4 种计算机语言处理器中，本章将着重说明编译器机制。通过了解编译器如何生成机器码，我们就可以选择适当的高级语言语句，得到更好、更富有效率的机器码。要想改进解释器或增量编译器所写程序的性能，最好的办法是使用优化型编译器来处理应用程序。例如，GNU 提供了一款 Java 编译器，该编译器能够产生优化了的机器码，而非需要解释执行的 Java 字节码，它比 Java 字节码运行快得多，甚至比即时编译的字节码还快。

4.4 转换过程

编译器的工作一般可分为若干逻辑环节，编写者称之为阶段（phase）。阶段的确切数目和名称随编译器而异，不过许多编译器都有下面这些阶段：词法分析（lexical analysis）阶段、语法分析（syntax analysis）阶段、中间代码生成（intermediate code generation）阶段、本机码生成（native code generation）阶段，如果编译器支持优化的话，还有代码优化（optimization）阶段。

图 4-2 给出了编译器适当安排这些阶段的形式，以便将高级语言源代码转换成机器（目标）代码。

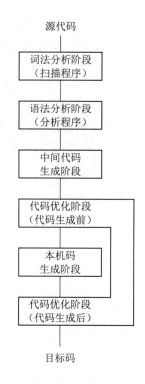

源代码

词法分析阶段
（扫描程序）

语法分析阶段
（分析程序）

中间代码
生成阶段

代码优化阶段
（代码生成前）

本机码
生成阶段

代码优化阶段
（代码生成后）

目标码

图 4-2　编译过程的各阶段

图 4-2 似乎表明编译器是依次经过这些阶段的，但大部分编译器并不按顺序执行，而是穿插执行这些阶段。每个阶段做少许工作后，就将其输出送往下一个阶段，然后等待前一阶段的输入。语法分析阶段的分析程序（parser）大概是典型编译器中最像主程序或主进程的部分。通常由语法分析程序推动编译过程，它调用词法分析阶段的扫描程序（scanner）以获得输入，调用中间代码生成程序来处理其输出。中间代码生成程序能够调用可选的优化程序，然后调用本机码生成程序。本机码生成程序同样也可调用优化程序。本机码生成阶段的输出就是可执行代码。在本机码生成程序/优化程序产生一些代码后，又返回到中间代码生成程序，由中间代码生成程序返回到语法分析程序。而语法分析程序要求从扫描程序那里再得到一些输入，该过程反反复复进行下去。

注意：其他编译器组织形式也是可能的。例如，有些编译器不存在优化阶段；而另一些编译器允许用户选择是否运行这一阶段。类似地，有些编译器省略中间代码生成阶段，而直接调用本机码生成程序。还有些编译器另有一些阶段，可处理不同时候编译的目标模块。

所以尽管图 4-2 并未精确地给出典型编译器的执行路径，不过它还是正确指示了编译器内的数据流向。即扫描程序读取源文件，将其转换为不同的形式，然后将转换后的数据送往语法分析程序。语法分析程序接收并加工来自扫描程序的输入，将新结果送给中间代码生成程序。类似地，其余阶段都是从前一阶段读取输入，把输入转换为一种（可能）不同的形式，再送到下一个阶段。编译器将最后阶段的输出写到外存，形成可执行的目标文件。

我们来仔细观察代码转换过程的各个阶段。

4.4.1 扫描（词法分析阶段）

扫描程序即词法分析器（或称为"词法分析程序"），负责读取从源文件中找到的字符和字符串数据，将这些数据分类为表示源文件词素项的记号。如前所述，词素项就是源文件中的字符序列，我们将其识别为程序语言的原子级组件。例如，C语言的词法分析程序 lexer 会识别出诸如 if、while 之类的 C 保留字。但 lexer 不会将标识符 ifReady 中的"if"挑出，而认为它是保留字。扫描程序会考虑保留字的语境，从而区分出保留字和标识符。扫描程序将为每个词素创建一个小的数据包，即"记号"，并将此数据包发往语法分析程序。记号一般包括下列值：

- 小的整数值，用于唯一标识该记号的种类（即它是保留字、标识符、整型常量、运算符，还是字符串文字常量）。
- 另一个值，用于区分某类别内的各记号（例如，可指示扫描程序对保留字的处理）。
- 扫描程序与该词素可能关联的其他属性。

  注意：请勿将此处提到的记号与前面讨论的解释器中的压缩类型记号混为一谈。记号只是与变量一般大的数据结构，用以向解释器/编译器关联词法。

举个例子，如果扫描程序发现源文件中有 12345，则对应记号的类别大概是文字常量，第二个值也许被标识为整型常量，记号可能会有一个属性，即此字符串对应的数值，例如一万二千三百四十五。图 4-3 展示了该记号在内存中的样子。

345	"记号" 值
5	记号类别
12345	记号属性
"12345"	词素

图 4-3 词素"12345"的记号

值 345 用作记号值（以整型常量指明），值 5 用作记号类别（指示是文字常量），属性值是 12345（词素的数字形式），词素字符串是 lexer 扫描得到的"12345"。编译器中各处的编码序列都可以在必要时引用此记号的数据结构。

严格来说，词法分析阶段是可选的。语法分析程序可以直接工作于源文件。然而在进行记号化处理后，编译过程就能更高效，因为这样能让语法分析程序将记号当作整数值而非字符串数据。由于大部分 CPU 处理小值整数要比处理字符串数据的效率高得多，并且语法分析程序需要多次引用记号数据，有了扫描程序的参与，就能为编译过程节约相当可观的时间。一般来说，在分析阶段多次扫描每个记号的语言系统只有纯解释器，这也正是纯解释器很慢的主要原因之一。（我们是将其与以记号化格式保存源文件的解释器相比的。这种解释器之所以用记号化格式保存源文件，旨在避免反复处理纯文本源文件。）

4.4.2 分析（语法分析阶段）

语法分析程序作为编译器的一部分，负责检查源程序的语法、语义是否正确。如果编译器发现源文件中有错误，通常正是由语法分析程序发现并报告错误的。语法分析程序也负责将记号流，即源代码重组为更复杂的数据结构，使之表示程序的意思，即语义。扫描程序和语法分析程序一般以线性方式从头至尾加工源文件，编译器通常只读源文件一次。但随后的阶段要以随机访问方式引用源程序体。通过构建代表源代码的数据结构——我们通常称之为抽象语法树（abstract syntax tree，AST），语法分析程序能使代码生成阶段和优化阶段方便地引用程序的不同部分。

图 4-4 给出了编译器在抽象语法树上用 3 个节点表示表达式"12345+6"的方法

（43 是额外运算符的值，7 是代表算术运算符的子类）。

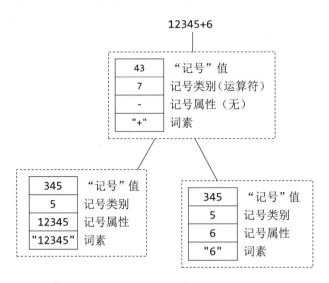

图 4-4　抽象语法树的某部分

4.4.3　中间代码生成阶段

中间代码生成阶段负责将源文件的抽象语法树表示转换成"准机器码"形式。编译器一般要将程序先转换到中间代码，而不直接转换为本机机器码，基于两个原因。

首先，编译器的优化阶段可进行某些类型的优化，诸如公共子表达式消除，该优化措施对中间代码形式而言要容易操作得多。

其次，许多编译器都是跨平台的编译器，能生成工作于不同 CPU 架构的机器码。将代码生成过程分成两块——中间代码生成程序和本机码生成程序——编译器的编写者就能将所有不依赖于特定 CPU 的动作放到中间代码生成阶段，只需生成这些代码一次。这也简化了本机码生成阶段。由于编译器只需要一种中间代码生成阶段，而对编译器所支持的 CPU 分别设立本机码生成阶段，将不依赖于特定 CPU 的操作尽可能多地放入中间代码生成程序，可以减小本机码生成程序的体积。同样道理，优化阶段也经常分为两个部分：独立于 CPU 的部分（中间代码生成程序后面那部分）和依赖于 CPU 的部分，请参看图 4-2。

诸如微软的 VB.NET 和 C#等语言系统,其编译器实际输出的是中间代码。在.NET系统中,微软将这些代码称为通用中间语言(Common Intermediate Language,CIL)。本机代码和优化其实交由微软的通用语言运行时(Common Language Runtime,CLR)处理,CLR 也负责完成对.NET 编译器生成的 CIL 的即时编译。

4.4.4 优化

中间代码生成阶段后面的优化阶段会将中间代码转换成更高效的形式,通常是消除抽象语法树中不必要的项。例如,下面的中间代码:

```
将常量 5 放入变量 i
将 i 值放入 j
将 j 值放入 k
将 k 加到 m
```

优化器会将其转换为:

```
将常量 5 放入变量 k
将 k 加到 m
```

如果对 i 和 j 不再有引用,优化程序(即优化器)会消除对它们的所有引用。事实上,倘若此后再未使用 k,优化程序还会将这两个指令合并为"将 5 加到 m"。请注意这种转换适用于几乎所有 CPU。因此,将其放在前一个优化阶段再合适不过了。

4.4.4.1 优化带来的问题

将中间代码转换为"更高效的形式"并不是一个定义明确的过程。凭什么说一种形式的程序比另一种程序的效率高?高效的根本定义为程序对某些系统资源的最少占用,通常体现在内存(体积)和 CPU 周期(速度)上。编译器的优化程序还能管理其他资源,但对程序员而言,体积和速度是其中的两个主要方面。即便我们只考虑优化这两个方面,描述"最佳的"结果也很困难。问题在于,朝着某个目标优化(比如更好的性能)可能与朝着另一个目标优化的措施(比如减少内存的占用)发生冲突。由于这个原因,优化通常是一个折中过程,需要牺牲某些次要目标(比如,代码的某些部分要运行得慢一些)来换取某个合理的结果(比如,得到的程序没有占用太多内存)。

4.4.4.2　优化对编译时间的影响

你也许会想，仅选择一个目标，比如尽可能高的性能，并严格为此目标来优化，总可以吧？然而，编译器还得能在合理时间内产生出可执行的结果。优化过程是所谓"NP 完全问题"（NP-complete problem）复杂度理论的例子。这些都是我们所知的棘手问题。即我们无法得到完全保证正确的结果，例如程序的最优化版本——除非计算所有的可能性，从中找出最好的结果。不幸的是，解决 NP 完全问题所需的时间与输入量呈指数关系。具体到编译器优化，输入量大致为源代码的行数。

这意味着在"最坏情况"下，产生真正最优化的程序会得不偿失。向源代码中增加一行就会使编译和优化代码的时间翻一番，增加两行代码就会翻两番。事实上，若要对现代应用程序进行完全的最优化，所需时间比我们所知的宇宙寿命还要长。

除非源文件极小，只有几十行代码，否则完美优化程序对其进行优化所要花费的时间将完全体现不出实用价值（这样的优化程序据说已经写出来了，用你顺手的搜索引擎在网上查找"superoptimizers"，就能得到所有细节信息）。因此，编译器的优化程序很少会生成真正最优化的程序。它们只是在用户能容忍的有限 CPU 时间里产生最好的结果。

> **注意：** 依赖即时（JIT）编译的语言，比如 Java、C#和 VB.NET，将部分优化措施搬到了运行阶段。因此，优化器的性能直接影响到应用程序的运行效果。由于即时编译系统随应用程序同时运行，因此无法花费太多的时间来优化代码，又不影响运行效果。这个原因造成的后果是，在 Java 和 C#等语言中，即便最终编译出底层机器码，也很难达到传统语言——比如 C/C++和 Pascal——编译时经过高度优化的运行效果。

现代优化程序并不尝试所有的可能性，并从中挑选最好的结果，而是使用启发式和案例型算法，以确定生成机器码应采取的转换过程。如果我们想从高级语言程序获得尽可能好的机器码，就需要知晓编译器所用到的这些技术。

4.4.4.3　基本块、可归约代码和优化

要写出能让编译器优化程序高效发挥的卓越代码，很有必要了解编译器如何组织所产生的中间代码，以便在后续环节中生成良好的机器代码。编译器优化程序随

着贯穿程序的控制流跟踪变量值。这个过程即所谓的数据流分析（data flow analysis，DFA）。经过仔细的数据流分析，编译器就能确定变量何处尚未初始化、何时包含某个值、程序何时不再使用它，以及同样重要的是，编译器在什么时候对变量值一无所知。例如，请看如下 Pascal 代码：

```
path := 5;
if( i = 2 ) then begin
  writeln( 'Path = ', path );
end;
i := path + 1;
if( i < 20 ) then begin
  path := path + 1;
  i := 0;
end;
```

好的优化程序会将这段代码替换成如下形式：

```
if( i = 2 ) then begin
  (*因为编译器知道 path 为 5 *)
  writeln( 'path = ', 5 );
end;
i := 0;          (*因为编译器知道 path 小于 20 *)
path := 6;       (*因为编译器知道 path 小于 20 *)
```

事实上，编译器可能不会为最后两行语句产生代码，而是在后面的引用中以 0 代替 i，以 6 代替 path。编译器这么了不起？！要知道有些编译器甚至能跟踪嵌套函数调用和复杂表达式中的常量赋值以及表达式。

编译器如何做到这一点？对此的完整说明超出了本书范围，但我们应当大致了解编译器在优化阶段怎样跟踪变量，因为粗枝大叶编写的程序只会妨碍编译器的优化能力。卓越代码应很好地配合编译器，而不是与其唱反调。

优化高级语言代码时，有些编译器可以做出令人称奇的事情来。然而，优化是固有的缓慢过程。正如前面所述，优化是一个棘手的问题。幸运的是，多数程序无须进行彻底的优化。采用近似最佳的程序，即使运行起来比最佳程序慢一点，但与冗长的编译时间权衡，其仍然是一种可接受的折中方案。

编译器优化时对编译时间所做的主要让步是，编译器在进行下一步之前，为一段代码找寻较多可能的优化办法。因此，如果我们的编程风格容易将编译器搞糊涂，那么编译器也许无法产生最佳的（甚至接近最佳的）的可执行文件，因为编译器有太多的可能方案要考虑。诀窍就是要搞清楚编译器是如何优化源文件的，以便其能为我所用。

为了分析数据流，编译器将源代码划分成一些被称为基本块（basic block）的序列。基本块就是除了块的开始、结束位置外没有任何分支的机器指令序列。例如，请考虑如下 C 语言代码：

```
x = 2;                   // 基本块 1
j = 5;
i = f( &x, j);           // 基本块 1 结束
j = i * 2 + j;           // 基本块 2
if( j < 10 )             // 基本块 2 结束
{
   j = 0;                // 基本块 3
   i = i+10;
   x = x + i;            // 基本块 3 结束
}
else
{
   temp = i;             // 基本块 4
   i = j;
   j = j + x;
   x = temp;             // 基本块 4 结束
}
x = x * 2;               // 基本块 5
++i;
--j;

printf( "i=%d, j=%d, x=%d\n", i, j, x );  // 基本块 5 结束

// 基本块 6 从这里开始
```

这个程序片段含有 5 个基本块。基本块 1 从源代码头开始。基本块会在指令序列跳入/跳出的地方终结，基本块 1 在调用 f() 函数时结束。基本块 2 开始于调用 f() 函数后的语句，尽头位于 if 语句起始处，因为 if 会将控制导向两个可能的位置。基本块 1 的 else 子句结束了基本块 3，也标记出基本块 4 的开始，因为从 if 的 then

到达 else 后跟着的语句，需要跳转到 else 子句后的语句。基本块 4 的结束并非因为代码将控制发往别的地方，而是由于基本块 2 跳转的第一条语句启动了基本块 5（从 if 的 then 子句出来）。基本块 5 以对 C 语言 printf() 函数的调用结束。

要确定基本块在何处起止，最容易的办法是考虑编译器为该段代码产生的汇编代码。只要有地方是条件分支/跳转、无条件跳转或调用指令，就表明该基本块到头了。然而应注意，基本块可包含将控制发往别处的指令，在将控制发往别处的指令后马上开始新的基本块。还需要注意的是，任何条件分支的目标标记、无条件跳转或调用指令，都会形成新的基本块。

基本块的好处在于，它使编译器跟踪变量及其他程序数据的操作变得方便。编译器处理每条语句时，能基于变量初始值按符号跟踪其在基本块中的值，跟踪对这些变量进行的运算。

当两个基本块的路径汇集到同一个代码流时，问题就来了。比如在这个例子中，在块 3 结束处编译器能容易地确定变量 j 为 0，因为该基本块将 0 赋给 j，此后再没有对 j 赋值。类似地，在块 3 结束处，程序知道 j 的值为 j0+x0（假设 j0 表示 j 在进入该基本块时的初始值，x0 表示 x 在进入该基本块时的初始值）。但当路径在块 4 开始处汇集在一起时，编译器可能无法确定 j 的值是 0，还是 j0+x0。所以编译器要注意，j 的值在该点处可能是截然不同的两个值之一。

尽管只要优化程序说得过去，就很容易跟踪某变量在给定某点可能的两个值，但不难想象编译器有很多可能的不同值需要跟踪时会是什么情形。事实上，只要我们有若干 if 语句顺序执行的代码，通过这些 if 的每个路径都可以修改给定的变量，那么某变量可能值的数目就会随着每条 if 语句增长 1 倍。换句话说，可能的数目将与代码序列中的 if 语句条数呈指数关系。这种情况达到某种程度后，编译器将无法跟踪变量所有可能的值，只好停止跟踪给定变量的信息。要是这样的话，编译器能考虑的优化方案就变少了。

幸运的是，尽管循环、条件语句、switch/case 语句、过程/函数调用会以指数方式增加可能的路径数，但对于写得好的程序，实践中编译器很少出问题。这是由于，即便来自基本块的路径汇合在一起，程序也会经常对变量赋予新值，因而编译器也就不必跟踪旧信息了。编译器通常假设程序不会在每个路径内都对变量赋予不同值，编译器的内部数据结构也据此构建。所以要记住，倘若我们违背了这一假设，编译器对变量值的跟踪就可能会迷失，因而产生较差的代码。

对于结构糟糕的程序，由于其创建的控制流路径会迷惑编译器的优化程序，也就减少了优化机会。合理的程序能产生可归约的流程图（reducible flow graph）。流程图就是程序控制流的图形化表示。图 4-5 就是前面代码片段的流程图。

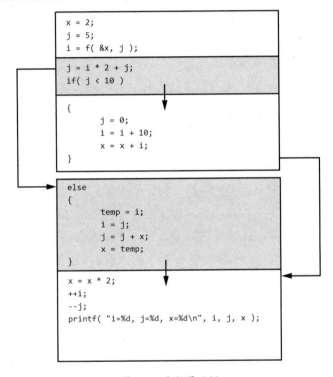

图 4-5　流程图示例

在此可以看出，各基本块的结束处与其转送控制的基本块开始处被用箭头线连接起来。在该个例中，所有的箭头都朝下，但实际情况并不总是这样。打个比方，循环在流程图中能将控制转回去。我们来看另一个例子，请考虑下列 Pascal 代码：

```
write( "Input a value for i:" );
readln( i );
j := 0;
while( j < i and i > 0 ) do begin
```

```
    a[j] := i;
    b[i] := 0;
    j := j + 1;
    i := i - 1;

end; (* while *)
k := i + j;
writeln( 'i = ', i, 'j = ', j, 'k = ', k );
```

图 4-6 给出了这段简单代码的流程图。

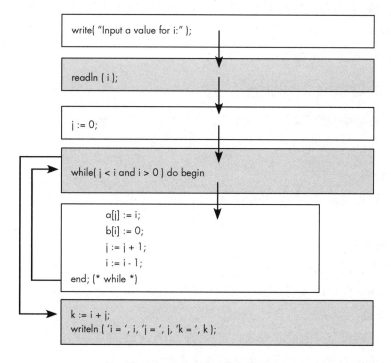

图 4-6　while 循环的流程图

我们已经提到，对于结构合理的程序，其流程图是可归约的。本书不打算详细介绍可归约流程图，我们只需知道，仅由 if、while、repeat...until 等结构化控制语句组成且不用 goto 的程序都是可归约的。这是一个重要的说法，因为编译器工作于可归约的程序时会表现很好。相比之下，不可归约的程序往往会破坏优化程序。

可归约的程序为什么便于优化程序处理呢？因为这种程序里的基本块可被缩写成提纲方式，提纲方式的块继承了基本块内在的特性（例如，块内修改了哪些变量）。通过将源文件按提纲方式处理，优化程序只需应对数目较少的基本块，而不是大量的语句。这种优化分级办法更有效率，可使优化程序维护更多有关程序状态的信息。另外，优化时间与复杂度的指数关系在此也起了作用。通过减少要处理的代码块数（化简），能够急剧减少优化程序的工作量。再次指出，编译器如何做到这一点的确切细节在此并不重要，关键是注意：程序如果避免采用 goto 语句等怪异的控制流传送算法，通常就是可归约的，优化程序将能对代码优化得更好。塞入一大堆 goto 语句，以免代码重复和执行不必要的测试——这样尝试"优化"代码只会适得其反。我们也许能在眼前的某些地方节约几个字节或几个周期，但其后果足以迷惑编译器，使之无法很好地实现全局优化，造成整体的效率损失。

4.4.4.4 常见的编译器优化措施

第 12 章将提供编译器优化措施的完整说明，并给出编程语境中常见编译器优化措施的示例。不过现在，我们先浏览一下优化的基本类型。

常量折叠

常量折叠就是在编译时期即计算出常量表达式或子表达式的值，而不是到运行时才发送代码去计算结果。参看 12.2.1 节。

常量传播

如果编译器能够更早确定在代码中某变量被赋值为常量，那么常量传播会把程序中要访问该变量的地方替换成常量值。参看 12.2.2 节。

死码消除

死码消除就是删除那些与特定源代码语句关联的目标码，这些源代码语句的结果从未被用过，或者条件块从来不为 true。参看 12.2.3 节。

公共子表达式消除

通常，表达式的一部分会在当前函数中的其他地方出现，这"一部分"被称为子表达式。如果子表达式中的变量值并未修改过，程序就不需要在出现子表达式的地方重复计算该表达式的值。程序可以在第一次计算时保存子表达式的值，然后将此值用到子表达式出现的其他地方。参看 12.2.4 节。

强度削弱

CPU 经常能采取与源代码不同的运算符，直接计算出某值。例如，当常量为 2 的次数（即 2 的整数次幂）时，移位（shift）操作可以代替操作数与此常量的乘除操作。某些取模（余数）操作可通过按位的 and 指令实现。而 shift 和 and 指令通常比乘法、除法指令快得多。多数优化程序都能准确地识别出这些开销很大的操作，并将其替换成开销较小的机器指令序列。参看 12.2.5 节。

归纳变量

对于许多表达式，特别是位于循环中的表达式，式中的某个变量值完全依赖于其他某个变量。这时编译器通常省去对其新值的计算，或者在循环期间将变量值计算与表达式计算合二为一。参看 12.2.6 节。

循环不变体

迄今为止所提到的优化措施，都是编译器用来改进精心编写的代码的技术。相比而言，处理循环不变体则是针对糟糕代码的编译器优化措施。循环不变体就是不随循环中每次迭代而变化的表达式。优化程序只要在循环外一次计算出这种运算的结果，就可以在循环体内使用该结果。许多优化程序很聪明，能找出循环不变体的计算式，并使用代码移动（code motion）将其移出循环体。参看 12.2.7 节。

出色的编译器还有不少优化"花招"。不过，以上是我们对任何像样编译器都能指望得上的标准优化措施。

4.4.4.5 控制编译器的优化

默认情况下，多数编译器几乎不采取优化措施：我们必须明确通知编译器执行某些优化。这似乎违反常理，毕竟大家通常希望编译器能为自己生成足够好的代码。然而，"最优化"的解释有许多种，哪个编译器的输出都无法满足这个术语的所有可能定义。

你也许会争辩：有几种优化——即使并非你感兴趣的类型，也总比没有强吧。但是，默认状态没有优化还是有一些理由的：

- 优化是一个漫长的过程。如果关掉优化程序，编译可以快一些。当处于快速的编辑一编译一测试周期时，这会很有帮助。

- 代码优化后许多调试器不能很好地工作。为了对应用程序使用调试器，只能关掉优化功能。这样还使得分析编译器的输出变得容易多了。

- 编译器的大部分缺陷都在优化程序中。倘若产生不经优化的代码，遇到编译器缺陷的可能性就会小一些（于是，编译器的编写者被告知缺陷的可能性相应也会小一些）。

多数编译器提供命令行选项，以便我们控制编译器实现的优化类型。UNIX 的早期 C 语言编译器，使用诸如-0、-01 和-02 这样的命令行参数来控制编译器的优化阶段。后来的许多 C 语言及其他编译器也采纳了同样的策略，尽管命令行选项并不完全一样。

你大概在想，编译器为何提供多个选项来控制优化，只要一个选项控制优化与否不就行了？请记住，"优化"对不同的人有不同的意义。有些人也许希望代码针对空间优化，而另一些人可能希望针对速度优化，而这两种优化在给定条件下是相互矛盾的。有的人似乎只想进行少量优化，不想让编译器老在处理他们的文件，所以他们只愿意进行少量的快速优化。还有的人希望针对 CPU 家族的某个特定成员，例如 80x86 中的 Core i9 来优化。再有，一些优化措施只有在以某种方式写程序时，才是"安全的"，即总能生成正确代码。倘若程序员无法保证他们是用这种方式写程序的，当然不希望使用这种优化功能。最后一点，对于程序员认真编写的高级语言代码，编译器所做的某些优化实际可能产生出劣质代码，所以程序员要想生成足够好的代码，具备设定专门优化方案的能力将会很方便。因此，现代编译器大都在要做的优化措施方面具备一定的灵活性。

就拿 Microsoft Visual C++来说吧，下面是 Visual C++提供的用来控制优化的命令行选项：

优化选项	
/O1	占用空间最小化
/O2	速度最快
/Ob<n>	内联展开（n 默认为 0）
/Od	禁用优化（默认设置）
/Og	启用全局优化
/Oi[-]	启用内建函数

/Os　　　优先考虑代码空间

/Ot　　　优先考虑代码速度

/Ox　　　最大限度的优化

/favor:<blend|AMD64|INTEL64|ATOM> 选择要优化的处理器，可以是：

　　　blend　　　　适用于不同 64 位处理器的优化组合

　　　AMD64　　　　AMD 的 64 位处理器

　　　INTEL64　　　Intel 之 64 位架构的处理器

　　　ATOM　　　　Intel 的 Atom 处理器

代码生成选项

/Gw[-]　　　为链接器分开全局变量

/GF　　　　启用只读字符串池

/Gm[-]　　　启用最小重新生成

/Gy[-]　　　为链接器分开函数

/GS[-]　　　使能安全检查

/GR[-]　　　启用 C++运行时类型信息（RTTI）

/GX[-]　　　启用 C++异常处理，同/EHsc 选项

/guard:cf[-]　　使能控制流保护 (control flow guard——CFG)

/EHs　　　　使能 C++的 EH（无 SEH 异常）

/EHa　　　　使能 C++的 EH（有 SEH 异常）

/EHc　　　　外部 C 默认的 nothrow（不抛出异常）

/EHr　　　　总是生成无异常运行时终结检查代码

/fp:<except[-]|fast|precise|strict>　　选择浮点数模型，可以是：

　　　except[-]　　生成代码时考虑到浮点数异常

　　　fast　　　　"快速"浮点数模型，结果不可预知

　　　precise　　　"精确"浮点数模型，结果可预知

　　　strict　　　"严格"浮点数模型（用到选项/fp:except）

/Qfast_transcendentals　　即便用到选项/fp:except，仍生成内联的固有浮点数

/Qspectre[-]　　使能对 CVE 2017-5753 的平缓措施

/Qpar[-]　　　使能并发代码生成

/Qpar-report:1　自动并发器诊断，指示并发循环

/Qpar-report:2　自动并发器诊断，指示未并发的循环

/Qvec-report:1　自动并发器诊断，指示矢量循环

/Qvec-report:2　自动并发器诊断，指示非矢量的循环

/GL[-]　　　　使能链接时生成代码

/volatile:<iso|ms> 选择易失性模型，可以是：

　　　iso　　　　获取/释放不保证用于易失性访问的语义

　　　ms　　　　获取/释放保证用于易失性访问的语义

/GA　　　　对 Windows 应用程序进行优化

/Ge　　　　强制对所有函数进行栈检查

/Gs[num]	控制对栈进行检查的调用
/Gh	使能_penter 函数调用
/GH	使能_pexit 函数调用
/GT	生成 fiber-safe TLS 访问
/RTC1	生成快速检查（同选项/RTCsu）
/RTCc	转换为较小类型的检查
/RTCs	栈帧运行时检查
/RTCu	检查未初始化的局部变量的使用
/clr[:option]	通用语言运行时(CLR)编译选项，包括：
pure	生成纯中间语言的输出文件，无本机可执行机器码
safe	生成纯中间语言的可校验的输出文件
initialAppDomain	使能 Visual C++ 2002 初始的 AppDomain 行为
noAssembly	不要生成汇编语言代码
nostdlib	忽略默认的\clr 目录
/homeparams	强制将通过寄存器传递的参数写到栈中
/GZ	使能栈检查（同选项/RTCs）
/arch:AVX	使能允许 AVX 的 CPU 采用相关指令
/arch:AVX2	使能允许 AVX2 的 CPU 采用相关指令
/Gv	采用__vectorcall 调用约定

GCC 也有类似的清单，但比这还长，可以对 GCC 命令指定选项"-v --help"来查看。大部分优化选项以"-f"打头。我们还可以用"-On"来指定不同的优化级别，其中 n 为一位数字。应小心使用"-O3"或更高级别的优化选项，因为某些情况下优化也许是不可靠的。

4.4.5 编译器评测

有一个现实因素将限制我们生成卓越代码，那就是不同编译器的优化措施千差万别。即使两个编译器实施同样的优化方案，其效果也会大不相同。

幸运的是，可以访问某些网站，它们对各种编译器进行了定量评测。这方面有一个非常好的网站 Willus.com。只要在线找寻诸如"compiler benchmarks"或"compiler comparisons"话题，就能得到有趣的信息。

4.4.6 本机码生成

本机码生成阶段负责将中间代码转换成目标 CPU 的机器码。例如，80x86 本机码生成程序会将前述的中间代码序列转换成下面这种形式：

```
mov( 5, eax );        //将常量 5 送入 EAX 寄存器
mov( eax, k );        //将 EAX 寄存器的内容(5)送入 k
add( eax, m );        //将 EAX 寄存器的内容加到变量 m 中
```

本机码生成后会进入二次优化阶段，按照本机器专有的特性来优化代码。例如，针对 Pentium II 的优化程序会将"add(1,eax);"替换成"inc(eax);"。较新 CPU 的优化程序或许做的是相反操作。优化程序对某些 80x86 处理器进行优化时，或许会将指令组织成某种序列形式，以便充分发挥超标量架构 CPU 的并行执行性能；而针对其他 80x86 CPU 的优化程序，可能对指令采取另外的组织形式。

4.5　编译器的输出

前面我们曾提到，典型编译器以机器码作为其输出。严格来说，这既不必要又非常见。大部分编译器的输出代码都是给定 CPU 不能直接执行的。有些编译器发出汇编语言源代码，这在执行前还需要由汇编器再做处理；有些编译器产生目标文件，这种文件与可执行代码相似，但不能直接执行；还有些编译器实际生成的是源代码输出，需要另一个高级语言编译器进一步处理。本节就来讨论这些五花八门的输出格式及其优缺点。

4.5.1　编译器输出高级语言代码

某些编译器实际生成另一种高级语言的源代码输出，参看图 4-7。例如，许多编译器，包括最早的 C++编译器，输出的都是 C 语言代码。事实上，这类编译器的编写者常常选择 C 语言代码作为其编译器的输出。

将高级语言代码作为编译器的输出有几点好处。输出是人可读的，且一般容易验证。编译器所生成的高级语言代码通常能跨平台移植。举例来说，如果某编译器的输出为 C 语言代码，通常就可以在不同机器上对其输出进行编译，因为多数平台都有 C 编译器。通过编译器输出高级语言代码，转换程序就能挂靠目标语言编译器中的优化程序，从而节省编写优化程序的时间。输出高级语言代码通常比输出其他

类型的代码要容易得多。这就允许编译器的编写者创建不太复杂的代码生成器模块，而对于编译过程最复杂的部分，则托付给其他某种健壮的编译器来解决。

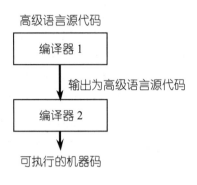

图 4-7　编译器产生高级语言代码

当然，产生高级语言代码的方法也有若干缺点。首先也是最重要的，这种方法往往比直接产生可执行代码要花费更多的处理时间。为了产生可执行文件，还需要另有一个编译器，这在其他编译器类型中是不必要的。更糟的是，第二个编译器的输出可能又需要其他编译器或汇编器做进一步处理，这使得问题更加严重。这种方法还有一个不便之处，就是难以嵌入调试程序用到的调试信息。然而，这种方法最根本的问题是，高级语言通常是底层机器码的抽象表示，因此编译器发出的高级语言语句很难高效地映射到底层机器码。

通常情况下，输出为高级语言语句的编译器是将超高级语言（very high-level language，VHLL）转换成较底层的语言。例如，人们往往把 C 语言看成比较底层的高级语言，这也正是许多编译器将 C 语言格式作为常用输出格式的原因。有人曾尝试创建一种专门的、可移植的底层语言，但这种做法从未普及开来。可以在网上查阅这类系统的代表——"C--"项目。

若想通过分析编译器输出来编写效率高的代码，我们大概会发现，采用输出高级语言代码的编译器时是难以做到这一点的。对于标准的编译器，我们只需了解编译器生成的特定机器码语句。然而，当编译器输出高级语言代码时，学习编程卓越之道的难度相应加大——我们既得了解主语言变成高级语言语句的过程，又要知道第二个编译器是如何将代码转换成机器码的。

通常输出高级语言代码的编译器要么是为超高级语言准备的试验性编译器，要么试图将老旧语言里的过时代码转译到更新的计算机语言代码中（例如，将FORTRAN 语言代码转换至 C 语言代码）。因此，期待这些编译器发出有效率的代码一般只是奢望。如果我们志在编写有效率的卓越代码，也许应对这类编译器敬而远之。能直接生成机器码或汇编语言代码的编译器更有可能产生小而快的可执行代码。

4.5.2　编译器输出汇编语言代码

很多编译器发出人能阅读的汇编语言源文件，而非二进制的机器码文件，如图 4-8 所示。这类编译器中最有名的当数 FSF/GNU 的 GCC 编译器套件，它输出的汇编语言代码可供 FSF/GNU 的 Gas 汇编器使用。就像发出高级语言代码的编译器一样，生成汇编语言源代码的编译器也有其优缺点。

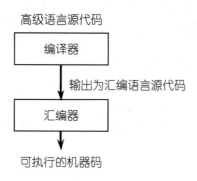

图 4-8　编译器产生汇编语言代码

类似于高级语言代码输出，生成汇编语言代码的主要不便在于，还得运行第二个语言转换器，即汇编器，才能生成可执行的代码。其另一个潜在的缺点是有些汇编器不允许嵌入调试元信息（meta-information），而调试元信息能够让调试器工作于原来的源代码——尽管许多汇编器支持嵌入这种信息的能力。如果编译器是向适当的汇编器发出代码，这两个缺点就会烟消云散。比如，FSF/GNU 的 Gas 汇编器运行得很快，并且支持插入调试信息供源码级调试器使用。于是，FSF/GNU 编译器不会因为生成 Gas 汇编语言代码而有所牺牲。

输出汇编语言代码的好处，尤其基于我们的目标考虑，就是编译器的输出容易看懂，且容易确定编译器输出哪些机器指令。事实上，我们在本书中一直都用这种机制来分析编译器输出。从编译器编写者的角度看，发出汇编代码可免于操心若干种不同的目标代码输出格式——由下层的汇编器来应付这些问题。这就能让编译器的编写者腾出心思去创建更具可移植性的编译器。如果他们想让编译器为不同操作系统生成代码，就无须将不同的目标输出格式合并到编译器。不错，要由汇编器干这种事，但只用对每个目标文件格式做一次编码，不必在每个编译器中为每种格式都编写代码。FSF/GNU 编译器套件就利用了 UNIX 关于"通过一串小工具实现较大、较复杂任务"的哲学，将冗余降低到最小。

编译器产生汇编语言代码输出还有一个优越性：这种编译器通常允许在高级语言代码中嵌入内联的汇编语言语句。在对时间有严格要求的代码部分，可直接插入机器指令，而无须创建单独的汇编语言程序，再将其输出链接到高级语言程序。

4.5.3　编译器输出目标文件

大部分编译器将高级语言源代码转换成目标文件格式。目标文件格式是一种中间文件格式，包含机器指令、运行时期的二进制数据及一些元信息。链接器/加载器根据元信息将各个目标模块合并在一起，生成完整的可执行文件。这就使得程序员能将其主应用模块链接至库模块（library module）及其他目标模块，而库模块等目标模块已事先各自编写并编译好。

输出目标模块的好处在于，不需要单独的编译器或汇编器来将编译器的输出转换到目标码形式，这在运行编译器时会节省一点时间。然而应注意，链接器仍得处理目标文件输出，因而在编译完成后又要花费些许时间。不过链接器的处理速度通常很快，因此编译一个模块并将其链接到若干已编译好的模块，比起一次编译所有模块来形成可执行文件，还是划算得多。

目标模块为二进制文件，数据是人不能阅读的。因此，使用目标模块分析编译器输出会稍微困难一些。幸运的是，有一些工具程序能够对目标模块的输出反汇编，将其变成人可阅读的形式。即便其结果不像编译器直接输出的汇编语言代码那样易读，我们仍能在编译器发出目标文件时通过研究其输出而收获甚丰。

因为目标文件通常难以分析，于是许多编译器提供了一个选项，可供生成汇编代码而非目标码。有了这个方便的功能，分析编译器输出就容易多了，本书中我们对几种编译器都用了这个窍门。

　　注意：4.6 节提供目标文件组件的详细说明，主要讲述的是 COFF（Common Object File Format，通用目标文件格式）。

4.5.4　编译器输出可执行文件

　　有些编译器直接发出可执行文件。这样的编译器通常很快就能在"编辑－编译－运行－测试－调试"周期中轮回一遍。不幸的是，其输出通常最难分析，需要动用调试器或反汇编器及大量手工操作，才能阅读这类编译器发出的机器指令。不过，这样的编译器因为周转很快而大受欢迎。本书后面将探讨如何分析这种编译器产生的可执行文件。

4.6　目标文件的格式

　　正如前面所述，目标文件是编译器采用的最流行的输出机制之一。尽管创建一种只供某个编译器及相关工具使用的专有目标文件格式并不难，然而大多数编译器发出的代码仍用一种或多种标准的目标文件格式。这样就能让不同编译器共用同一套目标文件工具，包括链接器、库管理程序、转储工具、反汇编器等等。常见的目标模块格式包括 OMF（Object Module Format）、COFF（Common Object File Format）、PE/COFF（微软推出的 COFF 变种）和 ELF（Executable and Linkable Format），此外还有不少目标文件格式及变种。

　　多数程序员懂得目标文件表示的是执行应用程序的机器码，但并不清楚目标文件的组织会对应用程序的性能和大小有什么影响。尽管掌握有关目标文件内部表示的详细知识并非我们卓越编程的必要条件，然而对目标文件格式有基本了解，将有助于我们利用编译器和汇编器产生代码的方式，更合理地组织源文件。

　　目标文件通常以几个字节组成的文件头开始。文件头包括若干标记信息（signature information），用于将文件标识为有效的目标文件，另一些值则指出若干数据结构在文件中的位置。除了文件头外，目标文件通常分成几个区域（section），每一区域包含应用程序数据、机器指令、符号表项、重定位数据及其他有关程序的元数据。实际代码和数据有时只占整个目标代码文件的一小部分。

要想体会目标文件是如何组织的，还是仔细看看某种特定的目标文件格式为妙。下面我们将讨论 COFF 格式，因为多数目标文件格式（如 ELF、PE/COFF）都是基于 COFF，或与之相似的。COFF 文件的基本布局如图 4-9 所示。后面几节将会详细说明该格式中的各区域。

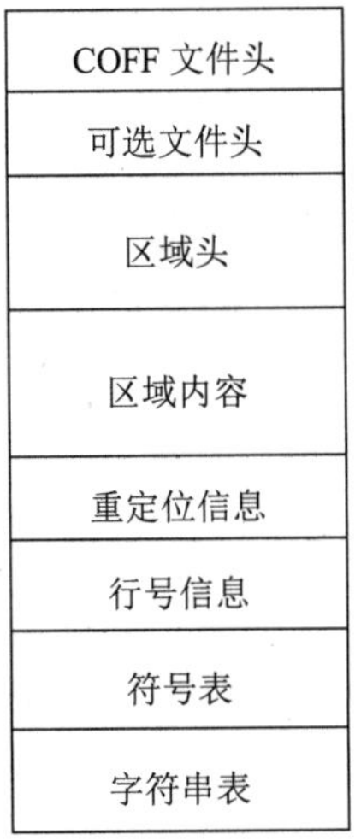

COFF 文件头
可选文件头
区域头
区域内容
重定位信息
行号信息
符号表
字符串表

图 4-9　COFF 文件的布局

4.6.1　COFF 文件头

每个 COFF 文件以 COFF 文件头（COFF file header）起始。Microsoft Windows 和 Linux 各自所用的 COFF 文件头结构如下：

```
// 摘自 Microsoft Windows 的 winnt.h:

typedef struct _IMAGE_FILE_HEADER {
    WORD  Machine;
    WORD  NumberOfSections;
    DWORD TimeDateStamp;
    DWORD PointerToSymbolTable;
    DWORD NumberOfSymbols;
```

```
    WORD SizeOfOptionalHeader;
    WORD Characteristics;
} IMAGE_FILE_HEADER, *PIMAGE_FILE_HEADER;

// 摘自 Linux 的 coff.h:
struct COFF_filehdr {
    char f_magic[2];            /* 幻数，标识创建此 COFF 文件的系统 */
    char f_nscns[2];            /* 区域数 */
    char f_timdat[4];           /* 日期、时间戳 */
    char f_symptr[4];           /* 指向符号表的文件指针 */
    char f_nsyms[4];            /* 符号表项的数目 */
    char f_opthdr[2];           /* 可选头信息的大小 */
    char f_flags[2];            /* 标志位 */
};
```

  Linux 头文件 *coff.h* 对这些域采用传统的 UNIX 名字；Microsoft 的头文件 *winnt.h* 采用的名字似乎更容易让人看懂。尽管各有一套字段名和声明方式，这两种定义描述的是同一样东西——COFF 头文件。下面是对文件头中每个字段的概述。

f_magic/Machine

  标识创建此 COFF 文件的系统。在初始的 UNIX 定义中，该值标识生成代码的特定 UNIX 端口。如今的操作系统对该值的定义还不尽一致，但该值起码能说明 COFF 文件包含的数据或机器指令是否适合于当前操作系统和 CPU。表 4-1 给出了 f_magic/Machine 字段的编码。

表 4-1　f_magic/Machine 字段的编码

数值	说明
0x14c	Intel 386
0x8664	x86-64
0x162	MIPS R3000
0x168	MIPS R10000
0x169	MIPS 小端 WCI v2
0x183	老式 Alpha AXP
0x184	Alpha AXP
0x1a2	Hitachi SH3

数值	说明
0x1a3	Hitachi SH3 DSP
0x1a6	Hitachi SH4
0x1a8	Hitachi SH5
0x1c0	ARM 小端
0x1c2	Thumb
0x1c4	ARMv7
0x1d3	Matsushita AM33
0x1f0	PowerPC 小端
0x1f1	带浮点数支持的 PowerPC
0x200	Intel IA64
0x266	MIPS16
0x268	Motorola 68000 系列
0x284	Alpha 的 64 位 AXP
0x366	带 FPU（浮点处理器）的 MIPS
0x466	带 FPU（浮点处理器）的 MIPS16
0xebc	EFI 字节码
0x8664	AMD AMD64
0x9041	Mitsubishi M32R 小端
0xaa64	ARM64 小端
0xc0ee	CLR 纯 MSIL（纯微软中间语言的"通用语言运行时"）

f_nscns/NumberOfSections

说明 COFF 文件中有多少段（区域）。链接器将利用该值遍历各区域头，稍后将说明。

f_timdat/TimeDateStamp

UNIX 风格的时间戳，即从 1970 年 1 月 1 日以来的秒数，用来说明文件的创建日期和时间。

f_symptr/PointerToSymbolTable

文件偏移量，即从文件开头算起的字节数，用以说明符号表（symbol table）在文件中的起始位置。符号表是一种数据结构，说明 COFF 文件中代码用到的所有外部、全局及其他符号的名字等信息。链接器使用符号表来解析外部引用。符号表信息也可能出现在最终的可执行文件中，以供符号调试器使用。

f_nsyms/NumberOfSymbols

该字段指定符号表项的数目。

f_opthdr/SizeOfOptionalHeader

该字段说明可选头区域的字节数。文件头区域后面是可选头区域。即可选头信息首字节位于文件头结构中的 **f_flags/Characteristics** 字段之后。链接器或其他目标码操作程序将以此值确定可选头信息在文件的何处结束，以及从何处开始区域头的信息。区域头紧跟着可选头信息，然而可选头信息并不是固定尺寸的。对于不同的 COFF 文件实现，其可选头结构也各有千秋。如果 COFF 文件中不存在可选头信息，**f_opthdr/SizeOfOptionalHeader** 应为 0，文件头后就是第一个区域头的信息。

f_flags/Characteristics

这是一个很小的位集合，包括若干布尔标志位，指示诸如文件是否可执行、是否有符号信息、是否含有供调试器使用的行号信息等。

4.6.2 COFF 可选文件头

COFF 可选文件头的内容与可执行文件有关。如果文件内容并非可执行的目标码，存在着未解析的引用，就可能没有可选头。然而请注意，即使文件不可执行，Linux 的 COFF 和 Microsoft 的 PE/COFF 文件中仍存在可选头。可选头信息的 Windows 和 Linux 结构采用如下 C 语言形式：

```
// Microsoft PE/COFF 可选头信息(摘自 winnt.h)

typedef struct _IMAGE_OPTIONAL_HEADER {
  // 标准字段有:
```

```
    WORD   Magic;
    BYTE   MajorLinkerVersion;
    BYTE   MinorLinkerVersion;
    DWORD  SizeOfCode;
    DWORD  SizeOfInitializedData;
    DWORD  SizeOfUninitializedData;
    DWORD  AddressOfEntryPoint;
    DWORD  BaseOfCode;
    DWORD  BaseOfData;

    // Windows NT 又增加了以下字段:
    DWORD  ImageBase;
    DWORD  SectionAlignment;
    DWORD  FileAlignment;
    WORD   MajorOperatingSystemVersion;
    WORD   MinorOperatingSystemVersion;
    WORD   MajorImageVersion;
    WORD   MinorImageVersion;
    WORD   MajorSubsystemVersion;
    WORD   MinorSubsystemVersion;
    DWORD  Win32VersionValue;
    DWORD  SizeOfImage;
    DWORD  SizeOfHeaders;
    DWORD  CheckSum;
    WORD   Subsystem;
    WORD   DllCharacteristics;
    DWORD  SizeOfStackReserve;
    DWORD  SizeOfStackCommit;
    DWORD  SizeOfHeapReserve;
    DWORD  SizeOfHeapCommit;
    DWORD  LoaderFlags;
    DWORD  NumberOfRvaAndSizes;
    IMAGE_DATA_DIRECTORY DataDirectory[IMAGE_NUMBEROF_DIRECTORY_ENTRIES];
} IMAGE_OPTIONAL_HEADER32, *PIMAGE_OPTIONAL_HEADER32;


// Linux/COFF 的可选头信息(摘自 coff.h)
typedef struct
{
    char magic[2];   /* 文件类型*/
```

```
    char vstamp[2];       /* 版本标记 */
    char tsize[4];        /* 以字节为单位的文本段长度，通过填充字节对齐到字边界 */
    char dsize[4];        /* 初始化的数据区大小 */
    char bsize[4];        /* 未初始化的数据区大小 */
    char entry[4];        /* 可执行程序的入口地址 */
    char text_start[4];   /* 文件中的文本基址 */
    char data_start[4];   /* 文件中的数据基址 */
} COFF_AOUTHDR;
```

我们马上就能注意到，这两个结构并不一样。Microsoft 版本比 Linux 版本多了
不少信息。文件头中的 **f_opthdr/SizeOfOptionalHeader** 字段用来指定可选头信息的
实际大小。

magic/Magic

为COFF文件提供另一个标记值。该标记值并非指示在哪个系统下创建COFF
文件，而是标识文件类型，如 COFF。链接器根据该字段中的值来确定它们
是否真的在对 COFF 文件进行操作；并非因随便对某个文件进行操作而迷惑
链接器。

vstamp/MajorLinkerVersion/MinorLinkerVersion

说明 COFF 格式的版本号，以便让处理老版本文件格式的链接器不再试图读
取新版本的文件，新版本文件理应交给较新的链接器处理。

tsize/SizeOfCode

说明代码区域的长度。如果 COFF 文件包含多个代码区域，则这个字段的值
不定，但通常指示 COFF 文件中首个代码/文本区域的大小。

dsize/SizeOfInitializedData

说明此 COFF 文件中数据段的长度。如果文件中包含两个或以上数据区域，
该字段的值同样是未定的。不过一般而言，该字段指示首个数据区域的大小。

bsize/SizeOfUninitializedData

指示 BSS（block started by a symbol）区，即符号起始区的大小，未初始化的
数据在此区域。同文本和数据区一样，假如有两个或以上的 BSS 区域，则该
字段是不定的，这时该字段值通常为首个 BSS 区域的大小。

注意： 参看 4.7.1 节了解关于 BSS 区域的更多信息。

entry/AddressOfEntryPoint

包含可执行程序的起始地址。类似于 COFF 文件头里的其他指针，该字段实际上是文件偏移量，并非真正的内存地址。

text_start/BaseOfCode

指示代码区域起始位置在 COFF 文件中的偏移量。倘若有多个代码区域，则该字段不定，但通常说明 COFF 文件中第一个代码区域的偏移量。

data_start/BaseOfData

指示数据区域起始位置在 COFF 文件中的偏移量。如果有多个数据区，则该字段不定，但通常为 COFF 文件中第一个数据区的偏移量。

没有必要有 bss_start/StartOfUninitializedData 字段。COFF 文件格式假定操作系统的程序加载器在将程序调入内存时，会自动为 BSS 区域分配存储空间，无须在 COFF 文件中为非初始化数据花费空间。然而出于性能考虑，一些编译器将 BSS 和 DATA 区域合并，4.7 节将描述其做法。

可选头结构其实倒退到了 UNIX 系统用过的老式目标文件格式——*a.out*。这就是它无法处理多个文本/代码和数据区域的原因，即使 COFF 允许有多个区域存在。

Windows 版本的可选头其余那些字段存放着程序员想向 Windows 链接器说明的值。对于手工运行过 Microsoft 的链接器的人来说，其中大部分字段的意图都显而易见。不管怎样，它们的特定功能在这里并不重要。真正应注意的是，COFF 并未要求可选头信息遵循一定的数据结构。各种 COFF 的实现，例如 Microsoft 版本，均可自由扩展对可选头信息的定义。

4.6.3　COFF 区域头

区域头位于可选头信息的后面。不像文件头和可选头，COFF 文件可以包含多个区域头。文件头中的 f_nscns/NumberOfSections 字段指定了区域头（以及区域）在 COFF 文件中的确切个数。要记住，首个区域头的起始文件位置并不固定。可选头信息的大小不定，而且事实上，如果没有的话，还可能为 0，故而应当把文件头中

f_opthdr/SizeOfOptionalHeader 字段的值加上文件头大小，才能得到首个区域头在文件中的起始位置。而区域头是大小固定的，所以一旦取得首个区域头的地址，就很容易算出其他区域头的地址——只要将期望的区域头序号乘以区域头尺寸，再将其积加上首个区域头的偏移量即可。

下面是 Windows 和 Linux 区域头的 C 语言结构定义：

```
// Windows 的区域头结构(摘自 winnt.h)

typedef struct _IMAGE_SECTION_HEADER {
    BYTE Name[IMAGE_SIZEOF_SHORT_NAME];
    union {
        DWORD PhysicalAddress;
        DWORD VirtualSize;
    } Misc;
    DWORD VirtualAddress;
    DWORD SizeOfRawData;
    DWORD PointerToRawData;
    DWORD PointerToRelocations;
    DWORD PointerToLinenumbers;
    WORD  NumberOfRelocations;
    WORD  NumberOfLinenumbers;
    DWORD Characteristics;
} IMAGE_SECTION_HEADER, *PIMAGE_SECTION_HEADER;

// Linux 的区域头结构(摘自 coff.h)
struct COFF_scnhdr
{
    char s_name[8];          /* 区域名 */
    char s_paddr[4];         /* 物理地址，别名为 s_nlib */
    char s_vaddr[4];         /* 虚拟内存地址 */
    char s_size[4];          /* 区域尺寸 */
    char s_scnptr[4];        /* 指向本区域数据开始处的文件指针 */
    char s_relptr[4];        /* 指向重定位列表的文件指针 */
    char s_lnnoptr[4];       /* 指向当前区域行号记录的文件指针 */
    char s_nreloc[2];        /* 重定位项的项数 */
    char s_nlnno[2];         /* 当前区域行号记录的项数 */
    char s_flags[4];         /* 标志位 */
};
```

若仔细查看这两个结构，会发现它们大体是等效的。唯一的结构区别就是 Windows 重载了物理地址字段，而在 Linux 中 s_paddr 总是等价于 VirtualAddress 字段，同样拥有 VirtualSize 字段值。

下面是对各字段的概述。

s_name/Name

说明区域的名称。Linux 显然将该字段限制为 8 个字符，故而区域名最长为 8 个字符。通常假如源文件指定的名字较长，编译器/汇编器会在创建 COFF 文件时把区域名截尾至 8 个字符。倘若区域名果真为 8 个字符，则这 8 个字符将占据字段内的所有字节，于是没有了零终结字节。倘若区域名少于 8 个字符，则会在名字后加一个零终结字节。该字段的值往往是 .text、CODE、.data 或 DATA 之类的字符串。但是要注意，这个名字并非定义段的类型。创建一个代码/文本区域，照样可以将其命名为"DATA"；也可以创建一个数据区域，命名为".text"或"CODE"。真正决定区域类型的是 s_flags/Characteristics 字段。

s_paddr/PhysicalAddress/VirtualSize

多数工具不用这个字段。在类 UNIX 操作系统如 Linux 中，该字段一般被设成与 VirtualAddress 字段相同的值。不同的 Windows 工具将此字段设为包括 0 在内的不同值。链接器/加载器似乎不受该字段值的影响。

s_vaddr/VirtualAddress

说明该区域调入内存后的地址，例如其虚拟内存地址。注意这是运行时期的内存地址，并非文件内的偏移量。程序加载器根据该值确定将此区域放到内存的何处。

s_size/SizeOfRawData

说明该区域的大小，单位为字节。

s_scnptr/PointerToRawData

给出该区域数据在 COFF 文件中的起始偏移量。

s_relptr/PointerToRelocations

给出本区域内重定位列表在文件中的偏移量。

s_lnnoptr/PointerToLinenumbers

为当前区域行号记录的文件偏移量。

s_nreloc/NumberOfRelocations

说明在 s_relptr/PointerToRelocations 文件偏移处有多少个重定位项。重定位项是小型的数据结构，提供寻址到该区域数据区的文件偏移量，文件调入内存时必须修正。限于篇幅，我们不打算讨论重定位项。如果你对其细节感兴趣，可以查看本章结尾处的参考资料。

s_nlnno/NumberOfLinenumbers

说明在 s_lnnoptr/PointerToLinenumbers 偏移量处能找到多少个行号记录。行号信息供调试器使用，不属于本章的讲述范围。同样，倘若对行号项的细节感兴趣，可以查看本章结尾处的参考资料。

s_flags/Characteristics

说明本区域有哪些特性的位集合。特别地，该字段会指出本区域是否需要重定位，是否包含代码，是否只读，等等。

4.6.4　COFF 区域

区域头提供了描述目标文件中实际数据和代码的目录。s_scnptr/PointerToRawData 字段包含了原始二进制数据或代码在文件中的偏移量，而 s_size/SizeOfRawData 字段则指定了该区域数据的长度。出于重定位的需要，区域块中的数据与操作系统调入内存的数据可能并不完全一致。这是因为区域中的许多指令操作数地址和指针值都可能要基于操作系统将程序调入的位置进行修正，以便重定位文件。与区域数据隔开的重定位列表存放着区域内的偏移值，操作系统必须据此对区域的重定位地址加以修正。修正是在操作系统将区域数据从磁盘调入内存时进行的。

尽管 COFF 区域中的那些字节不一定是运行时期内存中的确切数据，但 COFF 要求区域中的所有字节应映射到内存的相应地址，以便让加载程序将区域中的数据直接从文件拷贝到连续的内存单元。重定位操作只是改变区域中某些字节的值，既不插入也不删除区域中的数据。上述要求有助于简化系统加载程序，改善应用程序的性能，因为操作系统在把程序调入内存时无须将大块内存搬来移去。这么做的缺点是 COFF 格式失去了压缩区域内冗余数据的机会。然而，性能优先于体积正是 COFF 格式的设计初衷。

4.6.5　重定位区域

COFF 的重定位区域存放着特定 COFF 区域内指针的偏移量，在系统将这些 COFF 区域内的代码或数据调入内存时，必须对其重定位。

4.6.6　调试与符号信息

图 4-9 中的最后 3 个区域包含调试器（或称为"调试程序"）和链接器用到的信息。其中一个区域包含行号信息，调试器利用行号信息将源代码行与可执行的机器代码指令对照起来。符号表区域和字符串表区域存放着 COFF 文件的公用及外部符号，链接器以此信息来在目标模块间解析外部引用；调试器则用该信息在调试期间显示符号变量和函数名。

> **注意：** 本书不提供 COFF 文件格式的完整说明。倘若你对编写诸如汇编器、编译器和链接器之类的应用程序有兴趣，就有必要深入发掘 COFF 和其他目标码的格式，比如 ELF、MACH-O 及 OMF 等等。若要详细研究这个领域，则可参考本章末尾给出的参考资料。

4.7　可执行文件的格式

操作系统大都为可执行文件采用专门的格式。通常可执行文件格式与目标文件格式相似，其主要区别在于可执行文件中一般没有未解析的外部引用。

除了机器代码和二进制数据，可执行文件还含有其他元数据，包括调试信息、动态链接库的链接信息，以及定义操作系统应怎样将文件各区域调入内存的细节信息。因 CPU 和操作系统而异，可执行文件也可能包括重定位信息，以便操作系统在将文件调入内存时修正绝对地址。目标代码文件同样包含这些信息，因此许多操作系统所用的可执行文件格式类似于其目标文件格式，就不足为奇了。

Linux、QNX 等类 UNIX 的操作系统使用 ELF 格式——"可执行及可链接的格式"（Executable and Linkable Format），这种格式是"目标模块格式"（object module format）和可执行格式的典型结合。的确，ELF 的名称就指明了其文件格式的双重特性。微软的 PE 格式是从 COFF 格式直接修改而来的。这种可执行格式与其目标文件格式的相似性，允许操作系统的设计者在负责执行程序的加载器和链接器之间共享代码。既然如此，没有理由再专门探讨可执行文件里的数据结构。否则，只会大量重复前些节中的内容。

然而，这两种文件类型的布局有着实践上的明显区别。目标代码文件通常设计得尽量小；而可执行文件则往往设计成尽可能快地调入内存，即便这样会使文件不得不增大。大文件比小文件调入内存快，这种说法听起来似乎自相矛盾。然而假如操作系统支持虚拟内存的话，可能只将可执行文件的一部分调入内存。精心设计的可执行文件格式会利用这一点，在文件中合理布局数据和机器指令，从而减少虚拟内存的开销。

4.7.1 页、段和文件大小

虚拟内存子系统和内存保护方案按页操作内存。典型处理器的一页通常介于 1KB 到 64KB 之间。不管一页有多大，页都作为最小内存单位，应用于诸如设定页内数据是只读的、可读/写的或可执行的等独特保护特性。特别地，只读/可执行代码与可读/写数据无法共存于同一页——必须位于内存中的不同页。以 80x86 CPU 家族为例，内存中的每页为 4KB。因此，倘若我们有可读/写的数据，并希望将机器指令置于只读内存，那么要分配给进程的最少代码空间和最少数据空间就是 8KB。实际上，大部分程序包含若干"段"（也就是我们在之前的目标文件里看到的"区域"），我们可以对其分别设立保护权限，每个区域都会请求在内存中获得专用的一到多个页，而不与其他区域共享。典型程序在内存中至少有 4 个区域：代码或文本、静态数据、未初始化数据和栈是最常见的区域，请参看图 4-10。此外，许多编译器还生成堆（heap）段、链接段、只读数据段、常量数据段和应用程序具名数据段等。

由于操作系统将段映射为页，因此某个段所请求的字节数总为页尺寸的整数倍。举个例子，如果程序有一个段只含有 1 字节的数据，那么该段照样会在 80x86 上占据 4096 字节空间。类似地，倘若一个 80x86 应用程序包含 6 个不同的段/区域，那么它至少要占用 24KB 内存，不管程序有多少机器指令和数据字节，也不管可执行文件多大。

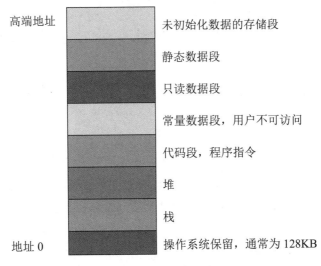

图 4-10　内存中的典型段

ELF、PE/COFF 等许多可执行文件格式在内存中提供了 BSS 区域选项。BSS 区域是程序员存放未初始化静态变量的地方。既然其值没有初始化，就没必要在可执行文件中为这些变量胡乱填充一个值。因此，在有些可执行文件格式中，BSS 区域只是一个小小的存根（桩），用于把 BBS 区域的大小告知操作系统的加载程序。这样一来，我们就可以向应用程序中添加新的未初始化静态变量，却不影响可执行文件的大小。增加 BSS 数据后，编译器只需调整一个值，告知加载程序应为未初始化变量保留多少字节即可。要是向初始化数据区域添加同样的这些变量，可执行文件的大小会随着所加入的每个数据字节而增长。能节省外存设备的空间显然是好事，故而利用 BSS 区域减小可执行文件尺寸是一个不错的优化措施。

不过，许多人容易忘记，BSS 区域同样会在运行时期请求主存。可执行文件即使不大，我们在程序中声明的每一字节数据仍会在内存里被转换为对应数据。有些程序员错误地认为，可执行文件尺寸就是程序所占用内存的大小，这往往不符合实际情况，正如 BSS 例子所示的那样。某应用程序的可执行文件也许只有 600 字节，但如果程序用到 4 个不同区域,每个区域在内存中占有一个 4KB 页,那么在操作系统将其调入内存时程序将请求 16384 字节的空间。这是因为底层的内存保护硬件要求操作系统将内存一页页地分配给指定进程。

4.7.2　内部碎片

可执行文件可能比应用程序的执行内存区,即应用程序运行时占用的内存(即内存足迹)小的另一个原因就是,存在内部碎片(internal fragmentation)。即便只需内存块的很小一部分,一旦必须按固定尺寸的块分配内存,就会出现内部碎片(参看图 4-11)。

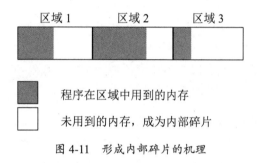

图 4-11　形成内部碎片的机理

请记住,即便区域数据量并非页尺寸的整数倍,内存中的每个区域仍要占据整数个页。区域内从最后一个数据/代码字节开始到页末的所有字节都浪费掉了,浪费的字节就是内部碎片。一些可执行文件格式允许打包每个区域,而无须将其加长为整数倍页大小。然而正如将要看到的,以此方式打包区域会付出性能的代价,所以有的可执行文件格式并不这么做。

最后不要忘了,可执行文件的大小还未计入运行时期动态分配的数据大小,例如堆中的数据和 CPU 栈中的值。不难看出,应用程序其实能够占据比可执行文件尺寸大得多的内存。

玩家们经常比赛,看谁能用顺手的语言写出最小的"Hello World"程序。汇编语言程序员特别津津乐道于自己用汇编语言写出的这个程序能够比用 C 等高级语言写的小得多。这是一场有趣的智力挑战赛。然而,不管程序可执行文件的大小是 600B还是 16KB,一旦操作系统为程序的不同区域分配了四五个页,那么程序在运行时期占据的内存大小很可能是半斤对八两。写出世上最短的"Hello World"程序会给某人以吹牛的资本，但现实世界由于存在内部碎片，这样的应用程序运行时几乎毫无节省可言。

4.7.3 为什么还要空间优化

对空间的优化并非没有价值。编程卓越的程序员会通盘考虑其应用程序用到的所有资源，而避免浪费这些资源。不过，试图将此过程推向极端是得不偿失的。假如区域尺寸低于 4096 字节，既然 80x86 等 CPU 的页尺寸为 4KB，那么任何优化都将无功而返。不用说，如果给定的区域大于 4096 字节，就有可能将其缩减到这个"坎儿"以下，优化就值得一试了。记住，分配粒度（allocation granularity）即最小分配块的大小为 4096 字节。如果我们的区域是 4097 字节的数据，就会在运行时期占用 8192 字节的空间。应该设法将区域减少一个字节，从而在运行时期节省 4096 字节的空间。但是，倘若数据区域占据 16380 字节，要想将其减少 4092 字节，如此缩小文件将是相当困难的，除非开始时数据组织得太有水分。

我们注意到，多数操作系统分配磁盘空间以"簇"（cluster）或"块"（block）为单位，簇或块相当于甚至大于 CPU 内存管理的页尺寸。因此，如果为了少占磁盘空间而将可执行文件缩减到 700 字节（即便对于海量的现代磁盘驱动子系统，这么做最多算得上精神可嘉），节约效果并不像我们期望的那么好。例如，那个 700 字节的应用程序照样会占据磁盘表面上最小单位的一块。所有为应用程序代码或数据节省出来的空间，到头来只会更多地浪费磁盘文件空间——当然，这取决于区域/块的分配粒度。

对于较大的可执行文件，因为其体积比磁盘块大，内部碎片对空间浪费的影响要轻微一些。如果可执行文件的打包数据和代码区域，在区域间没有浪费任何空间，则内部碎片只会在文件末尾即最后一个磁盘块出现。假定文件体积是随机的，甚至文件散布于磁盘各处，那么内部碎片会平均对每个文件浪费一个磁盘块的一半。当磁盘块大小为 4KB 时，每个文件浪费 2KB。对于非常小的小于 4KB 的文件，浪费掉的文件空间很可观。然而在应用程序较大时，浪费的空间就无关紧要了。既然如此，似乎只要将程序的所有区域顺序打包到可执行文件中，文件就会尽可能地小，但这么做能如愿以偿吗？

倘若所有因素平等地起作用，可执行文件较小自然不错。然而正如经常遇到的情况，各种因素并不平等，所以有时创建尽量小的可执行文件并非上策。为什么呢？请回想先前对操作系统虚拟内存子系统的讨论。当操作系统将应用程序调入内存准备执行时，并不实际读取整个文件，而是由操作系统的页管理系统只调入能够启动应用程序的那些页。这通常包括可执行代码的首页、存放栈数据的内存页，还可能有一些数据页。理论上，应用程序只要在内存中有两三个页，就能开始执行，其他代码和数据页可在需要时再调入（当应用程序请求这些页中的代码或数据时），这就是所谓的按需的页内存管理（demand-paged memory management）。在实践中，大部分操作系统出于效率方面的考量，实际上都会先调入多个页——在内存中维护一个"页的工作集"（working set）。总而言之，操作系统通常不将整个可执行文件调入内存，而是在应用程序请求时调入某些块。这样一来，从文件调入某页到内存的操作将显著影响程序的性能。于是有人可能会问，既然操作系统采取按需的页内存管理，有没有办法组织可执行文件的内容，以提高其性能？答案就是"有，如果把文件稍微变大的话"。

改进性能的诀窍在于将可执行文件的块与内存页的布局匹配起来。这意味着内存中的区域/段应当与可执行文件中按页划分的边界对齐，还意味着文件块大小应为磁盘扇区或块的整数倍。具备这些条件后，虚拟内存管理系统能将磁盘上的文件块快速拷贝到内存中的一页，更新任何必要的重定位值，继续程序的执行。另一方面，假如页数据横跨磁盘的两个块，而且没有与磁盘块的边界对齐，操作系统只好从磁盘上读取两个块——而非一个块——到内部缓冲区，再从缓冲区中将页数据拷贝到其所属的目标页中。这一额外操作很花时间，会对应用程序的性能造成负面影响。

由于这个原因，有的编译器实际上会将可执行文件撑大，确保可执行文件中的每个区域起始于块边界，以便虚拟内存管理子系统能将其直接映射到内存中的一页。这种编译器生成的可执行文件，往往比无此技术的编译器所产生的可执行文件大得多，在可执行文件中含有大量 BBS（未初始化的）数据，打包文件格式显得非常紧凑时更是如此。

由于一些编译器生成的打包文件以牺牲执行时间换取少占用空间，而另一些编译器生成调入和运行速度更快的展开文件，因此靠比较所生成可执行文件的大小来衡量编译器质量的做法是危险的。确定编译器输出质量的最好途径是直接分析其输出，而不是使用诸如输出文件大小之类的牵强指标。

注意： 分析编译器输出是第 5 章的课题，所以要是你对此感兴趣，就继续读下去吧。

4.8 目标文件中的数据和代码对齐

我在《编程卓越之道（卷 1）》中曾指出，将数据对齐到与其尺寸"自然匹配"的地址边界时可改善访问的性能。将过程代码开头或者循环的起始指令对齐到某个合适的边界也能取得同样效果。编译器的编写者对此心知肚明，经常在数据或代码流中插入填充字节（padding byte），以便将数据或代码序列对齐到适当的边界。然而要知道，链接器在链接两个目标文件以生成单一可执行文件时，可任意移动代码区域。

区域一般对齐于内存中的页边界。对于典型的应用程序，文本/代码区域在某个页边界位置开始，数据区域则从另一个页边界位置开始。如果有 BSS 区域的话，BSS 区域也会开始于自己的页边界，依此类推。然而这并不是说在目标文件中，区域头涉及的每个区域都在内存里从自己的页开始。链接器会在可执行文件中将同名的多个区域合并成一个区域。因此，举例来说，如果两个不同的目标文件都含有.text 段，链接器就会将其合并成一个.text 区域，放置在最终的可执行文件中。通过合并同名的区域，链接器就不会把大量内存浪费到内部碎片上。

链接器如何满足其合并的各区域的对齐要求呢？答案当然与所用的具体目标文件格式和操作系统有关，但一般可以从目标文件格式本身找到。举例来说，Windows的PE/COFF 文件中有 IMAGE_OPTIONAL_HEADER32 结构，其中有一个名为 SectionAlignment的字段。链接器和操作系统在合并区域和将区域调入内存时，必须知道该字段说明的地址边界。在 Windows 下，PE/COFF 文件可选头信息的 SectionAlignment 字段通常为 32 或 4096 字节。4KB 值当然会在内存中将区域对齐于 4KB 页边界。选择对齐值 32，也许因为它是一个合理的缓存线值，可参看《编程卓越之道（卷 1）》中对缓存线的讨论。当然，其他值也不无可能——应用程序员可通过链接器或编译器的命令行参数，指定区域对齐的值。

4.8.1 选择区域对齐值

编译器、汇编器或其他代码生成工具能够保证在区域内的任何对齐都按区域对齐值的约数实现。例如，如果区域对齐值为 32，则该区域内的数据可按 1、2、4、8、16、32 对齐。显然，再大的对齐值是不可能的。区域的对齐值若为 32 字节，就无法保证区域内数据对齐到 64 字节边界，因为操作系统或链接器只考虑区域的对齐尺寸，会将区域放在任何为 32 字节倍数的边界。而这些边界中一半不是 64 字节边界。

有一个事实或许不太显而易见，就是不能将区域内的数据对齐到区域对齐值的非约数位置。比如，具有 32 字节对齐值的区域不会允许对齐尺寸为 5 字节。不错，我们是能让数据在区域内的偏移量为 5 的倍数；但如果区域的内存起始地址并非 5 的倍数，那么想对齐的地址恐怕不会落在 5 字节的倍数上。唯一的办法就是将区域对齐值定为 5 的某个倍数。

由于内存地址是二进制值，因此语言转换器和链接器大都将对齐值限制为小于或等于 2 的某个最大整数次幂，通常也就是内存管理单元的页尺寸。许多语言的对齐值仅为 2 的较小次方，如 32、64 或 256。

4.8.2 合并区域

在链接器合并两个区域时，必须考虑各区域相关的对齐值，因为应用程序可能要靠此对齐值才能正确工作。因此，链接器或其他对多个目标文件进行区域合并的程序在创建合并的区域时，一定不能仅仅对接两个区域的数据就了事。

当合并两个区域时，若两个区域中有一个或全部的长度并非区域对齐值的整数倍，链接器也许得在区域间加入填充字节。例如，如果两个区域的对齐值都是 32，而一个区域为 37 字节长，另一个是 50 字节长，链接器会在第一个区域与第二个区域之间加入 27 字节的填充，或者在第二个区域与第一个区域之间添加 14 字节的填充——通常由链接器决定合并时的区域顺序。

倘若两个区域的对齐值不一样，情况会稍复杂一些。当链接器合并两个区域时，需要确保对齐值兼顾两个区域的要求。如果某区域的对齐值是另一区域的整数倍，链接器只要以较大的那个对齐值为准即可。比方说，假设对齐值都是 2 的整数次幂（多数链接器这么要求），那么链接器只需挑出较大的那个对齐值，作为合并后区域的对齐值。

如果某区域的对齐值并非另一个区域的整数倍，要保证对齐值同时满足两个区域的要求，唯一方法就是使用两个值的乘积，或最好使用两个值的最小公倍数。例如，在要合并的两个区域中，一个区域的对齐值为 32 字节，另一个区域对齐于 5 字节，则要求的对齐值是 160 字节（5×32）。合并这样的区域太复杂，所以多数链接器要求区域尺寸为 2 的较小整数次幂值，以确保较大的段对齐值总是较小对齐值的整数倍。

4.8.3　区域对齐的控制

人们一般使用链接器选项来控制程序中的区域对齐。以微软的 *link.exe* 程序为例，命令行参数"/ALIGN:value"告诉链接器，将输出文件中的所有区域对齐至指定边界，value 须为 2 的整数次幂。GNU 的链接器 *ld* 则通过在链接脚本文件中使用"BLOCK(value)"选项来指定边界对齐值。macOS 的 *ld* 链接器提供命令行选项"-segalign value"，用以指定区域对齐值。具体命令与可能的值都与链接器有关，不过现代链接器几乎全都允许指定区域对齐属性。可查看所用链接器的文档来了解具体细节。

在设置区域对齐值时要注意：链接器往往要求给定文件的所有区域应对齐到相同边界，即 2 的整数次幂值。因此，如果我们对各区域有不同的对齐需求，应对目标文件内的所有区域选取最大的对齐值。

4.8.4　库模块内的区域对齐

倘若我们用到一大堆短的库例程，区域内的对齐会对可执行文件的尺寸影响甚大。例如，我们已经为库中的目标文件所关联的区域指定对齐尺寸为 16 字节。链接器处理的每个库函数将被放到 16 字节边界。如果函数很小，少于 16 字节，那么在链接器创建的最终可执行文件中，函数间的空间就会闲置下来。这是另一种形式的内部碎片。

要理解将区域中的代码或数据对齐到给定边界的原因，可以想想缓存线的工作原理（参看《编程卓越之道（卷 1）》）。通过将函数开头对齐到缓存线上，执行时就能减少错失次数，从而使函数的执行速度有所提高。正是由于这个原因，许多程序员喜欢将其全部函数都对齐到缓存线的开始处。缓存线大小因 CPU 而异，不过典型的缓存线为 16 到 64 字节长，所以许多编译器、汇编器和链接器都试图将代码、数据对齐到其中的某个边界。在 80x86 处理器上，按 16 字节对齐还有其他一些好处，因而不少基于 80x86 的工具对目标文件默认按 16 字节对齐。

举个例子，请看如下简短的 HLA 程序，它调用两个小的库例程，后面将用 Microsoft 工具进行处理：

```
program t;
#include( "bits.hhf" )

begin t;
    bits.cnt( 5 );
    bits.reverse32( 10 );
end t;
```

下面是库模块*bits.cnt*的源代码：

```
unit bitsUnit;

#includeonce( "bits.hhf" );

    // bitCount 计算在某双字数值中位 "1" 的个数，该函数在 EAX 寄存器中返回双字值。

    procedure bits.cnt( BitsToCnt:dword ); @nodisplay;

    const
        EveryOtherBit := $5555_5555;
        EveryAlternatePair := $3333_3333;
        EvenNibbles := $0f0f_0f0f;

    begin cnt;

        push( edx );
        mov( BitsToCnt, eax );
        mov( eax, edx );

        // 计算 EAX 中每一对比特位中 1 的个数。该算法将 EAX 中的每对比特位看作一个两比特数，
```

```
// 并按下列方法计算位数（在此说明的是第 0 位和第 1 位，可推广至其他比特对）:
//
// EDX = BIT1 BIT0
// EAX = 0    BIT1
//
// EDX-EAX  =  00，如果两位均为 0。
//             01，如果 Bit0=1，且 Bit1=0。
//             01，如果 Bit0=0，且 Bit1=1。
//             10，如果 Bit0=1，且 Bit1=1。
//
// 注意结果位于 EDX。

shr( 1, eax );
and( EveryOtherBit, eax );
sub( eax, edx );
// 将各比特对加到一起，以求出 4 比特位的和。是这么实现的:
//
// EDX 存放位 2,3, 6,7, 10,11, 14,15, ···, 30,31 中的某个数，它们
// 分别位于比特对 0,1, 4,5, ···, 28,29，其他位则为 0。
//
// EAX 存放位 0,1, 4,5, 8,9, ···, 28,29 中的某个数，
// 仍位于这些位，其余位全为 0。
//
// EDX+EAX 生成这些比特对的和。
// 和在 EAX 中占据位 0,1,2, 4,5,6, 8,9,10, ··· 28,29,30，其余位为 0。

mov( edx, eax );
shr( 2, edx );
and( EveryAlternatePair, eax );
and( EveryAlternatePair, edx );
add( edx, eax );


// 现在计算和的奇数半字节位和偶数半字节位之和。
// 由于 EAX 中的 3、7、11 等位经过上述运算后为 0，无须进行 AND 运算，只要移位并与原值相加即可。
// 这里将 EAX 的 4 个字节看作单独的 4 个数，计算其 1 的位数和。
// （AL 包含原 AL 的位 1 数目，而 AH 包含原 AH 的位 1 数目，等等）

mov( eax, edx );
shr( 4, eax );
add( edx, eax );
```

```
        and( EvenNibbles, eax );

        // 现在需要来点"花招"了。我们想计算这 4 个字节的和, 将结果返回至EAX。
        // 通过下面的累加达到目的, 它是这样工作的:
        // (1) $01 分量存放位 24..31。
        // (2) $100 分量将位 17..23 加至位 24..31。
        // (3) $1_0000 分量将位 8..15 加至位 24..31。
        // (4) $1000_0000 分量将位 0..7 加至位 24..31。
        //
        // 位 0..23 的内容无意义, 而位 24..31 为原EAX值中 1 的实际位数。
        // SHR指令将此值右移至位 0..7, 并将EAX的高位清零。

        intmul( $0101_0101, eax );
        shr( 24, eax );

        pop( edx );

    end cnt;

end bitsUnit;
```

下面是bits.reverse32()库函数的源代码。注意该源文件还包括bits.reverse16()和bits.reverse8()函数, 为了节省篇幅, 这里没有给出其函数体。这些函数的操作与我们的讨论不相干, 但请注意它们将值的高位（high-order, HO）和低位（low-order, LO）进行了互换。因为这 3 个函数位于同一个源文件, 故而用到其中一个函数的程序也会自动包含其他两个函数——编译器、汇编器和链接器的工作方式使然。

```
unit bitsUnit;
#include( "bits.hhf" );

    procedure bits.reverse32( BitsToReverse:dword ); @nodisplay; @noframe;
    begin reverse32;
        push( ebx );
        mov( [esp+8], eax );

        // 将下列数中的字节互换位置
        bswap( eax );

        // 将下列数中的半字节互换位置
```

```
    mov( $f0f0_f0f0, ebx );
    and( eax, ebx );
    and( $0f0f_0f0f, eax );
    shr( 4, ebx );
    shl( 4, eax );
    or( ebx, eax );

    // 将下列数中的每两位互换位置
    mov( eax, ebx );
    shr( 2, eax );
    shl( 2, ebx );
    and( $3333_3333, eax );
    and( $cccc_cccc, ebx );
    or( ebx, eax );

    // 将下列数中的每隔一位互换位置
    lea( ebx, [eax+eax] );
    shr( 1, eax );
    and( $5555_5555, eax );
    and( $aaaa_aaaa, ebx );
    or( ebx, eax );
    pop( ebx );
    ret( 4 );

end reverse32;



procedure bits.reverse16( BitsToReverse:word );
    @nodisplay; @noframe;
begin reverse16;
    // 代码类似于 reverse32，我们对其不感兴趣，这里不再赘述
    ...
end reverse16;



procedure bits.reverse8( BitsToReverse:byte );
    @nodisplay; @noframe;
begin reverse8;
    // 我们不感兴趣的代码，不再赘述
    ...
```

```
    end reverse8;

end bitsUnit;
```

微软的 *dumpbin.exe* 工具可供用户检查.*obj* 或.*exe* 文件中的各个字段。如果对用以生成 HLA 标准库的 *bitcnt.obj* 和 *reverse.obj* 文件运行带命令行选项 "/headers" 的 dumpbin，我们就会知道每个区域都对齐至 16 字节的边界。因此，当链接器把 *bitcnt.obj* 和 *reverse.obj* 数据同先前给出的程序合并时，它会将 *bitcnt.obj* 文件中的 bits.cnt() 函数对齐到 16 字节边界，并将 *reverse.obj* 文件中的 3 个函数也对齐到某个 16 字节边界。请注意，它不会把文件中的每个函数都对齐到 16 字节边界。即便希望对齐，也该由创建目标文件的工具来做。通过对可执行文件使用带命令行选项 "/disasm" 的 *dumpbin.exe*，就能看到链接器已经按这些对齐要求做了——注意到对齐于 16 字节边界的地址，其十六进制数的最低位为 0：

```
Address     opcodes                      Assembly    Instructions
---------   --------------------------   ------------------------
04001000:   E9 EB 00 00 00               jmp         040010F0
04001005:   E9 57 01 00 00               jmp         04001161
0400100A:   E8 F1 00 00 00               call        04001100

; 主程序开始于此
0400100F:   6A 00                        push        0
04001011:   8B EC                        mov         ebp,esp
04001013:   55                           push        ebp
04001014:   6A 05                        push        5
04001016:   E8 65 01 00 00               call        04001180
0400101B:   6A 0A                        push        0Ah
0400101D:   E8 0E 00 00 00               call        04001030
04001022:   6A 00                        push        0
04001024:   FF 15 00 20 00 04            call        dword ptr ds:[04002000h]

; 下面的 INT3 指令用作填充字节，以便将其后的 bits.reverse32() 函数对齐至 16 字节边界
0400102A:   CC                           int         3
0400102B:   CC                           int         3
0400102C:   CC                           int         3
0400102D:   CC                           int         3
0400102E:   CC                           int         3
0400102F:   CC                           int         3
```

```
; bits.reverse32()函数开始于此. 注意其地址已填充至 16 字节边界
  04001030: 53                          push        ebx
  04001031: 8B 44 24 08                 mov         eax,dword ptr [esp+8]
  04001035: 0F C8                       bswap       eax
  04001037: BB F0 F0 F0 F0              mov         ebx,0F0F0F0F0h
  0400103C: 23 D8                       and         ebx,eax
  0400103E: 25 0F 0F 0F 0F              and         eax,0F0F0F0Fh
  04001043: C1 EB 04                    shr         ebx,4
  04001046: C1 E0 04                    shl         eax,4
  04001049: 0B C3                       or          eax,ebx
  0400104B: 8B D8                       mov         ebx,eax
  0400104D: C1 E8 02                    shr         eax,2
  04001050: C1 E3 02                    shl         ebx,2
  04001053: 25 33 33 33 33              and         eax,33333333h
  04001058: 81 E3 CC CC CC CC           and         ebx,0CCCCCCCCh
  0400105E: 0B C3                       or          eax,ebx
  04001060: 8D 1C 00                    lea         ebx,[eax+eax]
  04001063: D1 E8                       shr         eax,1
  04001065: 25 55 55 55 55              and         eax,55555555h
  0400106A: 81 E3 AA AA AA AA           and         ebx,0AAAAAAAAh
  04001070: 0B C3                       or          eax,ebx
  04001072: 5B                          pop         ebx
  04001073: C2 04 00                    ret         4

; bits.reverse16()开始于此。由于该函数与 bits.reverse32()同属一个文件，源文件中没有指
; 定对齐选项，所以 HLA 和链接器不会多事地将其对齐至特定边界,
; 这些代码在内存中紧跟着 bits.reverse32()函数。
  04001076: 53                          push        ebx
  04001077: 50                          push        eax
  04001078: 8B 44 24 0C                 mov         eax,dword ptr [esp+0Ch]

      ; 我们不感兴趣的 bits.reverse16()和 bits.reverse8()代码, 不再赘述
      ...

; bits.reverse8() 代码结束
  040010E6: 88 04 24                    mov         byte ptr [esp],al
  040010E9: 58                          pop         eax
  040010EA: C2 04 00                    ret         4
```

```
; 下列填充字节供其后的 HLA 异常处理函数对齐到 16 字节边界
  040010ED: CC                          int         3
  040010EE: CC                          int         3
  040010EF: CC                          int         3

; 由 HLA 自动生成的默认异常返回函数
  040010F0: B8 01 00 00 00              mov         eax,1
  040010F5: C3                          ret

; 下列填充字节供 HLA 的内建函数 BuildExcepts() 对齐到 16 字节边界
  040010F6: CC                          int         3
  040010F7: CC                          int         3
  040010F8: CC                          int         3
  040010F9: CC                          int         3
  040010FA: CC                          int         3
  040010FB: CC                          int         3
  040010FC: CC                          int         3
  040010FD: CC                          int         3
  040010FE: CC                          int         3
  040010FF: CC                          int         3

; HLA 的 BuildExcepts() 代码, 由编译器自动产生
  04001100: 58                          pop         eax
  04001101: 68 05 10 00 04              push        4001005h
  04001106: 55                          push        ebp

      ; 这里是 BuildExcepts() 代码的剩余部分及其他代码、数据
      ...

; 填充字节确保 bits.cnt() 对齐到 16 字节边界
  0400117D: CC                          int         3
  0400117E: CC                          int         3
  0400117F: CC                          int         3

; 下面是 bits.cnt() 函数的底层机器代码
  04001180: 55                          push        ebp
  04001181: 8B EC                       mov         ebp,esp
  04001183: 83 E4 FC                    and         esp,0FFFFFFFCh
  04001186: 52                          push        edx
  04001187: 8B 45 08                    mov         eax,dword ptr [ebp+8]
```

```
0400118A: 8B D0              mov          edx,eax
0400118C: D1 E8              shr          eax,1
0400118E: 25 55 55 55 55     and          eax,55555555h
04001193: 2B D0              sub          edx,eax
04001195: 8B C2              mov          eax,edx
04001197: C1 EA 02           shr          edx,2
0400119A: 25 33 33 33 33     and          eax,33333333h
0400119F: 81 E2 33 33 33 33  and          edx,33333333h
040011A5: 03 C2              add          eax,edx
040011A7: 8B D0              mov          edx,eax
040011A9: C1 E8 04           shr          eax,4
040011AC: 03 C2              add          eax,edx
040011AE: 25 0F 0F 0F 0F     and          eax,0F0F0F0Fh
040011B3: 69 C0 01 01 01 01  imul         eax,eax,1010101h
040011B9: C1 E8 18           shr          eax,18h
040011BC: 5A                 pop          edx
040011BD: 8B E5              mov          esp,ebp
040011BF: 5D                 pop          ebp
040011C0: C2 04 00           ret          4
```

该程序的确切操作并不重要（何况它其实并未做出有用的事情）。真正需要操心的是，链接器怎样额外在源文件的函数前插入一些字节$cc（即 int 3 指令），以确保其对齐于指定边界。

在这一特例中，函数 bits.cnt()实际长为 64 字节，链接器只在其前面插入了 3 字节，就将其对齐到 16 字节边界。浪费的百分比——即填充字节数与函数字节数之比相当低。然而，如果有一大堆小函数，比如本例中只有两个指令的默认异常处理函数，那么空间的浪费是很可观的。如果创建自己的库模块，我们就需要权衡通过对齐代码获得的少量性能提升，是否值得自己去浪费空间放置填充字节。

当我们分析目标码和可执行文件，以便确定诸如区域尺寸、对齐值等特性时，*dumpbin.exe* 之类的目标码转储实用工具会很有用。Linux 等多数类 UNIX 的系统提供与之差不多的 objdump 工具。第 5 章我们将讨论这些程序的用法，它们是分析编译器输出的有力工具。

4.9 链接器及其对代码的影响

诸如 COFF 和 ELF 等目标文件格式有一些局限性，会对编译器产生的代码质量有很大影响。由于目标文件格式的设计问题，链接器和编译器只好经常向可执行文件插入本不需要的多余代码。本节将探讨 COFF 和 ELF 等一般目标文件格式对可执行代码的影响。

COFF 和 ELF 等一般目标文件格式有一个麻烦，就是设计时并未针对特定 CPU 生成高效的可执行文件。相反，它们能支持形形色色的 CPU，链接目标模块也很容易。糟糕的是，这种多面手不利于生成尽可能出色的目标文件。

COFF 和 ELF 格式的最大难题也许是，目标文件中的重定位值必须适用于目标代码中的 32 位或 64 位指针。在某指令要对少于 32 位或 64 位的位移值或地址值编码等情形中，就会出现问题。在 80x86 等处理器上，小于 32 位的位移值是如此之小，例如 80x86 的位移值可为 8 位，以至不可能通过它们引用当前目标模块之外的代码；而在 PowerPC、ARM 等 RISC 处理器上，位移值却大得多——PowerPC 分支指令可有 26 位位移值。这会导致代码不尽理想，比如 GCC 将为了调用外部函数而生成桩函数。请看下列 C 语言程序及 GCC 为其产生的 PowerPC 代码：

```
#include <stdio.h>
int main( int argc )
{
  ...
  printf
  (
    "%d %d %d %d %d ",
    ...
  );
  return( 0 );
}
```

PowerPC的GCC汇编输出如下：

```
...
;以下设置对 printf()的调用，并调用 printf()
addis r3,r31,ha16(LC0-L1$pb)
la r3,lo16(LC0-L1$pb)(r3)
```

```
        lwz r4,64(r30)
        lwz r5,80(r30)
        lwz r6,1104(r30)
        lwz r7,1120(r30)
        lis r0,0x400
        ori r0,r0,1120
        lwzx r8,r30,r0
        bl L_printf$stub    ; 调用 printf() 的桩例程

        ;从主程序返回:
        li r0,0
        mr r3,r0
        lwz r1,0(r1)
        lwz r0,8(r1)
        mtlr r0
        lmw r30,-8(r1)
        blr

; 为调用外部 printf() 函数而设的桩函数
; 下列代码通过链接器能够修改的 32 位指针 L_printf$lazy_ptr, 间接跳转到 printf() 函数
        .data
        .picsymbol_stub
L_printf$stub:
        .indirect_symbol _printf
        mflr r0
        bcl 20,31,L0$_printf
L0$_printf:
        mflr r11
        addis r11,r11,ha16(L_printf$lazy_ptr-L0$_printf)
        mtlr r0
        lwz r12,lo16(L_printf$lazy_ptr-L0$_printf)(r11)
        mtctr r12
        addi r11,r11,lo16(L_printf$lazy_ptr-L0$_printf)
        bctr
.data
.lazy_symbol_pointer
L_printf$lazy_ptr:
        .indirect_symbol _printf

; 下面是编译器放置 32 位指针的地方, 链接器可在此处填入 printf() 函数的实际地址
        .long dyld_stub_binding_helper
```

因为编译器并不知道以后链接器将 printf()例程实际加到最终的可执行文件时，printf()会被放在哪里，所以只得产生 L_printf$stub 桩函数。printf()不会位于 PowerPC 的 24 位分支位移值（扩展到 26 位）所支持的正负 32MB 之外。然而，编译器并不知道这一事实。如果 printf()位于运行时动态链接的共享库中，那么很可能超出了这个范围。因此，编译器需要做出稳妥选择——采用 32 位的位移量存放 printf()函数地址。然而不幸的是，PowerPC 指令不支持 32 位位移值，因为 PowerPC 指令都只有 32 位长。32 位位移值将挤得操作码没处放。因此，编译器必须将 printf()例程的 32 位指针存入变量，通过该变量间接跳转。可惜倘若寄存器中没有指针地址，在 PowerPC 上访问 32 位内存指针将颇需一些代码。L_printf$stub 标号后跟着的那些代码就是为此而设的。

如果链接器能够采纳 26 位的位移值，而不用 32 位值，就不需要 L_printf$stub 例程或 L_printf$lazy_ptr 指针变量。假如 L_printf$stub 指令未超出正负 32MB 的范围，应能直接跳转到 printf()例程这个分支。单个程序文件通常不会包含多于 32MB 的机器指令，所以极少为了调用外部例程而使代码这么麻烦。

糟糕的是，我们对目标文件格式无能为力，只能遵守操作系统指定的格式。操作系统指定的格式在现代 32 位、64 位机器上通常是 COFF 或 ELF 的变种。不过，倘若遵从操作系统和 CPU 强制的目标文件格式限制，我们可以工作得不错。

对于无法直接将 32 位位移值编码到指令的 CPU，如 PowerPC、ARM 或其他 RISC 处理器，如果想让代码在其上运行，可以通过尽量避免跨模块调用来优化。尽管创建单个应用程序，将其所有源代码置于一个源文件（或经一次编译处理）并非好的编程做法，但将我们自己的所有函数分开放在不同的源模块，并分别编译——特别是这些例程相互间还存在调用——也确实没有必要。通过把代码用到的某些公共例程放入一个编译单位（即源文件），能够让编译器优化这些函数间的调用，以免在 PowerPC 之类的处理器上生成桩函数。注意：这一建议并非单单将所有外部函数移入一个源文件而已。只有模块中的函数相互调用，或者共享其他全局变量时代码才会改善。如果函数完全是相互独立的，仅供编译单位外的代码调用，那我们的努力就徒劳无益，因为编译器依然需要为外部代码生成桩例程。

4.10　获取更多信息

- Alfred V. Aho、Monica S. Lam、Ravi Sethi和Jeffrey D. Ullman编写的 *Compilers: Principles, Techniques, and Tools*（第 2 版）[1]，由Pearson Education出版社于 1986 年出版。
- Gintaras Gircys 编写的 *Understanding and Using COFF*，由 O'Reilly Media 出版社于 1988 年出版。
- John R. Levine 编写的 *Linkers and Loaders*，由 Academic 出版社于 2000 年出版。

1　引进版《编译原理（英文版・第 2 版）》，机械工业出版社于 2011 年出版。——译者注。

5

分析编译器输出的工具

要想卓越编程，你要能够区分能干活但火候欠佳的代码序列和出色完成任务的代码序列。就我们的讨论而言，与平庸的代码序列相比，卓越代码序列应使用较少的指令、较短的机器周期或者占用较少的内存。倘若以汇编语言工作，我们只需要参考 CPU 生产厂商的数据手册和做一些试验，就能判断某些代码序列是否卓越。然而工作于高级语言时，需要以某种方式将程序中的高级语言语句映射到对应的机器码，才能评定这些语句的质量。

本章将探讨如下话题：

- 查看和分析编译器的机器语言输出，从而利用其信息写出更好的高级语言代码
- 让某些编译器输出人可阅读的汇编语言文件
- 用 dumpbin 和 objdump 之类的工具分析二进制目标文件
- 用反汇编器（或称为"反汇编程序"）检查编译器产生的机器码输出
- 用调试器分析编译器的输出
- 比对从同一高级语言源文件得到的两种不同汇编语言清单,确定哪个版本更好

为了判断编译器根据给定输入源文件生成的代码之质量，我们要掌握的主要技能之一就是，要学会分析编译器的输出。要分析编译器的输出，我们需要学习一些知识。为了分析编译器的输出，需要学会一些技能。首先是掌握足够的汇编语言编程知识，以便有效看懂编译器的输出[1]。其次就是要学会吩咐编译器（或其他工具）生成人可读的汇编语言输出。最后，还要学会汇编指令与高级语言代码的对照办法。第 3 章和第 4 章讲述了看懂某些基本汇编代码的方法。本章将讨论如何将汇编器的输出转换成人可读的形式。本书的其他部分则探讨汇编代码的分析，使我们能够通过选择高级语言语句来生成更好的机器代码。

我们先来了解一些编译器输出的背景知识，以及与优化相关的知识。

5.1　背景知识

正如第 4 章讨论的那样，当今的编译器大部分都产生目标码输出，供链接器读取并处理，从而生成可执行程序。由于目标码文件通常包括人不可读的二进制数据，许多编译器也提供了选项来生成代码相应的汇编语言清单。启用这个选项后，就能分析编译器的输出，必要的话就调整高级语言代码，以得到更合适的机器码。事实上，只要我们有特定的编译器，又透彻了解其优化原理，那么写出的高级语言源程序经编译后，得到的机器码几乎能与最好的手写汇编语言源代码相媲美。尽管我们不能指望这种优化对各种编译器都行得通，但所用编译器可在其他处理器上运行时，卓越编程的诀窍能让我们针对这些处理器写出同样不错的代码（或许效率低一些）。有些代码需要尽量高效地运行于某一类机器，又在其他 CPU 上可用，这时可以找到一个好的解决方案。

> **注意：** 要记住，检查编译器的输出将导致无法移植所进行的优化。也就是说，检查编译器的输出后，我们可能会修改高级语言源代码，以便使编译器生成更有效的输出。而这些优化措施对另一种编译器未必管用。

1　这或许是普通程序员学习汇编语言的最实用理由。

能否生成汇编语言输出与具体编译器有关。有些编译器默认就会这么做，例如 GCC 就总是产生汇编语言文件，尽管编译完成后就将其删除。然而多数编译器必须明确指定，才会生成汇编语言清单。有些编译器生成的汇编语言清单能够用汇编器运行，由汇编器生成目标代码。有些编译器只生成含有汇编注释的文件，这种"汇编代码"在语法上不能被任何现有的汇编器认可。从本书的出发点来看，现有汇编器能否处理编译器的汇编语言输出代码（简称"汇编输出"）并不碍事，我们只要能够看懂输出，能够确定如何修改高级语言代码，以便生成更好的目标代码就行了。

那些能够产生汇编语言输出的编译器，其汇编代码的可读性也是良莠不齐的。有些编译器将高级语言源代码作为注释插入到汇编输出中，因而汇编指令与高级语言代码对照起来很方便。而其他编译器如 GCC 发送的是纯汇编语言代码，除非我们对特定 CPU 的汇编语言如数家珍，否则分析其输出将相当困难。

还有一个问题也许会影响到编译器的可读性，那就是我们选择的优化级别。假如禁用所有的优化措施，确定哪些汇编语言指令对应哪条高级语言代码会比较容易。可惜关掉优化功能后，大部分编译器只会生成低质量的代码。如果通过观察编译器的汇编输出，选择更适当的高级语言序列，那么所用优化级别必须与生成应用的产品级代码一致。不能以某个优化级别调整程序得到更好的汇编代码后，却在产品代码中使用另一个优化级别；否则就是画蛇添足，会平添许多麻烦。更糟的是，提高优化级别后，先前手工实现的优化可能反而妨碍编译器发挥作用。

在对编译器指定较高级别的优化时，编译器通常将变换代码在汇编输出文件中的位置，彻底消除某处代码，还会进行其他代码转换，这些做法可能搞乱高级语言代码与汇编输出的对应关系。尽管如此，稍经训练，我们就能找出高级语言的给定语句对应着哪些机器指令。

5.2 让编译器输出汇编语言文件

要求编译器输出汇编语言文件的方法因编译器而异，为此我们需要查询所用编译器的文档。本节我们来看看两种常用的 C/C++编译器：GCC（GNU 编译器套件）及微软的 Visual C++。

5.2.1　GNU 编译器的汇编输出

要让 GCC 编译器输出汇编语言代码，请在启动编译器的命令行中指定"-s"选项。下面是启动 GCC 编译器的命令行示例：

```
gcc -O2 -S t1.c     // -O2 选项为优化级别
```

GCC 所用的"-s"选项其实并非让编译器生成汇编语言文件。GCC 总会产生汇编输出文件，"-s"只是要求 GCC 在生成汇编语言文件后不再进行任何处理而已。GCC 生成的汇编文件名同原 C 文件，如示例中的"*t1*"，扩展名则为.*s*。通常编译时，GCC 会在生成.*s* 汇编文件后，又删除该.*s* 汇编文件。

5.2.2　Visual C++的汇编输出

Visual C++编译器以命令行选项"-FA"指定输出汇编语言文件。汇编语言文件与 MASM 兼容。下面是用来吩咐 Visual C++（VC++）生成汇编清单的典型命令：

```
cl -O2 -FA t1.c
```

5.2.3　汇编语言输出示例

我们举一个编译器生成汇编语言输出的例子，请看下列 C 语言程序：

```c
#include <stdio.h>
int main( int argc, char **argv )
{
  int i;
  int j;

  i = argc;
  j = **argv;

  if( i == 2 )
  {
    ++j;
  }
  else
```

```
    {
        --j;
    }
    printf( "i=%d, j=%d\n", i, j );
    return 0;
}
```

下面几小节将给出 Visual C++ 和 GCC 编译器对这段代码输出的汇编清单，以便我们对其汇编清单之间的差异有感性认识。

5.2.3.1　Visual C++的汇编语言输出

用 Visual C++ 编译此文件的命令如下：

```
cl -Fa -O1 t1.c
```

该命令将生成下列 MASM 汇编语言输出。

> **注意:** 所输出的汇编语言语句确切含义并不重要，关键是要搞清 Visual C++ 清单在语法上与接下来章节的 Gas 清单有哪些不同之处。

```
; Listing generated by Microsoft (R) Optimizing
; Compiler Version 19.00.24234.1
; This listing is manually annotated for readability.

include listing.inc

INCLUDELIB LIBCMT
INCLUDELIB OLDNAMES

PUBLIC  __local_stdio_printf_options
PUBLIC  _vfprintf_l
PUBLIC  printf
PUBLIC  main
PUBLIC  ??_C@_0M@MJLDLLNK@i?$DN?$CFd?0?5j?$DN?$CFd?6?$AA@ ; `string'
EXTRN   __acrt_iob_func:PROC
EXTRN   __stdio_common_vfprintf:PROC
_DATA   SEGMENT
COMM    ?_OptionsStorage@?1??__local_stdio_printf_options@@9@9:QWORD
; `__local_stdio_printf_options'::`2'::_OptionsStorage
```

```
_DATA    ENDS
;        COMDAT pdata
pdata    SEGMENT
    ...

;        COMDAT main
_TEXT    SEGMENT
argc$ = 48
argv$ = 56
main     PROC                                      ; COMDAT
$LN6:
        sub    rsp, 40                             ; 00000028H
; if( i == 2 )
;{
;    ++j;
;}
;else
;{
;    --j
;}
        mov    rax, QWORD PTR [rdx]         ; rax (i) = *argc
        cmp    ecx, 2
        movsx  edx, BYTE PTR [rax]          ; rdx(j) = **argv
        lea    eax, DWORD PTR [rdx-1]       ; rax = ++j
        lea    r8d, DWORD PTR [rdx+1]       ; r8d = --j;
        mov    edx, ecx                     ; edx = argc (argc was passed in rcx)
        cmovne r8d, eax                     ; eax = --j if i != 2

; printf( "i=%d, j+5d\n", i, j ); (i in edx, j in eax)
    lea     rcx, OFFSET FLAT:??_C@_0M@MJLDLLNK@i?$DN?$CFd?0?5j?$DN?$CFd?6?$AA@
        call   printf
; return 0;
        xor    eax, eax
        add    rsp, 40                             ; 00000028H
        ret    0
main     ENDP
_TEXT    ENDS
; Function compile flags: /Ogtpy
;File c:\program files (x86)\windows kits\10\include\10.0.17134.0\ucrt\stdio.h
;        COMDAT printf
```

```
_TEXT    SEGMENT
    ...
    END
```

5.2.3.2   GCC 在 PowerPC 上的汇编语言输出

　　和 Visual C++一样，GCC 编译器也不会向汇编输出文件插入 C 源代码。GCC 比较善解人意——其编译器总会输出汇编语言代码，而不是应用户要求才生成。由于不向输出文件中插入 C 源代码，编译器不必写这些数据，而汇编器也不必读这些数据，GCC 就能够节约少许编译时间。下面是在 PowerPC 处理器上使用"gcc -01 -S t1.c"命令得到的 GCC 输出：

```
gcc -01 -S t1.c

.data
.cstring
        .align 2
LC0:
        .ascii "i=%d, j=%d\12\0"
.text
        .align 2
        .globl _main
_main:
LFB1:
        mflr r0
        stw r31,-4(r1)
LCFI0:
        stw r0,8(r1)
LCFI1:
        stwu r1,-80(r1)
LCFI2:
        bcl 20,31,L1$pb
L1$pb:
        mflr r31
        mr r11,r3
        lwz r9,0(r4)
        lbz r0,0(r9)
        extsb r5,r0
```

```
        cmpwi cr0,r3,2
        bne+ cr0,L2
        addi r5,r5,1
        b L3
L2:
        addi r5,r5,-1
L3:
        addis r3,r31,ha16(LC0-L1$pb)
        la r3,lo16(LC0-L1$pb)(r3)
        mr r4,r11
        bl L_printf$stub
        li r3,0
        lwz r0,88(r1)
        addi r1,r1,80
        mtlr r0
        lwz r31,-4(r1)
        blr
LFE1:
.data
.picsymbol_stub
L_printf$stub:
        .indirect_symbol _printf
        mflr r0
        bcl 20,31,L0$_printf
L0$_printf:
        mflr r11
        addis r11,r11,ha16(L_printf$lazy_ptr-L0$_printf)
        mtlr r0
        lwz r12,lo16(L_printf$lazy_ptr-L0$_printf)(r11)
        mtctr r12
        addi r11,r11,lo16(L_printf$lazy_ptr-L0$_printf)
        bctr
.data
.lazy_symbol_pointer
L_printf$lazy_ptr:
        .indirect_symbol _printf
        .long dyld_stub_binding_helper
.data
.constructor
.data
```

```
.destructor
        .align 1
```

不难看出，GCC 的输出很简练。当然，由于这是 PowerPC 汇编语言，它与 80x86 平台上的 Visual C++编译器输出没有可比性。

5.2.3.3　GCC 在 80x86 上的汇编语言输出

下面是 GCC 对源文件 *t1.c* 编译生成的 x86-64 汇编代码：

```
    .section    __TEXT,__text,regular,pure_instructions
    .macosx_version_min 10, 13
    .globl  _main                   ## -- Begin function main
    .p2align    4, 0x90
_main:                              ## @main
    .cfi_startproc
## BB#0:
    pushq   %rbp
Lcfi0:
    .cfi_def_cfa_offset 16
Lcfi1:
    .cfi_offset %rbp, -16
    movq    %rsp, %rbp
Lcfi2:
    .cfi_def_cfa_register %rbp
    movl    %edi, %ecx
    movq    (%rsi), %rax
    movsbl  (%rax), %eax
    cmpl    $2, %ecx
    movl    $1, %esi
    movl    $-1, %edx
    cmovel  %esi, %edx
    addl    %eax, %edx
    leaq    L_.str(%rip), %rdi
    xorl    %eax, %eax
    movl    %ecx, %esi
    callq   _printf
    xorl    %eax, %eax
    popq    %rbp
    retq
```

```
    .cfi_endproc
                                          ## -- End function
    .section    __TEXT,__cstring,cstring_literals
L_.str:                                   ## @.str
    .asciz  "i=%d, j=%d\n"
.subsections_via_symbols
```

该例子表明，GCC 为 PowerPC 发出的大块代码主要取决于机器架构，而非编译器。倘若我们将上述代码与其他编译器的输出进行比较，会发现它们都差不多。

5.2.3.4 GCC 在 ARMv6 上的汇编语言输出

以下代码为 *tl.c* 源文件在 Raspberry Pi（运行的是 32 位 Raspian）上经 GCC 编译成的 ARMv6 汇编语言代码：

```
..arch armv6
    .eabi_attribute 27, 3
    .eabi_attribute 28, 1
    .fpu vfp
    .eabi_attribute 20, 1
    .eabi_attribute 21, 1
    .eabi_attribute 23, 3
    .eabi_attribute 24, 1
    .eabi_attribute 25, 1
    .eabi_attribute 26, 2
    .eabi_attribute 30, 2
    .eabi_attribute 34, 1
    .eabi_attribute 18, 4
    .file   "t1.c"
    .section    .text.startup,"ax",%progbits
    .align  2
    .global main
    .type   main, %function
main:
    @ args = 0, pretend = 0, frame = 0
    @ frame_needed = 0, uses_anonymous_args = 0
    stmfd   sp!, {r3, lr}
    cmp r0, #2
    ldr r3, [r1]
    mov r1, r0
```

```
    ldr r0, .L5
    ldrb    r2, [r3]    @ zero_extendqisi2
    addeq   r2, r2, #1
    subne   r2, r2, #1
    bl  printf
    mov r0, #0
    ldmfd   sp!, {r3, pc}
.L6:
    .align  2
.L5:
    .word   .LC0
    .size   main, .-main
    .section    .rodata.str1.4,"aMS",%progbits,1
    .align  2
.LC0:
    .ascii  "i=%d, j=%d\012\000"
    .ident  "GCC: (Raspbian 4.9.2-10) 4.9.2"
    .section    .note.GNU-stack,"",%progbits
```

注意这段源码中的@表示注释，Gas 将忽略从@到行末的内容。

5.2.3.5 Swift 汇编语言输出（x86-64）

给定一个 Swift 源文件 *main.swift*，你可以使用以下命令向 Swift 编译器请求输出汇编语言文件：

```
swiftc -O -emit-assembly main.swift -o result.asm
```

这将产生 *result.asm* 输出汇编语言文件。请考虑以下 Swift 源代码：

```
import Foundation
var i:Int = 0;
var j:Int = 1;
    if( i == 2 )
    {
        i = i + 1
    }
    else
    {
        i = i - 1
```

```
    }
    print( "i=\(i), j=\(j)" )
```

使用前面的命令行编译此文件，会生成相当长的汇编语言输出文件。以下是该段代码的主过程：

```
_main:
.cfi_startproc
    pushq    %rbp
    .cfi_def_cfa_offset 16
    .cfi_offset %rbp, -16
    movq     %rsp, %rbp
    .cfi_def_cfa_register %rbp
    pushq    %r15
    pushq    %r14
    pushq    %r13
    pushq    %r12
    pushq    %rbx
    pushq    %rax
    .cfi_offset %rbx, -56
    .cfi_offset %r12, -48
    .cfi_offset %r13, -40
    .cfi_offset %r14, -32
    .cfi_offset %r15, -24
    movq     $1, _$S6result1jSivp(%rip)
    movq     $-1, _$S6result1iSivp(%rip)
    movq     _$Ss23_ContiguousArrayStorageCyypGML(%rip), %rdi
    testq    %rdi, %rdi
    jne LBB0_3
    movq     _$SypN@GOTPCREL(%rip), %rsi
    addq     $8, %rsi
    xorl     %edi, %edi
    callq    _$Ss23_ContiguousArrayStorageCMa
    movq     %rax, %rdi
    testq    %rdx, %rdx
    jne LBB0_3
    movq     %rdi, _$Ss23_ContiguousArrayStorageCyypGML(%rip)
LBB0_3:
    movabsq $8589934584, %r12
    movl     48(%rdi), %esi
```

```
movzwl  52(%rdi), %edx
addq    $7, %rsi
andq    %r12, %rsi
addq    $32, %rsi
orq $7, %rdx
callq   _swift_allocObject
movq    %rax, %r14
movq    _$Ss27_ContiguousArrayStorageBaseC16countAndCapacitys01_B4BodyVvpWvd@GOTPCREL(%rip),
        %rbx
movq    (%rbx), %r15
movaps  LCPI0_0(%rip), %xmm0
movups  %xmm0, (%r14,%r15)
movq    _$SSSN@GOTPCREL(%rip), %rax
movq    %rax, 56(%r14)
movq    _$Ss23_ContiguousArrayStorageCySSGML(%rip), %rdi
testq   %rdi, %rdi
jne LBB0_6
movq    _$SSSN@GOTPCREL(%rip), %rsi
xorl    %edi, %edi
callq   _$Ss23_ContiguousArrayStorageCMa
movq    %rax, %rdi
testq   %rdx, %rdx
jne LBB0_6
movq    %rdi, _$Ss23_ContiguousArrayStorageCySSGML(%rip)
movq    (%rbx), %r15
LBB0_6:
movl    48(%rdi), %esi
movzwl  52(%rdi), %edx
addq    $7, %rsi
andq    %r12, %rsi
addq    $80, %rsi
orq $7, %rdx
callq   _swift_allocObject
movq    %rax, %rbx
movaps  LCPI0_1(%rip), %xmm0
movups  %xmm0, (%rbx,%r15)
movabsq $-2161727821137838080, %r15
movq    %r15, %rdi
callq   _swift_bridgeObjectRetain
movl    $15721, %esi
```

```
movq     %r15, %rdi
callq    _$Ss27_toStringReadOnlyStreamableySSxs010TextOutputE0RzlFSS_Tg5Tf4x_n
movq     %rax, %r12
movq     %rdx, %r13
movq     %r15, %rdi
callq    _swift_bridgeObjectRelease
movq     %r12, 32(%rbx)
movq     %r13, 40(%rbx)
movq     _$S6result1iSivp(%rip), %rdi
callq    _$Ss26_toStringReadOnlyPrintableySSxs06CustomB11ConvertibleRzlFSi_Tg5
movq     %rax, 48(%rbx)
movq     %rdx, 56(%rbx)
movabsq  $-2017612633061982208, %r15
movq     %r15, %rdi
callq    _swift_bridgeObjectRetain
movl     $1030365228, %esi
movq     %r15, %rdi
callq    _$Ss27_toStringReadOnlyStreamableySSxs010TextOutputE0RzlFSS_Tg5Tf4x_n
movq     %rax, %r12
movq     %rdx, %r13
movq     %r15, %rdi
callq    _swift_bridgeObjectRelease
movq     %r12, 64(%rbx)
movq     %r13, 72(%rbx)
movq     _$S6result1jSivp(%rip), %rdi
callq    _$Ss26_toStringReadOnlyPrintableySSxs06CustomB11ConvertibleRzlFSi_Tg5
movq     %rax, 80(%rbx)
movq     %rdx, 88(%rbx)
movabsq  $-2305843009213693952, %r15
movq     %r15, %rdi
callq    _swift_bridgeObjectRetain
xorl     %esi, %esi
movq     %r15, %rdi
callq    _$Ss27_toStringReadOnlyStreamableySSxs010TextOutputE0RzlFSS_Tg5Tf4x_n
movq     %rax, %r12
movq     %rdx, %r13
movq     %r15, %rdi
callq    _swift_bridgeObjectRelease
movq     %r12, 96(%rbx)
movq     %r13, 104(%rbx)
```

```
movq    %rbx, %rdi
callq   _$SSS19stringInterpolationS2Sd_tcfCTf4nd_n
movq    %rax, 32(%r14)
movq    %rdx, 40(%r14)
callq   _$Ss5print_9separator10terminatoryypd_S2StFfA0_
movq    %rax, %r12
movq    %rdx, %r15
callq   _$Ss5print_9separator10terminatoryypd_S2StFfA1_
movq    %rax, %rbx
movq    %rdx, %rax
movq    %r14, %rdi
movq    %r12, %rsi
movq    %r15, %rdx
movq    %rbx, %rcx
movq    %rax, %r8
callq   _$Ss5print_9separator10terminatoryypd_S2StF
movq    %r14, %rdi
callq   _swift_release
movq    %r12, %rdi
callq   _swift_bridgeObjectRelease
movq    %rbx, %rdi
callq   _swift_bridgeObjectRelease
xorl    %eax, %eax
addq    $8, %rsp
popq    %rbx
popq    %r12
popq    %r13
popq    %r14
popq    %r15
popq    %rbp
retq
.cfi_endproc
```

正如你所看到的，与 C++ 相比，Swift 并没有产生多好的代码。事实上，为了节省篇幅，此代码清单省略了数百行额外代码。

5.2.4　分析编译器的汇编输出

除非我们对汇编语言编程相当精通，否则分析汇编输出可不是一件容易的事。

如果我们不是汇编语言程序员，能做得最好的事就是数数指令有多少条，并假设某个编译器选项或重组高级语言源代码的方式能生成的指令数越少，结果就越好。这种假设其实并不一贯正确，因为执行某些机器指令——特别是在 80x86 之类的 CISC 处理器上——要比其他指令花的时间多。80x86 处理器上的某三四条指令序列，可能比完成同样操作的单条指令执行得还快。值得庆幸的是，编译器通常不会因为高级语言的源代码重组而改用这两种指令序列的另一种。因此在检查汇编输出时，一般不必担心发生这类问题。

请注意有些编译器会随着优化级别的改动，而生成不同的代码序列。这是由于某些优化设置使得编译器生成的程序代码较短，而另一些优化设置则使编译器生成运行较快的代码。于是，偏重生成较小可执行文件的优化设置也许选择单条指令，而非 3 条指令来完成某项工作——假定编译这 3 条指令会生成较多代码；而偏重速度的优化设置则可能选择较快执行的那个指令序列。

本节采用几种 C/C++编译器作为示例。我们也要知道，其他语言的编译器也能生成汇编代码。可以查看编译器文档来找出产生汇编输出是否可行，以及用什么选项能够做到这一点。Visual C++等编译器还提供集成开发环境（integrated development environment，IDE），我们就不必再用命令行式的工具了。大部分编译器即便工作于集成开发环境，命令行方式照样能用，集成开发环境和命令行都可以指定汇编输出。具体如何实现，请查看编译器厂家的说明文档。

5.3 通过目标码工具分析编译器的输出

尽管许多编译器提供生成汇编语言输出代码而非目标码的选项，但还有大量的编译器没有这种功能——它们只能生成包含二进制机器代码的目标码文件。因此，分析这类编译器的输出，工作量就要大一些，并需要专门的工具。如果编译器生成供链接器使用的目标代码文件如 PE/COFF、ELF 文件，可以找一个"目标码转储"工具来帮助分析编译器的输出。举例来说，微软的 *dumpbin.exe* 堪当此任；FSF/GNU 的 *dumpobj* 程序也提供了类似功能，适用于 Linux 等操作系统下的 ELF 文件。随后各小节将探讨使用这两种工具分析编译器输出的方法。

工作于目标文件的好处之一是，目标文件通常含有符号信息。也就是说，除了二进制机器码，目标文件还含有源文件中说明标识符名字的字符串，而这些信息一般不会出现在可执行文件中。对于以符号引用相关内存位置的机器指令，目标码工具通常能显示源代码里的符号名。尽管目标码转储工具不会自动将高级语言源代码对应到机器指令，但我们可以利用符号信息研究其输出——毕竟"JumpTable"之类的名字比内存地址$401_1000 要容易理解得多。

5.3.1 微软的 *dumpbin.exe* 工具

微软提供了命令行工具 *dumpbin.exe*，用它可查看微软的PE/COFF格式文件内容[1]。通过下列命令格式来运行程序：

```
dumpbin options filename
```

filename 是要检查的目标文件 *.obj* 名，而参数 *options* 则为一套命令行选项，指定要显示的信息类型。每个选项都以"/"打头。下面列出了允许的选项，可通过命令行选项"/?"得到：

```
Microsoft (R) COFF/PE Dumper Version 14.00.24234.1
Copyright (C) Microsoft Corporation.  All rights reserved.

usage: dumpbin options files
   options:
      /ALL
      /ARCHIVEMEMBERS
      /CLRHEADER
      /DEPENDENTS
      /DIRECTIVES
      /DISASM[:{BYTES|NOBYTES}]
      /ERRORREPORT:{NONE|PROMPT|QUEUE|SEND}
      /EXPORTS
```

---

1 实际上，*dumpbin.exe* 只负责给 *link.exe* 接活儿。也就是说，*dumpbin.exe* 处理收到的命令行参数，据此创建 *link.exe* 命令行，实际工作还是由 *link.exe* 干的。

```
/FPO
/HEADERS
/IMPORTS[:filename]
/LINENUMBERS
/LINKERMEMBER[:{1|2}]
/LOADCONFIG
/NOLOGO
/OUT:filename
/PDATA
/PDBPATH[:VERBOSE]
/RANGE:vaMin[,vaMax]
/RAWDATA[:{NONE|1|2|4|8}[,#]]
/RELOCATIONS
/SECTION:name
/SUMMARY
/SYMBOLS
/TLS
/UNWINDINFO
```

dumpbin 主要用来查看编译器生成的目标码，其实它还能显示 PE/COFF 文件的许多有趣信息。关于 dumpbin 这么多命令行选项的含义，可以参看 4.6 节和 4.7 节。

下列几小节将说明 dumpbin 的若干命令行选项，并给出 C 语言小程序"Hello World"的示例输出。

```c
#include <stdio.h>

int main( int argc, char **argv)
{
   printf( "Hello World\n" );
}
```

5.3.1.1 /all

命令行选项"/all"吩咐 dumpbin 把所有可能的信息显示出来，但不包括对目标文件的反汇编信息。这种方法的问题是.exe 文件囊括了语言标准库（如 C 标准库）内的所有例程，链接器已经把标准库融入了应用程序。在分析编译器的输出以改进应用程序代码时，在这么多额外信息中找出自己的代码将非常不便。幸好有一个减少不必要信息的简单办法——可对目标文件（.obj）而非可执行文件（.exe）运行 dumpbin。下面是对"Hello World"示例执行 dumpbin 命令产生的输出：

```
G:\>dumpbin /all hw.obj
Microsoft (R) COFF/PE Dumper Version 14.00.24234.1
Copyright (C) Microsoft Corporation.  All rights reserved.


Dump of file hw.obj
File Type: COFF OBJECT
FILE HEADER VALUES
            8664 machine (x64)
               D number of sections
        5B2C175F time date stamp Thu Jun 21 14:23:43 2018
             466 file pointer to symbol table
              2D number of symbols
               0 size of optional header
               0 characteristics
SECTION HEADER #1
.drectve name
       0 physical address
       0 virtual address
      2F size of raw data
     21C file pointer to raw data (0000021C to 0000024A)
       0 file pointer to relocation table
       0 file pointer to line numbers
       0 number of relocations
       0 number of line numbers
  100A00 flags
         Info
         Remove
         1 byte align
// 此处删掉了几百行信息...
  Summary
           D .data
          70 .debug$S
          2F .drectve
          24 .pdata
          C2 .text$mn
          18 .xdata
```

这个例子删去了输出的大部分原始数据，以免让你不得不阅读太多内容。可以尝试用/all 选项的命令来看看输出有多大量的信息。不过，通常要慎用这个命令选项。

5.3.1.2 /disasm

"/disasm"是最有用的命令行选项之一，它能够生成目标文件的反汇编清单。和选项"/all"一样，不应用 dumpbin 程序反汇编 .exe 文件。这样得到的反汇编清单相当长，其中应用程序调用的那些库例程占了相当大的比重。例如，简单的"Hello World"应用程序居然会生成 5000 余行反汇编代码，而绝大部分语句其实都对应于库例程。要在如此浩瀚的代码中查找自己需要的东西，会让多数人望而却步。

不过，如果是反汇编 *hw.obj* 文件而非可执行文件，就可得到如下的典型输出：

```
Microsoft (R) COFF/PE Dumper Version 14.00.24234.1
Copyright (C) Microsoft Corporation.  All rights reserved.


Dump of file hw.obj
File Type: COFF OBJECT
main:
  0000000000000000: 48 89 54 24 10     mov         qword ptr [rsp+10h],rdx
  0000000000000005: 89 4C 24 08        mov         dword ptr [rsp+8],ecx
  0000000000000009: 48 83 EC 28        sub         rsp,28h
  000000000000000D: 48 8D 0D 00 00 00  lea         rcx,[$SG4247]
                    00
  0000000000000014: E8 00 00 00 00     call        printf
  0000000000000019: 33 C0              xor         eax,eax
  000000000000001B: 48 83 C4 28        add         rsp,28h
  000000000000001F: C3                 ret
// 这里省略了 dumpbin.exe 生成的我们不感兴趣的输出...
  Summary

        D .data
       70 .debug$S
       2F .drectve
       24 .pdata
       C2 .text$mn
       28 .xdata
```

仔细查看反汇编所得的代码就会发现，对目标文件（而非可执行文件）反汇编时存在一个大问题——代码中的多数地址都可重定位，这些地址在目标代码中以

$00000000 的形式出现。结果，要想推敲出各条汇编语句干什么，颇须费一番心思。比如，*hw.obj* 的反汇编清单中有下面两条语句：

```
000000000000000D: 48 8D 0D 00 00 00  lea        rcx,[$SG4247]
                   00
0000000000000014: E8 00 00 00 00      call       printf
```

lea 指令操作码是 3 字节序列 48 8D 0D，它包含了 REX 操作码前缀字节。"Hello World"字符串地址并未位于操作码后面的 4 个字节 00 00 00 00。事实上，此地址是可重定位的，链接器/系统后面会填写该地址。如果对 *hw.obj* 运行带参数"/all"的 dumpbin，我们就会发现文件里有两个重定位项：

```
RELOCATIONS #4

                                      Symbol   Symbol
Offset     Type              Applied To  Index    Name
---------  ----------------  ------------------  --------  -------- ---------------- --------

00000010   REL32                   00000000         8  $SG4247
00000015   REL32                   00000000        15  printf
```

Offset 列告诉我们重定位项要用于文件何处，以字节偏移量标识。注意，在上面的反汇编代码中，lea 指令从偏移量$d 开始，因此实际的立即数位于偏移量$10。类似地，call 指令从偏移量$14 开始，所以实际例程的地址需要往后修正一个字节，即偏移量为$15。从 dumpbin 输出的重定位信息可以看到它们所关联的符号——$SG4247 是 C 编译器为字符串"Hello World"生成的内部符号，而 printf 显然是与 C 语言 printf()函数有关的符号名。

按照重定位清单找出每个函数调用和内存引用的过程也许充满痛苦，但至少还有符号名相伴。

假如对 *hw.exe* 文件使用选项"/disasm"，我们只看反汇编代码的前几行：

```
0000000140001009: 48 83 EC 28         sub        rsp,28h
000000014000100D: 48 8D 0D EC DF 01   lea        rcx,[000000014001F000h]
                   00
0000000140001014: E8 67 00 00 00      call       0000000140001080
0000000140001019: 33 C0               xor        eax,eax
000000014000101B: 48 83 C4 28         add        rsp,28h
```

```
000000014000101F: C3                    ret
    ...
```

这时会发现，链接器将相对于文件调入地址的偏移量$SG4247和标号 print 处都填入了内容。看起来似乎方便了，但请注意这些标号，特别是 printf 将不会出现在文件中。阅读这些反汇编输出时，没有标号会使得辨识机器指令对应哪条高级语言语句变得异常困难。这是我们应当对目标文件而非可执行文件运行 dumpbin 的另一个原因。

如果你觉得阅读 dumpbin 工具的反汇编输出实在麻烦，不要着急。从优化角度来看，比起搞清每条机器指令在干什么，我们通常对两种版本的高级语言程序的输出有何差异更感兴趣。因此，通过将 dumpbin 运行于两个不同版本的目标文件——一种方法是对修改前的高级语言代码运行 dumpbin，另一种方法是对修改后的高级语言代码运行 dumpbin，我们可轻而易举地找出对代码进行的修改影响到了哪些机器指令。例如，对"Hello World"程序做下列修改：

```c
#include <stdio.h>

int main( int argc, char **argv)
{
        char *hwstr = "Hello World\n";

        printf( hwstr );
}
```

下面是 dumpbin 对 *hw.obj* 生成的反汇编输出：

```
Microsoft (R) COFF Binary File Dumper Version 6.00.8168
  0000000140001000: 48 89 54 24 10     mov        qword ptr [rsp+10h],rdx
  0000000140001005: 89 4C 24 08        mov        dword ptr [rsp+8],ecx
  0000000140001009: 48 83 EC 28        sub        rsp,28h
  000000014000100D: 48 8D 0D EC DF 01  lea        rcx,[000000014001F000h]
                    00
  0000000140001014: E8 67 00 00 00     call       0000000140001080
  0000000140001019: 33 C0              xor        eax,eax
  000000014000101B: 48 83 C4 28        add        rsp,28h
  000000014000101F: C3                 ret
```

手工比对此输出与前一个汇编输出，或者运行诸如基于 UNIX 的 diff 工具来比对，就可以看到高级语言源程序所做的修改对生成机器码的影响。

注意：5.8 节将探讨手工比对、diff 工具比对各自的优点。

5.3.1.3　/headers

选项"/headers"要求 dumpbin 显示 COFF 文件头及区域头信息。选项"/all"同样会给出这些信息，但"/headers"专门显示这些信息，而隐去对其他信息的显示。下面是对"Hello World"可执行文件的示例输出：

```
G:\WGC>dumpbin /headers hw.exe
Microsoft (R) COFF/PE Dumper Version 14.00.24234.1
Copyright (C) Microsoft Corporation.  All rights reserved.


Dump of file hw.exe
PE signature found
File Type: EXECUTABLE IMAGE
FILE HEADER VALUES
            8664 machine (x64)
               6 number of sections
        5B2C1A9F time date stamp Thu Jun 21 14:37:35 2018
               0 file pointer to symbol table
               0 number of symbols
              F0 size of optional header
              22 characteristics
                 Executable
                 Application can handle large (>2GB) addresses


OPTIONAL HEADER VALUES
             20B magic # (PE32+)
           14.00 linker version
           13400 size of code
            D600 size of initialized data
               0 size of uninitialized data
            1348 entry point (0000000140001348)
            1000 base of code
       140000000 image base (0000000140000000 to 0000000140024FFF)
            1000 section alignment
```

```
        200 file alignment
       6.00 operating system version
       0.00 image version
       6.00 subsystem version
          0 Win32 version
      25000 size of image
        400 size of headers
          0 checksum
          3 subsystem (Windows CUI)
       8160 DLL characteristics
            High Entropy Virtual Addresses
            Dynamic base
            NX compatible
            Terminal Server Aware
     100000 size of stack reserve
       1000 size of stack commit
     100000 size of heap reserve
       1000 size of heap commit
          0 loader flags
         10 number of directories
          0 [        0] RVA [size] of Export Directory
      1E324 [       28] RVA [size] of Import Directory
          0 [        0] RVA [size] of Resource Directory
      21000 [      126C] RVA [size] of Exception Directory
          0 [        0] RVA [size] of Certificates Directory
      24000 [      620] RVA [size] of Base Relocation Directory
      1CDA0 [       1C] RVA [size] of Debug Directory
          0 [        0] RVA [size] of Architecture Directory
          0 [        0] RVA [size] of Global Pointer Directory
          0 [        0] RVA [size] of Thread Storage Directory
      1CDC0 [       94] RVA [size] of Load Configuration Directory
          0 [        0] RVA [size] of Bound Import Directory
      15000 [      230] RVA [size] of Import Address Table Directory
          0 [        0] RVA [size] of Delay Import Directory
          0 [        0] RVA [size] of COM Descriptor Directory
          0 [        0] RVA [size] of Reserved Directory

SECTION HEADER #1
   .text   name
   1329A   virtual size
```

```
    1000  virtual address (0000000140001000 to 0000000140014299)
   13400  size of raw data
     400  file pointer to raw data (00000400 to 000137FF)
       0  file pointer to relocation table
       0  file pointer to line numbers
       0  number of relocations
       0  number of line numbers
60000020  flags
          Code
          Execute Read


SECTION HEADER #2
   .rdata  name
    9A9A  virtual size
   15000  virtual address (0000000140015000 to 000000014001EA99)
    9C00  size of raw data
   13800  file pointer to raw data (00013800 to 0001D3FF)
       0  file pointer to relocation table
       0  file pointer to line numbers
       0  number of relocations
       0  number of line numbers
40000040  flags
          Initialized Data
          Read Only


  Debug Directories

        Time Type      Size     RVA  Pointer
   --------  -------   --------  --------  --------

   5B2C1A9F coffgrp    2CC  0001CFC4   1B7C4


SECTION HEADER #3
   .data  name
    1BA8  virtual size
   1F000  virtual address (000000014001F000 to 0000000140020BA7)
     A00  size of raw data
   1D400  file pointer to raw data (0001D400 to 0001DDFF)
       0  file pointer to relocation table
       0  file pointer to line numbers
       0  number of relocations
       0  number of line numbers
```

```
C0000040  flags
          Initialized Data
          Read Write


SECTION HEADER #4
   .pdata  name
     126C  virtual size
    21000  virtual address (0000000140021000 to 000000014002226B)
     1400  size of raw data
    1DE00  file pointer to raw data (0001DE00 to 0001F1FF)
        0  file pointer to relocation table
        0  file pointer to line numbers
        0  number of relocations
        0  number of line numbers
 40000040  flags
          Initialized Data
          Read Only


SECTION HEADER #5
   .gfids  name
       D4  virtual size
    23000  virtual address (0000000140023000 to 00000001400230D3)
      200  size of raw data
    1F200  file pointer to raw data (0001F200 to 0001F3FF)
        0  file pointer to relocation table
        0  file pointer to line numbers
        0  number of relocations
        0  number of line numbers
 40000040  flags
          Initialized Data
          Read Only


SECTION HEADER #6
   .reloc  name
      620  virtual size
    24000  virtual address (0000000140024000 to 000000014002461F)
      800  size of raw data
    1F400  file pointer to raw data (0001F400 to 0001FBFF)
        0  file pointer to relocation table
        0  file pointer to line numbers
```

```
       0   number of relocations
       0   number of line numbers
42000040   flags
           Initialized Data
           Discardable
           Read Only

  Summary

        2000 .data
        1000 .gfids
        2000 .pdata
        A000 .rdata
        1000 .reloc
       14000 .text
```

　　回头看看第 4 章里对目标文件格式的讨论（参看 4.6 节），就能看懂 dumpbin 在指定选项"/headers"时输出的信息。

5.3.1.4　/imports

　　dumpbin 带选项"/imports"时，将列出操作系统将程序调入内存时必须提供的动态链接符号。这些信息在分析高级语言语句的代码输出时并没有多大用处，所以本章只打算对此选项说这么多。

5.3.1.5　/relocations

　　带选项"/relocations"的 dumpbin 将显示文件中所有的重定位项。这一选项很有用处，因为它能列出程序中全部符号及其在反汇编清单中的使用位置。不用说，选项"/all"也有这一功能，但"/relocations"专门显示这些信息，而隐去了其他信息。

5.3.1.6　dumpbin 的其余命令行选项

　　除了本章提到的上述命令行选项，dumpbin 工具还支持很多命令行选项。可以在运行 dumpbin 时指定"/?"，以得到一个清单，其中列出了所有可能的选项。我们也可以通过网址链接 11 查到更多信息。

5.3.2 FSF/GNU 的 objdump 工具

倘若在 Linux、Mac、BSD 等操作系统中运行 GNU 工具包，我们就可以通过
FSF/GNU 的 objdump 工具来查看 GCC 之类兼容 GNU 的工具所生成的目标文件。下
面是 objdump 支持的命令行选项：

```
Usage: objdump <option(s)> <file(s)>
Display information from object <file(s)>.
At least one of the following switches must be given:
  -a, --archive-headers    Display archive header information
  -f, --file-headers       Display the contents of the overall file header
  -p, --private-headers    Display object format specific file header contents
  -P, --private=OPT,OPT... Display object format specific contents
  -h, --[section-]headers  Display the contents of the section headers
  -x, --all-headers        Display the contents of all headers
  -d, --disassemble        Display assembler contents of executable sections
  -D, --disassemble-all    Display assembler contents of all sections
  -S, --source             Intermix source code with disassembly
  -s, --full-contents      Display the full contents of all sections requested
  -g, --debugging          Display debug information in object file
  -e, --debugging-tags     Display debug information using ctags style
  -G, --stabs              Display (in raw form) any STABS info in the file
  -W[lLiaprmfFsoRt] or
--dwarf[=rawline,=decodedline,=info,=abbrev,=pubnames,=aranges,=macro,=frames,
        =frames-interp,=str,=loc,=Ranges,=pubtypes,
        =gdb_index,=trace_info,=trace_abbrev,=trace_aranges,
        =addr,=cu_index]
                           Display DWARF info in the file
  -t, --syms               Display the contents of the symbol table(s)
  -T, --dynamic-syms       Display the contents of the dynamic symbol table
  -r, --reloc              Display the relocation entries in the file
  -R, --dynamic-reloc      Display the dynamic relocation entries in the file
  @<file>                  Read options from <file>
  -v, --version            Display this program's version number
  -i, --info               List object formats and architectures supported
  -H, --help               Display this information

 The following switches are optional:
  -b, --target=BFDNAME         Specify the target object format as BFDNAME
  -m, --architecture=MACHINE   Specify the target architecture as MACHINE
```

```
  -j, --section=NAME           Only display information for section NAME
  -M, --disassembler-options=OPT Pass text OPT on to the disassembler
  -EB --endian=big             Assume big endian format when disassembling
  -EL --endian=little          Assume little endian format when disassembling
      --file-start-context     Include context from start of file (with -S)
  -I, --include=DIR            Add DIR to search list for source files
  -l, --line-numbers           Include line numbers and filenames in output
  -F, --file-offsets           Include file offsets when displaying information
  -C, --demangle[=STYLE]       Decode mangled/processed symbol names
                               The STYLE, if specified, can be `auto', `gnu',
                                 `lucid', `arm', `hp', `edg', `gnu-v3', `java'
                                 or `gnat'
  -w, --wide                   Format output for more than 80 columns
  -z, --disassemble-zeroes     Do not skip blocks of zeroes when disassembling
      --start-address=ADDR     Only process data whose address is >= ADDR
      --stop-address=ADDR      Only process data whose address is <= ADDR
      --prefix-addresses       Print complete address alongside disassembly
      --[no-]show-raw-insn     Display hex alongside symbolic disassembly
      --insn-width=WIDTH       Display WIDTH bytes on a single line for -d
      --adjust-vma=OFFSET      Add OFFSET to all displayed section addresses
      --special-syms           Include special symbols in symbol dumps
      --prefix=PREFIX          Add PREFIX to absolute paths for -S
      --prefix-strip=LEVEL     Strip initial directory names for -S
      --dwarf-depth=N          Do not display DIEs at depth N or greater
      --dwarf-start=N          Display DIEs starting with N, at the same depth
                                 or deeper
      --dwarf-check            Make additional dwarf internal consistency checks.
objdump: supported targets: elf64-x86-64 elf32-i386 elf32-iamcu elf32-x86-64 a.out-i386-linux
pei-i386 pei-x86-64 elf64-l1om elf64-k1om elf64-little elf64-big elf32-little elf32-big pe-x86-
64 pe-bigobj-x86-64 pe-i386 plugin srec symbolsrec verilog tekhex binary ihex
objdump: supported architectures: i386 i386:x86-64 i386:x64-32 i8086 i386:intel i386:x86-
64:intel i386:x64-32:intel i386:nacl i386:x86-64:nacl i386:x64-32:nacl iamcu iamcu:intel l1om
l1om:intel k1om k1om:intel plugin
The following i386/x86-64 specific disassembler options are supported for use
with the -M switch (multiple options should be separated by commas):
  x86-64      Disassemble in 64bit mode
  i386        Disassemble in 32bit mode
  i8086       Disassemble in 16bit mode
  att         Display instruction in AT&T syntax
  intel       Display instruction in Intel syntax
```

```
att-mnemonic      Display instruction in AT&T mnemonic
intel-mnemonic    Display instruction in Intel mnemonic
addr64            Assume 64bit address size
addr32            Assume 32bit address size
addr16            Assume 16bit address size
data32            Assume 32bit data size
data16            Assume 16bit data size
suffix            Always display instruction suffix in AT&T syntax
amd64             Display instruction in AMD64 ISA
intel64           Display instruction in Intel64 ISA
Report bugs to <http://www.sourceware.org/bugzilla/>.
```

假如有下列 *m.hla* 源代码段：

```
begin t;

        // 试验 mem.alloc 和 mem.free：

        for( mov( 0, ebx ); ebx < 16; inc( ebx )) do

                // 分配大量内存单元

                for( mov( 0, ecx ); ecx < 65536; inc( ecx )) do

                        rand.range( 1, 256 );
                        malloc( eax );
                        mov( eax, ptrs[ ecx*4 ] );

                endfor;

        endfor;
                ...
```

其目标文件在 80x86 上的反汇编输出可通过 Linux 命令行"objdump -S m"创建，摘录如下：

```
    objdump -S m

0804807e <_HLAMain>:
 804807e:   89 e0                   mov    %esp,%eax
```

... // 这里删除了一些 HLA 自动生成的代码

```
80480ae:    bb 00 00 00 00          mov     $0x0,%ebx
80480b3:    eb 2a                   jmp     80480df <StartFor__hla_2124>

080480b5 <for__hla_2124>:
80480b5:    b9 00 00 00 00          mov     $0x0,%ecx
80480ba:    eb 1a                   jmp     80480d6 <StartFor__hla_2125>

080480bc <for__hla_2125>:
80480bc:    6a 01                   push    $0x1
80480be:    68 00 01 00 00          push    $0x100
80480c3:    e8 64 13 00 00          call    804942c <RAND_RANGE>
80480c8:    50                      push    %eax
80480c9:    e8 6f 00 00 00          call    804813d <MEM_ALLOC1>
80480ce:    89 04 8d 68 c9 04 08    mov     %eax,0x804c968(,%ecx,4)

080480d5 <continue__hla_2125>:
80480d5:    41                      inc     %ecx

080480d6 <StartFor__hla_2125>:
80480d6:    81 f9 00 00 01 00       cmp     $0x10000,%ecx
80480dc:    72 de                   jb      80480bc <for__hla_2125>

080480de <continue__hla_2124>:
80480de:    43                      inc     %ebx

080480df <StartFor__hla_2124>:
80480df:    83 fb 10                cmp     $0x10,%ebx
80480e2:    72 d1                   jb      80480b5 <for__hla_2124>

080480e4 <QuitMain__hla_>:
80480e4:    b8 01 00 00 00          mov     $0x1,%eax
80480e9:    31 db                   xor     %ebx,%ebx
80480eb:    cd 80                   int     $0x80
8048274:    bb 00 00 00 00          mov     $0x0,%ebx
8048279:    e9 d5 00 00 00          jmp     8048353 <L1021_StartFor__hla_>

0804827e <L1021_for__hla_>:
804827e:    b9 00 00 00 00          mov     $0x0,%ecx
```

```
 8048283:    eb 1a                      jmp     804829f <L1022_StartFor__hla_>

08048285 <L1022_for__hla_>:
 8048285:    6a 01                      push    $0x1
 8048287:    68 00 01 00 00             push    $0x100
 804828c:    e8 db 15 00 00             call    804986c <RAND_RANGE>
 8048291:    50                         push    %eax
 8048292:    e8 63 0f 00 00             call    80491fa <MEM_ALLOC>
 8048297:    89 04 8d 60 ae 04 08       mov     %eax,0x804ae60(,%ecx,4)

0804829e <L1022_continue__hla_>:
 804829e:    41                         inc     %ecx

0804829f <L1022_StartFor__hla_>:
 804829f:    81 f9 00 00 01 00          cmp     $0x10000,%ecx
 80482a5:    72 de                      jb      8048285 <L1022_for__hla_>

080482a7 <L1022_exitloop__hla_>:
 80482a7:    b9 00 00 00 00             mov     $0x0,%ecx
 80482ac:    eb 0d                      jmp     80482bb <L1023_StartFor__hla_>
```

以上只是整个代码的一部分，所以有些标号没给出。不过，这个简短示例说明我们能对有疑问的代码段反汇编，所以 objdump 在分析编译器输出时有其用武之地。

和微软的 dumpbin 一样，FSF/GNU 的 objdump 工具除了显示反汇编机器码，还能给出其他信息，这将有助于分析编译器输出。不过在大多数场合，GCC 的 "-s"（输出汇编语言代码）是最有用的选项。下面是用 objdump 工具对某些 C 代码反汇编的示例。我们首先来看 C 语言源代码：

```
// 初始 C 代码：
#include <stdio.h>
int main( int argc, char **argv )
{
    int i,j,k;

    j = **argv;
    k = argc;
    i = j && k;
    printf( "%d\n", i );
    return 0;
```

```
}
```

GCC 对上述源程序的 Gas 输出（在 x86-64 上）如下：

```
        .file   "t.c"
        .section    .rodata
.LC0:
        .string "%d\n"
        .text
        .globl  main
        .type   main, @function
main:
.LFB0:
        .cfi_startproc
        pushq   %rbp
        .cfi_def_cfa_offset 16
        .cfi_offset 6, -16
        movq    %rsp, %rbp
        .cfi_def_cfa_register 6
        subq    $32, %rsp
        movl    %edi, -20(%rbp)
        movq    %rsi, -32(%rbp)
        movq    -32(%rbp), %rax
        movq    (%rax), %rax
        movzbl  (%rax), %eax
        movsbl  %al, %eax
        movl    %eax, -12(%rbp)
        movl    -20(%rbp), %eax
        movl    %eax, -8(%rbp)
        cmpl    $0, -12(%rbp)
        je  .L2
        cmpl    $0, -8(%rbp)
        je  .L2
        movl    $1, %eax
        jmp .L3
.L2:
        movl    $0, %eax
.L3:
        movl    %eax, -4(%rbp)
        movl    -4(%rbp), %eax
```

```
    movl    %eax, %esi
    movl    $.LC0, %edi
    movl    $0, %eax
    call    printf
    movl    $0, %eax
    leave
    .cfi_def_cfa 7,  8
    ret
    .cfi_endproc
.LFE0:
    .size    main,  .-main
    .ident   "GCC: (Ubuntu 5.4.0-6ubuntu1~16.04.9) 5.4.0  20160609"
    .section    .note.GNU-stack,"",@progbits
```

下面是 objdump 对 main()函数的反汇编输出：

```
.file    "t.c"

0000000000400526 <main>:
  400526:    55                      push    %rbp
  400527:    48 89 e5                mov     %rsp,%rbp
  40052a:    48 83 ec 20             sub     $0x20,%rsp
  40052e:    89 7d ec                mov     %edi,-0x14(%rbp)
  400531:    48 89 75 e0             mov     %rsi,-0x20(%rbp)
  400535:    48 8b 45 e0             mov     -0x20(%rbp),%rax
  400539:    48 8b 00                mov     (%rax),%rax
  40053c:    0f b6 00                movzbl  (%rax),%eax
  40053f:    0f be c0                movsbl  %al,%eax
  400542:    89 45 f4                mov     %eax,-0xc(%rbp)
  400545:    8b 45 ec                mov     -0x14(%rbp),%eax
  400548:    89 45 f8                mov     %eax,-0x8(%rbp)
  40054b:    83 7d f4 00             cmpl    $0x0,-0xc(%rbp)
  40054f:    74 0d                   je      40055e  <main+0x38>
  400551:    83 7d f8 00             cmpl    $0x0,-0x8(%rbp)
  400555:    74 07                   je      40055e  <main+0x38>
  400557:    b8 01 00 00 00          mov     $0x1,%eax
  40055c:    eb 05                   jmp     400563  <main+0x3d>
  40055e:    b8 00 00 00 00          mov     $0x0,%eax
  400563:    89 45 fc                mov     %eax,-0x4(%rbp)
  400566:    8b 45 fc                mov     -0x4(%rbp),%eax
  400569:    89 c6                   mov     %eax,%esi
```

```
40056b:    bf 14 06 40 00          mov      $0x400614,%edi
400570:    b8 00 00 00 00          mov      $0x0,%eax
400575:    e8 86 fe ff ff          callq    400400    <printf@plt>
40057a:    b8 00 00 00 00          mov      $0x0,%eax
40057f:    c9                      leaveq
400580:    c3                      retq
```

不难看出，汇编代码输出比 objdump 的输出更容易看懂。

5.4　通过反汇编程序分析编译器的输出

分析编译器输出时可以使用目标码"转储"工具，还有一个办法是对可执行文件运行反汇编程序（或称为"反汇编器"）。反汇编程序是这样的工具，它将二进制机器码转换为人可读的汇编语言语句（"人可读"存在争议，但毕竟这是一种思路）。因此，反汇编程序是分析编译器输出的另一种工具。

目标码转储工具（或称为"转储程序"）与复杂的反汇编程序相比，有一个微妙而关键的区别——目标码转储工具都带有简单的反汇编程序，自动化程度高，但当目标码包含奇巧作法（如指令流中有隐藏数据）时就会把这一工具搞得晕头转向；自动化反汇编器用起来很方便，对用户的专业知识要求很少，然而这些程序难以准确地反汇编机器码；成熟的交互式反汇编器虽然需要经过较多练习才能使用得当，但只需稍稍点拨，它就可以反汇编有诀窍的机器码。因此，对于简易的目标码转储程序失灵的场合，适当的反汇编器就能派上用场。幸好大多数编译器不会老发出怪异的代码，以至搞乱目标码转储程序，所以很多时候我们不必学会使用面面俱到的反汇编程序也能应付自如。不过，在简单方法不管用的地方，有个顺手的反汇编程序会很方便。

我们可以得到一些"免费"的反汇编器。本节将说明 IDA7 反汇编器的用法。IDA 是一款基于功能强大且全面的商业级反汇编系统 IDA Pro 的免费反汇编器。IDA Pro 反汇编器可以通过网址链接 12 找到。

首次运行 IDA 时，出现如图 5-1 所示的窗口。

图 5-1　IDA 起始窗口

点击"New"按钮，输入想要反汇编的.*exe* 或.*obj* 文件名。输入文件名后，IDA 将会给出如图 5-2 所示的格式设置对话框。在此对话框里选择文件的二进制类型（如 PE/COFF 文件、PE64 可执行文件或纯二进制文件），以及反汇编该文件时的选项。IDA 对这些选项会给出适当的默认设置，所以多数情况下只需接受默认值即可，除非要处理的二进制文件比较怪异。

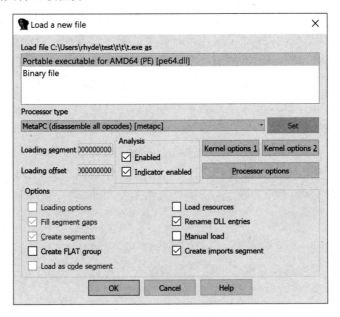

图 5-2　IDA 的可执行文件格式设置对话框

一般来说，IDA 会为标准反汇编过程推测出适当的文件类型信息，然后"自动"

反汇编所指定的文件。要产生汇编语言输出文件，请点击"OK"按钮。对先前 5.2.3 节里示例 *t1.c* 的可执行文件反汇编后，其前几行输出如下：

```
; int __cdecl main(int argc, const char **argv, const char **envp)
main    proc    near
        sub     rsp, 28h
        mov     rax, [rdx]
        cmp     ecx, 2
        movsx   edx, byte ptr [rax]
        lea     eax, [rdx-1]
        lea     r8d, [rdx+1]
        mov     edx, ecx
        cmovnz  r8d, eax
        lea     rcx, aIDJD      ; "i=%d, j=%d\n"
        call    sub_140001040
        xor     eax, eax
        add     rsp, 28h
        retn
main endp
```

IDA 是一个交互式的反汇编器，它提供了许多复杂功能，可用于引导反汇编过程生成更恰当的汇编语言文件。不过，倘若只想查看编译器输出来确定其代码生成质量，"automatic"操作模式通常就足矣。要了解 IDA 免费软件或 IDA Pro 的更多细节，请翻阅其用户手册（参见网址链接 13）。

5.5 使用 Java 字节码反汇编程序分析 Java 的输出

大多数 Java 编译器，尤其是 Oracle 公司的编译器并不直接生成机器代码。相反，它们生成 Java 字节码（JBC），然后计算机系统使用 JBC 解释器执行程序。为了提高性能，一些 Java 解释器运行即时（JIT）编译器，边解释边将 JBC 翻译为本机机器代码，尽管其效果难以与优化型编译器生成的机器代码媲美。不幸的是，由于 Java 解释器在运行时完成翻译，因此很难分析 Java 编译器的机器代码输出。然而，我们可以分析它产生的 Java 字节码。这可以让我们更好地了解编译器对 Java 代码所做的操作，而不仅仅是猜测。考虑以下相对简单的 Java 程序：

```
public class Welcome
```

```
{
    public static void main( String[] args )
    {
        switch(5)
        {
            case 0:
                System.out.println("0");
                break;
            case 1:
                System.out.println("1");
                break;
            case 2:
            case 5:
                System.out.println("5");
                break;
            default:
                System.out.println("default" );
        }
        System.out.println( "Hello World" );
    }
}
```

典型情况下，可以使用以下格式的命令行编译此程序 *Welcome.java*：

```
javac Welcome.java
```

此命令生成 JBC 文件 *Welcome.class*。我们可以使用以下命令反汇编此文件到标准输出：

```
javap -c Welcome
```

请注意，命令行上的类文件不用包括 *.class* 扩展名。javap 命令会自动补足它。

javap 命令生成的字节码反汇编清单如下所示：

```
Compiled from "Welcome.java"
public class Welcome extends java.lang.Object{
public Welcome();
  Code:
   0:   aload_0
```

```
  1:    invokespecial   #1; //java/lang/Object."<init>":()V 方法
  4:    return

public static void main(java.lang.String[]);
  Code:
  0:    iconst_5
  1:    tableswitch{ //0 to 5
        0: 40;
        1: 51;
        2: 62;
        3: 73;
        4: 73;
        5: 62;
        default: 73 }
 40:    getstatic   #2;        //java/lang/System.out:Ljava/io/PrintStream 字段
 43:    ldc #3;                //第 0 个字符串
 45:    invokevirtual   #4;    //java/io/PrintStream.println:(Ljava/lang/String;)V 方法
 48:    goto    81
 51:    getstatic   #2;        //java/lang/System.out:Ljava/io/PrintStream 字段
 54:    ldc #5;                //第 1 个字符串
 56:    invokevirtual   #4;    //java/io/PrintStream.println:(Ljava/lang/String;)V 方法
 59:    goto    81
 62:    getstatic   #2;        //java/lang/System.out:Ljava/io/PrintStream 字段
 65:    ldc #6;                //第 5 个字符串
 67:    invokevirtual   #4;    //java/io/PrintStream.println:(Ljava/lang/String;)V 方法
 70:    goto    81
 73:    getstatic   #2;        //java/lang/System.out:Ljava/io/PrintStream 字段
 76:    ldc #7;                //默认字符串
 78:    invokevirtual   #4;    //java/io/PrintStream.println:(Ljava/lang/String;)V 方法
 81:    getstatic   #2;        //java/lang/System.out:Ljava/io/PrintStream 字段
 84:    ldc #8;                // "Hello World" 字符串
 86:    invokevirtual   #4;    //java/io/PrintStream.println:(Ljava/lang/String;)V 方法
 89:    return
}
```

我们可以在 Oracle.com 上找到 JBC 助记符和 javap Java 类文件反汇编程序的文档，即在此网站上搜索"javap"和"Java bytecode disassembler"。此外，本书附带的在线章节（特别是附录 D）讨论了 Java 虚拟机字节码汇编语言。

5.6　使用 IL 反汇编程序分析微软 C#和 Visual Basic 的输出

微软的.NET 语言编译器不直接生成本机机器码，而是生成一种特殊的中间语言（IL）代码。原理上，这与 Java 字节码或 UCSD 的 p-Machine 代码非常相似。.NET 运行时，系统将 IL 代码编译为可执行文件，并使用即时编译器运行之。

微软的 C#编译器就是.NET 语言以这种方式工作的很好例子。编译一个简单的 C#程序将产生一个微软*.exe* 文件，用以通过 dumpbin 检查运行效果。但不巧的是，无法用 dumpbin 查看目标代码（因为是中间语言）。幸好微软提供了实用工具 *ildasm.exe*，可用于反汇编 IL 字节/汇编代码。

看看下列短小的 C#示例程序 *Class1.cs*，它是 "Hello World!" 程序的简单变形：

```
using System;
using System.Collections.Generic;
using System.Linq;
using System.Text;
using System.Threading.Tasks;

namespace Hello_World
{
    class program
    {
        static void Main( string[] args)
        {
            int i = 5;
            int j = 6;
            int k = i + j;
            Console.WriteLine("Hello World! k={0}", k);
        }
    }
}
```

在命令行窗口的提示符下输入 ildasm class1.exe，会得到如图 5-3 所示的窗口。

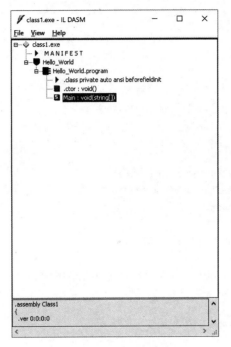

图 5-3　IL 反汇编程序窗口

要查看反汇编代码，请双击 Main 条目旁边的 S 图标。这将打开一个包含以下文本的窗口。文本中加入了注释说明。

```
.method private hidebysig static void  Main(string[] args) cil managed
{
  .entrypoint
  // Code size        25 (0x19)
  .maxstack  2
  .locals init (int32 V_0,
          int32 V_1,
          int32 V_2)

; push constant 5 on stack
  IL_0000:  ldc.i4.5
; pop stack and store into i
  IL_0001:  stloc.0
; push constant 6 on stack
  IL_0002:  ldc.i4.6
```

```
; pop stack and store in j
  IL_0003: stloc.1
; Push i and j onto stack:
  IL_0004: ldloc.0
  IL_0005: ldloc.1
; Add two items on stack, leave result on stack
  IL_0006: add
; Store sum into k
  IL_0007: stloc.2
; Load string onto stack (pointer to string)
  IL_0008: ldstr       "Hello World! k={0}"
; Push k's value onto stack:
  IL_000d: ldloc.2
  IL_000e: box         [mscorlib]System.Int32
; call writeline routine:
  IL_0013: call        void [mscorlib]System.Console::WriteLine(string,
                                                                object)
  IL_0018: ret
} // end of method program::Main
```

我们可以将此 IL 反汇编程序应用到任何 .NET 语言，如 Visual Basic 和 F#。请参见附录 E（网上附录），以了解微软 IL 汇编语言的详细信息。

5.7　通过调试器分析编译器的输出

还有一类工具可以分析编译器的输出，那就是调试器程序。它通常和反汇编器联用，以查看机器码。使用调试器查看编译器生成的代码，既可能劳神费力，也可能易如反掌，具体取决于我们所用的调试器。一般来说，倘若采用独立调试器，则需要付出比编译器所在集成开发环境中的调试器多得多的气力。本节就来研究这两种办法。

5.7.1　使用集成开发环境带的调试器

微软的 Visual C++ 环境为查看编译得到的代码提供了极佳工具（当然，编译器也能输出汇编语言代码，但本处不谈这个）。要用 Visual Studio 调试器查看输出，应先将 C/C++程序编译成可执行文件，然后从 Visual Studio 的"Debug"（调试）菜单中选择"Debug"→"Step Into"。程序暂停执行后，从调试菜单中选择"Debug"→"Windows"→"Disassembly"，调出反汇编窗口查看信息。对于 5.2.3 节中的 *t1.c* 程序，假定生成的是 32 位代码，可以看到类似下列的反汇编输出：

```
--- c:\users\rhyde\test\t\t\t.cpp ----------------------------
#include "stdafx.h"
#include <stdio.h>
int main(int argc, char **argv)
{
00F61000  push       ebp
00F61001  mov        ebp,esp
00F61003  sub        esp,8
    int i;
    int j;

    i = argc;
00F61006  mov        eax,dword ptr [argc]
00F61009  mov        dword ptr [i],eax
    j = **argv;
00F6100C  mov        ecx,dword ptr [argv]
00F6100F  mov        edx,dword ptr [ecx]
00F61011  movsx      eax,byte ptr [edx]
00F61014  mov        dword ptr [j],eax

    if (i == 2)
00F61017  cmp        dword ptr [i],2
00F6101B  jne        main+28h (0F61028h)
    {
        ++j;
00F6101D  mov        ecx,dword ptr [j]
00F61020  add        ecx,1
00F61023  mov        dword ptr [j],ecx
    }
    else
00F61026  jmp        main+31h (0F61031h)
    {
        --j;
00F61028  mov        edx,dword ptr [j]
```

```
00F6102B   sub       edx,1
00F6102E   mov       dword ptr [j],edx
    }

    printf("i=%d, j=%d\n", i, j);
00F61031   mov       eax,dword ptr [j]
00F61034   push      eax
00F61035   mov       ecx,dword ptr [i]
00F61038   push      ecx
00F61039   push      0F620F8h
00F6103E   call      printf (0F61090h)
00F61043   add       esp,0Ch
    return 0;
00F61046   xor       eax,eax
}
00F61048   mov       esp,ebp
00F6104A   pop       ebp
00F6104B   ret
```

当然，微软的Visual C++软件包本来就能在编译期间输出汇编语言文件，所以这么使用Visual Studio集成的调试器并无太大必要 [1]。不过，某些编译器不提供汇编输出，这时查看编译器生成机器码的最简单办法就是查看其调试器输出。举例来说，Embarcadero的Delphi编译器没有生成汇编输出的选项。倘若Delphi把一大堆类库代码链接到应用程序，那么你自己的代码只占应用程序代码的一小块，通过反汇编器来找到这一小块代码简直如同大海捞针。而使用Delphi环境内建的调试器可较好地解决此问题。

5.7.2 使用独立调试器

如果编译器的集成开发系统并未自带调试器，使用 OllyDbg、DDD 或 GDB 等独立调试器来反汇编编译器的输出，就是一个替代办法。只要将可执行文件调入调试器，然后按常规的调试步骤操作即可。

---

1 Visual C++调试器输出的反汇编内容嵌入了 C/C++源码，相比于编译器输出的反汇编内容，这是一个优点。

不与特定编程语言关联的调试器大都是机器级的调试器，它在调试操作中将二进制机器码反汇编成可查看的机器指令。使用机器级调试器的麻烦在于，难以定位某个要反汇编的特定区域代码。要知道，当我们向调试器调入整个可执行文件时，还一并调入了静态链接库例程，以及其他运行时期的支持代码，而这些一般不会出现在源程序中。在如此众多的附加代码中，要找出编译器如何将特定序列的语句转换为机器码是极其费事的，可能需要借助某种代码侦测机制。幸运的是，多数链接器将库例程集中放到可执行文件的开头或结尾。因此，应用程序涉及的代码通常位于可执行文件的头尾附近。

调试器通常有 3 种类型：纯机器级调试器、符号调试器和源代码级调试器。符号调试器和源代码级调试器要求可执行文件包含专门的调试信息，因此编译器必须特意加入这种信息。

纯机器级调试器不访问应用程序的源代码或符号，它仅仅反汇编所找到的应用程序机器码，并用字面数值常量和机器地址列出清单。这样的代码通读起来很难受，但如果我们了解编译器对高级语言语句生成代码的原理（就像本书即将探讨的那样），定位机器码就会容易些。不过，由于代码中没有任何符号信息提供"基点"，分析代码还是很困难的。

符号调试器通过可执行文件中的专门符号表信息（有些场合则为单独的调试用文件）关联到可执行文件中的函数、可能的变量名与标号。这一功能使得定位反汇编清单中的代码区域省事多了。有了符号标号来辨别对函数的调用，就很容易看清反汇编代码与源高级语言代码之间的对应关系。然而要记住，只有在启用调试模式时编译，才会生成符号信息。请查阅你的编译器文档，确定如何激活此功能，以便使用调试器。

源代码级调试器在处理可执行文件时，会显示具体对应的源代码。为了看到编译器实际产生的机器码，通常需要打开专门的机器级代码视图。和符号调试器一样，编译器也必须能生成特殊的可执行文件（或辅助文件）。这些可执行文件或辅助文件含有源代码级调试器能用的调试信息。显然，源代码级调试器能给出高级语言源代码与反汇编机器码之间的对应关系，所以用起来容易多了。

5.8 比对两次编译的输出

如何改动高级语言代码，以提高输出机器码的质量？这种问题对于精通编译器设计的汇编语言高手只能算是小菜一碟。然而大部分程序员，特别是对编译器输出没有太多研究经验的程序员，则看不懂编译器的汇编语言输出。他们只能将改动前和改动后的两组输出进行比对，以此判断哪组输出更好些。毕竟对高级语言源代码的改动并不意味着代码质量总会提高。有些修改对机器码毫发未动（这时应使高级语言源代码更具可读性和可维护性）。还有一些情况，修改只会对输出的机器码帮倒忙。因此，除非我们确切知道修改高级语言源代码后编译器会做什么，否则应当比对修改前后的编译器输出，再决定所做的修改可否被接受。

用 diff 比对代码修改前后的编译器输出

不用说，任何有经验的软件开发者首先想到的就是，"噢，既然要比较文件，就用 diff 好了！" 正如事实证明的那样，比较文件异同的 diff 程序在有些场合的确管用，但在比对编译器的不同输出时并非处处灵验。像 diff 这样的程序，只有在两个文件区别很少时才大显身手。若两个机器语言输出文件截然不同，diff 就不灵了。例如，请看下列 C 语言程序 *t.c*，后面将用微软 Visual C++编译器得到两次不同的输出：

```c
extern void f( void );
int main( int argc, char **argv )
{
    int boolResult;

    switch( argc )
    {
        case 1:
            f();
            break;

        case 10:
            f();
            break;

        case 100:
```

```
            f();
        break;

    case 1000:
        f();
        break;

    case 10000:
        f();
        break;


    case 100000:
        f();
        break;

    case 1000000:
        f();
        break;

    case 10000000:
        f();
        break;

    case 100000000:
        f();
        break;

    case 1000000000:
        f();
        break;

    }
    return 0;
}
```

用"cl /Fa t.c"命令（编译时不优化）时 Visual C++生成的汇编清单如下：

```
; Listing generated by Microsoft (R) Optimizing Compiler Version 19.00.24234.1
```

```
        include listing.inc

INCLUDELIB LIBCMT
INCLUDELIB OLDNAMES

PUBLIC    main
EXTRN     f:PROC
pdata    SEGMENT
$pdata$main DD   imagerel $LN16
        DD        imagerel $LN16+201
        DD        imagerel $unwind$main
pdata    ENDS
xdata    SEGMENT
$unwind$main DD  010d01H
        DD        0620dH
xdata    ENDS
; 函数编译标志位:  /Odtp
_TEXT    SEGMENT
tv64 = 32
argc$ = 64
argv$ = 72
main    PROC
; File c:\users\rhyde\test\t\t\t.cpp
; Line 4
$LN16:
        mov    QWORD PTR [rsp+16], rdx
        mov    DWORD PTR [rsp+8], ecx
        sub    rsp, 56                          ; 00000038H
; Line 7
        mov    eax, DWORD PTR argc$[rsp]
        mov    DWORD PTR tv64[rsp], eax
        cmp    DWORD PTR tv64[rsp], 100000       ; 000186a0H
        jg     SHORT $LN15@main
        cmp    DWORD PTR tv64[rsp], 100000       ; 000186a0H
        je     SHORT $LN9@main
        cmp    DWORD PTR tv64[rsp], 1
        je     SHORT $LN4@main
        cmp    DWORD PTR tv64[rsp], 10
        je     SHORT $LN5@main
        cmp    DWORD PTR tv64[rsp], 100          ; 00000064H
        je     SHORT $LN6@main
```

```
        cmp     DWORD PTR tv64[rsp], 1000              ; 000003e8H
        je      SHORT $LN7@main
        cmp     DWORD PTR tv64[rsp], 10000             ; 00002710H
        je      SHORT $LN8@main
        jmp     SHORT $LN2@main
$LN15@main:
        cmp     DWORD PTR tv64[rsp], 1000000           ; 000f4240H
        je      SHORT $LN10@main
        cmp     DWORD PTR tv64[rsp], 10000000          ; 00989680H
        je      SHORT $LN11@main
        cmp     DWORD PTR tv64[rsp], 100000000         ; 05f5e100H
        je      SHORT $LN12@main
        cmp     DWORD PTR tv64[rsp], 1000000000        ; 3b9aca00H
        je      SHORT $LN13@main
        jmp     SHORT $LN2@main
$LN4@main:
; Line 10
        call    f
; Line 11
        jmp     SHORT $LN2@main
$LN5@main:
; Line 14
        call    f
; Line 15
        jmp     SHORT $LN2@main
$LN6@main:
; Line 18
        call    f
; Line 19
        jmp     SHORT $LN2@main
$LN7@main:
; Line 22
        call    f
; Line 23
        jmp     SHORT $LN2@main
$LN8@main:
; Line 26
        call    f
; Line 27
        jmp     SHORT $LN2@main
```

```
$LN9@main:
; Line 30
        call    f
; Line 31
        jmp     SHORT $LN2@main
$LN10@main:
; Line 34
        call    f
; Line 35
        jmp     SHORT $LN2@main
$LN11@main:
; Line 38
        call    f
; Line 39
        jmp     SHORT $LN2@main
$LN12@main:
; Line 42
        call    f
; Line 43
        jmp     SHORT $LN2@main
$LN13@main:
; Line 46
        call    f
$LN2@main:
; Line 50
        xor     eax, eax
; Line 51
        add     rsp, 56                            ; 00000038H
        ret     0
main    ENDP
_TEXT   ENDS
END
```

再看下面用"cl /Ox /Fa t.c"命令时 Visual C++生成的汇编清单。"/Ox"要求
Visual C++着重于速度优化。

```
; Listing generated by Microsoft (R) Optimizing Compiler Version 19.00.24234.1

include listing.inc
```

```
INCLUDELIB LIBCMT
INCLUDELIB OLDNAMES

PUBLIC   main
EXTRN    f:PROC
pdata    SEGMENT
$pdata$main DD   imagerel $LN18
         DD      imagerel $LN18+89
         DD      imagerel $unwind$main
pdata    ENDS
xdata    SEGMENT
$unwind$main DD 010401H
         DD      04204H
xdata    ENDS
; 函数编译标志位：  /Ogtpy
_TEXT    SEGMENT
argc$ = 48
argv$ = 56
main    PROC
; File c:\users\rhyde\test\t\t\t.cpp
; Line 4
$LN18:
        sub     rsp, 40                           ; 00000028H
; Line 7
        cmp     ecx, 100000                       ; 000186a0H
        jg      SHORT $LN15@main
        je      SHORT $LN10@main
        sub     ecx, 1
        je      SHORT $LN10@main
        sub     ecx, 9
        je      SHORT $LN10@main
        sub     ecx, 90                           ; 0000005aH
        je      SHORT $LN10@main
        sub     ecx, 900                          ; 00000384H
        je      SHORT $LN10@main
        cmp     ecx, 9000                         ; 00002328H
; Line 27
        jmp     SHORT $LN16@main
$LN15@main:
; Line 7
```

```
        cmp     ecx, 1000000                    ; 000f4240H
        je      SHORT $LN10@main
        cmp     ecx, 10000000                   ; 00989680H
        je      SHORT $LN10@main
        cmp     ecx, 100000000                  ; 05f5e100H
        je      SHORT $LN10@main
        cmp     ecx, 1000000000                 ; 3b9aca00H
$LN16@main:
        jne     SHORT $LN2@main
$LN10@main:
; Line 34
        call    f
$LN2@main:
; Line 50
        xor     eax, eax
; Line 51
        add     rsp, 40                         ; 00000028H
        ret     0
main    ENDP
_TEXT   ENDS
        END
```

不难看出,这两个汇编语言输出文件的差别很大。用 diff 比较它们只会得到一大堆乱七八糟的东西;阅读 diff 的输出甚至比手工对照两个汇编语言输出文件还麻烦。

在对源文件做一个小改动时,通过 diff 之类的对比程序比较给定高级语言源代码的输出,能收到不错的效果;许多先进的程序编辑器都内建了对比功能,凭借这种功能比对源代码输出就更好了。在本例中,假如将语句"case 1000:"改为"case 1001:",diff 会对改动前后的汇编文件产生如下输出:

```
50c50
< cmp eax, 1000

---
> cmp eax, 1001
```

只要你觉得阅读 diff 的输出挺舒服,情况就不算太糟糕。然而有些商业文件比较程序可以做得更好,其中 Beyond Compare(参见网址链接 14)、Araxis Merge(参见网址链接 15)两个工具都很出色。

当然了，另一个比较编译器输出的办法就是人工比较。将两个清单并排打印在纸上或显示在屏幕上，这样来分析它们的异同。以目前这个 C 示例说明，倘若从 C 编译器里未经优化，即未使用/Ox 优化选项时，我们会发现，两个版本都使用了二进制查找算法来比较 switch 值，而不是比较一个宽广范围的常数清单。优化和不优化的版本之间的主要区别在于代码的重复性上。

为了恰当比较编译器输出的汇编语言清单，我们需要了解编译器如何解释机器语言输出，以及怎样把高级语言代码里的语句关联到某段汇编语言序列中。这正是接下来几章的目的所在。

5.9 获取更多信息

如果我们想学习查看从编译器输出的机器码的方法，编译器手册是首先要看的材料。许多编译器将输出汇编清单作为一个选项，此为查看编译器生成代码的最好手段。倘若编译器不提供生成汇编代码的选项，编译器所在集成开发环境中的调试工具（如果有的话）也是一个不错的选择。请参看编译器或集成开发环境的文档来了解具体细节。

检查编译器输出时，objdump 和 dumpbin 等工具也能派上用场。可以查阅微软、FSF/GNU 或 Apple LLVM 的文档来详细了解这些程序的用法。若想采用 OllyDbg、GDB 之类的外部调试器，请查看软件的用户说明书，或访问作者的支持网页。比如，可以查看调试器 OllyDbg 的网址（参见网址链接 16）。

6

常量与高级语言

有些程序员也许还不知道，许多 CPU 在机器代码级并不把常量和变量数据一视同仁。CPU 大都有专门的立即寻址模式，用以让语言转换器将常量值直接插入机器指令中，而不是将常量存放到某个内存单元中，将其按变量访问。然而，表示常量数据的能力因 CPU 的不同而有很大差异，事实上这种差异还跟数据类型相关。只有了解 CPU 在机器代码级描述常量的方式，我们才能在高级语言源程序中适当表示常量，并产生更小、更快的可执行程序。为此，本章将探论如下话题：

- 怎样合理地使用文字常量（literal constant，或称为"字面常量"），以提高程序效率
- 文字常量与明示常量（manifest constant）的区别
- 编译器如何在编译时期处理常量表达式，从而减小程序体积，并且免除运行时的计算
- 编译时的常量与内存中的只读数据有何不同

- 编译器表示非整型常量（如枚举型、布尔型、浮点数常量和字符串常量）的方法
- 编译器表示复合数据类型常量，如数组常量和记录/结构常量的方法

各种常量的用法是怎样影响编译器所生成的机器码之效率呢？在结束本章之时，我们就会对此有清楚的了解。

注意： 如果你已经看过《编程卓越之道（卷 1 ）》，可以跳过本章，因为这里为叙述完整，而老调重弹了该书第 6、7 章的有些信息。

6.1 文字常量与程序效率

高级编程语言与大部分现代 CPU 都允许在合法读取内存变量值的地方指定常量值。请看下面的 Visual Basic 和 HLA 语句，它们均将常量 1000 赋给变量 i：

```
i = 1000
mov( 1000, i );
```

像多数 CPU 一样，80x86 将 1000 的常量表示形式直接放在机器指令中。这么做使得在机器级操作常量紧凑高效。因此，比起给某个变量赋以常量，再在代码中引用此变量，这种使用文字常量的方式往往更有效率。看看下列 Visual Basic 代码序列：

```
oneThousand = 1000
  ...
x = x + oneThousand    '这里使用变量 oneThousand 而非文字常量
y = y + 1000           '这里使用的是文字常量
```

想想对最后两条语句可能写出的 80x86 汇编代码。前一句必须使用两条指令，因为不能将内存单元的值直接加到另一个内存单元中：

```
mov( oneThousand, eax );  // x = x + oneThousand
add( eax, x );
```

但可以对某内存单元加一个常量，所以第二条 Visual Basic 语句仅转换为一条机器指令：

```
add( 1000, y );     // y = y + 1000
```

不难看出，使用文字常量比使用变量更有效率。然而，不要以为各种处理器都能高效处理文字常量，或者不管常量是什么类型的，CPU都能高效运行。有些古董级CPU无法在机器指令中嵌入文字常量。许多RISC处理器，例如ARM只能对较小的 8 位、12 位和 16 位常量这么做 [1]。即使CPU允许调入任意整型常量，也可能不支持浮点文字常量，随处可见的 80x86 处理器就是如此。能将大型数据结构——比如数组、记录或字符串，作为机器指令一部分的CPU更是凤毛麟角了。例如，我们来看如下的C语言代码：

```
#include <stdlib.h>
#include <stdio.h >
int main( int argc, char **argv, char **envp )
{
   int i,j,k;

   i = 1;
   j = 16000;
   k = 100000;
   printf( "%d, %d, %d\n", i, j, k );
}
```

用 GCC 编译器编译得到的 PowerPC 汇编语言代码如下，其中略去了与本例无关的代码：

```
L1$pb:
   mflr r31
   stw r3,120(r30)
   stw r4,124(r30)
   stw r5,128(r30)

; 下面两条指令将数值 1 拷贝到变量 i 中
   li r0,1
   stw r0,64(r30)

; 下面两条指令将数值 16000 拷贝到变量 j 中
```

---

1 即便是 80x86，也将立即数常量限制到 32 位。

```
    li r0,16000
    stw r0,68(r30)

; 将数值 100000 拷贝到变量 k 中, 则要用 3 条指令
    lis r0,0x1
    ori r0,r0,34464
    stw r0,72(r30)

; 下列代码用于设置并调用 printf()函数
    addis r3,r31,ha16(LC0-L1$pb)
    la r3,lo16(LC0-L1$pb)(r3)
    lwz r4,64(r30)
    lwz r5,68(r30)
    lwz r6,72(r30)
    bl L_printf$stub
    mr r3,r0
    lwz r1,0(r1)
    lwz r0,8(r1)
    mtlr r0
    lmw r30,-8(r1)
    blr
```

PowerPC CPU 只允许指令中有 16 位立即数常量。要想向寄存器中放入更大的数值, 程序得先用 lis 指令将常量的高 16 位调入 32 位寄存器, 再使用 ori 指令将低 16 位合并进来。这些指令的具体操作不太重要, 真正应注意的是编译器对大值常量使用 3 条指令, 而对小值常量只用两条指令。因此在 PowerPC 上使用 16 位常量时, 所得到的机器码较短, 且运行较快。

用 GCC 将这段代码编译成 ARMv7 汇编语言代码, 会得到如下代码, 其中删除了无关部分:

```
.LC0:
    .ascii  "i=%d, j=%d, k=%d\012\000"
    .text
    .align  2
    .global main
    .type   main, %function
main:
    @ args = 0, pretend = 0, frame = 24
```

```
    @ frame_needed = 1, uses_anonymous_args = 0
    stmfd   sp!, {fp, lr}
    add fp, sp, #4
    sub sp, sp, #24
    str r0, [fp, #-24]
    str r1, [fp, #-28]

; 变量'i'存入 1:
    mov r3, #1
    str r3, [fp, #-8]

@ 变量'j'存入 16000:
    mov r3, #16000
    str r3, [fp, #-12]

@ 变量'k'存入 100000（内存中的常量）:
    ldr r3, .L3
    str r3, [fp, #-16]

@ 获取这些值并打印出来:
    ldr r0, .L3+4
    ldr r1, [fp, #-8]
    ldr r2, [fp, #-12]
    ldr r3, [fp, #-16]
    bl  printf
    mov r3, #0
    mov r0, r3
    sub sp, fp, #4
    @ sp needed
    ldmfd   sp!, {fp, pc}
.L4:

@ 内存中为 k 准备的常量:
    .align  2
.L3:
    .word   100000
    .word   .LC0
```

ARM CPU 在一条指令中只允许 16 位立即数常量。要向寄存器调入更大的寄存器值，编译器要将变量放到内存区域，然后从内存中加载常量。

即使 80x86 之类的 CISC 处理器能够在一条指令中编码任何常量——最多 32 位，也不要觉得程序效率与所用常量尺寸不相干。CISC 处理器通常对不同大小的立即操作数机器指令采取不同的编码，使程序减少对小型常量花费内存。例如，请看下面两条 80x86 的 HLA 机器指令：

```
add( 5, ebx );
add( 500_000, ebx );
```

80x86 上的汇编器能够将第一条指令编码为 3 字节——操作码与寻址模式信息占 2 字节，余下 1 字节存放此小值立即数常量 5；而第二条指令则需要 6 字节——操作码与寻址模式信息占 2 字节，其他 4 字节则存放常量值 500_000。显然第二条指令较长，有些时候运行可能更慢。

6.2 绑定时刻

到底什么是常量？显然，从高级语言的角度来看，常量是值不变（即"总是常数"）的某种实体。然而，这一定义还有更多意思。例如，考虑下面的 Pascal 常量声明：

```
const someConstant:integer = 5;
```

在这个声明之后的代码中 [1]，我们可以使用名称 someConstant 来代替值 5。但是在声明之前呢？在这个声明所属作用域之外怎么样？显然，在编译器处理此声明时，someConstant 的值会发生变化。因此，所谓常量"值不变"的说法并不适用于这里。

我们真正关注的不是程序在哪里将某个值与 someConstant 关联，而是什么时候关联。绑定是在数据的某些属性（例如名称、值和范围）之间创建关联的技术术语。例如，前面的 Pascal 示例将值 5 绑定到名称 someConstant。绑定时刻——即发生绑定（关联）的时间——可以位于不同时间点：

- 在语言定义时。这是指语言设计人员定义语言时。许多语言中的常量有 true

1　特别是指在声明所属作用域之内的代码。

和 false，这些都是很好的例子。

- 在编译期间。本节中 Pascal 的 *someConstant* 声明就是一个不错的示例。
- 在链接阶段。这方面的例子可以是某个常量，由它指定程序目标码（机器指令）的尺寸。程序不能在链接阶段之前计算尺寸。当链接器得到所有的目标码模块并将它们组合在一起时，才能有计算变量的值。
- 在程序加载（调入内存）时。加载时绑定的一个很好示例，就是将数据（如变量或机器指令）在内存中的地址关联至某指针常量。在许多系统上，当将代码加载到内存中时，操作系统会重新定位代码，因此程序只能在加载后才能确定绝对内存地址。
- 在程序执行中。有些绑定只能在程序运行时发生。例如，当我们将某个算术表达式的计算结果赋值给变量时，此值与该变量的绑定会在程序执行过程中发生。

动态绑定指程序执行过程中发生的绑定。静态绑定则是发生在其他任何时间的绑定。第 7 章将再次介绍绑定（参看 7.2 节）。

6.3　文字常量与明示常量的比较

明示常量就是用符号名表示的常量值。语言转换器能将源程序里所有出现符号名的地方直接替换成它所代表的值。明示常量使程序员能对常量值取一个有意义的名字，从而让代码易读、易维护。恰如其分地使用明示常量会体现出代码编写者的专业素养。

许多编程语言都很容易声明明示常量：

- Pascal 程序员在 const 中声明。
- HLA 程序员在 const 或 val 中声明。
- C/C++程序员通过#define 宏声明。

下列 Pascal 代码片段给出了明示常量在程序中的恰当用法：

```
const
```

```
    maxIndex = 9;

var
    a :array[0..maxIndex] of integer;
    ...
    for i := 0 to maxIndex do
        a[i] := 0;
```

比起使用文字常量的代码，这段代码要容易读懂和维护得多。只要在程序中改动一条语句，即常量声明 maxIndex，重新编译源文件，就可以方便地设置数组元素数目，程序仍能正常工作。

由于编译器将明示常量的符号名替换成文字值，因此使用明示常量不会带来性能方面的损失。既然明示常量能够改善程序的可读性，又不会付出效率代价，故而它是卓越代码的重要组成部分。应当大张旗鼓地使用明示常量。

6.4 常量表达式

很多编译器能够在编译时计算常量表达式的值。常量表达式就是在编译期间已经确定其值的表达式，所以编译器能够计算出表达式的值，在编译时就用值代替表达式，而不是留到运行时才计算。通过使用明示常量，常量表达式将非常有助于我们编写可读、可维护的代码，运行时不会浪费任何效率。

例如，请看如下 C 代码：

```
#define smArraySize 128
#define bigArraySize (smArraySize*8)
    ...
char name[ smArraySize ];
int values[ bigArraySize ];
```

这两个数组声明可扩展为：

```
char name[ 128 ];
int values[ (smArraySize * 8) ];
```

C 语言的预处理程序会将其进一步扩展为：

```
char name[ 128 ];
int values[ (128 * 8) ];
```

C 语言规范支持常量表达式，但这一特性并不是每种语言都有。我们得查看所用编译器的语言参考手册，确定它是否在编译时计算常量表达式。例如，Pascal 语言规范没有提到常量表达式，因而一些 Pascal 实现支持这种特性，而另一些实现却不支持。

现代优化型编译器还能在编译时计算算术表达式中的常量子表达式（即常量折叠，请参看 4.4.4.4 节），因而可节省程序在运行时计算固定值的开销。看看以下 Pascal 代码：

```
var
  i :integer;
  ...
  i := j + (5*2-3);
```

任何像样的 Pascal 编译器都会认出子表达式（5*2-3）为常量表达式，编译时就把它的值（7）计算出来，并以此结果代替子表达式。换句话说，好的 Pascal 编译器会发出等价的如下语句：

```
i := j + 7;
```

如果编译器充分支持常量表达式，我们可以利用此特性写出更优质的源代码。这听起来好像自相矛盾，但在程序的某些关键点写出完整的表达式，经常会使特定代码块容易看懂和易于理解。因为看代码的人一下子就能够明白我们怎样计算某个值，而不必推敲我们为何要提到这个"幻数"。例如，具体到开票和计工时的例程，表达式"5*2-3"大概比文字常量 7 能更好地说明"两个人各工作 5 个小时，减去所规定的 3 个工时"之意。

下面是一个 C 语言代码的示例，我们将用 GCC 编译器对其生成 PowerPC 输出，以便展示实际的常量表达式优化。

```
#include <stdlib.h>
int main( int argc, char **argv, char **envp )
{
```

```
    int j;

    j = argc+2*5+1;
    printf( "%d %d\n", j, argc );
}
```

GCC输出的PowerPC汇编语言代码如下：

```
_main:
    mflr r0
    mr r4,r3                        // 寄存器R3 存放入口的argc值
    bcl 20,31,L1$pb
L1$pb:
    mr r5,r4                        // R5 现在存的是argc值
    mflr r10
    addi r4,r4,11                   // R4 存的是argc + 2*5+1, 亦即argc + 11
    mtlr r0                         // 调用printf()函数的代码
    addis r3,r10,ha16(LC0-L1$pb)
    la r3,lo16(LC0-L1$pb)(r3)
    b L_printf$stub
```

可以看出，GCC已将常量表达式"2*5+1"用常量 11 代替。

让代码容易看懂绝对是一件好事，也是卓越编程的主要目标。不过要牢记，有些编译器或许不支持在编译时计算常量表达式，而是生成代码在运行期间计算常量值。这势必影响最终程序的体积与执行速度。对编译器的能力有所了解，可让我们决定：该用常量表达式；还是该为提升执行速度而牺牲程序的可读性，事先算出表达式的值。

6.5　明示常量与只读内存数据的比较

C/C++程序员可能已经注意到，前面没有提到 C/C++的 const 声明。这是因为 const 语句中声明的符号名（后面统一称作符号）未必是明示常量。也就是说，C/C++ 并不总将源文件里的符号替换成符号的值。相反，C/C++编译器可能将 const 值保存在内存中，然后像静态（只读）变量那样引用之。如此一来，常量数据与静态变量

只有一个区别，就是 C/C++ 编译器不允许在运行时对前者赋值而已。

C/C++ 有时把 const 语句声明的常量看作静态变量，这是出于一个很好的理由——它能使我们在函数中创建局部常量，在每次执行函数时常量值可以不同；虽然在函数执行期间，值是固定不变的。因此，我们不能在 C/C++ 常量表达式中使用这样的"常量"，也不能指望 C/C++ 编译器事先算出这种表达式的值。

C++ 编译器大都接受这种表示法：

```
const int arraySize = 128;
 ...
int anArray[ arraySize ];
```

但不会认可如下序列：

```
const int arraySizes[2] = {128,256};  //合法
const int arraySize = arraySizes[0];   //也合法

int array[ arraySize ];        //不合法
```

arraySize 和 arraySizes 都是常量。但 C++ 编译器不让用常量 arraySizes 或基于它的任何数据为数组定界。这是因为 arraySizes[0] 实际上是运行时的内存单元，故而 arraySize 也必定是运行时的内存单元。理论上，编译器似乎应该足够聪明，在编译时发现 arraySize 的值（128）可求出，然后以此值替换之。但 C++ 语言并不允许这么做。

6.6 Swift 的 let 语句

在 Swift 编程语言中，可以使用 let 语句创建常量。举个例子：

```
let someConstant = 5
```

不过，值是在运行时绑定到此常量名的，也就是说此为动态绑定。赋值运算符右侧的表达式无须为常量表达式，可以是包含变量和其他非常量成分的表达式。每当程序运行到这个语句，比如在循环中时，程序就会给 someConstant 绑定不同的值。

Swift 的 let 语句其实并不定义传统含义的常量，而是让我们创建"写一次"的

变量。换句话说,在使用 let 语句定义符号的范围内,只能将名称用值初始化一次。注意倘若你离开了名称的作用域又进来,值在退出作用域时会被销毁,这样就可以在进入作用域时绑定新值——或许是与之前不同的值。这一点不同于 C++中的 const int 声明,let 语句不允许为此数据在只读内存里分配存储空间。

6.7　枚举类型

编写精良的程序往往采用一套名字标识现实世界中非数值的量。各种显示技术,如 crt、lcd、led 和 plasma 就是这样的例子。即便现实世界与这些概念之间并没有数值上的关系,然而要在计算机系统中表达出来,仍需要将其编码为数值。每个符号所对应的内部值一般可随意而定,只要我们给各符号关联了唯一的值即可。许多计算机语言提供所谓枚举数据类型机制,利用该机制,能够自动将清单中的每个名字关联一个唯一值。通过在程序中使用枚举数据类型,就能对数据赋以有意义的名字,而非 0、1、2 等干巴巴的数。

比如,在 C 语言的早期版本中,可以创建一串标识符,每个标识符有唯一的值,采用如下序列:

```
/*定义一套符号,表示不同的显示技术*/
#define crt 0
#define lcd (crt+1)
#define led (lcd+1)
#define plasma (led+1)
#define oled (plasma+1)
```

为这些符号常量赋以连续值后,能确保它们各自具有唯一的值。这种办法的另一个好处是,它还对值进行了排序,即 crt<lcd<led<plasma<oled。可惜这种方式创建明示常量既费力,又易出错。

幸好大部分语言提供了枚举常量来解决此问题。"枚举"意味着计数,编译器正是这么做的——由它对每个符号编号。因此,编译器负责处理给枚举常量赋值的细节问题。

多数现代编程语言都可声明枚举类型和常量。下面是 C/C++、Pascal、Swift 和

HLA 的示例：

```
enum displays {crt, lcd, led, plasma, oled };              // C++
type displays = (crt, lcd, led, plasma, oled);             // Pascal
type displays :enum{crt, lcd, led, plasma, oled};          // HLA

// Swift
enum Displays
{
    case crt
    case lcd
    case led
    case plasma
    case oled
}
```

这 4 个例子都是将 crt 关联为 0，将 lcd 关联为 1，将 led 关联为 2，将 plasma 关联为 3，将 oled 关联为 4。理论上，无须关心具体的内部表示，只要各值具备唯一性就行，因为这些值只是用来区分各枚举数据的。

多数语言以单调增加，即采用对前一值逐个递增的形式，为枚举清单中的符号赋值。因此这些例子中存在如下关系：

```
crt < lcd < led < plasma < oled
```

尽管编译器会为给定枚举清单中的每个符号赋以唯一的值，但不要以为程序内的所有枚举常量值都是独一无二的。大部分编译器将枚举清单中的第一个成员赋值为 0，第二个成员赋值为 1，依此类推。比如下面的 Pascal 类型定义：

```
type
colors = (red, green, blue);
fasteners = (bolt, nut, screw, rivet );
```

多数 Pascal 编译器内部用 0 同时表示 red 和 bolt，而用 1 同时表示 green 和 nut，等等。在强制类型检查的语言如 Pascal 中，一般不能在同一表达式中既用 colors 类型的符号，又用 fasteners 类型的符号。因此，这些符号共用相同的内部表示不会出现问题，因为编译器的类型检查机制排除了潜在的冲突。有的语言如 C/C++和汇编，没有强制类型检查，故而可能发生这类冲突。在这类语言中，由程序员负责避免在表达式中混用不同类型的枚举常量。

大部分编译器表示枚举类型时，都会在内存中为变量分配 CPU 能高效访问的最小单元。因为绝大部分的枚举常量声明都少于 256 个符号，在能高效访问字节数据的机器上，编译器通常会为枚举类型变量分配一个字节；许多 RISC 机器上的编译器则会分配一个 32 位字或更多，仅仅归因于访问这样的数据会更快。确切的表示方法取决于语言和编译器实现，请查看编译器的参考手册来了解具体细节。

6.8 布尔常量

不少高级编程语言都提供布尔常量。布尔常量也被称为逻辑常量，用以表示 true 和 false 值。既然布尔值仅有两个可能的值，就表示布尔常量只需一个比特位即可。但由于 CPU 大都不允许分配 1 位的存储单元，因此大部分编程语言以整个字节，甚至更大的数据类型来表示布尔值。那么，布尔数据的其他位干什么用呢？不好说，答案因具体的语言而异。

许多语言将布尔数据类型看作枚举类型。例如 Pascal 的布尔类型以下列方式定义：

```
type
    boolean = (false, true);
```

该声明将内部值 0 关联至 false，将 1 关联至 true。这种关联有若干特性是我们希望的：

- 大部分布尔函数和操作符能如愿地操作。比如(true and true) = true、(true and false) = false 等等。
- 比较 false 和 true，前者小于后者，符合人们的直观感受。

麻烦的是，将 0 关联至 false、将 1 关联至 true 并不总是行得通。下面是一些理由：

- 某些适用于位串的布尔操作不会产生期望的结果。举例来说，我们希望"false 的非"为 true，然而若以 8 位数据存储布尔变量，则"false 的非"

就变成$ff，而不是 true（1）。

- 许多 CPU 提供指令，能够在某操作之后方便地检验 0 或非 0，但难得有哪种 CPU 明确检验 1。

诸如 C、C++、C#和 Java 等很多语言将 0 看作 false，将其他任何值均看作 true，这可带来许多便利：

- CPU 只要容易检验 0 与非 0，就能容易地检验布尔结果。
- 不管保存布尔变量的数据尺寸如何，0 与非 0 总可以用。

然而该方案也有缺点：

- 在采用 0 与非 0 布尔值时，许多按位逻辑操作的结果都不正确。例如$A5（非 0，故为 true）与$5A（非 0，故为 true）进行"与"运算后等于 0（false）。而从逻辑上讲，两个 true 相"与"是不会得到 false 的。类似地，$A5 的"非"生成$5A。而我们希望对 true 取"非"后得到 false，而不是 true（$5A）。
- 当把位串看成有符号整型数值的补码时，一些 true 值就可能小于 0。例如，8 位值$FF 等于-1，也就是小于 0。所以某些情况下 false 小于 true 的直观感受未必成立。

除非用的是汇编语言——这时只能自行定义 true 和 false 的值；否则，我们必须遵照高级语言表示 true 和 false 的方案工作。true 和 false 在语言参考手册中会有解释。

对所用语言表示布尔值的方式有所了解，有助于我们写出能生成更好机器码的源程序。举例来说，假如写的是 C/C++代码，其中 false 为 0，true 为其他任何值。现在来看下列 C 语言语句：

```
int i, j, k;
    ...
  i = j && k;
```

好多编译器对该赋值语句所产生的机器码均相当糟糕，通常就像下面的 Visual C++输出：

```
; Line 8
        cmp     DWORD PTR j$[rsp], 0
```

```
        je        SHORT $LN3@main
        cmp       DWORD PTR k$[rsp], 0
        je        SHORT $LN3@main
        mov       DWORD PTR tv74[rsp], 1
        jmp       SHORT $LN4@main
$LN3@main:
        mov       DWORD PTR tv74[rsp], 0
$LN4@main:
        mov       eax, DWORD PTR tv74[rsp]
        mov       DWORD PTR i$[rsp], eax
;
```

若能确保自己总是用 0 作为 false，用 1 作为 true，而没有其他任何可能的值，这种条件下就可以按下列方式写出先前那条语句：

```
i = j & k;     /* 注意采用的是按位运算 */
```

于是，Visual C++就会对其生成下列代码：

```
; Line 8
        mov       eax, DWORD PTR k$[rsp]
        mov       ecx, DWORD PTR j$[rsp]
        and       ecx, eax
        mov       DWORD PTR i$[rsp], ecx
```

不难看出，这段代码要好得多。假如我们一直将 1 作为true，将 0 作为false，就可以用按位运算符"与"（&）和"或"（|）代替逻辑运算符[1]。正如前面所述，不能用位运算"非"达到同样的效果，但可以通过下列形式生成逻辑"非"操作的正确结果：

```
i = ~j & 1;    /* "~"为 C 语言的按位取反运算符*/
```

该语句将 j 的所有位取反，再将第 0 位之外的所有位清零。

总而言之，我们应当清楚地知道所用的编译器如何表示布尔常量。如果有机会选择 true 和 false 用什么值，比如以非 0 值表示，就能通过合适的值使编译器生成

---

[1] 按位运算符并非通吃一切。所有依赖短路求值的逻辑——按位运算符都是不支持的，只能使用标准的&&、||运算符。

更漂亮的代码。

6.9　浮点数常量

浮点数常量在许多计算机架构中是一个特例。由于表示浮点数要占用大量比特位，鲜有 CPU 的立即寻址模式能将常量——即便是 32 位小型浮点数常量——调入浮点数寄存器。80x86 等许多 CISC 处理器都不例外。故而编译器通常将浮点数放在内存中，由程序从内存读取，如同它是变量一样。例如，请看下面的 C 语言程序：

```
#include <stdlib.h>
#include <stdio.h >
int main( int argc, char **argv, char **envp )
{
   static int j;
   static double i = 1.0;
   static double a[8] = {0,1,2,3,4,5,6,7};

   j = 0;
   a[j] = i+1.0;
}
```

再看 GCC 对此程序用选项-O2 生成的 PowerPC 代码：

```
.lcomm _j.0,4,2
.data

// 此为变量 i。由于是静态变量，GCC 直接对内存中的这个变量送数
// 注意 1072693248 是双精度浮点数 1.0 的高 32 位，而低 32 位则为 0（以整数形式）

   .align 3
_i.1:
   .long 1072693248
   .long 0

// 下面是数组 a。后面的每对双字存放着数组的一个元素
// 这些有趣的整数值是双精度浮点数 0.0、1.0、2.0、3.0、…、7.0 的整数表示形式
   .align 3
_a.2:
```

```
.long 0
.long 0
.long 1072693248
.long 0
.long 1073741824
.long 0
.long 1074266112
.long 0
.long 1074790400
.long 0
.long 1075052544
.long 0
.long 1075314688
.long 0
.long 1075576832
.long 0
```

// GCC 以下面的内存单元表示文字常量 1.0。注意这 64 位与数组_a.2 中的 a[1]值相同
// 在程序中需要常量 1.0 时，GCC 就会用到该内存位置

```
.literal8
    .align 3
LC0:
    .long 1072693248
    .long 0
```

// 这里开始主程序
```
.text
    .align 2
    .globl _main
_main:
```

// 这段代码设置静态指针寄存器（R10），用于访问程序中的静态变量
```
    mflr r0
    bcl 20,31,L1$pb
L1$pb:
    mflr r10
    mtlr r0
    // 向浮点数寄存器 F13 调入变量 i 的值
    addis r9,r10,ha16(_i.1-L1$pb)              // 将 R9 指针指向 i
```

```
    li r0,0
    lfd f13,lo16(_i.1-L1$pb)(r9)              // 向 F13 调入 i 值

    // 向浮点数寄存器 F0 调入常量 1.0，常量 1.0 保存于变量 LC0 中
    addis r9,r10,ha16(LC0-L1$pb)              // 向 R9 调入 LC0 的地址
    lfd f0,lo16(LC0-L1$pb)(r9)                // 向 F0 调入 LC0 的值（1.0）
    addis r9,r10,ha16(_j.0-L1$pb)             // 向 R9 调入 j 的地址
    stw r0,lo16(_j.0-L1$pb)(r9)               // 向 j 存入 0
    addis r9,r10,ha16(_a.2-L1$pb)             // 将 a[j] 的地址送入 R9
    fadd f13,f13,f0                           // 计算 i+1.0 的值
    stfd f13,lo16(_a.2-L1$pb)(r9)             // 将和保存到 a[j]
    blr                                       // 返回到调用处
```

由于 PowerPC 处理器是 RISC 的 CPU，GCC 为此简单序列生成的代码相当曲折。为了与等效的 CISC 实现对比，我们来看 80x86 上的 HLA 代码。这些代码只是对 C 语言代码的逐句转换：

```
program main;
static
    j:int32;
    i:real64 := 1.0;
    a:real64[8] := [0,1,2,3,4,5,6,7];

readonly
    OnePointZero : real64 := 1.0;

begin main;
    mov( 0, j );                         // j=0;
    fld( i );                            // 将 i 压入浮点数栈
    fld( OnePointZero );                 // 将值 1.0 压入浮点数栈
    fadd();                              // 从浮点数栈弹出 i 和 1.0，计算它们的和，并将结果压入浮点数栈
    mov( j, ebx );                       // 用 j 作为数组下标
    fstp( a[ ebx*8 ] );                  // 从浮点数栈弹出值，存入 a[j]
end main;
```

比起 PowerPC 代码，上段代码要容易理解得多，此乃 CISC 比 RISC 优越的一个地方。注意，类似于 PowerPC，80x86 也不支持对浮点操作数的立即寻址模式。因此与

在PowerPC上一样，我们要将 **1.0** 放入某内存单元，在需要用 **1.0** 值时就访问该内存单元 [1]。

既然大部分现代 CPU 不支持对浮点数常量的立即寻址模式，在程序中使用这类常量就相当于访问以此常量初始化的变量。不要忘记，倘若引用的内存单元不在数据缓存中，访问内存会很慢。因而比起整型或其他能放入寄存器的常量值，浮点数常量访问起来要慢得多。

注意有些 CPU 允许你将某些浮点立即数常量编码为指令操作数。例如 80x86 有一个专门的"调入 0"指令，用于向浮点数栈调入 **0.0**；ARM 处理器也提供了一条指令，让你可以将某些浮点数常量装载进 CPU 的浮点数寄存器。在此可参考在线附录 C 的"vmov 指令"。

在 32 位处理器上，CPU 经常用整数寄存器和立即寻址模式进行简单的 32 位浮点数操作。比如，要将 32 位单精度浮点数赋值给变量，可以通过向 32 位整数寄存器调入同样的比特位，然后将整数寄存器的内容保存到浮点变量中来完成。请看下列代码：

```
#include <stdlib.h>
#include <stdio.h >
int main( int argc, char **argv, char **envp )
{
    static float i;

    i = 1.0;
}
```

这是 GCC 为上述序列生成的 PowerPC 代码：

```
.lcomm _i.0,4,2                         // 为浮点变量 i 分配内存单元

.text
    .align 2
```

1　实际上，HLA 允许指定像"fld(1.0)"那样的指令。然而这并非真正的 CPU 指令，HLA 仅是将常量创建于只读数据区，在执行 fld 指令时从内存中将值拷贝到 CPU。还要注意在 80x86 上，0.0 和 1.0 是特例。可以使用 fldz(0.0) 和 fld1 指令分别调入这两个常见的立即数常量。

```
  .globl _main
_main:
  // 对 R10 设置静态指针
  mflr r0
  bcl 20,31,L1$pb
L1$pb:
  mflr r10
  mtlr r0

  // 将 i 的地址送入 R9
  addis r9,r10,ha16(_i.0-L1$pb)

  // 向 R0 调入 1.0 的浮点数表示（注意 1.0 等于 0x3f800000）
  lis r0,0x3f80                          // 将 0x3f80 放入高 16 位，将 0 放入低 16 位

  // 将 1.0 保存到变量 i 中
  stw r0,lo16(_i.0-L1$pb)(r9)

  // 返回到调用本段代码的地方
  blr
```

80x86 是 CISC 处理器，以汇编语言完成这一任务轻而易举。下面是完成同样工作的 HLA 代码：

```
program main;
static
  i:real32;

begin main;
  mov( $3f80_0000, i );                  // i = 1.0;
end main;
```

仅仅将单精度浮点数常量赋值给浮点变量的操作通常可用 CPU 的立即寻址模式实现，因而可使程序免于付出访问内存的代价——倘若数据未在缓存。不妙的是，这个技巧对双精度浮点变量赋值不太管用。举例来说，PowerPC 或 ARM 上的 GCC 还是在内存中保留常量的拷贝，当要给某浮点变量赋以此常量值时，就从内存单元中将值拷贝过来。

优化型编译器大都很聪明，它们会在内存中创建并维护一个常量表。因此，要是在源文件中多次引用常量 2.0（或其他任何浮点数常量），编译器就会只对那个常量分配一处内存位置。不过要记住，这种优化仅对单个源文件成立。倘若不同文件都引用同一个常量值，编译器可能将为此常量创建多个拷贝。

存在数据的多个拷贝显然浪费存储资源，尽管以现代大部分系统的内存量而言，这种浪费微不足道；但更大的麻烦是程序通常以随机方式访问这些常量，故而这些常量很少待在缓存。实际上，这些常量值常常把原本更频繁使用的数据挤出缓存。

对此问题的一个解决办法就是自己管理浮点数常量。由于这些常量从程序的角度看更像变量，我们应掌控这一过程，将所需浮点数常量放到初始化了的静态变量里。例如：

```
#include <stdlib.h>
#include <stdio.h >

static double OnePointZero_c = 1.0;

int main( int argc, char **argv, char **envp )
{
    static double i;

    i = OnePointZero_c;
}
```

在本例中，将浮点数常量看成静态变量显然毫无益处。然而在更复杂的场合中，存在着若干个浮点数常量，我们就可以分析程序，找出哪些常量是被频繁访问的，从而把所对应的变量放入相邻内存单元。因为大多数 CPU 处理引用时有局部性特征，也就是说还会访问邻近的变量（参看《编程卓越之道（卷 1）》），所以在访问这些常量数据中的某一个时，邻近数据也会被缓存。因此，倘若在短时间内又要访问其他常量数据，则这些常量数据很可能就在缓存中。自行管理常量还有另一个好处，就是能创建完整的常量集，供不同的编译单位，即源文件来引用，所以程序只用对某常量设立一个内存位置，而不必在内存中有多个拷贝，分别对应各自的编译单位——编译器通常不会聪明到这么干预用户数据的程度。

6.10　字符串常量

和浮点数常量一样，不论字符串常量是文字常量还是明示常量，编译器大都无法高效地处理之。要理解了何时该用明示常量，何时应以内存引用来取代这些常量，就能引导编译器生成更好的机器码。例如，多数 CPU 不能把字符串常量编码为指令的一部分，使用明示常量只会让程序缺乏效率。请看如下 C 语言代码：

```
#define strConst "A string constant"
   ...
  printf( "string: %s\n", strConst );
   ...
  sptr = strConst;
   ...
  result = strcmp( s, strConst );
   ...
```

由于编译器——确切来说，是 C 的预处理程序——将源文件中所有出现宏标识符 strConst 之处都替换成了文字字符串"A string constant"，代码实际上等价为：

```
   ...
  printf( "string: %s\n", "A string constant" );
   ...
  sptr = "A string constant";
   ...
  result = strcmp( s, "A string constant" );
```

这段代码的问题在于，程序的不同位置出现了同一个字符串常量。C/C++编译器会将字符串常量放于内存，并用指针代替字符串引用。不做优化的编译器可能会走弯路，在内存中分别生成 3 个字符串拷贝。既然数据在 3 种情况下其实是一回事，这样做就会浪费空间，请记住我们这里谈的是"常量"字符串。

编译器的编写者几十年前就发现了这个问题，他们修改其编译器，使之能跟踪给定源文件中的字符串。如果程序用到同一文字字符串两次或以上，编译器就不会为第二个字符串拷贝分配存储空间，而是使用先前字符串的地址。这种优化措施叫"常量折叠"（constant folding），当同样的字符串在源文件中反复出现时，这样能够减少代码体积。

不幸的是，这种优化并不总是行得通。其问题在于许多早先的 C 程序把字符串文字常量赋值给字符指针变量后，要改动文字字符串中的字符。例如：

```
sptr = "A String Constant";
 ...
*(sptr+2) = 's';
 ...
/* 下面显示 "string: 'A string Constant'" */
printf( "string: '%s'\n", sptr );
 ...
/* 显示 "A String Constant" */
printf( "A String Constant" );
```

如果用户像上面那样将数据存入字符串变量，编译器就无法重用同一个字符串常量。尽管这种编程做法很糟糕，但由于早先编译器厂商没有让多个文字字符串拷贝共用同一个存储空间，因此这是很常见的现象。即便编译器厂商能将字符串文字常量置于写保护的内存来阻止这种麻烦，该优化手段又会招致其他语义问题。看看下面的 C/C++代码：

```
sptr1 = "A String Constant";
sptr2 = "A String Constant";
s1EQs2 = sptr1 == sptr2;
```

在执行这串指令后，s1EQs2 是 true(1)还是 false(0)呢？在 C 编译器尚无好的优化器时，这些语句将使 s1EQs2 为 false——由于编译器会为同样的字符串数据在内存中创建两个拷贝，且位于不同地址，因此程序分配给 sptr1 和 sptr2 的地址是不一样的。在后来的编译器中，只在内存中保留一个字符串数据的拷贝，这段代码将使 s1EQs2 为 true，因为 sptr1 和 sptr2 都指向同一内存地址。不管字符串数据是否位于写保护的内存，这种差别都将存在。

为摆脱这种困境，许多编译器厂商向程序员提供选项，由程序员决定编译器是为每个字符串只生成一个拷贝，还是按字符串每出现一次就拷贝一次。如果我们不比较字符串文字常量的地址，且不向其写入数据，可以禁用这一选项，以减小程序体积。倘若手头有些旧代码，它们要求字符串数据有分开的拷贝，则启用此选项，但我们不要再写这样的代码了。

问题是很多程序员根本不知道有这个选项！而默认环境，即最安全的假设一般允许有字符串数据的多个拷贝。倘若我们用的 C/C++之类语言要通过指针操纵字符数据，应当研究一下编译器有无合并相同字符串的选项。如果有，但不是默认设置，请激活编译器的此功能。

假如 C/C++编译器没有提供合并字符串的优化措施，我们可以手工实现这种优化。为此只需在程序中创建一个 char 数组，将其初始化为字符串的内容，然后在整个程序中把数组变量名当作明示常量使用。举个例子：

```
char strconst[] = "A String Constant";
  ...
sptr = strconst;
  ...
printf( strconst );
  ...
if( strcmp( someString, strconst ) == 0 )
{
    ...
}
```

即便编译器不支持字符串优化，以上这段代码仍然只需在内存中维护一份字符串文字常量的拷贝。不过，就算编译器完全支持此类优化，我们还是应该使用这个技巧，而不要依赖于编译器的优化机制。这是基于若干充分理由的：

- 将来我们也许会将代码移植到别的编译器，而那些编译器可能不支持这种优化。
- 手工实现这种优化，我们就没有了后顾之忧。
- 使用指针变量而非字符串文字常量，程序就很容易控制指针所指字符串的修改权。
- 日后我们大概想修改程序所用的语言。
- 可以在多个文件之间轻易共享字符串。

这里讨论的字符串优化是假定编程语言通过引用——即使用指向实际字符串数据的指针来操纵字符串的。虽然这对C/C++程序来说天经地义，但并非适用于所有语言。支持字符串的Pascal实现如Free Pascal，一般通过值而非引用来操纵字符串。不管何时给字符串变量赋以字符串值，编译器都会生成字符串数据的拷贝，并将拷贝置于为字符串保留的存储空间内。如若程序从不改动字符串变量内的数据，拷贝的过程开销巨大且没有必要。更糟的是，如果Pascal程序给字符串变量赋以字符串文字值，程序就会有两个字符串拷贝：一份是内存中的字符串文字常量，另一份是程序造成的存于字符串变量的拷贝。假如程序从此不再改动字符串——这一点也不稀奇——程序就要维护字符串的两份拷贝，本来一份就足矣，这样就浪费了内存。可能正是出于这些空间和速度方面的考量，Borland在创建Delphi 4.0时开发了复杂得多的字符串格式，抛弃了Delphi早期版本用的字符串格式[1]。

Swift 也将字符串看作值类型的数据。这意味着在最坏的情况下，它会在我们给字符串变量赋以文本时，生成一个字符串拷贝。然而 Swift 实现了所谓写时拷贝的优化措施。在我们将字符串数据赋值到另一个数据时，Swift 只是拷贝指针。因此，倘若多个字符串被赋以同一个值时，Swift 会在内存中使用同一个字符串数据作为多个变量的值拷贝。当我们修改字符串的某部分时，Swift 会先创建一个字符串拷贝（所以，这种方式才被称为"写时拷贝"），以便其他引用此字符串的变量不会受到修改的影响。

6.11 复合数据类型的常量

除字符串外，许多语言还支持数组、结构/记录和集合等其他复合类型常量。一般来说，语言都是在程序执行前用这些常量初始化变量的。打个比方，请看下列 C/C++ 代码：

```
static int arrayOfInts[8] = {1,2,3,4,5,6,7,8};
```

注意 arrayOfInts 并非常量，而是由初始化程序完成了由数组常量{1,2,3,4,5,6,7,8}构成的变量声明。C 编译器大都在可执行文件中于 arrayOfInts 关联的地址里填入这 8 个整数值。

例如，下面是 GCC 为此变量生成的代码：

```
LC0:        // LC0 是 arrayOfInts 关联的内部标识
```

1　"抛弃"这个措辞似乎太夸张。Delphi 的发起者 Borland 依然支持早先的格式，只是对其改用了别的名字——short string。

```
.long 1
.long 2
.long 3
.long 4
.long 5
.long 6
.long 7
.long 8
```

假如 arrayOfInts 在 C 程序中是静态数组，那么无须为了保存常量数据而占用额外的空间。

然而，如果所初始化的变量并非静态分配，则是另一番情形。看看如下的 C 语言小段：

```
int f()
{
    int arrayOfInts[8] = {1,2,3,4,5,6,7,8};
    ...
} // end f()
```

在本例中，arrayOfInts 为自动变量，意即程序在调用函数 f() 时，为此变量在栈中分配存储空间。因此，编译器不能在程序装入内存时就用常量数据初始化该数组。arrayOfInts 数组在函数每次激活时所处的确切位置都不一样。为了遵循 C 语言的编程语义，编译器只能造一份数组常量数据的拷贝，在程序调用函数时，将该常量数据物理拷贝到 arrayOfInts 变量中。于是，以这种方式使用数组常量会占用额外的空间（为了保存数组常量的拷贝）和时间（用于拷贝数据）。有时我们的算法语义上需要在函数 f() 每次激活时具备全新的数据拷贝。不过，我们应该认识到何时有必要这样做，何时值得破费空间和时间，而不是出于无知去挥霍内存与 CPU 周期。

如果程序没有修改数组数据，可以使用静态变量，编译器在把程序加载到内存时只对变量初始化一次：

```
int f()
{
    static int arrayOfInts[8] = {1,2,3,4,5,6,7,8};
    ...
```

```
} // end f()
```

C/C++语言还支持 struct 常量。初始化自动变量时，前面所述的对数组出于空间和速度的那些考虑也同样适用于 struct 常量。

Embarcadero 的 Delphi 编程语言也支持结构化常量，但"常量"一词有些误导。Embarcadero 将这些常量称为类型化常量（typed constant）。在 Delphi 的 const 处这样声明常量：

```
const
  ary: array[0..7] of integer := (1,2,3,4,5,6,7,8);
```

尽管这些声明出现在 Delphi 的 const 部分，但 Delphi 其实将声明看成了变量声明。以此方式声明变量数据是不合适的，但这只是小小的编程语言设计失误。从希望创建结构化常量的程序员角度来看，这种机制可很好地工作，尽管有点别扭。就像本节中的 C/C++例子一样，关键是要记住本例中的常量其实是(1,2,3,4,5,6,7,8)，而非 ary 变量。

Delphi（及大多数现代 Pascal，如 Free Pascal）还支持其他若干种复合类型常量，集合常量就是一个不错的例子。我们只要创建一个数据集合，Pascal 编译器通常就以该集合数据的 powerset（位映射）表示来初始化某个内存区域。不管在程序何处引用集合常量，Pascal 编译器都会对内存中的这些集合常量数据生成内存引用。

Swift 也支持复合数据类型常量，如数组、元组、词典、结构/类等数据类型。例如，下列 let 语句创建了具有 8 个元素的数组常量。

```
let someArray = [1,2,3,4,11,12,13,14]
```

6.12 常量值不会变化

理论上，绑定到常量的值不会变化，Swift 的 let 语句纯属特例。在现代系统中，编译器将常量放到内存中时，通常会将其放到写保存的内存区域；若有意外的写操作，则会抛出异常。当然了，鲜有程序只用到只读（或只写一次）的数据。大部分程序都要求能够改变所操作的数据（即变量）的值，这将是第 7 章的课题。

6.13　获取更多信息

- Jeff. Duntemann 编写的 *Assembly Language Step-by-Step*（第 3 版），由 Wiley 出版社于 2009 年出版。
- Randall Hyde编写的*The Art of Assembly Language*（第2版）[1]，由No Starch Press 于 2010 年出版。
- Randall Hyde编写的*Write Great Code, Volume 1: Understanding the Machine*（第2版）[2]，由No Starch Press于 2020 年出版。

1　中文版《汇编语言的编程艺术（第 2 版）》，包战、马跃译，清华大学出版社于 2011 年出版。——译者注

2　中文版《编程卓越之道 第一卷：深入理解计算机》（第 1 版），韩东海译，电子工业出版社于 2006 年出版。——译者注

7

变量

本章将探索高级语言变量的底层实现。汇编语言程序员通常清楚变量与存储位置的关系，但高级语言则加入了大量的抽象，模糊了这种联系。

本章将探讨如下话题：

- 多数编译器对内存在程序运行时的典型安排
- 编译器如何将内存划分成不同区域，又是怎样将变量放到各区域的
- 变量有别于其他数据的属性
- 静态变量、自动变量和动态变量的区别
- 编译器如何在栈帧内组织自动变量
- 硬件为变量提供的基本数据类型
- 机器指令怎样编码变量的地址

看完本章后，我们就能对如何在程序中声明变量，才会使之占用最少的内存，并得到快速运行的代码有一个透彻理解。

7.1 运行时期的内存组织

第 4 章已经谈过,诸如 macOS、Linux、Windows 等操作系统将不同类型的数据放入主存的不同位置。这些主存的各种位置被称为区域(section)或段(segment)。运行链接程序时可通过各种命令行参数控制内存的组织,不过 Windows 默认情况下采用如图 7-1 所示的内存组织形式来将某程序装入内存。macOS、Linux 与此类似,只是重排了某些区域。

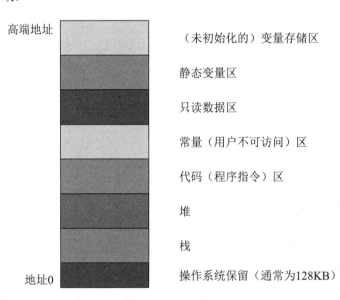

高端地址 ── (未初始化的)变量存储区

静态变量区

只读数据区

常量(用户不可访问)区

代码(程序指令)区

堆

栈

地址0 ── 操作系统保留(通常为128KB)

图 7-1 典型 Windows 程序在运行时期的内存组织形式

操作系统保留内存地址的最低端。一般来说,应用程序不能访问内存最低端的数据,也不能执行其指令。操作系统保留此空间的原因之一在于,帮助检测空(NULL)指针引用。程序员通常将指令初始化为 NULL(0),以示指针无效。如果在这样的操作系统中试图访问地址单元 0,操作系统就会产生一般性保护错误(general protection fault),说明我们访问了某个无效的内存单元。

内存映像图内的其他 7 个区域存放着与程序相关的不同类型数据,包括栈、堆、代码、常量、只读数据、初始化了的静态变量和未初始化的变量。

大多数时候,对于编译器和链接器/加载器为上述区域选择的默认布局,给定应用程序是能够适应的。但在有些情况下，了解内存布局有利于开发出更紧凑的程序。例如，由于代码区通常是只读的，我们可以将代码、常量和只读数据区合并到一个区域，省得编译器/链接器在这些区域间放置填充字节。虽然这么做对于大型程序可能微不足道，但对小程序而言，可执行程序的尺寸受其影响非同小可。

下列各节将详细讨论每个区域。

7.1.1 代码、常量和只读区域

内存中的代码区（又叫文本区）存放着程序的机器指令。编译器将我们所写的每条语句都翻译成一到多个字节的序列，也就是机器指令操作代码。CPU 将在程序执行期间解释这些操作代码。

多数编译器还会将程序的只读数据和常量池（constant pool，即常数表）附带到代码区域，毕竟只读数据和代码指令一样都是写保护的。然而 Windows、macOS、Linux 等许多操作系统同样能在可执行文件中单独生成区域，将其标为"只读"的。因此，一些编译器支持单独的只读数据区域，甚至还有编译器可对所生成的常量单独创建区域（常量池）。这种区域包含初始化数据、表格等程序执行时不会变更的东西。

许多编译器可生成若干代码区，而由链接器将这些区域合并为一个代码段，才得到可执行文件。编译器这么做有何道理呢？请看下列的一小段 Pascal 代码：

```
if( SomeBooleanExpression ) then begin
   < 这段代码的运行概率会占到 99.9% >
end
else begin
   < 这段代码的运行概率则只有 0.1% >
end;
```

无须操心其具体实现，只用假设编译器推敲出 if 语句中的 then 执行机会远比 else 多。汇编程序员要想写出尽量快的代码，就要按如下顺序编码：

```
< 对布尔表达式求值，将 true/false 结果放入 EAX >
test( eax, eax );
jz exprWasFalse;
< 这段代码的运行概率会占到 99.9% >
```

```
rtnLabel:
   < 位于该 Pascal 示例最末一个 END 后的代码 >
   ...
// 下列代码位于代码段的某处，并非顺着前面代码执行而来
exprWasFalse:
   < 这段代码的运行概率只有 0.1% >
   jmp rtnLabel;
```

这段汇编代码大概有些绕弯，然而这是一个优化的方案。由于现代 CPU 采用流水线操作（细节请参看《编程卓越之道（卷 1）》的第 9 章），因此任何控制转移指令都很可能消耗大量时间。没有分支、直通到头的代码执行得最快。在前面的例子中，一般情况有 99.9% 的概率会执行，而罕见情况要绕行两个分支（一个分支是跳到 else 部分，另一个分支是返回到正常控制流）。但由于这段代码很少涉及，因此花较长时间去执行也无妨。

很多编译器会玩点花样，在生成的程序码中挪动代码区域——顺序执行的代码还照常生成，但将 else 代码放在单独的区域。下面的 MASM 代码实际展示出了这一原理：

```
   < 计算布尔表达式，将 true/false 结果放入 EAX >
   test eax, eax
   jz exprWasFalse
   < 这段代码的运行概率会占到 99.9% >
alternateCode segment
exprWasFalse:
   < 这段代码的运行概率只有 0.1% >
   jmp rtnLabel;
alternateCode ends

rtnLabel:
   < 在上一个 Pascal 示例最末一个 END 后的代码 >
```

尽管 else 代码看上去紧挨着 then 部分，但它放置于另一段中，这会告诉汇编器/链接器，要将这段代码移走，与其他代码合并放到 alternateCode 段。这一诀窍要靠汇编器或链接器实现代码搬移，利用该诀窍可以简化高级语言编译器，比如 GCC 就是依此在所生成的汇编语言文件中移动代码的。故而我们有时会看到该诀窍的应用。

因此，可以预见有些编译器会产生多个代码段。

7.1.2 静态变量区域

许多语言能够在编译阶段初始化全局变量。例如，C/C++中可使用下列语句对静态变量设置初始值：

```
static int i = 10;
static char ch[] = { 'a', 'b', 'c', 'd' };
```

C/C++等语言的编译器将初始值放在可执行文件中。在执行应用程序时，操作系统会把可执行文件内包含静态变量的部分调入内存，初始值就出现在这些变量关联的地址单元中。因此，当程序开始执行时，i 和 ch 已有了这些值。

多数编译器生成的汇编语言清单将静态区域称作"DATA"或"_DATA"段。举个例子，看看下面的 C 语言片段：

```
#include <stdlib.h>
#include <stdio.h>                                     .

static char *c = NULL;
static int i = 2;
static int j = 1;
static double array[4] = {0.0, 1.0, 2.0, 3.0};

int main( void )
{
    ...
```

下面是 Visual C++编译器为这些声明生成的 MASM 汇编代码：

```
_DATA    SEGMENT
?c@@3PEADEA  DQ  FLAT:$SG6912                ; c
?i@@3HA      DD  02H                         ; i
?j@@3HA      DD  01H                         ; j
?array@@3PANA DQ 00000000000000000r  ; 0  ; array
             DQ  03ff0000000000000r   ; 1
             DQ  04000000000000000r   ; 2
```

```
        DQ  04008000000000000r        ; 3
_DATA   ENDS
```

可以看出，Visual C++编译器将这些变量放于 _DATA 段。

7.1.3　变量存储区域

操作系统在执行程序前大都将内存清零。所以，如果变量初始值设为 0 合适的话，就不必浪费磁盘空间去存放静态变量的初始值了。然而一般情况下，编译器会将静态区域中的未初始化变量初始化为 0，从而占用磁盘空间。有些操作系统提供了另一种区域类型——BSS 区域，以避免这种浪费。

BSS 区域就是编译器存放没有明确初始值的静态变量的地方。正如第 4 章所述，BSS 意为"符号起始"（block started by a symbol）区，符号起始区是一个古老的汇编语言术语，说明用来向非初始化静态数组分配存储空间的伪代码。Windows、Linux 等现代操作系统允许编译器/链接器将未初始化的变量统统放入 BSS 区域，只要让操作系统知道该区域有多少字节即可。操作系统将程序加载至内存时，会为 BSS 区域中的所有变量预留足够的内存，并将这一范围内的内存填充为 0。应当注意，可执行文件中的 BSS 区域不含任何具体数据。因此，程序在 BSS 区域声明大量未初始化的静态数组，并不会占用多少磁盘空间。下列 C/C++示例仍是前一节的那个例子，只是删去了初始化值，于是编译器将把这些变量放在 BSS 区域：

```
#include <stdlib.h>
#include <stdio.h>

static char *c;
static int i;
static int j;
static double array[4];

int main( void )
{
    ...
```

这是 Visual C++编译器的汇编语言输出代码：

```
_BSS        SEGMENT
?c@@3PEADEA    DQ   01H DUP (?)                        ; c
?i@@3HA        DD   01H DUP (?)                        ; i
?j@@3HA        DD   01H DUP (?)                        ; j
?array@@3PANA  DQ   04H DUP (?)                        ; array
_BSS        ENDS
```

并非所有编译器都使用 BSS 区域。比如，很多微软的语言和链接器只将未初始化的变量合并到静态/只读数据区域，且明确赋以初始值 0。尽管 Microsoft 声称这种方案更快，但如果代码中含有大型未初始化的数组，则会让可执行文件理所当然地变大，因为数组的每一字节都会存于可执行文件中；而编译器将数组放在 BSS 区域时就没有这种现象。然而请注意，此为默认设置，可指定合适的链接器标志位来修改之。

7.1.4 栈区域

栈是一种数据结构，它能随过程的调用与返回而变长或变短。它还有另外一些特性。程序运行期间，系统将所有自动变量（即非静态的局部变量）、子程序参数、临时值等数据放入内存中的栈区，并采用专门的数据结构——活动记录（activation record）。之所以这样命名，是因为系统在子程序开始执行时创建活动记录，而其返回调用处时释放活动记录。因此，内存中的栈区域非常繁忙。

许多 CPU 通过一个被称为栈指针（stack pointer）的专用寄存器来实现栈。另一些 CPU，尤其是 RISC CPU，并不提供显式的栈指针，而代之以通用寄存器。如果 CPU 提供显式的栈指针寄存器，我们就说 CPU 支持硬件栈；而程序以通用寄存器来达到同样功能，则称 CPU 使用软件实现的栈。80x86 是提供硬件栈的 CPU 杰出示例；而实现软件栈的 CPU 典型代表则是 PowerPC，其程序大都将 R1 作为栈指针。ARM CPU 支持"伪硬件栈"——它指定一个通用寄存器作为硬件栈指针，但仍要求应用程序自行维护栈。操控栈数据时，提供硬件栈的系统一般比采用软件实现栈的系统少用一些指令。而 RISC CPU 的设计者之所以选择以软件实现栈，是觉得硬件栈会减慢 CPU 整体指令的执行速度。理论上你大概认同这种说法；然而实际上，有着世界上最快 CPU 的 80x86 家族可提供丰富的证据，说明硬件栈未必会拖 CPU 的后腿。

7.1.5　堆区域与动态内存分配

简单程序也许只要有静态变量和自动变量就够了，而复杂程序需要有能力控制运行时存储空间的动态分配和释放。在 C 语言和 HLA 语言中，可以使用 `malloc()` 和 `free()` 函数达到此目的；C++ 提供了 `new` 和 `delete` 运算符，还有 `std::unique_ptr`；Pascal 则使用 `new` 和 `dispose`；Java 和 Swift 使用 `new`（这些语言回收存储空间则是自动的）；其他语言也会提供类似的子程序。这些内存分配子程序有一些共性：

- 程序员可决定分配多少字节的存储空间，要么显式指定要分配的字节数，要么指定尺寸已知的某种数据类型。
- 返回一个指向新分配存储空间的指针，即存储区地址。
- 一旦不需要这些存储空间，能够提供机制将其返还给系统。由系统回收这些存储空间供将来再分配。

动态内存分配是在被称为堆（heap）的内存区域进行的。一般来说，应用程序或明或暗地使用指针函数来引用堆的数据。有些语言如 Java 和 Swift 在场景背后隐晦地使用指针，故而堆内存中的变量在这类语言里通常被当作匿名变量（anonymous variable）来引用，因为引用它们是通过其内存地址（即指针）而非名字。

在程序开始执行后，操作系统和应用程序就在内存建立起堆区域，堆绝非可执行文件的组成部分。通常由操作系统和语言的运行时库为应用程序维护堆。内存管理的具体实现尽管各有千秋，但堆分配和释放的原理仍然值得我们大体了解，因为若对堆管理机制运用不当，就会对应用程序的性能造成严重的负面影响。

7.2　变量是什么

我们想想变量一词，它显然应该指某种变化的东西。但"变化"确切是什么呢？对于大多数程序员，答案似乎显而易见：其值在程序执行期间能够变化。事实上，有若干方面都可以变化，所以在试图说明变量是什么之前，最好先探讨变量等数据可能具备的一些属性。

7.2.1 属性

属性（attribute）是与数据相关的某个特性。例如，变量的常见属性包括变量名、内存地址、变量尺寸（以字节数表示）、运行时的值和与值关联的数据类型。不同数据可以拥有不同集合的属性。例如，"数据类型"只有名字和大小等属性，不会与内存单元或值有关。"常量"具备值和数据类型等属性，但不占用内存单元，也可能没有名字——比如，如果它是文字常量的话。"变量"也许具备所有这些属性。的确，通常以这些属性就能判断数据是常量、数据类型、变量，或是别的什么东西。

7.2.2 绑定

绑定（binding）已在第 6 章中介绍过，指的是将某属性关联到数据的过程。举例来说，给变量赋值，值就在赋值处"绑定"到变量。该值始终绑定于此变量，直到通过其他赋值操作，给变量绑定了另一个值。同理，如果在程序运行时对变量分配内存，变量就绑定到那一位置的内存单元。变量与该地址一直绑定，直到把变量关联到其他地址为止。绑定无须在运行时发生。比如，值在编译时就可绑定到常量数据，这样的绑定无法在程序运行时改变。类似地，有的变量在编译时绑定了内存地址。这些变量的内存地址在程序执行期间也不能修改。具体内容可参看 6.2 节。

7.2.3 静态数据

静态数据（static object）在应用程序运行前就绑定了属性。常量就是静态数据的典型代表，它们在整个执行期间绑定着同样的值 [1]。Pascal、C/C++和Ada等编程语言中的全局（程序级）变量也是静态数据的例子，因为在程序的整个生命期它们一直位于固定的内存地址。系统总是在程序执行之前就对静态数据绑定属性——通常是在编译或链接阶段，甚至加载（装入）阶段；值的绑定可以再早些。

7.2.4 动态数据

动态数据（dynamic object）的一些属性在程序执行时绑定，程序运行期间可以

1　Swift 常量用 let 语句定义，是这一规则的破例。

动态修改这些属性。动态属性通常无法在编译时确定。动态属性的例子如下：运行时绑定值，运行时通过调用 malloc() 之类的内存分配函数把内存地址绑定到某变量。

7.2.5　作用域

标识符的作用域（scope）指的是标识符名在程序的什么地方绑定到数据。多数编译型语言中的标识符名只存在于编译期间，所以作用域一般是静态属性（有些语言的作用域也可能是动态属性，后面会简要说明）。通过控制标识符名在何处绑定到数据，就可以将同样的标识符名用到程序的其他地方。

C/C++/C#、Java、Pascal、Swift 和 Ada 等现代命令式编程语言大都有局部变量和全局变量的概念。局部变量只有在程序特定处，例如在特定函数中，才绑定到特定数据。超出了这个范围，变量名就可以绑定到其他数据。因而全局变量和局部变量可以共用一个名字，而不会引起混乱。这样似乎有混淆的可能，但在项目中若能够重用 i、j 之类的变量名，程序员就不必费心构思唯一的变量名，而这些变量并没有多大意义，只是在程序中控制循环次数等等。变量声明的作用域决定了其名字在何处方可代表某变量。

在解释型语言中，解释器在程序执行期间维护标识符名，作用域可以是动态的属性。例如，在若干版本的 BASIC 编程语言中，dim 语句是一条可执行语句。在 dim 语句执行前，我们所定义的名字可能早已存在，但执行 dim 后却有着截然不同的意义。SNOBOL4 也是一种支持动态作用域的语言。一般来说，编程语言大多避免运用动态作用域，因为这会导致程序难以理解。

从技术上看，作用域可应用到任何属性上，而不只是变量名；不过在本书中，作用域只适用于变量名，即变量名绑定到某个给定变量期间。

7.2.6　生命期

属性的生命期（lifetime）从我们将属性绑定到数据开始，到切断此联系为止——或许是通过将数据绑定为其他属性实现的。如果程序将一些属性关联到某个数据，而从未破坏此联系，则属性的生命期从关联点，直到程序终结。例如，变量的生命期从最早为其分配内存那一刻开始，到释放变量存储空间为止。既然程序在执行前就有静态数据，而且静态数据不会在执行期间修改，所以静态变量的生命期是从程序开始执行，直到程序执行完毕的这段时间。

7.2.7 变量的定义

回到本节（7.2 节）开始时提到的话题"什么是变量"，我们现在可定义变量就是所绑定的值能够动态变化的数据。也就是说，程序能够在运行时修改变量的值属性。注意效用词"能够"的含义：程序只是在运行时可以对变量值做必要的改动，而不必因为它是变量就非要对其改变几次值。

变量可动态绑定某个值，这是变量的法定属性。其他属性可以是静态或动态的。例如，变量的内存地址可以在编译时静态绑定到变量，也可以在运行时动态绑定。同理，在有的语言中，一些变量的类型可以随着程序的执行而动态改变；而另一些变量则为静态类型，在程序执行期间始终固定不变。唯有对值的绑定可供我们判断数据是变量，还是其他（比如常量之类的）东西。

7.3 变量的存储

变量值必须可存入内存，也要从内存中取出[1]。要这么做，编译器必须将变量绑定到一个或多个内存单元。变量类型确定了其需要多大的空间。字符型变量只需要一个字节的存储空间，而大型的数组或记录可能要求存储空间多达成千上万字节，甚至更多。为了将变量关联到某个内存单元，编译器或运行时的系统要将内存单元的地址绑定到该变量。当变量请求两个或以上的内存单元时，系统通常会将分配到的内存单元的首地址绑定到变量，并认为此地址后面的连续若干单元在运行时也属于该变量。

变量与内存单元的绑定有 3 种类型：静态绑定、伪静态（自动）绑定和动态绑

1　从技术上讲，我们也可以将值保存到机器的寄存器中。单从这里的讨论角度，可以将机器的寄存器看成某种形式的内存。

定。根据变量绑定到其内存单元的方式，一般可把变量分为静态变量、自动变量和动态变量。

7.3.1 静态绑定与静态变量

静态绑定发生在运行之前，可能有 4 个时机：设计语言时、编译时、链接时、系统将应用程序加载进内存但尚未执行时。设计语言时就绑定比较罕见，但某些语言，特别是汇编语言确实会这样做；编译时绑定常见于直接生成可执行代码的汇编器和编译器中；链接时绑定相当普遍，比如有些 Windows 编译器就这么干；在程序加载时，操作系统将可执行代码拷贝到内存，这个时候的绑定大概对于静态变量最常见了。我们会依次探讨这 4 种时机的可能性。

7.3.1.1 在设计语言时绑定

语言设计者可将语言定义的变量关联到特定的硬件地址——例如 I/O 设备或特定存储器，从而在设计语言时对变量赋以地址，该地址不能在任何程序中改变。这种变量在嵌入式系统中司空见惯，但很少出现在通用的计算机系统里。比如，对于 8051 微控制器的 128 字节地址空间，许多 C 编译器和汇编器都自动将其中一些地址单元固定绑定为某些名字。汇编语言中对 CPU 寄存器的引用，正是设计语言时将变量绑定到某些位置的典型例子。

7.3.1.2 在编译时绑定

如若编译器知道程序运行时会将静态变量置于内存的何处，就可以在编译时对静态变量分配地址。一般来说，这样的编译器产生绝对的机器码，必须在执行前将其加载至特定的内存地址。现代编译器大都生成可重定位的代码，因而不会归于此类。不过，低端的编译器、高速的学习用编译器和嵌入式系统的编译器通常采用这种绑定技术。

7.3.1.3 在链接时绑定

某些链接器及相关工具能够将应用程序可重定位的若干目标模块链接到一起，得到绝对调入块。编译器产生可重定位的代码，而链接器将内存地址单元绑定到变量和机器指令。程序员往往通过命令行参数或链接脚本文件指定程序中所有静态变量的基地址，链接器会从基地址开始，逐个单元依次绑定各个静态变量。程序员在将应用程序固化到只读存储器——如 PC（个人计算机）的 BIOS（基本输入/输出系统，Basic Input/Output System） ROM 时，通常采用这种方案。

7.3.1.4 在加载程序时绑定

静态绑定的最一般形式发生在程序加载（装入）时。诸如微软的 PE/COFF 和 Linux 的 ELF 等可执行格式，通常都在可执行文件中包含重定位信息。操作系统把应用程序装入内存时，将决定静态变量块放在什么地方，然后对引用这些静态变量的指令进行地址修正。这就允许操作系统等加载程序在每次将程序加载至内存时，能够对静态变量分配不同的地址。

7.3.1.5 静态变量绑定

静态变量就是在程序运行前已经拥有内存地址的变量。静态变量比起其他类型的变量有几点好处。由于编译器在程序运行前就知道变量的地址，因此其能使用绝对寻址模式（absolute addressing mode）等简单寻址模式访问该变量。静态变量访问起来往往比其他变量高效，因为无须为了访问静态变量而进行额外的设置[1]。

静态变量的另一个好处是其会保持所绑定的值，直到要么我们将该静态变量显式绑定为别的值，要么程序终止。这意味着静态变量能够"以不变应万变"——例如，无论某过程激活与否。对于多线程的应用程序，线程之间可以通过静态变量共享数据。

应当指出的是，静态变量也有缺点。一个缺点是，由于静态变量的生命期与程序一样，因此其在程序运行期间始终占据内存。即便程序不再需要静态变量的值，仍然如此。

另一个缺点在静态变量使用绝对寻址模式时尤其突出，那就是静态变量的整个绝对地址往往必须编码为指令的一部分，这使指令的尺寸长了不少。事实上，RISC

---

1 至少对于 80x86 等支持绝对地址的 CPU 是这样的。大部分 RISC 处理器不支持绝对寻址，所以程序开始运行时，必须设立"静态帧指针"（static frame pointer）或"全局帧寄存器"（global frame register）。但只需要这么做一次，故而有关的性能问题可以忽略不计。

处理器大都没有绝对寻址模式，就是因为无法将绝对地址编码到一条指令中。

静态变量的最后一个缺点是，使用静态变量的代码是不可重入（reentrant）的。"重入"即两个线程或进程并发地执行同一代码序列。在多线程环境下要实现代码区域的两份拷贝同时执行，又能够访问同一静态数据，颇须费些功夫。然而多线程操作引入了大量复杂性，这里我们不打算展开谈，所以不再赘述。

注意：可参看操作系统设计或并发编程方面的合适教材，了解静态数据使用的有关知识。读读 Gregory R. Andrews 写的 *Foundations of Multithreaded, Parallel, and Distributed Programming*[1]（由 Addison Wesley 出版社于 1999 年出版）就是一个不错的开头。

下面的例子展示了 C 语言程序中静态变量的用法，以及 Visual C++编译器生成的访问这些变量的 80x86 代码。

```
#include <stdio.h>

static int i = 5;
static int j = 6;

int main( int argc, char **argv)
{
  i = j + 3;
  j = i + 2;
  printf( "%d %d", i, j );
  return 0;
}

; 下面为变量 i 和 j 的声明。注意这些声明位于全局的_DATA 区域
_DATA      SEGMENT
i          DD       05H
j          DD       06H
$SG6835    DB       '%d %d', 0aH, 00H
_DATA      ENDS
main       PROC
; 文件 c:\users\rhyde\test\t\t\t.cpp 第 8 行
;
```

---

1 影印版《多线程、并行与分布式程序设计基础》由高等教育出版社出版。——译者注

```
;       int main( int argc, char **argv)
;       {
$LN3:
        mov     QWORD PTR [rsp+16], rdx
        mov     DWORD PTR [rsp+8], ecx
        sub     rsp, 40                             ; 00000028H
; 第 10 行
;
;               i = j + 3;

    ; 使用位移寻址模式将全局变量 j 的当前值调入寄存器 EAX，对寄存器值加 3 后存储到变量 i 中
        mov     eax, DWORD PTR j
        add     eax, 3
        mov     DWORD PTR i, eax

; 第 11 行
    ;   j = i + 2;
    ;
    ; 使用位移寻址模式将全局变量 i 的当前值调入寄存器 EAX，对寄存器值加 2 后存储到变量 j 中
        mov     eax, DWORD PTR i
        add     eax, 2
        mov     DWORD PTR j, eax

; 第 12 行
; 调入变量 i、j；将字符串格式化到适当的寄存器，并调用 printf()
    ;   printf( "%d %d", i, j );
    ;
        mov     r8d, DWORD PTR j
        mov     edx, DWORD PTR i
        lea     rcx, OFFSET FLAT:$SG6835
        call    printf

; 第 13 行
    ;   return 0;
    ;
        xor     eax,eax

; 第 14 行
        add     rsp, 40                             ; 00000028H
        ret     0
main    ENDP
```

正如注释所指出的那样，编译器生成的汇编语言代码通过位移寻址模式访问所有静态变量。

7.3.2　伪静态绑定和自动变量

自动变量在过程之类的代码块开始执行时才绑定内存地址，在代码块执行完毕后，程序就释放其存储空间。这样的变量之所以被称作自动变量，是因为代码在运行时根据需要，自动地分配和释放其存储空间。

在多数编程语言中，自动变量结合使用静态绑定和动态绑定，即所谓的伪静态绑定。编译器在编译时将基地址的某个偏移值分配给变量名。运行时偏移值始终固定，而基地址是可变的。例如，通过本章前面介绍的活动记录，过程或函数为一组局部变量分配存储空间。然后从该存储空间开头的固定偏移处访问其中某个局部变量。尽管编译器无法决定变量在运行时究竟位于内存何处，但可以确定变量在程序执行时固定的偏移量，于是就有了伪静态的说法。

有些编程语言采用术语*局部变量*，而非"自动变量"。局部变量就是静态绑定到给定过程或代码块的变量，亦即变量名的作用域局限于过程或代码块之内。于是*局部*在这种情况下成为"静态"的属性。在此容易看出，为什么人们常常将局部变量和自动变量混为一谈。像Pascal等编程语言的局部变量总是自动变量，反之亦然。然而要记住，局部是静态属性，而自动则是动态属性 [1]。

自动变量有若干重要的好处。首先，仅当包含自动变量的过程或代码块执行时，才会占用存储空间。这就使得多个块和过程能共用同一个内存池来存放各自所需的自动变量。尽管要额外执行一些代码，通过所谓"活动记录"的数据结构才能管理自动变量，但多数 CPU 只需要几条机器指令，而且在进出每个过程/块时执行一次即可。这种开销在有些场合里是很划算的，建立和销毁活动记录花费的时间和空间通常无足轻重。

---

[1] 有些语言如 C/C++，允许我们声明局部静态变量。这些变量有一个局部名称，作用域仅限于声明它们的函数内，但其生命期等于整个程序的执行时期。

其次，自动变量往往使用基地址（简称为"基址"）加偏移量的寻址模式，活动记录的基址位于寄存器中，而活动记录中各数据的偏移量很小（通常在 256 字节以内）。因而，CPU 用不着把 32 位（举例而言）地址全都编入机器指令，只需代以 8 位之类的小偏移值，从而可得到较短的指令。另外，自动变量是"线程安全"的，使用自动变量的代码可重入。这是因为每个线程都各自拥有栈空间或类似的数据结构，编译器分别维护其自动变量，因而各线程都有程序用到的自动变量拷贝。

自动变量也有一些缺点。必须执行机器指令，才能对自动变量初始化。当程序加载至内存时，不能像对静态变量那样初始化自动变量。而且在退出所在的块或过程后，自动变量所持的值将丢失。正如前面所述，自动变量还需要少许开销，建立和销毁包含这些变量的活动记录都需要执行一些机器指令。

下面是一小段 C 语言的示例，其中用到了自动变量。后面是用微软的 Visual C++ 编译器对其生成的 80x86 汇编代码：

```
#include <stdio.h>

int main( int argc, char **argv)
{
    int i;
    int j;

    j = 1;
    i = j + 3;
    j = i + 2;
    printf( "%d %d", i, j );
    return 0;
}
```

这些 C 代码的汇编语言输出代码如下：

```
; 对 printf()函数内的字符串常量所生成的数据
CONST    SEGMENT
$SG6917 DB      '%d %d', 0aH, 00H
CONST    ENDS

PUBLIC   _main
EXTRN    _printf:NEAR
```

```
; 函数编译标志位： /Ods
_TEXT   SEGMENT
j$ = 32
i$ = 36
argc$ = 64
argv$ = 72
main    PROC
; File c:\users\rhyde\test\t\t\t.cpp
; Line 5
$LN3:
        mov     QWORD PTR [rsp+16], rdx
        mov     DWORD PTR [rsp+8], ecx
        sub     rsp, 56                              ; 00000038H
; Line 10
        mov     DWORD PTR j$[rsp], 1
; Line 11
        mov     eax, DWORD PTR j$[rsp]
        add     eax, 3
        mov     DWORD PTR i$[rsp], eax
; Line 12
        mov     eax, DWORD PTR i$[rsp]
        add     eax, 2
        mov     DWORD PTR j$[rsp], eax
; Line 13
        mov     r8d, DWORD PTR j$[rsp]
        mov     edx, DWORD PTR i$[rsp]
        lea     rcx, OFFSET FLAT:$SG6917
        call    printf
; Line 14
        xor     eax, eax
; Line 15
        add     rsp, 56                              ; 00000038H
        ret     0
main    ENDP
_TEXT   ENDS
```

注意在访问自动变量时，汇编代码采用基址加偏移量的寻址模式，例如"j$[rsp]"。这种寻址模式往往比静态变量所用的位移寻址模式或RIP相对寻址模式紧凑——当然，假定条件是自动变量的偏移量位于RSP基址上下127字节的范围内[1]。

7.3.3 动态绑定与动态变量

动态变量是在运行时才绑定存储空间的变量。在有些语言里，完全要靠应用程序员将地址绑定到动态变量；而在另一些语言中，由运行时的系统自动为动态变量分配和释放存储空间。

动态变量通常通过 `malloc()` 或 `new()`（或 `std::unique_ptr`）等存储空间分配函数在堆中分配。编译器无法确定动态变量运行时的地址。因此，程序总是用指针来间接地引用动态变量。

动态变量的一大优越性在于，应用程序可控制其生命期。动态变量只在需要时占用存储空间，如果变量不再需要内存，运行时的系统能将其回收。与自动变量不同，动态变量的生命期并不依赖于其他东西——例如过程或代码块的进出。动态变量在需要时绑定内存，而在不需要的时候释放内存。对于需要相当多内存的变量，动态分配可以显著提高内存的使用效率。

动态变量的另一个好处是，对动态变量的引用多数使用指针。如果指针值已经在 CPU 寄存器中存在，程序就能经常使用短的机器指令来引用该数据，无须在指令中加入额外比特位来编码偏移量或地址。

动态变量有若干劣势。首先，维护动态变量往往需要一些存储开销。程序中的静态变量和自动变量一般不需要额外的存储空间；而运行时的系统经常要有一定的字节数来追踪系统中的各个动态变量。这种开销从 4 或 8 字节到极端情况下的几十字节不等，用以跟踪诸如变量当前的内存地址、尺寸及类型等信息。如果分配的是小型变量，比如整型变量或字符型变量，那么用来记录的存储量甚至比实际数据还多。其次，编程语言大都通过指针变量引用动态数据，而指针变量也得额外占一些存储空间，而不光是动态数据实际需要的存储量。

动态变量还有一个麻烦，就是性能。由于动态数据通常在内存中，CPU 几乎对

---

1 Visual C++通常使用 RBP 作为指向活动记录的基址寄存器。在这一特定例子中，Visual C++能够决定它可以优化 RBP 寄存器的设置，将 RBP 作为基址寄存器访问局部变量。

每个动态变量都得访问比缓存慢的内存。更糟的是，动态数据经常需要对内存访问两次——一次是取得指针值，另一次是通过指针间接读/写动态数据。堆的管理也很费事，堆是运行时的系统存放动态数据的地方。每当应用程序为动态变量请求存储空间时，系统就不得不找寻又大又连续的空闲内存区来满足这一请求。找寻操作依赖于运行时堆的组织形式——而堆的组织形式还影响到与各动态变量相关的存储空间开销，很耗费资源。此外，当释放动态变量的存储空间时，系统需要执行一些代码，使存储空间对其他动态变量可用。比起进出过程时对一组自动变量的分配和释放，运行时的堆分配和释放操作往往麻烦得多。

对动态变量还要考虑的问题是，有的语言，如Pascal和C/C++[1]要求应用程序员对动态变量显式地分配和释放存储空间。由于分配和释放操作都不是自动进行的，代码就会由于应用程序员的疏忽而引入缺陷。这就是即便开销再大、操作再慢，C#、Java和Swift之类的语言仍要自动处理动态分配的原因。

下列小段 C 语言代码示例将展示出微软的 Visual C++编译器为通过 malloc()分配的动态变量生成何种代码，以便访问这些动态变量。

```c
#include <stdlib.h>
#include <stdio.h>

int main( int argc, char **argv)
{
   int *i;
   int *j;

   i = (int *) malloc( sizeof( int ) );
   j = (int *) malloc( sizeof( int ) );
   *i = 1;
   *j = 2;
   printf( "%d %d\n", *i, *j );
   free( i );
   free( j );
   return 0;
}
```

1　C++的现代版本在我们使用智能指针时，可以自动回收存储空间。

下面是 Visual C++编译器生成的机器码，其中包含了人工插入的注释，以便说明访问动态分配的变量时需要做哪些工作。

```
_DATA    SEGMENT
$SG6837 DB       '%d %d', 0aH, 00H
_DATA    ENDS
PUBLIC  _main
_TEXT    SEGMENT
i$ = 32
j$ = 40
argc$ = 64
argv$ = 72
main    PROC
; File c:\users\rhyde\test\t\t\t.cpp
; Line 7      //创建活动记录
$LN3:
        mov     QWORD PTR [rsp+16], rdx
        mov     DWORD PTR [rsp+8], ecx
        sub     rsp, 56                              ; 00000038H

; Line 13
; 调用 malloc()，将返回指针值放入变量 i
        mov     ecx, 4
        call    malloc
        mov     QWORD PTR i$[rsp], rax

; Line 14
; 调用 malloc()，将返回指针值放入变量 j
        mov     ecx, 4
        call    malloc
        mov     QWORD PTR j$[rsp], rax

; Line 15
; 将 1 存入 i 所指的动态变量中，注意这一操作需要两条指令
        mov     rax, QWORD PTR i$[rsp]
        mov     DWORD PTR [rax], 1

; Line 16
; 将 2 存入 j 所指的动态变量中，这一操作也需要两条指令
        mov     rax, QWORD PTR j$[rsp]
        mov     DWORD PTR [rax], 2
```

```
; Line 17
; 调用 printf()，显示这些动态变量的值
        mov     rax, QWORD PTR j$[rsp]
        mov     r8d, DWORD PTR [rax]
        mov     rax, QWORD PTR i$[rsp]
        mov     edx, DWORD PTR [rax]
        lea     rcx, OFFSET FLAT:$SG6837
        call    printf

; Line 18
; 释放变量 i 和 j 的空间
        mov     rcx, QWORD PTR i$[rsp]
        call    free

; Line 19
        mov     rcx, QWORD PTR j$[rsp]
        call    free

; Line 20
; 返回函数结果 0
        xor     eax, eax

; Line 21
        add     rsp, 56                                 ; 00000038H
        ret     0
main    ENDP
_TEXT   ENDS
END
```

不难看出，通过指针访问动态分配的变量需要额外做不少工作。

7.4   常见的基本数据类型

计算机的数据均有数据类型属性，用于说明程序该如何解释该数据。数据类型也决定了数据在内存中以字节为单位的尺寸。数据类型可划分为两类：一类是基本数据类型（primitive data type），指 CPU 可将其放入 CPU 寄存器，并可直接操作的数据类型；另一类则是复合数据类型（composite data type），由若干基本数据类型组成。

在随后的几节，我们将回顾《编程卓越之道（卷 1）》中介绍的现代 CPU 大都具备的基本数据类型，第 8 章讨论复合数据类型。

7.4.1　整型变量

大部分编程语言都提供以内存变量存放整数值的机制。通常来说，编程语言可使用无符号二进制数、二进制补码、二进制编码的十进制（BCD 码），或者这些方法的组合来表示整数值。

在编程语言中，整型变量最基本的性质大概就是表示整数值的比特位数了。现代编程语言表达整数值的位数通常是 8、16、32、64 等 2 的整数次幂。许多语言只提供一种尺寸来表示整数；而有的语言则有若干不同尺寸可选，我们可根据自己想表示的数值范围、希望变量占用的内存量及其算术运算的效能来选择整型尺寸。表 7-1 列出了无符号、有符号和十进制整型变量的常见尺寸和取值范围。

并非所有语言都支持这些数据类型的尺寸。事实上，要想在同一个程序中统统支持这些尺寸，大概只能用汇编语言。就像前面所说的，有些语言仅提供一种尺寸，通常就是处理器本身的整型尺寸，即 CPU 通用整数寄存器的位宽。

提供若干整型尺寸的语言并不让我们显式地选择哪一种尺寸。例如，C 语言给出了 5 种整型尺寸——char（总为 1 字节长）、short、int、long 和 long long。除 char 类型外，C 语言并未指明这些整型的尺寸，只是说 short 不会长于 int，而 int 不会长于 long，long 不会长于 long long。这 4 种类型的尺寸其实可以一样。依赖于特定整型尺寸的 C 程序倘若在未用同样尺寸的编译器上编译，运行就会出问题。

注意：C99 和 C++ 11 提供了有确切尺寸的数据类型，如 int8_t、int16_t、int32_t、int64_t 等等。

表 7–1　常见整型尺寸及取值范围

尺寸（位数）	表示法	取值范围
8	无符号数	0～255
	有符号数	−128～+127
	十进制数	0～99
16	无符号数	0～65,535
	有符号数	−32,768～+32,767
	十进制数	0～9,999
32	无符号数	0～4,294,967,295
	有符号数	−2,147,483,648～+2,147,483,647
	十进制数	0～99,999,999
64	无符号数	0～18,446,744,073,709,551,615
	有符号数	−9,223,372,036,854,775,808～+9,223,372,036,854,775,807
	十进制数	0～9,999,999,999,999,999
128	无符号数	0～340,282,366,920,938,463,463,374,607,431,768,211,455
	有符号数	−170,141,183,460,469,231,731,687,303,715,884,105,728～ +170,141,183,460,469,231,731,687,303,715,884,105,727
	十进制数	0～99,999,999,999,999,999,999,999,999,999

　　各种编程语言都避免在语言规范中给出整型变量的具体尺寸，这似乎很不方便，但要知道这种含糊是有意为之的。当人们在给定编程语言中声明“整型”变量时，语言会将变量的分配留给编译器实现，由编译器基于性能等因素来选择整型的最佳尺寸。“最佳”的含义随着编译器基于什么 CPU 产生代码而有所不同。比如，在 16 位处理器上的编译器会选择 16 位整型，因为 CPU 这么处理的效率最高。同理，在 32 位处理器上会选择 32 位整型。Java 等确切指定各种整型格式尺寸的语言将会由于处理器技术的进步——即数据尺寸越大、处理效率越高而遇到麻烦。打个比方，当通用计算机系统从 16 位处理器过渡到 32 位处理器时，32 位算术运算在大多数新式处理器上确实快了一大截。于是编译器的编写者将整型的含义改定为“32 位整型”，以便让程序的整数运算性能发挥到极致。

　　某些编程语言除了提供有符号整型变量，还支持无符号整型变量。乍一看，无符号整型只是为了省去有符号整型中的负数表示，从而提供两倍范围的正数。实际上，还有许多原因促使高手选用无符号整型来编写高效的代码。

Swift 编程语言让我们能够显式控制整数的尺寸。它提供 8 位有符号整型 Int8、16 位有符号整型 Int16、32 位有符号整型 Int32 和 64 位有符号整型 Int64；它还提供整型 Int，可为 32 或 64 位，究竟采用 32 位整型还是 64 位整型，取决于本机上 CPU 最有效率的整型格式；它也提供 8 位无符号整型 UInt8、16 位无符号整型 UInt16、32 位无符号整型 UInt32、64 位无符号整型 UInt64，以及通用的 UInt 类型，其尺寸取决于本机 CPU。

在有些 CPU 上，无符号整数的乘除运算比有符号整数快。比较 0 到 n 范围内的数值大小时，采用无符号整数也比有符号整数效率高（无符号整数的场合只需比较一次）。这在从下标 0 开始检查数组各元素值时尤其有用。

很多编程语言允许算术表达式中包含不同尺寸的变量。编译器会自动将操作数符号扩展或零扩展到表达式中较大的尺寸，再计算最终结果。这种自动转换的问题在于，它隐藏了处理表达式时需要额外操作的事实，而表达式本身也并未明确要求。像下面的赋值语句：

```
x = y + z - t;
```

如果所有操作数的尺寸整齐划一，机器指令序列就可以很短；若操作数的尺寸参差不齐，就另需一些指令。举例来说，请看下面的 C 代码：

```
#include <stdio.h>

static char c;
static short s;
static long l;

static long a;
static long b;
static long d;

int main( int argc, char **argv)
{
```

```
  l = l + s + c;
  printf( "%ld %hd %hhd\n", l, s, c );

  a = a + b + d;
  printf( "%ld %ld %ld", a, b, d );

  return 0;
}
```

Visual C++编译器对这两条赋值语句编译得到的汇编代码序列如下：

```
;           l = l + s + c;
;
      movsx   eax, WORD PTR s
      mov     ecx, DWORD PTR l
      add     ecx, eax
      mov     eax, ecx
      movsx   ecx, BYTE PTR c
      add     eax, ecx
      mov     DWORD PTR l, eax
;
;           a = a + b + d;
;
      mov     eax, DWORD PTR b
      mov     ecx, DWORD PTR a
      add     ecx, eax
      mov     eax, ecx
      add     eax, DWORD PTR d
      mov     DWORD PTR a, eax
```

在此不难看出，比起混杂着不同操作数尺寸的表达式语句，使用相同操作数尺寸的语句能用较少指令实现。

另一个地方要注意，如果表达式用到不同尺寸的整型，并非所有 CPU 都能高效支持全部操作数尺寸。采用的整型尺寸若比 CPU 通用整数寄存器长，显然只会生成低效的代码。然而不太明显的是，倘若整型尺寸比 CPU 通用整数寄存器短，得到的代码同样效率欠佳。许多 RISC CPU 仅当操作数与通用寄存器尺寸一致时，才能工作。小型操作数必须零扩展或符号扩展到通用寄存器的尺寸，才能对这些值进行有关的计算。即便是 CISC CPU，比如 80x86，对不同尺寸的整数有硬件支持，操作于某些尺寸时开销仍会较大。例如在 32 位操作系统上，要操纵 16 位操作数就需要另有操作码前缀字节（opcode prefix byte），因此这种指令要比 8 位或 32 位操作数的指令长。

7.4.2　浮点型/实数变量

许多高级语言不光有若干整型尺寸，还提供多种浮点型变量（或称为"浮点变量"）尺寸。大部分语言至少支持两种不同尺寸——32 位单精度浮点数格式和 64 位双精度浮点数格式，均基于 IEEE 754 浮点数标准。少数语言还根据 Intel 的 80 位扩展精度浮点数格式，提供 80 位浮点型变量（Swift 就是一个不错的例子）。但这种用法越来越鲜见了。较新的 ARM 处理器支持四精度的浮点数学表示（128 位）；GCC 的某些变种支持 _float128 数据类型，用的也是四精度浮点数学表示。

各种浮点数格式都以牺牲空间和性能来换取精度。尺寸较小的浮点数格式，其运算通常也越快。然而要想提高效率、节省尺寸，就要以精度为代价，可参看《编程卓越之道（卷 1）》的第 4 章了解详细内容。

和整数算术表达式一样，我们应当避免在表达式中混用不同尺寸的浮点操作数。CPU 或浮点处理器 FPU 必须在运算前确保所有浮点数的尺寸统一。这会花费额外指令，从而占用较多的内存和时间。所以，在表达式中要尽可能地采取同一种浮点数类型。

整数和浮点数之间的格式转换开销也很大，应当回避这类操作。现代高级语言总是尽可能地在寄存器中保持变量的值。不巧的是，大部分现代 CPU 如果不先将数据拷贝到内存，就无法在整数和浮点数寄存器之间传送数据，这样做的代价相当巨大，因为访问内存要比访问寄存器慢。另外，整数与浮点数之间的转换通常涉及好几条专门指令，所有这些都会耗费时间和内存。所以只要条件允许，别进行这种转换。

7.4.3　字符型变量

现代高级语言中的标准字符型数据大都是 1 个字符占 1 字节。对于支持字节寻址的 CPU，如 Intel 的 80x86 处理器，编译器为每个字符型变量保留 1 字节的存储空间，并能高效地访问内存中的字符型变量。而一些 RISC 式的 CPU 仅可访问 32 位长（或者其他非 8 位长的尺寸）的内存数据。

对于不能在内存中寻址单个字节的CPU，高级语言编译器通常为字符型变量保留 32 位，但只把该双字变量的最低字节作为字符数据。由于鲜有程序会使用非常多的标量字符型变量 [1]，存储空间的浪费在多数系统上不值一提。然而，如果字符数组也没有打包，空间浪费是很可观的。我们将在第 8 章探讨这个问题。

现代编程语言支持 Unicode 字符集。Unicode 字符要在内存中占用 1～4 字节来存放字符的数据值。内存数取决于编码方法，如 UTF-8、UTF-16 或 UTF-32。随着时间的推移，在多数基于字符和字符串的操作中，Unicode 会替代 ASCII，一些要求高效地在字符串中随机访问字符的场合除外。Unicode 不擅长用在这类场合中。

7.4.4 布尔变量

布尔变量只需一个比特位来表示两个值——true 和 false。高级语言尽量为这种变量分配最少的内存，支持字节寻址的机器会用 1 字节，只能寻址 16 位、32 位或 64 位内存值的CPU则会分配更大的内存。但情况并非千篇一律，有些语言如FORTRAN允许创建多字节的布尔变量，比如 FORTRAN LOGICAL*4 数据类型。

有的语言，如早期版本的C/C++没有明确支持布尔数据类型，而是通过整型表示布尔值。这些C/C++实现用 0 和非 0 表示false和true。在这类语言中，只能将布尔变量定为整型尺寸来存放布尔值。例如，典型的 32 位C/C++编译器可以像表 7-2 那样定义 1 字节、2 字节或 4 字节的布尔值 [2]。

表 7-2 定义布尔变量的尺寸

C 语言的整型数据类型	布尔变量的尺寸
char	1 字节

---

1 这里标量是指"字符不属于某个字符数组"。
2 当然，这是假设 C/C++编译器对 short int 采用 16 位整数，对 long int 采用 32 位整数。

C 语言的整型数据类型	布尔变量的尺寸
short int	2 字节
long int	4 字节

在某些场合，当布尔变量是记录中的一个字段或为数组元素时，有些语言只对其按 1 个比特位存储。我们将在第 8～11 章研究复合数据结构，届时继续探讨这个话题。

7.5　变量地址与高级语言

程序的组织方式、存储类别（如静态/自动存储）和变量类型能够左右编译器所生成代码的效率。此外，诸如声明顺序、数据尺寸、数据在内存中的放置都对程序的运行时间影响甚大。本节将讨论如何安排变量声明，才能得到有效率的代码。

对于机器指令中编码的立即数常量，许多 CPU 都提供专门的内存寻址模式，用这种模式比其他通用模式更高效。慎重选用常量可减小程序体积，提高执行速度；同理，仔细挑选变量声明的方法也会使程序更富效率。但对于常量，我们主要关心其值；而对于变量，则必须考虑编译器将其放置的内存地址。

80x86 是提供多种地址宽度的 CISC 处理器典型。当运行现代 32 位或 64 位操作系统如 macOS、Windows、Linux 时，80x86 支持 3 种地址宽度：0 位、8 位和 32 位。0 位偏移量用于寄存器间接寻址模式，我们这里不再考虑，因为 80x86 上的编译器通常不用这种寻址模式访问显式声明的变量。8 位和 32 位偏移值寻址模式才是我们感兴趣之处。

7.5.1　对全局变量和静态变量分配存储空间

32 位偏移值大概最容易理解。对于程序中声明的变量，编译器要为之分配内存而非寄存器，它必须位于内存的某处。在多数 32 位处理器上，地址总线是 32 位宽，所以 32 位地址可访问任意内存单元中的变量。将这 32 位地址编码到一条指令，该指令就能访问任何内存变量。80x86 提供了直接寻址模式，其有效地址正是嵌入指令的 32 位常数。

32 位地址存在一个问题，就是地址位非常耗费指令编码的位长，当我们过渡到 64 位处理器时要用 64 位地址，情况就更加糟糕。举例来说，80x86 上有几种位移寻址的形式，指令操作码为 1 字节，而地址为 4 字节，因此 80% 的指令宽度被地址占用。如果是 80x86 的 64 位变种，即 x86-64，则 64 位立即数地址作为指令的一部分，指令有 9 字节长，地址占据了指令字节数的 90%。为避免这种情况，x86-64 修改了位移寻址模式，不再将内存中的立即数地址作为指令的一部分，而是将 32 位偏移量（即前后共 4GB 范围内）编码到指令中。

在典型的 RISC 处理器上，情况更加严重——因为典型 RISC 的 CPU 指令都是 32 位长，我们无法将 32 位地址编码作为指令的一部分。为了存取内存中任意 32 位或 64 位地址的变量，需要将变量的 32 位或 64 位地址调入寄存器，然后使用寄存器间接寻址模式来访问。对于 32 位地址，就需要 3 条 32 位指令，如图 7-2 所示，这无论在速度还是在空间方面都有很大的开销。而 64 位地址的开销就更加巨大。

毕竟 RISC CPU 还不至于比 CISC 处理器慢太多，所以显然编译器很少会生成这么差劲的代码。实际上，运行于 RISC CPU 的程序往往将一组数据的基地址放到寄存器中，所以能够利用从基址寄存器开始的短偏移量来高效访问组内变量。但是，编译器如何应对任意的内存地址呢？

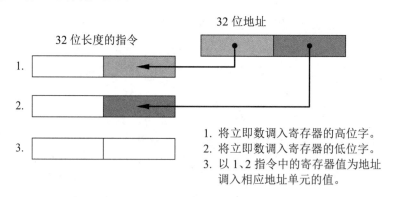

1. 将立即数调入寄存器的高位字。
2. 将立即数调入寄存器的低位字。
3. 以 1、2 指令中的寄存器值为地址调入相应地址单元的值。

图 7-2 RISC CPU 访问内存的某个绝对地址

7.5.2 使用自动变量减小偏移量

为了免除含有大值偏移量的长指令，一个办法就是采用小偏移量的寻址模式。例如，80x86 提供了 8 位偏移量的基址加变址寻址模式。这种方式允许以 32 位寄存器的内容为基地址，在其-128～+127 字节的偏移范围内寻址。RISC 处理器具有类似的特性，不过偏移量位数通常较大——16 位，也就允许较大范围的偏移地址。

通过向某个 32 位寄存器指定内存基地址，并把变量放在基地址附近，就可以使用较短的指令访问变量，从而使程序较小、运行更快。显然如果我们在用汇编语言，能直接访问 CPU 寄存器，这是不难做到的。然而若用高级语言编程，很可能无法直接访问 CPU 的寄存器；即便可以，也不能确保编译器将变量分配到方便的地址范围内。那么怎样在高级语言程序中利用小偏移量的寻址模式呢？答案是——无须明确指定采用这种寻址模式，编译器会自动为我们代劳。

请看下面用 Pascal 语言编写的 `trivial()`函数。

```
function trivial( i:integer; j:integer ):integer;
var
   k:integer;
begin
   k := i + j;
   trivial := k;
end;
```

只要进入该函数，编译了的代码就会构建一个活动记录。活动记录有时也被称作栈帧（stack frame）。活动记录是一种位于内存的数据结构，系统在此保存与函数或过程相关的局部数据。活动记录包含参数数据、自动变量、返回地址、编译器分配的临时变量，以及机器状态信息（例如，所保存的寄存器值）。运行系统即时给活动记录分配存储空间，实际上，对过程或函数调用两次，会在内存的不同地方放置活动记录。为了访问活动记录中的数据，高级语言大都用一个寄存器——通常被称作帧指针（frame pointer），指向活动记录，然后过程或函数通过对它的某个偏移量来引用自动变量和参数。除非自动变量和参数太多，或者自动变量和参数的尺寸太大，否则这些变量一般距基地址都很近。这就意味着 CPU 通过小的偏移量，就能引用帧指针所指向的基地址附近的变量。在前面给出的 Pascal 例子中，参数 i、j 以及局部变量 k 很可能位于距帧指针所指地址的几个字节内,因此编译器对这些指令编码时,只要使用很小的偏移量,无须大尺寸的偏移量。既然编译器为活动记录的局部变量和参数分配存储空间,我们能做的就是安排变量的位置,使之位于活动记录的基地址附近。但怎样才能做到这一点呢?

在代码调用某个过程时,着手构建此过程的活动记录。调用者将参数数据(如果有的话)放入活动记录,然后执行汇编语言 call 指令,将返回地址加入活动记录。从此处起,活动记录的构建由过程自己接手进行。过程将拷贝寄存器的值及其他重要状态信息,在活动记录中为局部变量腾出空间。过程还必须更新帧指针寄存器(在 80x86 上是 EBP,在 x86-64 上是 RBP)的内容,使之指向活动记录的基地址。

为了查看典型活动记录的样子,我们来看下面的 HLA 过程声明。

```
procedure ARDemo( i:uns32; j:int32; k:dword ); @nodisplay;
var
    a:int32;
    r:real32;
    c:char;
    b:boolean;
    w:word;
begin ARDemo;
    ...
end ARDemo;
```

只要 HLA 程序调用过程 ARDemo(),就会创建活动记录,将参数数据压入栈。该过程的调用代码把参数按其从左到右的排列顺序压入栈。因此,调用代码首先将参数 i 压入栈,然后将参数 j 压入栈,最后是参数 k。压入参数后,程序正式调用过程 ARDemo()。进入 ARDemo()过程体时,栈就包含如图 7-3 所示的 4 项内容,假定栈自内存高地址开始,向低地址生长(多数处理器均如此)。

过程 ARDemo()的先头指令将帧指针寄存器(例如,在 80x86 上是 EBP,在 x86-64 上是 RBP)的当前值压入栈,并拷贝栈指针(在 80x86 上是 ESP,在 x86-64 上是 RSP)的值到帧指针寄存器。接着代码将栈指针下移,以便为局部变量准备空间。于是得到如图 7-4 所示的 80x86 CPU 栈组织形式。

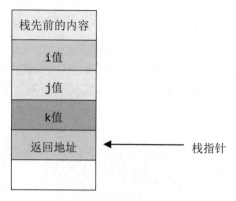

图 7-3 进入 ARDemo()过程体时的栈

对于活动记录里的数据，我们只能通过它距帧指针寄存器，即图 7-4 中的 EBP 的偏移量来访问。

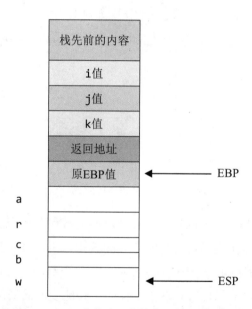

图 7-4 ARDemo()的活动记录（在 32 位 80x86 上）

最关紧的两个地方是参数和局部变量。我们可以用对帧指针寄存器的正偏移量来访问参数，局部变量则按负偏移量访问，如图 7-5 所示。

Intel 特意保留 EBP/RBP（基址指针），用其指向活动记录的基地址。故而编译器在栈内为活动记录分配存储空间时，一般都将该寄存器作为帧指针寄存器。有些编译器试图把 80x86 的栈指针 ESP/RSP 作为指向活动记录的指针，因为这样会减少程序的指令条数。无论编译器使用 EBP/RBP、ESP/RSP，还是其他什么寄存器，总而言之，编译器一般用某个寄存器指向活动记录，且局部变量和参数大都在活动记录的基地址附近。

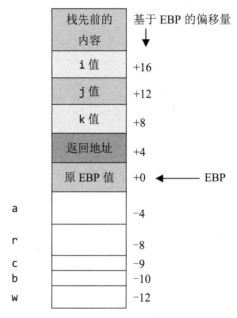

图 7-5　在 32 位 80x86 上过程 ARDemo() 各数据在活动记录中的偏移量

从图 7-5 中可以看出，ARDemo() 过程的局部变量和参数均位于帧指针寄存器 EBP 前后的 127 个字节范围内。这意味着在 80x86 上，引用其中某个变量或参数的指令只需一个字节即可编码基于 EBP 的偏移量。前面提到，由于程序构建活动记录的方式，参数将位于相对帧指针寄存器正偏移的内存地址，而局部变量则处于负偏移的位置。

对于只有几个参数和局部变量的过程，CPU 通过较小的偏移量——80x86 用 8 位，各种 RISC 处理器使用更多位——就能访问其所有参数和局部变量。然而，请看下面的 C/C++ 函数：

```
int BigLocals( int i, int j );
{
  int array[256];
  int k;
  ...
}
```

该函数的活动记录在 80x86 上的情形如图 7-6 所示。

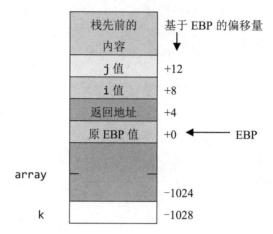

图 7-6　函数 BigLocals() 的活动记录

注意：C 语言活动记录与 Pascal、HLA 函数的活动记录有一个区别，即 C 是将参数以倒序放在栈中的，即最后一个参数先入栈，而第一个参数后入栈。不过，这个区别并不影响我们此处的讨论。

图 7-6 中真正应注意的地方是，局部变量 array 和 k 的负偏移量太大。偏移量分别为-1024、-1028（假设整数为 32 位长），EBP 到 array 和 k 的偏移量使编译器无法在 80x86 上用一个字节编码。因此，编译器除了用 32 位值编码偏移量外，别无选择。不用说，这样将使函数对这些局部变量的访问变得相当费事。

在本例中对 array 变量怎么做都于事无补，因为不管我们将其放在何处，数组到活动记录基地址的偏移量都至少为 1024 字节。不过，请看图 7-7 给出的活动记录。

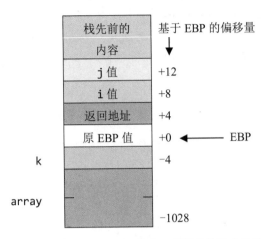

图 7-7　函数 `BigLocals()` 另一种形式的活动记录

图 7-7 中的编译器重新安排了局部变量。尽管仍需要 32 位偏移量来访问 array 变量（在 32 位 80x86 上），但对 k 的访问在 80x86 上只用 8 位偏移量就行了，因为 k 的偏移量是-4。通过下列代码可产生这样的偏移量：

```
int BigLocals( int i, int j );
{
    int k;
    int array[256];
    ...
}
```

理论上，重新组织活动记录中的变量顺序对于编译器并非特别难的优化措施，所以我们希望编译器替我们做出这种修改，以便用小的偏移值访问尽可能多的变量。而在实践中出于技术和实用的原因，并非所有的编译器都提供这种优化，特别是这么做将会打乱某些写得不好的代码。这些糟糕代码能否运行，有赖于变量在活动记录中的特定位置。

要想确保过程的局部变量尽量多地拥有小偏移值，解决方法很简单：首先声明 1 字节的变量，接着是 2 字节的变量，然后是 4 字节的变量……最后才是函数中尺寸最大的局部变量。但一般来说，我们可能更注重减少函数的指令条数，而非减少函数中变量需要的偏移量尺寸。比如，倘若有 128 个单字变量，先声明这些变量，只需要 1 字节的偏移值就可访问之。然而，如果我们从未访问它们，它们纵然只有 1

字节而非 4 字节的偏移量，也不能有所裨益。节省空间的唯一机会，就是在我们实际访问内存中的变量值时，采用 1 字节而非 4 字节偏移量的指令。因此，为了减小函数目标码的体积，应当尽量使用小偏移量的指令。如果函数对某 100 字节数组的引用远比其他变量频繁，就该先声明这个数组，以便使用小的偏移值，即使这样做后，只留下 28 字节存储空间（以在 80x86 上为例）给别的变量来使用较短的偏移值。

RISC 处理器一般以 12 位或 16 位偏移量来访问活动记录中的字段。所以使用 RISC 芯片时声明变量就比较宽裕。这自然是好事，但如果超出 12 位或 16 位范围，对局部变量的访问开销就会陡然上升。只要声明的一个或多个数组总共不超过 2048（12 位）或 32 768（16 位）字节空间，RISC 芯片的典型编译器就能产生说得过去的代码。

同样的讨论不仅适用于局部变量，也适用于参数。不过难得有代码会将大型数据结构通过值传递给函数，因为这样做的开销太大。

7.5.3　中间变量的存储空间分配

中间变量对于某个过程/函数是局部变量，而对另一个过程/函数则是全局变量。在块结构化语言如 Free Pascal、Delphi、Ada、Modula-2、Swift 和 HLA 等支持嵌套过程的语言里，可以找到中间变量的踪影。请看下列的 Swift 程序示例：

```
import Cocoa
import Foundation

var globalVariable = 2

func procOne()
{
    var intermediateVariable = 2;

    func procTwo()
    {
        let localVariable =
            intermediateVariable + globalVariable
        print( localVariable )
    }
```

```
    procTwo()
}
procOne()
```

正如在这段代码中能够看到的，嵌套过程除了可以访问主程序中的变量——即全局变量，还能够访问包含此嵌套过程的宿主过程里的变量——即中间变量。如我们所见，局部变量访问起来要比全局变量开销小，因为在过程中访问全局变量，总是动用较大的偏移值。对中间变量的访问是在过程 procTwo() 中完成的，开销太大。访问局部变量和全局变量的区别在于指令中的偏移量/位移尺寸——局部变量一般使用较短小的偏移量，这对全局变量是不可能办到的。而对中间变量的访问一般需要数个机器指令。这就使得访问中间变量比访问局部变量，甚至比访问全局变量多花好几倍的时间，而速度只有全局变量的几分之一。

使用中间变量的问题是，编译器要么维护一个活动记录的链表，要么维护指向活动记录的指针表——该表被称作嵌套层次显示表（display），才能引用中间变量。为了访问中间变量，过程 procTwo() 必须要么沿着链接链（本例中只有一个链接）顺藤摸瓜，要么查表找到指向过程 procOne() 活动记录的指针。更糟的是，维护指针表的 display 代价不菲——必须在进出每个过程/函数时对其进行维护；即便某次特定调用没有访问任何中间变量，依然如此。尽管比起全局变量，中间变量似乎有些软件工程方面的好处——这些好处与信息隐藏有关，但要记住，访问中间变量的开销实在太大。

7.5.4　动态变量和指针的存储空间分配

高级语言中的指针访问为代码优化提供了另一个机会。指针用起来开销大，但在有些情况下使用指针能够减小偏移量尺寸，使程序更有效率。

指针只是一种内存变量，其值是其他某个数据的内存地址，因此，指针尺寸与机器地址宽度一致。由于多数现代 CPU 要想间接取值，只能通过机器的寄存器，因此间接访问内存数据通常分两步实现：代码先将指针值送入寄存器，然后程序通过该寄存器间接引用指针所指的数据。

请看下面的 C/C++ 代码片段及其对应的 HLA 汇编代码。

```
int *pi;
```

```
...
i = *pi;  // 假定此处的 pi 已初始化为某个合适的地址
```

其在 80x86 上的 HLA 汇编代码如下：

```
pi: pointer to int32;
    ...
mov( pi, ebx );      // 此处仍假定 pi 已适当初始化
mov( [ebx], eax );
mov( eax, i );
```

如果 pi 是一般变量，而非指针变量，那么代码只需执行"mov([ebx], eax);"指令即可。故而使用指针变量后，由于需要向编译器生成的代码序列中额外插入指令，因此这既增加了程序体积，又减慢了执行速度。

然而，如果接连数次地间接引用变量，编译器或许会重用已调入寄存器的指针值，从而将指针的额外开销分摊到多条指令中。请考虑下面的 C/C++ 代码及其 HLA 代码。先看 C/C++ 源程序：

```
int *pi;
...    // 假定此处的代码对 pi 进行了适当的初始化
*pi = i;
*pi = *pi + 2;
*pi = *pi + *pi;
printf( "pi = %d\n", *pi );
```

下面是其在 80x86 上的 HLA 汇编代码：

```
pi: pointer to int32;
...    // 假定此处的代码对 pi 进行了适当的初始化
       // 需要初始化 EBX 的额外指令
mov( pi, ebx );

mov( i, eax );
mov( eax, [ebx] );    // 这里的代码显然能再优化，但并非我们讨论的目的，不再赘述
mov( [ebx], eax );
add( 2, eax );
mov( eax, [ebx] );
mov( [ebx], eax );
```

```
add( [ebx], eax );
mov( eax, [ebx] );
stdout.put( "pi = ", (type int32 [ebx]), nl );
```

这段代码只将实际的指针值送到 EBX 一次。从此以后代码就用 EBX 中的指针值来引用 pi 所指向的数据。当然，任何能做出这种优化的编译器都会消除该序列中的 5 次冗余内存调入/调出操作，但我暂时假定它们不算冗余。对这段代码首先要注意的是，它在每次需要访问 pi 所指的数据时，并没有重复向 EBX 调入 pi 的指针值。因此，我们就将"mov(pi, ebx);"指令的开销分摊到 6 条指令，情况还远不算糟糕。

事实上，比起直接访问局部变量或全局变量，好的参数对代码更能起到优化作用。下列形式的指令：

```
mov([ebx], eax);
```

在指令编码中使用 0 位偏移量。因而该 mov 指令只有 2 字节长，而非 3、5 甚至 6 字节长。若 pi 是局部变量，很可能拷贝 pi 到 EBX 的原指令只有 3 字节长（2 字节的操作码加 1 字节的偏移量）。由于"mov([ebx], eax);"指令形式长仅为 2 字节，3 条这样的间接取值指令就与使用 8 位偏移量的指令字节数持平了。在经过 3 条引用 pi 所指向数据的指令后，涉及该指针的代码实际上就开始比用 8 位偏移量的代码短了。

间接取值甚至可用来高效地访问一组全局变量。正如前面所述，编译器通常无法在编译程序时就确定全局变量的地址。因此，它只能假设最坏情况：为了使生成的机器码能访问全局变量，而采取尽可能大的位移/偏移量。当然，我们已经看到，通过使用指向变量的指针，无须直接访问此变量，就能将偏移值从 32 位降到 0 位。因而，我们可以取全局变量的地址（例如，在 C/C++中通过运算符"&"），以间接取值的方式访问该变量。该方法的问题在于需要一个寄存器。在任何处理器上寄存器都是宝贵的资源，对于只有 6 个通用寄存器的 32 位 80x86 尤其如此。如果接连访问同一变量多次，0 位偏移量的技巧将使代码更富效率。不过，在局部代码序列中频繁访问某一变量又不访问其他变量的情况实在少见，故而编译器可能会把寄存器内的指针冲掉，之后再重新调入，因此该方法的效率大打折扣。倘若所用的是有许多寄存器的 RISC 芯片或 x86-64，不妨利用这一技巧；而对于寄存器数目有限的处理器，不能动辄就采取这种办法。

7.5.5　使用记录/结构减小指令偏移量

　　有一个经由单个指针访问多个变量的窍门：将这些变量放在一个结构中，然后以结构地址为指针。通过指针访问结构的各个字段，就能使用较短的指令，道理与前面所说的活动记录如出一辙。事实上，活动记录从字面上看就是程序通过帧指针寄存器间接引用的记录项。与访问活动记录中的数据相比，对用户定义的记录/结构间接访问时只有一点区别，那就是编译器大都不允许使用负的偏移量来引用字段。因此，我们就被限制到只能访问相当于活动记录字节数目的一半。例如，在 80x86 上我们可以使用 0 位偏移量访问距指针偏移量为 0 的数据，而用单字节偏移量访问偏移量为+1 到+127 字节的数据。请看下面的 C/C++程序，它就用到了这一技巧：

```
typedef struct
{
    int i;
    int j;
    char *s;
    char name[20];
    short t;
} vars;

static vars v;
vars *pv = &v;        // 以结构变量 v 的地址初始化 pv
    ...
    pv->i = 0;
    pv->j = 5;
    pv->s = pv->name;
    pv->t = 0;
    strcpy( pv->name, "Write Great Code!" );
    ...
```

　　对于此代码段，精心设计的编译器会只将 pv 的值调入寄存器一次。因为 vars 结构的所有字段都在内存中距基地址 127 字节的范围内，所以，即便 v 本身是静态/全局变量，80x86 编译器也将生成仅需 1 字节偏移量的指令序列。顺便注意，vars 结构的第一个字段比较特殊——由于它在结构中的偏移量为 0，使用 0 位偏移量就可访问此字段。故而如果要间接引用结构的话，应将最常引用的字段置于结构的最前面。

代码的间接取值确实要付出代价。在寄存器数目有限的处理器如 32 位 80x86 上，运用上述技巧会在有些时候强占一个寄存器，导致编译器生成较差的代码。如果编译器必须不断地向寄存器重复调入内存中的结构地址，我们就会很快发现这种窍门不名一文。在不同处理器上（还有同一处理器上的不同编译器）耍这种花样时，应查看编译器产生的汇编代码，确保它真的节省了什么，而不是得不偿失。

7.5.6 将变量保存在寄存器里

说到寄存器，值得谈谈另一种用 0 位偏移量访问程序变量的方法——我们也可以将变量放在机器的寄存器中供以后访问。处理器的寄存器总是保管变量和参数效率最高的地方。然而只有汇编语言能控制编译器是否将变量或参数置于寄存器，C/C++在一定程度上也能控制。从某个角度看，这并非坏事。比起蹩脚的程序员，精良的编译器更能出色地分配寄存器。但程序员高手又比编译器技高一筹，因为程序员高手了解程序将要处理的数据，以及对特定内存单元的访问频度。而且程序员高手当然能一眼看出编译器在干什么，编译器却无法对程序员高手的做法有通盘认识。

Delphi 等语言能对程序员主导的寄存器分配提供有限支持。特别地，Delphi 编译器有一个选项，我们可借此选项吩咐编译器，将函数或过程的前 3 个序数型参数传递到CPU的寄存器 EAX、EDX 和 ECX，这就是所谓的 fastcall 调用约定（fastcall calling convention）。几个 C/C++编译器也支持这种做法。

对于 Delphi 和其他某些语言来说，我们仅能控制对 fastcall 参数的传递约定。而 C/C++提供关键字 register 作为存储类型指定符，其作用与关键字 const、static 和 auto 相像，程序员以此告诉编译器，某变量要频繁地使用，编译器应当将此变量放在寄存器中。注意，编译器可以忽略关键字 register 而按自动变量分配空间。许多编译器将关键字 register 一概忽略，因为编译器的编写者自以为能比任何程序员更好地利用寄存器（这种想法看来有些自负）。当然了，对于寄存器稀缺的某些机器，如 32 位 80x86，只有几个寄存器能用，在某个函数执行期间甚至不可能给变量分配哪怕一个寄存器。然而，一些编译器尊重程序员的意愿。如果程序员提出要求，这些编译器会将少数变量分配到寄存器中。

大部分RISC编译器保留一些寄存器供传递参数，另一些寄存器给局部变量用。

在参数声明中尽可能把频繁访问的参数放在前面将是一个不错的主意，因为编译器很可能将其分配到寄存器中 [1]。这种做法同样适用于对局部变量的声明。既然很多编译器都会将这些变量的开头几个分配至寄存器，就该先声明经常用到的局部变量。

由编译器分配寄存器的问题在于，分配是静态的。换句话说，编译器是基于编译时期而非运行时期对源代码的分析来决定哪个变量要放到寄存器中的。编译器往往做出诸如"该函数引用变量 xyz 远比其他变量频繁，因此可以入选为寄存器变量"的假设，这些假设通常是正确的。事实上，通过将变量放入寄存器，编译器当然能减小程序的体积。但是，也会有引用 xyz 的代码很少执行的情况出现。尽管编译器或许可以省掉一些空间（因为生成较小的指令来访问寄存器，而非内存），但代码却不因此就会加速。毕竟，倘若这段代码很少甚至从未执行，使其运行再快也无益于节省程序的执行时间。另一方面，这种方法很可能埋没了在深层嵌套的循环中对某变量的单次引用，导致对变量的单次引用会执行许多次。然而由于在整个函数中只引用了一次，编译器优化程序没有注意到程序执行时会频繁引用该变量。虽然编译器对于循环内变量的处理越发精明，但事实上，没有哪个编译器能预测运行时某个循环确切要执行多少次。人对这种行为则有好得多的感觉（至少可以大致估计出来），因此关系到该对哪个变量分配寄存器时，人具有更合适的发言权。

7.6　内存中的变量对齐

对于许多处理器，尤其是RISC处理器，还需要考虑另一个效率问题。多数现代处理器不准我们访问任意内存地址的数据，所有访问都必须对齐于CPU支持的某种内定边界 [2]——通常为 4 字节边界。即便CISC处理器允许访问任意地址边界，若对基本数据类型（字节、字和双字）在其尺寸的整数倍边界进行访问，通常也会更有效率，参看图 7-8。

1　许多优化型编译器足够聪明，能根据程序对这些变量的使用情况，选择将哪些变量放到寄存器中。

2　PowerPC 支持未对齐的内存访问，只是性能欠佳。而 ARM 的早期版本，即 ARMv6-A 之前根本不允许未对齐的内存访问。

在许多 CPU 上，内存变量必须从其尺寸整数倍的地址开始

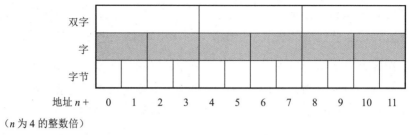

双字

字

字节

地址 *n*+ 0 1 2 3 4 5 6 7 8 9 10 11

（*n* 为 4 的整数倍）

图 7-8   内存中的变量对齐

　　倘若 CPU 支持非对齐的访问——即所访问的内存变量没有在其尺寸整数倍的边界上，我们就可以将变量打包到活动记录里，这时通过短偏移量就能访问最大数目的变量。不过，未对齐的访问往往比对齐的访问慢，所以许多优化型编译器会向活动记录插入填充字节（padding byte），以确保所有变量都按自身尺寸对齐于某个合适的边界（参看图 7-9）。从而用较大的程序来换取较高的性能。

```
char oneByte ;
short twoBytes ;
char oneByte2 ;
int fourBytes ;
```

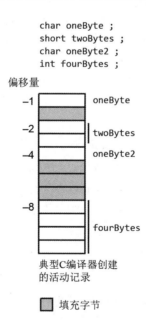

偏移量

−1　oneByte

−2　twoBytes

−4　oneByte2

−8　fourBytes

典型 C 编译器创建
的活动记录

▨ 填充字节

图 7-9   活动记录中的填充字节

但是，假如先声明所有双字变量，然后声明字，接着声明字节，最后再声明数组/结构，就能对代码速度和体积一箭双雕。编译器往往确保我们所声明的第一个局部变量位于适当的边界——通常为双字边界。首先声明所有双字变量，就能确保它们均位于 4 的倍数地址，因为编译器通常将我们所声明的变量依次放在内存里。我们所声明的第一个字尺寸变量，也将出现在 4 的倍数地址的内存单元，其地址自然也是 2 的倍数，这对按字访问再合适不过了。通过将字变量统统声明在一起，能确保每个字变量都位于 2 的倍数地址的内存单元。在能够按字节访问内存（即能高效访问字节数据）的处理器上，字变量的位置无一定之规。在过程或函数中最后声明局部字节变量，可确保这些声明不会影响到函数中双字变量和字变量的性能。图7-10 给出了若以下列函数声明变量，典型的活动记录会是怎样的。

```
int someFunction( void )
{
    int d1;              // 假设 int 型为 32 位长
    int d2;
    int d3;
    short w1;            // 假设 short 型为 16 位长
    short w2;
    char b1;             // 假设 char 型为 8 位长
    char b2;
    char b3;
    ...
}                        // someFunction()函数结束
```

注意，图 7-10 中的双字变量 d1、d2 和 d3 怎样起始于 4 的倍数地址-4、-8 和-12；同样，字变量 w1、w2 怎样起始于 2 的倍数地址-14、-16；字节变量 b1、b2 和 b3 在内存中则以任意地址起始，既有奇数地址，又有偶数地址。

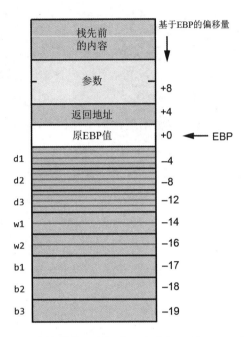

图 7-10　变量对齐了的活动记录（在 32 位 80x86 上）

现在来看下面的函数，它胡乱声明了一些变量，后面是其活动记录。

```
int someFunction2( void )
{
   char b1;              // 假设 char 型为 8 位长
   int d1;               // 假设 int 型为 32 位长
   short w1;             // 假设 short 型为 16 位长
   int d2;
   short w2;
   char b2;
   int d3;
   char b3;
   ...
}                        //someFunction2()函数结束
```

从图 7-11 中能够看出，除字节变量外，所有变量都别扭地位于某个地址单元。处理器如果允许存取任意内存地址内的数据，访问未对齐于合理边界的变量就要花费较多时间。

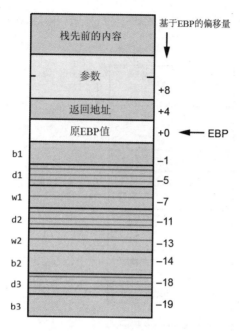

图 7-11　变量未对齐的活动记录（在 32 位 80x86 上）

　　有些处理器不允许程序访问处于非对齐边界上的变量。比如，RISC 处理器大都不能访问 32 位地址边界之外的内存单元。软件要想存取字或字节值，有些 RISC 处理器就要读取 32 位值，提取其中的 16 位或 8 位，即 CPU 将强制软件把字节和字看作打包数据。由于需要额外的指令，访问内存又得打包和解包数据，这样会急剧降低访问内存的速度——也就是说，通常需要两条甚至更多指令来从内存中获取字节或字。向内存中写数据的情形就更差劲了，因为 CPU 必须先从内存中取得数据，将新数据融入原数据后，再将结果写回内存。因此，多数 RISC CPU 上的编译器不会生成类似图 7-11 所示的活动记录，而是添加填充字节，使每个内存数据都从 4 字节的整数倍地址边界开始，参看图 7-12。

　　请注意在图 7-12 中，所有变量都位于 32 位的整数倍地址。所以，RISC 处理器访问任何一个变量都不成问题。当然，代价是活动记录大了不少——局部变量将占用 32 字节，而非 19 字节。

　　虽然图 7-12 的例子在基于 32 位 RISC CPU 的编译器中有代表性，别以为 CISC CPU 就不这么干。许多 80x86 上的编译器都会这样生成活动记录，以便改善代码的性能。在 CISC CPU 上,不按对齐方式声明变量或许不会减慢代码的执行速度,但要多用一些内存。

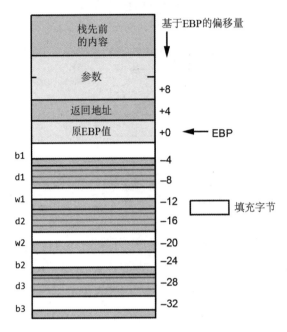

图 7-12 RISC 编译器在内存中插入填充字节,以便强制按对齐方式访问变量

当然了,要是通过汇编语言工作,通常得靠自己以某种风格声明变量,才能对特定的处理器合适或高效。例如在 80x86 上使用 HLA 时,下列 3 个过程声明分别会得到如图 7-10、图 7-11 和图 7-12 所示的活动记录。

```
procedure someFunction; @nodisplay; @noalignstack;
var
    d1 :dword;
    d2 :dword;
    d3 :dword;
    w1 :word;
    w2 :word;
    b1 :byte;
    b2 :byte;
    b3 :byte;
begin someFunction;
```

```
   ...
end someFunction;

procedure someFunction2; @nodisplay; @noalignstack;
var
    b1 :byte;
    d1 :dword;
    w1 :word;
    d2 :dword;
    w2 :word;
    b2 :byte;
    d3 :dword;
    b3 :byte;
begin someFunction2;
    ...
end someFunction2;

procedure someFunction3; @nodisplay; @noalignstack;
var
    // HLA 的 align 指示性语句强制随后声明的变量对齐
    align(4);
    b1 :byte;
    align(4);
    d1 :dword;
    align(4);
    w1 :word;
    align(4);
    d2 :dword;
    align(4);
    w2 :word;
    align(4);
    b2 :byte;
    align(4);
    d3 :dword;
    align(4);
    b3 :byte;
begin someFunction3;
    ...
end someFunction3;
```

HLA 的过程 *someFunction*、*someFunction3* 在 80x86 处理器上生成的代码运行

最快，因为所有变量都对齐于合适的边界。而 *someFunction* 和 *someFunction2* 的活动记录最紧凑，这是由于变量在活动记录里没有填充字节。倘若我们在 RISC CPU 上以汇编语言工作，应选择与 *someFunction*、*someFunction3* 等效的过程，这样访问内存中的变量比较便捷。

记录与对齐

高级语言中的记录/结构同样存在令人操心的对齐问题。不久前，CPU 厂家提出了应用程序二进制接口（ABI），以图改善不同编程语言及其实现的协作性。不是所有语言和编译器都会遵循这些建议，但许多新编译器都积极响应。ABI 规范的议题之一，就是描述编译器在内存中如何组织记录或结构的各字段。虽然规则随 CPU 而异，但适用于多数 ABI 的一般性说明就是，编译器应当将记录或结构字段对齐到数据尺寸整数倍的偏移量上。如果记录或结构中的两个相邻字段尺寸不一，以致第一个字段的位置使得第二个字段不能位于其尺寸整数倍的偏移量上，编译器就会插入填充字节，使第二个字段的偏移量更大，以匹配其数据尺寸。

在实际操作中，仅仅因为 CPU 访问内存地址中各类数据的能力不同，不同 CPU 和操作系统的 ABI 稍有差别。举例来说，Intel 建议编译器将字节变量对齐于任意地址，字变量对齐于偶数地址，其他任何变量都应放于 4 的倍数地址；某些 ABI 推荐将记录中的 64 位数据放在 8 字节边界上。x86-64 的 SSE 和 AVX 指令要求 128 位和 256 位数据值对齐到 16 字节和 32 字节。有些 CPU 由于访问 32 位以下的数据很麻烦，建议所有数据在记录/结构中按 32 位对齐。规则取决于 CPU，还取决于 CPU 厂家是倾向于加快代码的执行速度，还是想减小数据结构的尺寸。通常选择前者。

如果我们用某固定编译器为某类固定 CPU——比如基于 Intel 的 PC——编程序，应当了解该编译器关于字段填充的规则，依此调校我们的声明，使代码性能最佳，开销最少。不过，倘若需要使用不同的编译器编译代码，特别是通过不同 CPU 上的编译器，那么固定按某个套路行事可能在一种机器上表现出色，在其他机器上却不尽如人意。庆幸的是，有一些规则可帮助我们缓解针对别的 ABI 编译所造成的效率问题。

从性能/内存使用的观点来看，最好的解决方案与活动记录的规则一致，这在前面已经看到：声明记录中的字段时，要将所有同尺寸的数据放在一起，先往记录/结构中放较大的标量数据，然后放较小的数据。这种方案浪费的填充字节最少，可在现有多数 ABI 中提供最好的性能。其唯一缺陷是，必须按各自的字段尺寸来组织它们，而不是根据彼此间的逻辑关系来组织。不过，因为所有字段都是同一记录/结构的成员，之间都有联系，所以比起按这种形式组织所有函数的局部变量，问题还不算严重。

许多程序员试图自己往结构中添加填充字段。例如，下列这类代码在 Linux 内核等极度考究代码效率的场合很常见：

```
typedef struct IveAligned
{
    char byteValue;
    char padding0[3];
    int dwordValue;
    short wordValue;
    char padding1[2];
    unsigned long dwordValue2;
    ...
};
```

在结构中添加的 padding0、padding1 字段用来手工对齐 dwordValue、dwordValue2，使这两个变量的地址对齐到 4 的倍数。

要是编译器不能自动对齐字段，这些填充字段就不是画蛇添足的。记住在其他机器上编译这段代码会产生不希望的结果。例如，倘若不管字段的尺寸如何，编译器都将字段对齐于 32 位边界，那么这种结构就会额外耗用两个双字来存放两个 paddingX 数组。如此浪费空间没有丝毫好处。所以，假如要手工添加填充字段，请牢记这一点。

许多编译器能够自动将结构中的字段对齐，并提供可以关闭此功能的选项。假如数据对齐对 CPU 可有可无，编译器具备自动对齐功能时生成的代码可以略微提升一些性能；如果我们打算手工对记录/结构添加填充字段，显然应取消对齐功能，免得编译器在我们手工对齐字段后又对齐一遍。

理论上，编译器可自行重组活动记录中局部变量的偏移量。然而，编译器极少会重组用户定义的记录或结构的字段。大量的外部程序和数据结构有赖于记录中字段声明的顺序，在不同语言写的代码间传递记录/结构数据时尤其如此——例如，在高级语言程序中调用以汇编语言写的函数，或者将记录数据直接转储到磁盘文件。

在汇编语言中对齐字段，既可以是纯手工的活儿，又可能依照 ABI 的众多特性实现自动处理。一些低端的汇编器甚至不提供记录或结构数据类型。在这样的系统里，汇编程序员只能手工指定记录结构的偏移值——典型情况下，这是通过将结构中的偏移值声明为常量来实现的。另一些汇编器，如 NASM 能提供自动生成 EQU 语句的宏。程序员在其中需要人工提供填充字段，将某些字段对齐到给定边界；诸如 MASM 等汇编器提供简单的对齐机制。在 MASM 中声明 struct 时，可以指定值 1、2 或 4，汇编器会将所有字段对齐至该值的边界，或者对齐至数据尺寸的整数倍偏移量处（取决于哪个值更小）。这是通过向结构内自动添加填充字节做到的。请注意，MASM 还会在结构末尾加入足量的填充字节，使整个结构的长度是对齐尺寸的整数倍。现在来看下列 MASM 的 struct 声明：

```
Student        struct 2
score          word    ?    ;偏移量为 0
id             byte    ?    ;偏移量为 2，字段后有一个填充字节
year           dword   ?    ;偏移量为 4
id2            byte    ?    ;偏移量为 8
Student        ends
```

在本例中，MASM 将在结构尾部再填充 1 字节，使该结构长为 2 字节的倍数。

MASM 还允许在结构里使用 align 指示性语句，将结构中的某个字段单独对齐。下面的结构声明与上例等效，注意在 struct 操作数字段中没有了对齐值：

```
Student        struct
score          word    ?    ;偏移量为 0
id             byte    ?    ;偏移量为 2
               align   2    ;插入一个填充字节
year           dword   ?    ;偏移量为 4
id2            byte    ?    ;偏移量为 8
               align   2    ;在 struct 末尾追加一个填充字节
Student        ends
```

MASM 结构的默认字段对齐方式是"不对齐"。也就是说，字段在结构中起始于

接下来的有效偏移量，与该字段及上个字段的尺寸无关。

对于记录中的字段对齐，HLA 提供的控制——无论是手工控制，还是自动控制——都极为方便。与 MASM 类似，默认的记录对齐方式也是"不对齐"。用 HLA 的 align 指示性语句可手工对齐记录里的字段，这一点也像 MASM。下面是前述 MASM 例子的 HLA 版本：

```
type
  Student :record
    score       :word;
    id          :byte;
    align(2);
    year        :dword;
    id2         :byte;
    align(2);
  endrecord;
```

HLA 还能让我们自动对齐记录中的所有字段。例如：

```
type
  Student :record[2]      //本句告诉 HLA，将所有字段对齐到字边界
    score               :word;
    id                  :byte;
    year                :dword;
    id2                 :byte;
endrecord;
```

该 HLA 记录与前面自动对齐的 MASM 结构有一个细微区别——当指示性语句形式为"Student struct 2"时，MASM 将把所有字段对齐至 2 的整数倍边界，或数据尺寸的整数倍边界（取决于哪个值更小）。而 HLA 使用这一声明后，总是将字段对齐至 2 字节边界；即便字段为 1 字节，也不例外。

可以把字段强制对齐到最小尺寸。如果其他机器或编译器必须这么对齐，而我们需要操作其生成的数据结构时，这个功能相当不错。不过，倘若我们只想将字段对齐于其自然边界——就像 MASM 所做的那样——如此对齐将无谓地浪费记录空间。幸好 HLA 提供了另一种声明记录的语法，可以指定字段可用的最小及最大对齐值。语法采用如下形式：

```
recordID: record[ maxAlign : minAlign ]
  < 字段声明清单 >
endrecord;
```

maxAlign 指定 HLA 在记录中使用的最大对齐值。HLA 将把那些尺寸超过 maxAlign 的数据对齐到 maxAlign 字节边界。类似地，HLA 将所有尺寸小于 minAlign 的数据对齐到 minAlign 字节边界。对于自身尺寸介于 minAlign 和 maxAlign 之间的数据，HLA 会将它们按其尺寸的整数倍地址对齐。下面的 HLA 和 MASM 记录/结构声明是等效的。

下面先看 MASM 代码：

```
Student         struct  4
score           word    ?      ;偏移量为 0
id              byte    ?      ;偏移量为 2
    ; 这里有 1 个字节的填充

year            dword   ?      ;偏移量为 4
id2             byte    ?      ;偏移量为 8
    ; 这里有 3 个字节的填充

courses         dword   ?      ;偏移量为 12
Student         ends
```

再看其等效的 HLA 代码：

```
type
  // 按 4 字节偏移量对齐，或按数据尺寸对齐（取决于哪个值更小）。
  // 还要确保整个记录长为 4 字节的整数倍

  Student :record[4:1]
    score        :word;
    id           :byte;
    year         :dword;
    id2          :byte;
    courses      :dword;
  endrecord;
```

高级语言极少在设计中提供机制来控制记录等数据结构里的字段对齐，但很多高级语言的编译器确实具备扩展功能，允许程序员以编译指示"pragma"的形式指定默认的变量和字段对齐值。由于对此没有统一的规范，因此，我们只能查看特定编译器的参考手册。请注意，C++ 11 是少数几种支持对齐的语言之一。这种扩展虽无一定之规，却经常能派上用场，特别是在我们链接以不同语言编译得到的代码时，或者试图对系统榨取最后一点性能时。

7.7 获取更多信息

- Alfred V. Aho、Monica S. Lam、Ravi Sethi和Jeffrey D. Ullman编写的 *Compilers: Principles, Techniques, and Tools*（第 2 版）[1]，由Pearson Education 出版社于 1986 年出版。

- William Barret 与 John Couch 编写的 *Compiler Construction: Theory and Practice*，由 SRA 出版社于 1986 年出版。

- Herbert Dershem 和 Michael Jipping 编写的 *Programming Languages, Structures and Models*，由 Wadsworth 出版社于 1990 年出版。

- Jeff. Duntemann 编写的 *Assembly Language Step-by-Step*（第 3 版），由 Wiley 出版社于 2009 年出版。

- Christopher Fraser与David Hansen编写的 *A Retargetable C Compiler: Design and Implementation*[2]，由Addison-Wesley Professional出版社于 1995 年出版。

- Carlo Ghezzi 与 Jehdi Jazayeri 编写的 *Programming Language Concepts*（第 3 版），由 Wiley 出版社于 2008 年出版。

- Steve Hoxey、Faraydon Karim、Bill Hay 和 Hank Warren 编写的 *The PowerPC Compiler Writer's Guide*，IBM 的 Warthman 协会于 1996 年出版。

- Randall Hyde编写的 *The Art of Assembly Language*（第 2 版）[3]，由No Starch Press

---

1　引进版《编译原理（英文版・第 2 版）》，机械工业出版社于 2011 年出版。——译者注

2　中文版《可变目标 C 编译器——设计与实现》，王挺等译，电子工业出版社出版。——译者注

3　中文版《汇编语言的编程艺术（第 2 版）》，包战、马跃译，清华大学出版社于 2011 年出版。　——译者注

于 2010 年出版。

- Intel 公司编写的 *Intel 64 and IA-32 Architectures Software Developer Manuals* 于 2019 年 11 月 11 日更新，参见网址链接 17。

- Henry Ledgard 与 Michael Marcotty 编写的 *The Programming Language Landscape*，由 SRA 出版社于 1986 年出版。

- Kenneth C. Louden编写的*Compiler Construction: Principles and Practice*[1]，由 Cengage出版社于 1997 年出版。

- Kenneth C. Louden 与 Kenneth A. Lambert编写的*Programming Languages: Principles and Practice*（第 3 版）[2]，由Course Technology出版社于 2012 年出版。

- Thomas W. Parsons 编写的 *Introduction to Compiler Construction*，由 W. H. Freeman 出版社于 1992 年出版。

- Terrence W. Pratt和Marvin V. Zelkowitz编写的*Programming Languages, Design and Implementation*（第 4 版）[3]，由Prentice-Hall出版社于 2001 年出版。

- Robert Sebesta编写的*Concepts of Programming Languages*（第 11 版）[4]，由 Pearson出版社于 2016 年出版。

---

1 影印版《编译原理与实践》，机械工业出版社于 2002 年出版；中文版《编译原理及实践》，冯博琴等译，机械工业出版社于 2004 年出版。——译者注

2 影印版《程序设计语言——原理与实践（第二版）》电子工业出版社出版；中文版《程序设计语言——原理与实践（第二版）》，黄林鹏、毛宏燕、黄晓琴等译，电子工业出版社于 2004 年出版。——译者注

3 影印版《程序设计语言：设计与实现（第 3 版）》，清华大学出版社于 1998 年出版；影印版《编程语言：设计与实现（第四版）》，科学出版社于 2004 年出版；中文版《程序设计语言：设计与实现（第 3 版）》，傅育熙、黄林鹏、张冬茉等译，电子工业出版社于 1998 年出版；中文版《程序设计语言：设计与实现（第四版）》，傅育熙、张冬茉、黄林鹏译，电子工业出版社于 2001 年出版。——译者注

4 影印版《程序设计语言原理（英文版·第 5 版）》，机械工业出版社于 2003 年出版。中文版《程序设计语言原理（原书第 5 版）》，张勤译，机械工业出版社于 2004 年出版；中文版《程序设计语言概念（第六版）》，林琪、侯妍译，中国电力出版社于 2006 年出版。——译者注

8

数组

　　高级语言具有抽象性，它隐藏了机器对复合数据类型的
处理过程。复合数据类型是由基本数据类型组成或构建的。
这些对底层操作的抽象措施确实很方便，但倘若我们不了解
其背后的细节，就会不当地使用一些手段，得到不必要的代
码，或者让程序无谓地跑慢。

本章将研究最重要的一种复合数据类型——数组。我们将探讨如下话题：

- 数组的定义
- 各种语言声明数组的方法
- 数组在内存中的呈现
- 访问数组元素
- 多维数组的声明、表示及访问
- 访问行优先和列优先顺序的多维数组
- 动态数组与静态数组
- 数组的用法怎样影响应用程序的性能和体积

数组对于现代应用程序来说是"家常便饭"，因此我们应当对程序在内存中如何实现和使用数组成竹在胸，如此才能写出卓越代码。本章将研讨数组的方方面面，以便我们能够在程序中更加高效地使用它。

8.1 何谓数组

数组是最常见的一种复合数据类型（其又被称为集合数据类型）。但是，很少有程序员全面了解数组的工作原理，并知道其效率的平衡点。程序员一旦清楚数组在机器级的操作过程，通常就会从完全不同的角度来看待数组。

简单地说，数组就是一些具有相同数据类型的成员（元素）之集合。对数组成员的访问通过指定其在数组中的整数下标，或者某种代表整数意义的值，如字符、枚举和布尔类型下标实现。本章我们假定数组的所有整数下标在数值上是连续的。也就是说，如果 x、y 都是数组的有效下标，且 x<y，那么所有满足 x<i<y 的整数 i 均为有效的数组下标。我们还假设数组元素在内存中的位置是连续的，尽管在数组的一般定义中并未这么要求。具有 5 个元素的数组在内存中的排列如图 8-1 所示。

图 8-1　数组在内存中的布局

数组的基地址即数组第 1 个元素的内存地址，位于数组在内存中的地址最低端。第 2 个数组元素紧跟第 1 个数组元素，第 3 个数组元素紧跟第 2 个数组元素，依此类推。注意下标不必从 0 开始。下标可以从任何数字开始，只要是连续的即可。然而，研究数组访问时，数组首个下标定为 0 能够方便讨论。所以，除非确有必要破例；否则，这里一般都是以数组下标从 0 开始为出发点讨论的。

不管对数组使用怎样的下标操作符，根据下标都将得到唯一的数组元素。例如，A[i] 总是选取数组 A 中的第 i 个元素。

8.1.1 数组声明

高级语言的数组声明彼此都很相似。本节我们就来看几种语言的示例。

8.1.1.1 C、C++和 Java 的数组声明

C、C++和 Java 允许在声明数组时指定元素个数，声明数组的语法如下：

```
data_type array_name [ number_of_elements ];
```

下面是 C/C++的一些数组声明：

```
char CharArray[ 128 ];
int intArray[ 8 ];
unsigned char ByteArray[ 10 ];
int *PtrArray[ 4 ];
```

如果这些数组按自动变量声明，C/C++将以内存中已有的值来"初始化"它们。若以静态变量声明这些数组，C/C++会将每个数组元素置为 0。假如要自己初始化数组，可以使用下列 C/C++语法：

```
data_type array_name[ number_of_elements ] = {element_list};
```

典型示例如下：

```
int intArray[8] = {0,1,2,3,4,5,6,7};
```

C/C++编译器会向目标码文件放入这些初始的数组值，操作系统在将程序装入内存时，把这些值加载到 **intArray** 关联的内存地址单元。为了说明其实现过程，请看下列 C/C++程序：

```
#include <stdio.h>
static int intArray[8] = {1,2,3,4,5,6,7,8};
static int array2[8];

int main( int argc, char **argv )
{
  int i;
  for(i=0; i<8; ++i )
  {
```

```
      array2[i] = intArray[i];
   }
   for(i=7; i>= 0; --i )
   {
      printf( "%d\n", array2[i] );
   }
   return 0;
}
```

用 Microsoft 的 Visual C++对这两个数组声明编译,将得到如下 80x86 汇编代码:

```
_DATA    SEGMENT
intArray DD      01H
         DD      02H
         DD      03H
         DD      04H
         DD      05H
         DD      06H
         DD      07H
         DD      08H
$SG6842  DB      '%d', 0aH, 00H
_DATA    ENDS
_BSS     SEGMENT
_array2  DD      08H DUP (?)
_BSS     ENDS
```

定义双字的 DD(define double word)语句为每个值保留 4 字节的存储空间,操作数说明了操作系统将程序装入内存时的初始值。intArray 声明位于_DATA 段,按照 Microsoft 的内存模型,该段可以包含初始化数据。变量 array2 则声明于_BSS 段——这是 Visual C++放置非初始化变量的地方。位于操作数域的字符 "?" 告诉汇编器,数据没有初始化;而 "8 dup(?)" 让汇编器重复此声明 8 次。操作系统将_BSS 段调入内存时,只要将_BSS 段的内存地址简单置 0 即可。从初始化和未初始化的两种情况不难看出,编译器都将数组的 8 个元素放在相邻的内存单元内。

8.1.1.2　HLA 的数组声明

HLA 的数组声明语法形式如下,其语义等同于 C/C++声明:

```
array_name : data_type [ number_of_elements ];
```

下面是 HLA 数组声明的若干示例,这些声明将为未初始化的数组分配存储空间,其中第二个例子假定我们已经在 HLA 程序的 **type** 处定义了数据类型 integer。

```
static
    // char 型数组, 元素下标为 0..127
    CharArray: char[128];

    // "integer"型数组, 元素下标为 0..7
    IntArray: integer[8];

    // byte 型数组, 元素下标为 0..9
    ByteArray: byte[10];

    // dword 型数组, 元素下标为 0..3
    PtrArray: dword[4];
```

也可以使用类似下列声明来初始化数组元素:

```
RealArray: real32[8] := [ 0.0, 1.0, 2.0, 3.0, 4.0, 5.0, 6.0, 7.0 ];
IntegerAry: integer[8] := [ 8, 9, 10, 11, 12, 13, 14, 15 ];
```

这两种定义都创建了 8 个元素的数组。第 1 个定义将 real32 型数组的 4 字节元素初始化为 0.0 到 7.0 的值之一;第 2 个声明则将 integer 型数组的各元素初始化为 8 到 15 中的某个值。

8.1.1.3 Pascal/Delphi 的数组声明

Pascal/Delphi 采用下列语法来声明数组:

```
array_name : array[ lower_bound..upper_bound ] of data_type;
```

同上个例子一样,*array_name* 为数组标识符,*data_type* 为数组元素的数据类型。不像 C/C++、Java 和 HLA 指定数组大小,Pascal/Delphi 需要指定数组的高低边界。下面是典型的 Pascal 数组声明:

```
type
    ptrToChar = ^char;
```

```
var
    CharArray: array[0..127] of char;      // 128 个数组元素
    IntArray: array[ 0..7 ] of integer;    // 8 个数组元素
    ByteArray: array[0..9] of char;        // 10 个数组元素
    PtrArray: array[0..3] of ptrToChar;    // 4 个数组元素
```

这些例子中的数组都以下标 0 开始，但 Pascal 并不强求这样做。下面的数组声明在 Pascal 中也完全合法：

```
var
    ProfitsByYear : array[ 1998..2028 ] of real; // 31 个数组元素
```

程序声明此数组后，就能够使用下标 1998 到 2028 来访问数组中的这些元素，不再通过 0 到 30 等下标来访问数组元素。

许多Pascal编译器提了一个有用的功能，便于我们定位程序中的问题。在我们访问数组中的某个元素时，编译器会自动插入代码，核实数组下标是否位于声明所指定的边界范围内。这些额外代码将在下标越界时停止运行程序。例如，倘若对数组 `ProfitsByYear`设定的下标位于 1998 到 2028 之外，程序就会由于错误而终止。这个特性很有用，可帮助确保程序的正确性[1]。

8.1.1.4 Swift 中的数组声明

Swift 中的数组声明与那些以 C 为基础的语言不太一样。它采用以下两种等效形式：

```
var data_type array_name = Array<element_type>()
var data_type array_name = [element_type]()
```

不像其他语言，Swift 数组是纯动态的。我们通常不在创建数组时指定元素数，而是在需要时通过 `append()`之类的函数来添加元素。倘若你想在声明数组时带有若干数量的元素，可以这么做：

```
var data_type array_name = Array<element_type>( repeating: 初始值, count: 元素数量 )
```

1　许多 Pascal 编译器提供了一个选项，如果程序已彻底经过测试，可以关掉数组下标范围检查。禁用这一功能可以提高程序的执行效率。

在本例中，初始值是符合元素类型 *element_type* 的值，而元素数量是创建数组时的元素数量。例如，下列 Swift 代码创建了两个有 100 个 Int 元素的数组，各元素初始值为 0：

```
var intArray = Array<Int>( repeating: 0, count: 100 )
var intArray2 = [Int]( repeating: 0, count: 100 )
```

注意你仍然可以扩展该数组的尺寸（比如用 append()添加元素），因为 Swift 数组是纯动态的，其尺寸可以在运行时增加或收缩。

还可以在创建 Swift 数组时赋以初始值：

```
var intArray = [1, 2, 3]
var strArray = ["str1", "str2", "str3"]
```

Swift 和 Pascal 一样，也会在运行时检查数组下标的有效性。倘若试图访问不存在的数组元素，Swift 会抛出一个异常。

8.1.1.5 以非整数下标值声明数组

通常情况下，数组下标为整数值，有些语言还允许将其他序数类型（ordinal type）——即能表达整数意义的那些数据类型当作数组下标。打个比方，Pascal 可以使用 char 和 boolean 类型的数组下标。在 Pascal 中，以下列方式声明数组是完全合情合理的：

```
alphaCnt : array[ 'A'..'Z' ] of integer;
```

在访问 alphaCnt 数组元素时，可使用字符表达式作为下标。例如，请看下面的 Pascal 代码，它将 alphaCnt 数组的各元素初始化为 0：

```
for ch := 'A' to 'Z' do
  alphaCnt[ ch ] := 0;
```

汇编语言、C/C++将大多数序数值看成整数值的特例，所以序数值自然也是合法的数组下标。BASIC 语言的多数实现可使用浮点数作为数组下标；不过，BASIC 总是将值截尾为整数后，才用作下标。

注意：BASIC 之所以允许以浮点数为下标，是因为最早的 BASIC 语言不支持整数表达式，只提供实数和字符串值。

8.1.2 数组在内存中的表示

从抽象角度看，数组就是通过下标访问的变量集合。语义上我们可以任意定义数组，只要能将不同下标映射到内存中的不同数据，并且某个下标固定对应于某个数据即可。然而实际中，多数语言均使用有限的几种常见算法，以高效地访问数组数据。

数组的最一般实现就是在内存中连续放置数组元素。如前所述，编程语言大都将数组的首个元素放在内存较低的地址，然后顺序往高端地址放置元素。

请看下列 C 程序：

```c
#include <stdio.h>
static char array[8] = {0,1,2,3,4,5,6,7};

int main( void )
{
  printf( "%d\n", array[0] );
}
```

GCC 对应于 array 声明的 PowerPC 汇编代码如下：

```
    .align 2
_array:
    .byte 0        ;注意，汇编程序将这些字节值依次存放到连续的内存地址单元里
    .byte 1
    .byte 2
    .byte 3
    .byte 4
    .byte 5
    .byte 6
    .byte 7
```

数组占用的字节数等于元素数与单个元素占据的字节数之积。在上例中，数组元素长为单字节，所以数组占用的字节数与元素数相同。然而对于元素尺寸较大的

数组，整个数组占据的空间为元素数乘以元素尺寸。现在来看下列 C 代码：

```
#include <stdio.h>
static int array[8] = {0,0,0,0,0,0,0,1};

int main( void )
{
  printf( "%d\n", array[0] );
}
```

再看用 GCC 转换得到的 PowerPC 汇编代码：

```
    .align 2
_array:
    .long 0
    .long 0
    .long 0
    .long 0
    .long 0
    .long 0
    .long 0
    .long 1
```

许多语言会在数组末尾添加几个填充字节，使数组总长度为 2 或 4 的整数倍，从而可通过移位操作计算数组元素的偏移量，或者为内存的下一个数据添加填充字节，可参看《编程卓越之道（卷 1）》的第 3 章。然而程序千万不要访问这些额外的填充字节，因为它们可能存在，也可能不存在。有些编译器会放置填充字节；有些编译器不会放置填充字节；还有些编译器根据内存中紧跟数组后面是何数据类型，决定是否放置填充字节。

众多的优化型编译器谋求让数组从内存地址为 2、4 或 8 字节的整数倍位置开始，因而会在数组之前添加填充字节，我们也可以认为这是在内存中前一个数据的结尾加入填充字节，如图 8-2 所示。

对于不支持字节寻址的机器，编译器如果想把首个数组元素置于容易访问的边界，就会将数组安置在机器支持的各边界上。在前例中，指示性语句 .align 2 位于 _array 声明之前。按照 Gas 的语法，.align 让汇编器调校源文件所声明的下一个数据的内存地址，使之起始于 2 的某整数次幂值的整数倍地址——2 的整数次幂由.align操作数指定。在本例中，.align 2 要求汇编器将_array 的首个元素对齐于 4（即 2^2）的整数倍地址边界。

内存中有 8 个双字元素的数组

编译器添加的 3 个填充字节，以确保数组对齐于双字边界

单字节数据，位于 4 的整数倍内存地址

图 8-2　在数组之前添加填充字节

如果数组元素的尺寸比 CPU 支持的最小内存数据尺寸小，编译器实现有两种选择：

1. 为每个数组元素分配可访问的最少内存空间。

2. 将多个数组元素打包到一个内存数据中。

第一种方案的优点是速度快，但每个数组元素都带有不必要的存储空间，因而浪费了内存。下面的 C 程序示例创建一个结构数组（第 11 章我们将探讨 C 语言的结构），其中各数组元素均为一个 5 字节结构，由 4 字节的 long 变量和 1 字节的 char 变量组成。

```
#include <stdio.h>

typedef struct
{
   long a;
   char b;
} FiveBytes;
static FiveBytes shortArray[2] = {{2,3}, {4,5}};

int main( void )
{
   printf( "%ld\n", shortArray[0].a );
}
```

GCC 要编译此段代码，使之可在要求长（long）数据按双字对齐的 PowerPC 处理器上运行。编译器将自动在各个元素间插入 3 个填充字节：

```
.data
        .align  2           ;确保_shortArray 开始于 4 的整数倍边界

_shortArray:
        .long   2           ;shortArray[0].a
        .byte   3           ;shortArray[0].b
        .space  3           ;填充字节，用以将下一个元素对齐至 4 的整数倍边界
        .long   4           ;shortArray[1].a
        .byte   5           ;shortArray[1].b
        .space  3           ;填充字节，位于数组末尾
```

　　第二种方案很紧凑，然而访问数组元素时需要额外指令来打包和解包数据，这意味着访问会慢些。这种机器上的编译器通常提供一个选项，供我们指定是否愿意打包、解包数据，以便在空间和速度之间做出选择。

　　记住，如果我们工作于可字节寻址的机器，如在 80x86 上，似乎无须操心这一问题。但是，倘若我们用的是高级语言，代码日后可能会运行于另一类机器，应当选择对所有机器都富有效率的数组组织形式——即对数组中的每个元素均补以填充字节。

8.1.3　Swift 数组的实现

　　尽管前面的例子中Swift代码包含数组，但Swift数组的实现机制并不相同。首先，Swift数组是一个基于结构（struct）的"不透明"类型 [1]，而非只是内存中的元素集合。Swift并不保证数组元素位于连续的内存区域，因为不能假定Swift数组的元素连续存储。Swift提供了变通办法，即ContiguousArray类型。要想让元素位于连续内存区域，可以在声明数组变量时指定ContiguousArray而不是Array，就像下面这样：

```
var data_type array_name = ContiguousArray<element_type>()
```

　　Swift 数组的内部实现是一个结构，它包含了计数器（数组当前的元素数目）、容量（已分配数组元素的当前数目）和指向数组元素存储区域的指针。由于 Swift 数组是不透明类型的，这种实现可随时改变，但结构的某处始终指向实际数组数据在内

1　"不透明"类型指用对程序员不可见的机制实现的数据类型。

存里的位置。

Swift 为数组动态分配存储空间，这意味着我们不会在编译器生成的目标码文件中看到数组的存储地址，除非改变了 Swift 语言的定义，以支持静态分配的数组。可以通过追加元素来增大数组尺寸，但倘若超过其当前容量后试图扩展数组，Swift 的运行时系统可能需要动态再分配一个数组对象。鉴于性能原因，Swift 采用指数分配方案：任何时候在你向数组追加超过其容量的值时，Swift 运行时系统都会分配相当于当前容量两倍（或其他某个常数）的存储空间，将数据从当前数组缓冲区拷贝到新缓冲区，所以数组的内部指针指向新块。这个过程的一个重要方面就是，你永远不能假定指向数组数据的指针保持静态或数组数据一直都在同一个缓冲区位置。在不同时间点，数组可以出现在内存的不同位置。

8.1.4　数组元素的访问

如果在连续的内存单元里给数组分配存储空间，数组首个元素的下标是 0，那么访问一维数组的某个元素易如反掌。可以通过下列公式计算数组中任意元素的字节地址：

```
Element_Address = Base_Address + (index * Element_Size)
```

其中，*Element_Size* 为每个数组元素占据的字节数，*index* 为元素下标。因此，倘若数组元素是字节型，*Element_Size* 为 1，计算就非常简单。如果数组元素为字（word）等双字节类型，则 *Element_Size* 为 2，依此类推。请看下列 Pascal 数组声明：

```
var SixteenInts : array[ 0..15] of integer;
```

要想在可字节寻址的机器上访问 SixteenInts 数组的某个元素，假定整型占 4 字节，其地址的计算方法如下：

```
Element_Address = AddressOf( SixteenInts) + index*4
```

在 HLA 汇编语言中只能自己手工计算，无法让编译器代劳。可以使用下列代码访问数组元素 SixteenInts[index]：

```
mov( index, ebx );
```

```
mov( SixteenInts[ ebx*4 ], eax );
```

为了实际演示这一点，请看下面的 Pascal/Delphi 程序及其在 80x86 上的 32 位汇编代码。我们先对 Delphi 编译器的.exe 输出进行汇编，再将结果以注释形式插入到原 Pascal 代码中：

```
program x(input,output);
var
   i :integer;
   sixteenInts :array[0..15] of integer;

   function changei(i:integer):integer;
   begin
      changei := 15 - i;
   end;

   // changei          proc  near
   //                  mov   edx, 0Fh
   //                  sub   edx, eax
   //                  mov   eax, edx
   //                  retn
   // changei          endp

begin
   for i:= 0 to 15 do
      sixteenInts[ changei(i) ] := i;

   //                  xor   ebx, ebx
   //
   // loc_403AA7:
   //                  mov   eax, ebx
   //                  call  changei
   //
   // 请注意，这里用到了比例变址寻址模式——将数组下标乘以 4，再访问数组元素
   //
   //                  mov   ds:sixteenInts[eax*4], ebx
   //                  inc   ebx
   //                  cmp   ebx, 10h
   //                  jnz   short loc_403AA7
end.
```

与 HLA 示例一样，Delphi 编译器采取 80x86 的比例变址寻址模式，将数组下标乘以元素尺寸 4 字节来寻址该元素。80x86 对比例变址寻址模式提供 4 种不同的比例值——1、2、4 和 8 字节。如果数组元素尺寸并非这些值中的一种，机器码就必须将元素尺寸明确乘以数组下标。下面是一段 Delphi/Pascal 代码及反汇编得到的对应80x86 代码，展示出记录有 9 字节为有用数据时的比例变址寻址模式。Delphi 将这 9 字节数据补足为 4 的下一个倍数，所以其实为记录数组的每个元素分配了 12 字节存储空间。

```
program x(input,output);
type
   NineBytes=
     record
       FourBytes              :integer;
       FourMoreBytes          :integer;
       OneByte                :char;
     end;

var
   i                          :integer;
   NineByteArray              :array[0..15] of NineBytes;

   function changei(i:integer):integer;
   begin
     changei := 15 - i;
   end;

   // changei          proc  near
   //                  mov   edx, 0Fh
   //                  sub   edx, eax
   //                  mov   eax, edx
   //                  retn
   // changei          endp

begin
   for i:= 0 to 15 do
     NineByteArray[ changei(i) ].FourBytes := i;

   //     xor  ebx, ebx
```

```
//
// loc_403AA7:
//     mov   eax, ebx
//     call changei
//
//     //计算 EAX = EAX * 3
//     lea   eax, [eax+eax*2]
//
//     // 实际用的下标偏移量为 index*12 （即(EAX*3) * 4）
//
//     mov   ds:NineByteArray[eax*4], ebx
//     inc   ebx
//     cmp   ebx, 10h
//     jnz   short loc_403AA7
end.
```

Microsoft 的 C/C++编译器生成的代码可谓异曲同工——都对记录数组的每个元素分配 12 字节存储空间。

8.1.5 填充与打包的比较

前述的 Pascal 例子引出了一个重要问题：编译器通常将各数组元素填充为 4 的整数倍字节，或者是最便于机器架构处理的尺寸。编译器这么做是为了确保数组元素（和记录的字段）总是对齐于某个合适的内存边界，从而提高数组元素及记录字段的访问效率。有些编译器提供了选项，可以不在元素末尾添加填充字节，因此数组元素将在内存里挤在一起。举例来说，Pascal/Delphi 可通过关键字 packed 达到此目的：

```
program x(input,output);
// 注意这里通过关键字"packed"告诉 Delphi，将每个记录打包到连续的 9 个字节中，
// 各记录末尾不要有填充字节
type
  NineBytes=
    packed record
      FourBytes                :integer;
      FourMoreBytes            :integer;
      OneByte                  :char;
```

```
        end;

var
  i                          :integer;
  NineByteArray              :array[0..15] of NineBytes;

  function changei(i:integer):integer;
  begin
    changei := 15 - i;
  end;

  // changei          proc near
  //                  mov     edx, 0Fh
  //                  sub     edx, eax
  //                  mov     eax, edx
  //                  retn
  // changei          endp

begin
  for i:= 0 to 15 do
    NineByteArray[ changei(i) ].FourBytes := i;
  //                  xor     ebx, ebx
  //
  //  loc_403AA7:
  //                  mov     eax, ebx
  //                  call    changei
  //
  // // 计算下标偏移量（eax）为数组下标乘以9，按照1倍下标加8倍下标的方式来算
  //
  //                  lea     eax, [eax+eax*8]
  //
  //                  mov     ds:NineBytes[eax], ebx
  //                  inc     ebx
  //                  cmp     ebx, 10h
  //                  jnz     short loc_403AA7
end.
```

保留字 packed 对于 Pascal 编译器只是提示。一般的 Pascal 编译器可以置之不理——Pascal 标准并未明确要求 packed 对编译器生成的代码起作用。Delphi 通过关

键字 packed 告诉编译器，要将数组及记录元素打包到 1 字节边界而非 4 字节边界。其他 Pascal 编译器则利用此关键字来将数据对齐至位边界。

注意:可以查看所用编译器的说明文档，了解关键字 packed 的更多信息。

别的语言很少在其通用规范中指出将数据打包到给定边界的方式。例如，C/C++ 的许多编译器提供 pragma 或命令行开关，可以控制对数组元素的填充，但这些机制几乎总是专用于某个特定编译器。

一般来说，对数组元素选择填充还是打包——如果能选择的话，通常都是出于对速度和空间的权衡。打包可以节省少许空间，但访问这些元素，例如访问位于内存奇数地址的双字数据时，却要付出速度的代价。还有，元素尺寸应是 2 的整数倍，最好是 2 的整数次幂值，否则计算数组下标需要的指令太多，同样会降低程序访问数组元素的速度。

当然，有些机器架构不允许访问未对齐的数据。所以倘若我们写的代码要可移植，则必须能在不同 CPU 上编译和运行，就别指望把数组元素挨个打包到内存中实现了。某些编译器没有这种选项。

在结束本节的讨论之前，还有一点值得指出，那就是数组元素尺寸最好是 2 的整数次幂倍字节。将数组下标与 2 的整数次幂相乘通常只需一条指令——左移位指令即可搞定。请看下列 C 程序及其通过 Borland C++编译器得到的汇编语言输出代码。该编译器用到的数组元素长为 32 字节。

```
typedef struct
{
    double      EightBytes;
    double      EightMoreBytes;
    float       SixteenBytes[4];
} PowerOfTwoBytes;

int i;
PowerOfTwoBytes ThirtyTwoBytes[16];

int changei(int i)
{
    return 15 - i;
```

```
}

int main( int argc, char **argv )
{
  for( i=0; i<16; ++i )
  {
    ThirtyTwoBytes[ changei(i) ].EightBytes = 0.0;
  }

  // @5:
  //    push  ebx
  //    call  _changei
  //    pop   ecx  // 去除参数
  //
  // 将 EAX 中的下标乘以 32, 注意左移 5 位相当于乘以 32
  //    shl   eax,5
  //
  // 双精度浮点数 0.0 的编码为 8 字节的 0
  //    xor   edx,edx
  //    mov   dword ptr [eax+_ThirtyTwoBytes],edx
  //    mov   dword ptr [eax+_ThirtyTwoBytes+4],edx
  //
  // for 循环在此处结束
  //    inc   dword ptr [esi]      ;ESI 指向 i 的地址
  // @6:
  //    mov   ebx,dword ptr [esi]
  //    cmp   ebx,16
  //    jl    short @5

  return 0;
}
```

从上述代码中可以看出，Borland C++编译器以 **shl** 指令实现数组下标与 32 相乘。

8.1.6 多维数组

多维数组，就是使用两个或以上相互独立的下标来选择元素的数组。举一个典型例子——用于跟踪产品销售额与时间关系的二维数组，一个数组下标是日期，另一个数组下标则是整数形式的产品 ID。通过这两个下标所选择的数组元素就是某产品在特定日期的销售额。该例子的三维扩展则是与日期、国家关联的销量。以产品ID、日期和国家号为下标的数组元素标识出某产品在某国家指定日期的销售情况。

CPU 大都能通过变址寻址模式方便地处理一维数组。可惜访问多维数组中的元素就没那么容易了，这时就麻烦一些，必须花费若干条机器指令才能实现。

8.1.6.1 声明多维数组

倘若数组为 *m* 行 *n* 列，那么它将有 m×n 个元素，需要 m×n×*Element_Size* 的空间来存储。各种高级语言声明一维数组的方式大同小异，对多维数组的声明语法却各具特色。

C、C++和 Java 以下列语法声明多维数组：

```
data_type array_name [dim₁][dim₂]...[dimₙ];
```

下面是 C/C++中声明三维数组的具体例子：

```
int threeDInts[ 4 ][ 2 ][ 8 ];
```

此例创建一个以 4 深 2 行 8 列为组织形式的数组，共 64 个元素。假设每个 int 数据需要 4 字节，该数组将占据 256 字节的存储空间。

Pascal 实际上支持两种声明多维数组的等效方法，下面的示例将其都展示出来：

```
var
  threeDInts:
    array[0..3] of array[0..1] of array[0..7] of integer;

  threeDInts2:
    array[0..3, 0..1, 0..7] of integer;
```

第一条 Pascal 语句声明的是数组的数组，而第二条语句声明的是标准多维数组。

从语义上讲，不同语言处理多维数组只有两点关键不同。首要的区别是数组声明要么指定数组每维的大小，要么指定数组的上下边界。第二点区别为，起始下标是 0 或 1，还是用户可指定值。

8.1.6.2 Swift 声明多维数组

Swift 并不支持内在的多维数组，而支持的是数组的数组。对于多数编程语言，数组数据严格来说是一种内存中的元素序列，数组的数组和多维数组是一回事（可参看先前的 Pascal 示例）。然而，Swift 使用了基于结构的描述数据来说明数组。和字符串描述一样，Swift 数组包含的数据结构有若干个字段，例如容量、当前尺寸和数据指针，可参看 8.1.3 节了解细节。当我们创建数组的数组时，实际上创建的是描述数据的数组，每个描述数据指向子数组。请看下列与前例等效的 Swift "数组之数组" 声明和示例程序：

```
import Foundation

var a1 = [[Int]]()
var a2 = ContiguousArray<Array<Int>>()
a1.append( [1,2,3] )
a1.append( [4,5,6] )
a2.append( [1,2,3] )
a2.append( [4,5,6] )
print( a1 )
print( a2 )
print( a1[0] )
print( a1[0][1] )
```

运行这段程序会得到下列输出：

```
[[1, 2, 3], [4, 5, 6]]
[[1, 2, 3], [4, 5, 6]]
[1, 2, 3]
2
```

这段结果是合理的。对于二维数组，我们会期望这样输出。然而在内部，a1 和 a2 是两个元素的一维数组。这两个元素是数组描述，它们本身指向数组（在本例中，每个数组有 3 个元素）。a2 的 6 个数组元素不大可能会在连续的内存区域——即便 a2 是连续的数组类型。这两个保存在 a2 里的数组描述或许位于连续的内存区域，但不保证它们集体指向的 6 个数组元素也是如此。

正因为 Swift 动态分配数组的存储空间，二维数组的行才可以有不同的元素个数。下列代码对先前 Swift 程序有所修改：

```
import Foundation

var a2 = ContiguousArray<Array<Int>>()
a2.append( [1,2,3] )
a2.append( [4,5] )

print( a2 )
print( a2[0] )
print( a2[0][1] )
```

运行这段程序会得到下列输出：

```
[[1, 2, 3], [4, 5]]
[1, 2, 3]
2
```

注意 a2 数组的两行有着不同的尺寸。这个特性或许很有用，也可能导致代码有某种缺陷，具体会产生何种结果取决于我们要实现什么。

要在 Swift 里得到标准多维数组的存储空间，应声明一维 ContiguousArray 数组并带有足够的元素数，以容纳多维数组的所有元素。然后使用"行优先"（或"列优先"）机制来计算数组下标，请参看 8.1.6.4 节和 8.1.6.5 节。

8.1.6.3　多维数组元素到内存的映射

既然已经看了数组声明的一些例子，就需要搞清如何在内存中实现数组。第一个问题就是，要了解把多维数组存放到一维内存空间中的方式。

我们来看下面形式的 Pascal 数组：

```
A:array[0..3,0..3] of char;
```

该数组包含 16 字节，以 4 行 4 字符的形式编排。由于某种原因，我们必须获得数组这 16 字节与主存中 16 个连续字节地址之间的对应关系。图 8-3 给出了其做法。

数组到内存的具体映射位置可以用多种方法求出，只要满足两个前提：

- 同一内存单元不会被两项元素同时占据。
- 数组中的每个元素固定映射到某一地址单元。

因此，我们其实需要一个函数，它带两个输入参数——一个是行号，另一个是列号，据此得到某元素在此 16 个地址单元连续块中的位置值。

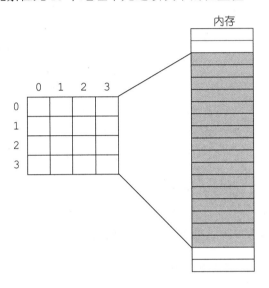

图 8-3　将 4×4 数组映射到内存中的连续区域

只要满足这两个约束条件，任何老的函数都能表现不错。不过，只有运行时对任何维度的数组都能高效计算，并且各维的边界能够任意，这种映射关系才是我们真正想要的。虽然可能有不少函数够格，但高级语言大都只采纳两种组织方式的一种：行优先顺序和列优先顺序。

8.1.6.4　行优先顺序

行优先顺序的数组先为一行内的各列元素依次分配内存空间，再处理下一行元素。图 8-4 展示了 A[col, row] 的这种映射方式。

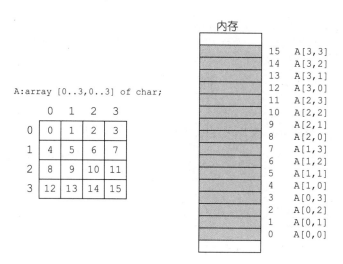

A:array [0..3,0..3] of char;

图 8-4　行优先顺序的 4×4 数组元素排列形式

大部分高级语言，包括 Pascal、C/C++/C#、Java、Ada 和 Modula-2 等均采用行优先的顺序方式。这种方式通过机器语言实现和使用都很容易，将二维结构转换成线性序列非常直观。图 8-5 为 4×4 数组组织方式的另一种视图。

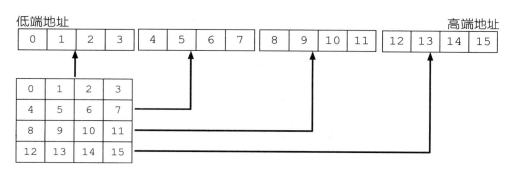

图 8-5　行优先顺序的 4×4 数组之另一种视图

函数要想把多维数组的那套下标转换为单一偏移量，只需简单修改先前计算一维数组中元素地址的公式即可。对行优先顺序的二维数组某元素 *array*[*colindex*][*rowindex*]计算偏移量，可根据下列通用公式：

Element_Address =
　Base_Address +

```
(colindex * row_size + rowindex) * Element_Size
```

Base_Address 照例为数组首个元素的地址，本例中的首个元素为 `A[0][0]`；*Element_Size* 为单个数组元素的尺寸，单位为字节；*row_size* 表示一行数组元素的个数，本例为 4，因为一行有 4 个元素。假如 *Element_Size* 为 1，*row_size* 为 4，则各元素距基地址的偏移量经该公式计算后，结果如表 8-1 所示。

对三维数组计算内存偏移量的公式只是稍微复杂一点。请看下面的 C/C++数组声明：

```
someType array[depth_size][col_size][row_size];
```

表 8-1　4×4 数组各元素距基地址的偏移量列表

（假定元素尺寸为 1 字节，数组为行优先顺序形式）

列下标（*colindex*）	行下标（*rowindex*）	元素偏移量
0	0	0
0	1	1
0	2	2
0	3	3
1	0	4
1	1	5
1	2	6
1	3	7
2	0	8
2	1	9
2	2	10
2	3	11
3	0	12
3	1	13
3	2	14
3	3	15

要访问某元素 *array[depth_index][col_index][row_index]*，计算内存偏移量

的方法如下：

```
Address =
    Base +
        ((depth_index * col_size + col_index) *
            row_size + row_index) * Element_Size
```

其中，`Element_Size` 为单个数组元素的字节数。

对于四维数组，C/C++的声明形式如下：

```
type A[bounds0] [bounds1][bounds2] [bounds3];
```

计算元素 `A[i][j][k][m]` 的地址偏移量通过以下公式：

```
Address =
  Base +
  (((( i * bounds1)  + j) * bounds2 + k) * bounds3 + m)
      * Element_Size
```

倘若在 C/C++中按如下形式声明 n 维数组：

```
dataType array[bn-1][bn-2]...[b0];
```

那么要访问数组元素 $array[a_{n-1}][a_{n-2}]...[a_1][a_0]$，应以下列算法求出其地址偏移量：

```
Address  := an-1
for i := n-2 downto 0 do
    Address := Address * bi + ai
Address := Base_Address + Address * Element_Size
```

编译器极少为计算某个元素的偏移量而执行循环。毕竟维数通常都很小，编译器用不着循环操作，也就避免了循环控制指令的开销。

8.1.6.5 列优先顺序

列优先顺序是另一种常见的数组元素编址方法。FORTRAN、OpenGL 和某些 BASIC 发行版（例如，Microsoft 的几个 BASIC 早期版本）采取这种方案。我们将列优先顺序的数组（访问 A[col,row]）图形化表示于图 8-6 中。

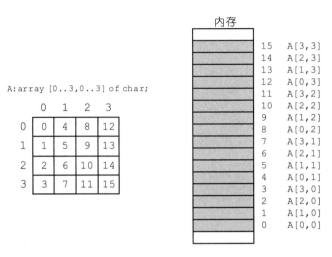

图 8-6 列优先顺序的数组元素排列形式

在计算数组元素的地址时，列优先顺序与行优先顺序在方法上并无二致。区别在于，列优先顺序需要把计算时的下标与尺寸变量互换位置。也就是说，采用列优先顺序的形式时，应当将下标从右向左依次计算，而不是从左向右依次计算。

对于列优先顺序的二维数组，通过以下公式可求出指定行、列下标的数组元素的地址偏移量：

```
Element_Address =
    Base_Address +
        (rowindex * col_size + colindex) *
            Element_Size
```

对于列优先顺序的三维数组，通过以下公式可求出指定行、列、深度下标的数组元素的地址偏移量：

```
Element_Address =
    Base_Address +
        ((rowindex * col_size + colindex) *
            depth_size + depthindex) *
                Element_Size
```

依此类推。除采用新的公式计算外，访问列优先顺序的数组与访问行优先顺序的数组都一样。

8.1.6.6　访问多维数组的元素

　　在高级语言中访问多维数组的元素非常方便,以至于普通程序员无须斟酌所需的代价。在本节中,我们就来看看编译器对多维数组的元素访问产生什么汇编代码,以便对其开销有较清楚的认识。由于数组是现代应用程序中最常用的数据结构之一,多维数组也司空见惯,因此编译器设计者付出了大量努力,以使数组元素偏移量的计算尽可能高效。对于下面的数组声明:

```
int ThreeDInts[ 8 ][ 2 ][ 4 ];
```

及如下的数组元素引用:

```
ThreeDInts[i][j][k] = n;
```

假设数组为行优先顺序,需要进行如下计算,方可访问到该数组元素:

```
Element_Address =
    Base_Address +
        ((i * col_size + j) *      // col_size = 2
            row_size + k) *        // row_size = 4
                Element_Size
```

　　如果对此公式"生吞活剥",生成的汇编代码就可能是下面这样的:

```
intmul( 2, i, ebx );       // EBX = 2*i
add( j, ebx );             // EBX = 2*i + j
intmul( 4, ebx );          // EBX = (2*i + j)*4
add( k, ebx );             // EBX = (2*i + j)*4 + k
mov( n, eax );
mov( eax, ThreeDInts[ebx*4] );    // ThreeDInts[i][j][k] = n, 假定整型为 4 字节
```

　　然而在实践时,编译器会避免使用 80x86 的 intmul(imul) 指令,因为该指令运行得太慢。通过使用简短的加法、移位和"调入有效地址"指令序列,其实多种机器级习惯用法均可模拟出乘法运算。优化型编译器大都以指令序列计算数组元素的地址,而非单单用一条乘法指令就了事。

请看下面的 C 语言程序，它将对具有 16 个元素的 4×4 数组初始化：

```
int i, j;
int TwoByTwo[4][4];

int main( int argc, char **argv )
{
   for( j=0; j<4; ++j )
   {
      for( i=0; i<4; ++i )
      {
         TwoByTwo[i][j] = i+j;
      }
   }
   return 0;
}
```

再看 Borland C++ v5.0 编译器（一个较老的编译器）为上例中的 for 循环生成的汇编代码：

```
   mov ecx,offset _i
   mov ebx,offset _j
 ;
 ; {
 ;    for( j=0; j<4; ++j )
 ;
?live1@16: ; ECX = &i, EBX = &j
   xor eax,eax
   mov dword ptr [ebx],eax ;i = 0
   jmp short @3
 ;
 ; {
 ;    for( i=0; i<4; ++i )
 ;
@2:
   xor edx,edx
   mov dword ptr [ecx],edx ; j = 0

; 计算数组当前列的起始地址，它为数组 TwoByTwo 的起始地址加上 eax*4
; 将"此列的基地址"放入 EDX
   mov eax,dword ptr [ebx]
```

```
    lea edx,dword ptr [_TwoByTwo+4*eax]
    jmp short @5
;
; {
;    TwoByTwo[i][j] = i+j;
;
?live1@48: ; EAX = @temp0, EDX = @temp1, ECX = &i, EBX = &j
@4:
;
    mov esi,eax                      ; 计算 i+j
    add esi,dword ptr [ebx]          ; EBX 指向 j
    shl eax,4                        ; 将列下标乘以 16

; 将存于 ESI 的和放入指定的数组元素
; 注意 EDX 值为数组基地址与元素所在列的列偏移量之和；EAX 则为数组元素的行偏移量
; 它们相加就得到了所期望的数组元素的地址
    mov dword ptr [edx+eax],esi      ; 将和保存到数组元素
    inc dword ptr [ecx]              ; i 增加 1
@5:
    mov eax,dword ptr [ecx]          ; 取 i 值
    cmp eax,4                        ; i 小于 4 吗?
    jl  short @4                     ; 如果小于 4 的话，就重复内循环
    inc dword ptr [ebx]              ; j 增加 1
@3:
    cmp dword ptr [ebx],4            ; j 小于 4 吗?
    jl  short @2                     ; 如果小于 4 的话，就重复外循环
;
    ...
; 该 4×4 二维数组的存储空间总共为 4*4*4，即 64 字节
    align 4
_TwoByTwo label dword
    db   64 dup(?)
```

在本例中，rowIndex * 4 + columnIndex 的计算由下列 4 条指令实现。顺便说明，这些指令还向数组元素存入了值：

```
; EDX = base address + column_number * 4
    mov eax,dword ptr [ebx]
    lea edx,dword ptr [_TwoByTwo+4*eax]
```

```
    ...
; EAX = rowIndex, ESI = i+j
    shl  eax,4                           ;将列下标乘以 16
    mov  dword ptr [edx+eax],esi         ;将和保存到数组元素
```

注意这一代码序列配合 lea 指令用到了比例变址寻址模式,并以 shl 指令进行必要的乘法运算。由于乘法操作通常开销太大,因此编译器在计算多维数组元素的偏移量时大都不用乘法运算。然而,将这段代码与前面访问一维数组的示例对比,不难发现二维数组单从机器指令数目上看,开销就要大一些,因为必须计算数组中元素的序号。

三维数组访问起来比二维数组更加麻烦。下面的 C/C++程序初始化了一个三维数组,随后是 Visual C++对其编译的汇编语言输出:

```
#include <stdlib.h>
int i, j, k;
int ThreeByThree[3][3][3];

int main( int argc, char **argv )
{
  for( j=0; j<3; ++j )
  {
    for( i=0; i<3; ++i )
    {
      for( k=0; k<3; ++k )
      {
        // 以随机数初始化这 27 个数组元素
        ThreeByThree[i][j][k] = rand();
      }
    }
  }
  return 0;
}
```

这是 Microsoft Visual C++编译器生成的 32 位 80x86 汇编语言输出:

```
; Line 9
        mov    DWORD PTR j, 0    // for( j = 0;...;... )
```

```
        jmp     SHORT $LN4@main

$LN2@main:
        mov     eax, DWORD PTR j    // for( ...;...;++j )
        inc     eax
        mov     DWORD PTR j, eax

$LN4@main:
        cmp     DWORD PTR j, 4      // for( ...;j<4;... )
        jge     $LN3@main

; Line 11
        mov     DWORD PTR i, 0      // for( i=0;...;... )
        jmp     SHORT $LN7@main

$LN5@main:
        mov     eax, DWORD PTR i    // for( ...;...;++i )
        inc     eax
        mov     DWORD PTR i, eax

$LN7@main:
        cmp     DWORD PTR i, 4      // for( ...;i<4;... )
        jge     SHORT $LN6@main

; Line 13
        mov     DWORD PTR k, 0      // for( k=0;...;... )
        jmp     SHORT $LN10@main

$LN8@main:
        mov     eax, DWORD PTR k    // for( ...;...;++k )
        inc     eax
        mov     DWORD PTR k, eax

$LN10@main:
        cmp     DWORD PTR k, 3      // for( ...; k<3;... )
        jge     SHORT $LN9@main

; Line 18
        call    rand
        movsxd  rcx, DWORD PTR i    // Index =( ((( i*3 + j ) * 3 + k ) * 4 )
```

```
        imul    rcx, rcx, 36        // 00000024H
        lea     rdx, OFFSET FLAT:ThreeByThree
        add     rdx, rcx
        mov     rcx, rdx
        movsxd  rdx, DWORD PTR j
        imul    rdx, rdx, 12
        add     rcx, rdx
        movsxd  rdx, DWORD PTR k
//  ThreeByThree[i][j][k] = rand();
        mov     DWORD PTR [rcx+rdx*4], eax

; Line 19
        jmp     SHORT $LN8@main // for( k = 0; k<3; ++k )循环结束
$LN9@main:
; Line 20
        jmp     SHORT $LN5@main // for( i = 0; i<4; ++i )循环结束
$LN6@main:
; Line 21
        jmp     $LN2@main       // for( j = 0; j<4; ++j )循环结束
$LN3@main:
```

有兴趣的话，你可以编一个小的高级语言程序，对 4 维以上的数组操作，分析一下其汇编代码。

数组究竟是行优先顺序，还是列优先顺序？这通常取决于所用的编译器，而非由编程语言规定。我还没见过有哪个编译器允许对某个数组，甚至整个程序，选择我们喜欢的排列方法。然而事实上也完全没有必要，因为只要修改程序中"行"与"列"的定义，就很容易模仿出其中的任一种存储机制。

请看下列 C/C++数组声明：

```
int array[ NumRows ][ NumCols ];
```

通常以类似下面的引用来访问某个数组元素：

```
element = array[ rowIndex ][ colIndex ]
```

如果对每个行下标值递增所有的列下标，访问时就能顺序遍历数组元素的内存单元。也就是说，下列 C 程序用 for 循环可将数组的内存地址依次初始化为 0：

```
for( row=0;  row<NumRows; ++row )
{
    for( col=0; col<NumCols; ++col )
    {
        array[ row ][ col ] = 0;
    }
}
```

倘若 *NumRows* 和 *NumCols* 是同样的值, 上述代码访问列优先的数组时会比行优先
的数组琐碎——只要将该代码段的下标互换位置, 就可避免这样:

```
for( row=0; row<NumRows; ++row )
{
    for( col=0; col<NumCols; ++col )
    {
        array[ col ][ row ] = 0;
    }
}
```

如果 *NumCols* 和 *NumRows* 的值不一样, 要将行优先数组改为列优先数组, 就得手
工计算元素在列优先数组中的序号, 并按照一维数组的办法分配存储空间, 就像下
面那样:

```
int columnMajor[ NumCols * NumRows ]; // 为数组分配存储空间
...
for( row=0; row<NumRows; ++row)
{
    for( col=0; col<NumCols; ++col )
    {
        columnMajor[ col*NumRows + row ] = 0;
    }
}
```

Swift 用户想实现真正的多维数组, 而非数组的数组时, 需要按 ContiguousArray
类型分配存储空间, 并手工计算数组的下标:

```
import Foundation
// 创建三维数组 array[4][4][4]:
var a1 = ContiguousArray<Int>( repeating:0, count:4*4*4 )
```

```
for var i in 0...3
{
    for var j in 0...3
    {
        for var k in 0...3
        {
            a1[ (i*4+j)*4 + k ] = (i*4+j)*4 + k
        }
    }
}
print( a1 )
```

下面为这段程序的输出：

```
[0, 1, 2, 3, 4, 5, 6, 7, 8, 9, 10, 11, 12, 13, 14, 15, 16, 17, 18, 19, 20, 21,
22, 23, 24, 25, 26, 27, 28, 29, 30, 31, 32, 33, 34, 35, 36, 37, 38, 39, 40,
41, 42, 43, 44, 45, 46, 47, 48, 49, 50, 51, 52, 53, 54, 55, 56, 57, 58, 59,
60, 61, 62, 63]
```

尽管应用程序需要的话，也能按以列优先的方式访问数组，但以非语言默认方案的方式访问数组时要极度小心。许多优化型编译器很聪明，能够识别出我们以默认方法访问数组，从而在这种条件下大幅改善代码的执行效果。实际上到目前为止，所给示例在访问数组时都没有用寻常方式，正是为了阻碍编译器进行优化。请看下列 C 代码及启用了优化功能的 Visual C++输出：

```
#include <stdlib.h>
int i, j, k;
int ThreeByThreeByThree[3][3][3];

int main( int argc, char **argv )
{
  // 这里要注意一个关键区别，那就是循环体安排循环变量i、j和k的方式——i变化最慢，
  // k最快（对应于行优先的顺序）
  for( i=0; i<3; ++i )
  {
    for( j=0; j<3; ++j )
    {
      for( k=0; k<3; ++k )
      {
```

```
            ThreeByThreeByThree[i][j][k] = 0;
        }
      }
   }
return 0;
}
```

下面是 Visual C++对上例中 for 循环的汇编语言输出。请特别注意编译器是如何用 80x86 的 stosd 指令取代这 3 层循环的：

```
  push edi
;
; 下列代码将数组 ThreeByThreeByThree 的 27(3*3*3)个元素全部置为 0
  mov ecx, 27       ; 0000001bH
  xor eax, eax
  mov edi, OFFSET FLAT:_ThreeByThreeByThree
  rep stosd
```

如果重新组织循环变量，不再向连续的内存地址单元放入 0，Visual C++就不会编译得到 stosd 指令。即便最终结果仍是将数组元素统统置为 0，编译器仍会认为 stosd 不能用在此处。倘若愿意的话，我们可想象一下，程序的两个并发线程同时在读/写 ThreeByThreeByThree 数组元素。基于对数组写的次序不同，程序的表现也会有所差异。

除编译器语义外，切勿改动默认的数组顺序还有许多硬件原因。现代 CPU 的性能很大程度上取决于 CPU 缓存的效率。由于缓存性能的发挥要由缓存中数据的时空局部性而定，假如访问数据的方法会打乱空间暂存性，就要谨慎从事。特别是以非连贯形式访问数组元素，将会对空间局部性有显著影响，因此不利于应用程序性能的改善。有一个行事的准则就是，"采纳编译器的数组组织方法，不要标新立异，除非你清楚地知道自己在做什么。"

8.1.6.7 提高应用程序访问数组的效率

在应用程序中用到数组时，要遵循下面这些规则：

- 能用一维数组解决问题，就不要用多维数组。并不是说我们应以行优先或列优先的顺序，将多维数组的下标手工换算成一维数组的下标，而是指如果用一维数组而非多维数组能表达算法，就选择一维数组。

- 应用程序必须使用多维数组时，应设法将数组边界定到 2 的整数次幂值，起码是 4 的整数倍。比起对那些随意指定字节数的数组，编译器对这种数组元素偏移量的计算要高效得多。

- 在访问多维数组的元素时，尽量采取能支持顺序访问内存的方式。对于行优先顺序的数组，意即按靠右的下标依次访问时最快，而按靠左的下标依次访问时最慢；列优先顺序的数组恰好相反。

- 如果语言支持可对整行、整列或者数组某一大块元素起作用的操作，就利用这类便捷条件，而不要用嵌套循环逐个访问元素。通常，循环开销即便分摊到所访问的各数组元素，仍比计算偏移量、访问数组元素加在一起的开销要大。特别在循环只对数组操作时，情况更是如此。

- 时刻牢记访问数组元素时的时空局部性问题。以随机方式或不便于缓存的方式访问数组元素，将会引起缓存和虚拟存储子系统的颠簸（thrashing）[1]。

最后一点尤其重要。请看下列 HLA 程序：

```
program slow;
#include ( "stdlib.hhf" )
begin slow;

    // 按如下方式访问动态分配的数组 array [12][1000][1000]

    malloc( 12_000_000 );      // 分配 12 000 000 字节的存储空间
    mov( eax, esi );

    // 将数组的每个元素字节初始化为 0
    for( mov( 0, ecx ); ecx < 1000; inc( ecx )) do
      for( mov( 0, edx ); edx < 1000; inc( edx )) do
        for( mov( 0, ebx ); ebx < 12; inc( ebx )) do
          // 按 EBX*1_000_000 + EDX*1_000 + ECX 计算数组元素的偏移量
          intmul( 1_000_000, ebx, eax );
          intmul( 1_000, edx, edi );
```

1　参看《编程卓越之道（卷 1）》中对"颠簸"的讨论。

```
            add( edi, eax );
            add( ecx, eax );
            mov( 0, (type byte [esi+eax]));
        endfor;
    endfor;
    endfor;
end slow;
```

仅仅通过将循环体互换位置——EBX 循环为外层循环，而 ECX 为内层循环——程序的运行速度就可以加快 10 倍。速度如此悬殊的原因在于，上述程序以非连贯方式访问行优先顺序的数组，换成最右的最频繁访问的下标为 ECX，最左边最不频繁访问的下标为 EBX，程序就能依次访问内存。这就使缓存工作好得多，能够显著改善程序的性能。

8.1.7　动态数组与静态数组的比较

有的语言能够声明尺寸在程序运行时才确定的数组。这样的数组很有用，因为许多程序在收到用户输入前，不能预知某种数据结构需要多大空间。例如，想想从磁盘读取文本文件的程序，它要将文件逐行读入一个字符串数组。在程序实际读文件并算出文件中的行数之前，无法知道字符串数组该有多少元素。程序员编这样的程序时，并不清楚数组的尺寸该为多大。

提供此类数组支持的语言通常把这种数组称为动态数组。本节我们就来考察与动态数组、静态数组（与动态数组相反）有关的问题。首先给出静态数组、动态数组的一些定义。

静态数组（即"纯静态数组"）

纯静态数组即编译时程序已经清楚数组尺寸，并且编译器/链接器/操作系统在程序执行前能够为其分配存储空间的数组。

伪静态数组

伪静态数组就是编译器知道其尺寸，但直到运行时程序才实际为其分配存储空间的数组。自动变量（如函数或过程中的非静态局部变量）就是伪静态变量的典型例子。编译器在编译程序时知道数组的确切尺寸，但程序并不真正为数组分配存储空间，直到其所在的函数或过程执行时才这么做。

伪动态数组

伪动态数组即编译器无法在程序执行前确定其尺寸的数组。在典型情况下，程序运行时根据用户输入或某个运算确定数组的尺寸。然而，一旦程序为伪动态数组分配了存储空间，该数组的尺寸就保持不变，直到程序终结或释放数组空间为止。特别指出，无法对伪动态数组增删某些选定的元素，除非释放整个数组的存储空间。

动态数组（即"纯动态数组"）

纯动态数组就是编译器在编译时无法确定其尺寸，即便程序运行时创建，尺寸还是不固定的数组。程序可在任何时候增删数组元素，从而改变数组尺寸，而不会影响数组中已有的元素。当然，如果删除了某些元素，其值就跟着丢掉了。

> **注意：** 静态数组、伪静态数组就是通常的静态变量、自动变量例子，我们已经在本书的其他地方讨论过，这里不再赘述。倘若对静态变量或自动变量有疑问，可参看第 7 章。

8.1.7.1 一维伪动态数组

自称"支持动态数组"的语言大都支持的是伪动态数组，而非真正的动态数组。也就是说，可以在创建数组时指定尺寸，但只要指定了数组尺寸，就不能再修改，除非先将原数组的空间释放出来。现在来看下面的 Visual Basic 语句：

```
dim dynamicArray[ i*2 ]
```

假如在执行这一语句前已经给整型变量 i 赋了值，Visual Basic 就会在遇到此语句时创建一个有 i×2 个元素的数组。在支持（伪）动态数组的语言里，数组声明通常是可执行语句；而不支持动态数组的语言，如 C、Pascal 中，数组声明并非可执行语句，只是供编译器分配空间的声明，编译器不会为此生成机器码。

标准 C/C++不支持伪动态数组，而 GNU 的 C/C++实现却支持伪动态数组，因此在 GNU C/C++中写出如下函数是合法的。

```
void usesPDArray( int aSize )
```

```
{
  int array[ aSize ];
  ...
} /*usesPDArray()函数结束 */
```

不言而喻，要想利用GCC的这一特性，只能通过GCC编译程序[1]。因此，许多C/C++程序员不会在程序中使用此类代码。

如果我们所用的语言和 C/C++一样不支持伪动态数组，但提供通用的内存分配函数，那么也能轻松地创建类似于一维伪动态数组的数组。在不检查数组下标范围的语言，如 C/C++中，这样做尤其容易。现在来看下列代码：

```
void usesPDArray( int aSize )
{
  int *array;
  array = (int *) malloc( aSize * sizeof( int ) );
  ...
  free( array );
} /* usesPDArray 函数结束 */
```

当然，使用诸如 malloc()等内存分配函数的麻烦在于，必须记住从函数返回前显式地释放存储空间，就像在该代码段里调用 free()那样。有些版本的 C 语言标准库包含 talloc()函数，talloc()能够在栈中动态分配存储空间，调用起来也比malloc()/free()快得多，从函数返回时还会自动释放先前分配的存储空间。

8.1.7.2 多维伪动态数组

要想创建多维伪动态数组，还存在一个问题：创建一维伪动态数组时，程序除验证数组下标有效外，根本用不着跟踪数组边界；而对于多维数组，程序必须维护数组每一维的边界上下值信息。这是必然的，因为代码在为下标清单中的某个数组元素计算偏移量时，要用到每维的尺寸信息，正如我们从对静态多维数组的讨论中看到的那样。所以不仅要维护指向数组首个元素的地址指针，采用伪动态数组的代

1　经过验证，Mac 计算机上的 Clang 也支持这个特性。

码还必须跟踪数组每维的上下界 [1]。数组的基地址、维数和各维的范围值等信息组成的集合被称为内情向量（dope vector）。在HLA、C/C++或Pascal等语言中，我们一般创建struct或record数据结构来维护内情向量，请参看第 11 章。这里有一个通过HLA创建二维整型数组的内情向量例子：

```
type
   dopeVector2D :
     record
        ptrToArray :pointer to int32;
        bounds :uns32[2];
   endrecord;
```

下列HLA代码可从用户那里读取二维数组的范围，然后按此内情向量对伪动态数组分配存储空间：

```
var
   pdArray :dopVector2D;
   ...
stdout.put( "Enter array dimension #1:" );
stdin.get( pdArray.bounds[0] );
stdout.put( "Enter array dimension #2:" );
stdin.get( pdArray.bounds[4] );   // 记住第 1 个元素距第 0 个元素有 4 字节的偏移值

// 需要给数组分配bounds[0]*bounds[4]*4 字节的存储空间
mov( pdArray.bounds[0], eax );

// bounds[0]*bounds[4] -> EAX
intmul( pdArray.bounds[4], eax );

// EAX := EAX * 4 , 4 即int32 类型的字节数
shl( 2, eax );

// 为数组分配指定字节量的空间
malloc( eax );

// 保存数组的基地址
mov( eax, pdArray.ptrToArray );
```

1　从技术上讲，倘若代码不想费心检查数组下标的有效性，可以不维护数组最后一维的尺寸。然而一般情况下，支持伪动态数组的语言大都维护所有这些信息。

这一例子强调指出，程序必须将数组各维之积与元素尺寸相乘，才能得到数组的字节数。在处理静态数组时，编译器在编译时就能得到各维之积；若对动态数组操作，编译器必须生成机器指令，以便在运行时求出各维之积，这意味着程序要比采用静态数组时又大又慢。

如果语言并不直接支持伪动态数组，就要通过行优先顺序的数组下标处理函数或类似函数，将所有下标转换为单一的偏移量，这种做法对高级语言和汇编语言都适用。现在来看下面的C++例子，它按行优先的顺序来访问伪动态数组中的元素。

```cpp
typedef struct
{
    int *ptrtoArray;
    int bounds[2];
} dopeVector2D;

dopeVector2D pdArray;
    ...
    // 对伪动态数组分配存储空间
    cout << "Enter array dimension #1:";
    cin >> pdArray.bounds[0];
    cout << "Enter array dimension #2:";
    cin >> pdArray.bounds[1];
    pdArray.ptrtoArray = new int[ pdArray.bounds[0] * pdArray.bounds[1] ];
    ...
    // 将伪动态数组的各元素设置为连续的整数值
    k = 0;
    for( i=0; i < pdArray.bounds[0]; ++i );
    {
        for( j=0; j < pdArray.bounds[1]; ++j )
        {
            // 按照行优先的顺序访问第[i][j]个元素
            *(pdArray.ptrtoArray + i*pdArray.bounds[1] + j) = k;
            ++k;
        }
    }
```

与一维伪动态数组相同，多维伪动态数组的内存分配和释放开销比该数组的实际访问开销还大——在对很多小型数组分配和释放存储空间时尤其如此。

多维伪动态数组的一大麻烦在于，编译时编译器并不知道数组的边界值，所以生成的访问数组代码无法如同对伪静态数组、静态数组访问那样尽量高效。举例说明，现在来看下面的 C 语言代码：

```
#include <stdlib.h>

int main( int argc, char **argv )
{
   // 对 3×3×3 的伪动态数组分配存储空间
   int *iptr = (int*) malloc( 3 * 3 * 3 *4 );
   int depthIndex;
   int rowIndex;
   int colIndex;

   // 用来对比的 3×3×3 伪静态数组
   int ssArray[3][3][3];

   // 下列嵌套 for 循环将 3×3×3 动态数组 iptr 的所有元素置为 0
   for( depthIndex=0; depthIndex<3; ++depthIndex )
   {
      for( rowIndex=0; rowIndex<3; ++rowIndex )
      {
         for( colIndex=0; colIndex<3; ++colIndex )
         {
            // 按行优先的顺序进行计算
            iptr[ ((depthIndex*3) + rowIndex)*3 + colIndex ] = 0;
         }
      }
   }

   // 下列 3 层嵌套循环用来和上面对比，初始化的是伪静态数组元素
   // 由于编译器在编译时就知道数组的边界，因此能为这段语句生成更高效的代码
   for( depthIndex=0; depthIndex<3; ++depthIndex )
   {
      for( rowIndex=0; rowIndex<3; ++rowIndex )
      {
         for( colIndex=0; colIndex<3; ++colIndex )
         {
            ssArray[depthIndex][rowIndex][colIndex] = 0;
         }
```

```
            }
        }
    return 0;
}
```

以下摘录自 GCC 对这段 C 程序生成的 PowerPC 代码，我们还手工添加了注释。值得注意的是，操作动态数组的代码被迫用到开销巨大的乘法指令，而伪静态数组的代码是不需要这种指令的。

```
    .section __TEXT,__text,regular,pure_instructions

_main:

// 对局部变量分配 192 字节的存储空间，包括 ssArray、循环控制变量等等，
// 以及到 64 字节边界的填充字节
    mflr r0
    stw r0,8(r1)
    stwu r1,-192(r1)

// 为 4 字节 int 型的 3×3×3 数组分配 108 字节空间，调用 malloc() 函数后数组指针位于 R3
    li r3,108
    bl L_malloc$stub

    li r8,0                     // R8=depthIndex
    li r0,0
// R10 保存了已处理的元素行数
    li r10,0

// 外层循环顶部
L16:
    // 计算要处理的行到数组起始位置的偏移量字节数。每行为 12 字节，R10 值为已经处理的行数。
    // R10 乘以 12 得到当前行的起始偏移量，此值放入 R9。
    mulli r9,r10,12
    li r11,0                    // R11 = rowIndex

// 中层循环顶部
L15:
    li r6,3                     // R6/CTR = colIndex

    // R3 为数组的基地址；R9 为当前行的起始偏移量，通过上面的 MULLI 指令求得；
```

```
    // R2 为R3、R9 之和，即数组中当前行的基地址
    add r2,r9,r3
    // CTR = 3
    mtctr r6


    // 对数组当前行的每个元素都执行一遍下列循环
L45:
    stw r0,0(r2)                    // 将当前元素清零
    addi r2,r2,4                    // 轮到下一个元素
    bdnz L45                       // 循环执行CTR次


    addi r11,r11,1                 // rowIndex增加 1
    addi r9,r9,12                  // 下一行数组元素的行下标
    cmpwi cr7,r11,2                // 将rowIndex从 0 到 2 各执行循环 1 次
    ble+ cr7,L15


    addi r8,r8,1                   // depthIndex增加 1
    addi r10,r10,3                 // 将已处理的元素行数加 3
    cmpwi cr7,r8,2                 // 将depthIndex从 0 到 2 各执行循环 1 次
    ble+ cr7,L16


///////////////////////////////////////////////////
// 下列代码初始化伪静态数组元素
//
    li r8,0                        // depthIndex = 0
    addi r10,r1,64                 // 计算ssArray的基地址，放入R10
    li r0,0
    li r7,0                        // R7 为当前行的偏移量
L31:
    li r11,0                       // rowIndex = 0
    slwi r9,r7,2                   // 将行偏移量从int单位转换为以字节为单位(int_index*4)，放入R9
L30:
    li r6,3                        // 对colIndex迭代 3 次
    add r2,r9,r10                  // 基地址(R10) + 行偏移量(R9) = 行地址(R2)
    mtctr r6                       // CTR = 3

// 重复内层循环 3 次
L44:
    stw r0,0(r2)                   // 对当前元素清零
    addi r2,r2,4                   // 跳到下一个元素
```

```
bdnz L44                            // 重复 CTR 次

addi r11,r11,1                      // rowIndex 加 1
addi r9,r9,12                       // R9 为下一行的起始地址
cmpwi cr7,r11,2                     // 重复循环，直到 rowIndex>=3
ble+ cr7,L30


addi r8,r8,1                        // depthIndex 加 1
addi r7,r7,9                        // 数组下一深度的偏移量
cmpwi cr7,r8,2
ble+ cr7,L31

lwz r0,200(r1)
li r3,0
addi r1,r1,192
mtlr r0
blr
```

　　不同的编译器，不同的优化级别，访问动态数组、伪静态数组的方法也会有所差异。有些编译器对这两类数组生成一致的代码，许多编译器并非如此。但其对多维动态数组的访问起码不会快于对伪静态多维数组的访问，很多时候要慢于对伪静态多维数组的访问。

8.1.7.3　纯动态数组

　　对付纯动态数组就更难了。除了很高层的语言如 APL、SNOBOL4、Lisp 和 Prolog，在其他语言里很少见到纯动态数组的踪影。一个显眼的例外是 Swift，其数组是纯动态的。支持纯动态的语言大都不强制我们对数组显式声明或分配存储空间，我们只要使用数组元素即可。倘若元素尚未存在于数组中，上述语言就会自动创建一个元素。既然如此，倘若目前已有 0 到 9 号元素，而我们想使用第 100 号元素，怎么办呢？做法取决于所用的语言。有些支持纯动态数组的语言会自动创建第 10 到 100 号的元素，并将第 10 号到第 99 号元素初始化为 0 之类的默认值。另一些语言则只为第 100 号元素分配空间，并跟踪其他不在数组里的元素。不管怎样，访问数组所需的额外记录开销会很大。这就是很少有语言支持纯动态数组的原因——纯动态数组将使程序执行得太慢。

要是我们的语言支持动态数组，一定别忘了访问这类数组的代价；倘若所用的语言不支持动态数组，但支持内存的分配/释放——C/C++、Java 和汇编语言均如此，我们就可以自行实现动态数组。用一用这类数组，你就会对其开销深有感触，因为可能得自己编写操纵数组元素的所有代码，尽管这不完全是坏事。如果你用的是 C++，甚至可以重载数组下标操作符（[]），以隐藏对动态数组元素访问的复杂性。但一般情况下，既然程序员需要动态数组的真正语义，就会选择直接支持动态数组的语言。假如你打算走这条路的话，要对其代价做到心中有数。

8.2　获取更多信息

- Jeff. Duntemann 编写的 *Assembly Language Step-by-Step*（第 3 版），由 Wiley 出版社于 2009 年出版。

- Randall Hyde 编写的 *The Art of Assembly Language*（第 2 版）[1]，由 No Starch Press 于 2010 年出版。

- Donald Knuth 编写的 *The Art of Computer Programming, Volume I: Fundamental Algorithms*（第 3 版）[2]。这本教程由 Addison-Wesley Professional 出版社于 1997 年出版。

1　中文版《汇编语言的编程艺术（第 2 版）》，包战、马跃译，清华大学出版社于 2011 年出版。
　　——译者注

2　影印版《计算机程序设计艺术》（1～3 卷），清华大学出版社于 2002 年出版；双语版《计算机程序设计艺术：第 1 卷 第 1 册 MMIX：新千年的 RISC 计算机》，苏运霖译，机械工业出版社于 2006 年出版。《计算机程序设计艺术 卷 1：基本算法 第 3 版》，人民邮电出版社于 2016 年出版。该系列图书内其他出版物包括：中文版《计算机程序设计艺术 卷 2：半数值算法（第 3 版）》，巫斌、范明译，人民邮电出版社于 2015 年出版；《计算机程序设计艺术：第 4 卷 第 2 册 生成所有元组和排列》（双语版），苏运霖译，机械工业出版社于 2006 年出版；双语版《计算机程序设计艺术 第 4 卷 第 3 册 生成所有组合和分划》，苏运霖译，机械工业出版社于 2006 年出版；双语版《计算机程序设计艺术：第 4 卷 第 4 册 生成所有树组合生成的历史》，苏运霖译，机械工业出版社于 2007 年出版。——译者注

9

指针

　　指针这种数据类型颇像goto语句，如果使用不当，会让健壮高效的程序失去效率，成为充满漏洞的破烂儿。但和goto不同，指针在许多常见语言中难以规避。学术期刊上会有批判goto的论文，诸如Dijkstra发表的《goto语句的有害性》（*Go To Statement Considered Harmful*）[1]，却不会有谁谈及"指针之劣性"。尽管Java、Swift等一些流行的语言试图限制指针，但编程大师需要与指针打交道，毕竟几种广受欢迎的语言还在使用指针。

本章将探讨如下话题：

- 指针在内存中的表示
- 高级语言如何实现指针
- 动态内存分配及其与指针的关系

1　Edgar Dijkstra 在第 11 次 "Communications of the ACM" 上发表的 *Go To Statement Considered Harmful*，1968 年第 3 期。

- 指针算术运算
- 内存分配器的工作原理
- 垃圾收集
- 常见的指针问题

只有了解指针的底层实现和用法，我们才能写出更高效、更安全、更可读的高级语言代码。本章将提供指针如何正确使用的知识，以规避人们老是遇到的那些问题。

9.1 指针的定义

指针只不过是一种变量，其值可引用其他数据。诸如 Pascal、C/C++等高级语言用抽象概念掩盖了指针的简易性。高级语言程序员通常依赖于语言所提供的高度抽象，因为他们对语言背后干什么不感兴趣。他们只想有一个"黑盒子"产生预期的结果就行。说到指针，其抽象程度可能太深，以至于很多程序员对其敬而远之。不用怕！指针其实很容易搞定。

要理解指针的工作原理，我们将使用数组数据类型作为例子。请看下面的 Pascal 数组声明：

```
M: array [0..1023] of integer;
```

即便不懂 Pascal，这里的概念仍然很容易理解——M 是含有 1024 个整数的数组，元素从 M[0]到 M[1023]。每个数组元素都能独立保存整数值。换句话说，该数组给出了 1024 个整型变量，每个都可以通过数组下标，也即变量在数组中的序号而非变量名来访问。

"M[0] := 100;"语句向数组 M 的首个元素存入数值 100。现在来看下面两条语句：

```
i := 0;              (* 假定 i 是整型变量 *)
M [i] := 100;
```

这两条语句做的事情与"M[0] := 100;"一样。实际上，我们可能会用任意整数表达式生成 0 到 1023 内的值，将此值当作数组下标使用。下列语句仍然能完成同前面语句一样的操作：

```
i := 5;                (* 假定所有变量都是整型变量*)
j := 10;
k := 50;
m [i*j-k] := 100;
```

但是，再看下面的代码：

```
M [1] := 0;
M [ M [1] ] := 100;
```

乍一看，这些语句有些令人摸不着头脑。然而，这两条指令也可完成前例同样的操作。第一条语句将 0 赋给 M[1]；第二条语句取出 M[1] 的值，也就是 0，将其作为存放 100 的数组元素下标。

如果你认为这个例子有道理——也许有些怪异，但没什么用处，你就理解了指针的意思，因为 M[1] 就是指针！尽管还不完全是，但倘若将 M 改至"内存"，将每个数组元素当成分开的内存单元，这就符合指针的定义了；即，指针是一个内存变量，其值是其他内存数据的地址。

9.2　高级语言的指针实现

虽然语言大都通过内存地址实现指针，但指针其实是内存地址的抽象。因此，经由任何映射指针到数据内存地址的机制，编程语言都能定义指针。例如，Pascal 的某些实现使用到某固定内存地址的偏移量作为指针值；Lisp 之类的动态语言，可以通过采用双重间址（double indirection）实现指针。换句话说，指针变量包含某内存变量的地址，而该内存变量的值也是要访问数据的地址。双重间址可能有些绕弯，但在使用复杂内存管理系统时会有某些便利性，重用内存块将更容易、更高效。然而出于简化考虑，本章假定指针就是一个变量，其值为其他内存数据的地址。这种假设对于 C、C++和 Delphi 等许多高性能高级语言都是说得通的。

要通过指针间接访问数据，只需两个 80x86 机器指令：

```
mov( PointerVariable, ebx );      // 将指针变量调入寄存器
mov( [ebx], eax );                // 使用寄存器间接寻址模式访问数据
```

再来考虑前面提到的双重间址指针实现。通过双重间址访问数据要比直接通过

指针访问数据的效率低些，因为另需一条指令来从内存中取数据。即便在 C/C++、Pascal 等高级语言中用到双重间址，也不是那么容易看出的：

```
i = **cDblPtr;                //C/C++
i := pDblPtr^^;               (* Pascal/Delphi *)
```

这些语句在语法上同"一重间址"（single indirection）类似。然而在汇编代码中就能看到要做的额外工作：

```
mov( hDblPtr, ebx );          // 从指针中取指针值，放入 EBX 中
mov( [ebx], ebx );            // EBX 作为指针，从其所指内存地址取值，值仍放入 EBX
mov( [ebx], eax );            // EBX 作为指针，从其所指内存地址取值并放入 EAX
```

将其与前面所给的、按一重间址访问数据的两条汇编指令做对比。由于双重间址比一重间址多 50%的指令，内存访问量则多出 1 倍，我们就能看出为何许多语言实现要采用一重间址的指针了。为了验证这一点，下面来看若干不同编译器对下列 C 源程序所生成的机器码：

```
static int i;
static int j;
static int *cSnglPtr;
static int **cDblPtr;

int main( void )
{
    ...
    j = *cSnglPtr;
    i = **cDblPtr;
    ...
}
```

GCC 在 PowerPC 处理器上生成的输出如下：

```
; j = *cSnglPtr;

    addis       r11,r31,ha16(_j-L1$pb)
    la          r11,lo16(_j-L1$pb)(r11)
    addis       r9,r31,ha16(_cSnglPtr-L1$pb)
    la          r9,lo16(_cSnglPtr-L1$pb)(r9)
    lwz         r9,0(r9)        // 将一重间址指针送入寄存器 R9
    lwz         r0,0(r9)        // 取 R9 所指的内存单元值放入 R0
```

```
    stw                 r0,0(r11)       // 将 R0 值保存到 j

; i = **cDblPtr;
;
; 开头是将 cDblPtr 的地址放入 R9
    addis               r11,r31,ha16(_i-L1$pb)
    la                  r11,lo16(_i-L1$pb)(r11)
    addis               r9,r31,ha16(_cDblPtr-L1$pb)
    la                  r9,lo16(_cDblPtr-L1$pb)(r9)

    lwz                 r9,0(r9)        // 将双重间址指针值送入寄存器 R9
    lwz                 r9,0(r9)        // 将一重间址指针值送入寄存器 R9
    lwz                 r0,0(r9)        // 将值送入寄存器 R9 中
    stw                 r0,0(r11)       // 将 R0 值保存到 i
```

正如在此 PowerPC 示例中看到的，双重间址要比一重间址多费一条指令。当然，指令比较多，再多一条指令也不会对执行时间有太大影响；而 80x86 就不一样了，它涉及的指令条数较少。下面来看 GCC 为 32 位 80x86 生成的代码输出：

```
; j = *cSnglPtr;
   movl   cSnglPtr, %eax
   movl   (%eax), %eax
   movl   %eax, j

; i = **cDblPtr;
   movl   cDblPtr, %eax
   movl   (%eax), %eax
   movl   (%eax), %eax
   movl   %eax, i
```

和我们在 PowerPC 代码中看到的一样，80x86 的双重间址也需要额外的机器指令，因此用到双重间址的程序会变大、变慢。

附带指出，这里PowerPC指令序列的长度是80x86指令序列的 2 倍[1]。往好处想，说明双重间址对PowerPC执行时间的影响没有对 80x86 大。即，另需的指令条数在

---

1 顺便说明，这并非 PowerPC 与 80x86 代码的通用规则。PowerPC 上引用内存单元的开销很大，这正是 PowerPC 代码很长的原因。然而 PowerPC 拥有比 80x86 多 3 倍的寄存器，所以实际应用程序中的代码规模并不总是比 80x86 大。

PowerPC代码中只占总数的 13%，而在 80x86 中要占 25%[1]。这个小例子可说明代码执行时间、占用空间与处理器不无关系，并且糟糕的编码方法——比如用了不必要的双重间址，对某些处理器的影响要甚于对另一些处理器。

9.3　指针与动态内存分配

指针一般引用在堆中分配的匿名变量。所谓"堆"（heap）是为动态分配存储空间而保留的内存区域。匿名变量是通过内存分配/释放函数，如 malloc()/free()、new()/dispose()、new()/delete()（C++ 17 版本中的 std::make_unique）等等实现的。在堆中分配的变量之所以被称为匿名变量，是因为引用它们要通过其地址，我们没有为其关联名字。指针变量可能有名，但名字属于指针所在的地址，而非地址所引用的数据。

> **注意：** 正如第 7 章所述，"堆"是保留给动态变量进行存储空间分配的区域。

"动态语言"（dynamic language）自动而透明地处理内存的分配与释放。即，应用程序只要使用动态数据即可，由运行时期的系统按需分配内存，不需要的时候释放内存供其他功能使用。由于不必显式地为指针变量分配或释放内存，用 AWK、Perl 之类的动态语言编写应用程序通常很容易，也极少出错。但这是通过牺牲效率换来的——比起其他语言写的程序，用动态语言编写的程序往往慢得多。相反，C/C++ 等传统语言要求程序员显式地管理内存，尽管由于代码的复杂度增加，程序员写的内存管理代码缺陷比例通常比动态语言高，但生成的应用程序却更富效率。

9.4　指针操作与指针算术运算

高级语言提供的指针数据类型大都允许对变量分配地址、比较指针值的大小，以及通过指针间接引用数据。有的语言还能够进行其他操作。本节将探讨各种可能

1　然而要记住，倘若数据不位于缓存的话，对内存的访问将会非常慢。在此情况下，CPU 主要把时间花在了等待内存上，而不是在执行指令上。所以如果其他条件相同，这两个代码序列的执行时间难分伯仲。

的指针操作。

很多编程语言都能对指针进行有限的算术运算。这些语言起码能对指针加减某个整型常量。为了理解这两种算术运算的目的，我们想想 C 语言标准库里 malloc() 函数的语法：

```
ptrVar = malloc( bytes_to_allocate );
```

给函数 malloc() 传递的参数指出了要分配存储空间的数量。水平高的 C 程序员通常会将 sizeof(int) 之类的表达式作为 malloc() 参数。函数 sizeof() 返回其参数需要的字节数。因此，sizeof(int) 告诉 malloc()，请分配够放一个整型变量的存储空间。现在来看以下对 malloc() 的调用：

```
ptrVar = malloc( sizeof( int ) * 8 ); //有 8 个整数的数组
```

如果一个整数要占 4 字节，这里调用 malloc() 就要分配 32 字节的存储空间。malloc() 将在内存中把这 32 字节置于连续的地址，如图 9-1 所示。

图 9-1　通过函数 malloc(sizeof(int) * 8)分配内存

malloc() 返回的指针为首个整数的地址，所以 C 程序只能直接访问这些整数中的第 1 个。为了访问其余 7 个整数的地址，需要对基地址加上与整数有关的偏移量。在支持字节寻址的机器如 80x86 上，对于内存中连续存放的整数，其地址是前一个整数的地址加上一个整数的尺寸。例如，倘若调用 C 语言标准库函数 malloc() 后返回$0300_1000，那么 malloc() 所分配的这些整数就会位于如表 9-1 所示的内存地址。

表 9-1　通过函数 malloc() 所分配的 8 个整数的起止内存地址

第几个整数	起始内存地址	终止内存地址
1	$0300_1000	$0300_1003

第几个整数	起始内存地址	终止内存地址
2	$0300_1004	$0300_1007
3	$0300_1008	$0300_100B
4	$0300_100C	$0300_100F
5	$0300_1010	$0300_1013
6	$0300_1014	$0300_1017
7	$0300_1018	$0300_101B
8	$0300_101C	$0300_101F

9.4.1 指针与整数求和

既然前面所述的 8 个整数均为 4 字节，只要对第 1 个整数的地址加 4 字节，就可以得到第 2 个整数的地址。类似地，第 3 个整数的地址为第 2 个整数的地址加上 4 字节，依此类推。在汇编语言中可通过下列代码访问这些整数：

```
// malloc() 将返回的 8 个 32 位整数首地址放入 EAX
malloc( @size( int32 ) * 8 );

mov( 0, ecx );
mov( ecx, [eax] ); // 将 32 字节统统清零，每次清零 4 字节
mov( ecx, [eax+4] );
mov( ecx, [eax+8] );
mov( ecx, [eax+12] );
mov( ecx, [eax+16] );
mov( ecx, [eax+20] );
mov( ecx, [eax+24] );
mov( ecx, [eax+28] );
```

注意，这里访问 malloc() 所分配的 8 个整数时，用了 80x86 的变址寻址模式。寄存器 EAX 保存着这些整数的基地址，即第一个整数的地址，而变址寻址模式 mov 指令中的常量指出了从基地址到特定整数的偏移量。

CPU 大多对内存数据按字节编址。因此，当为某个 n 字节大小的数据在内存中分配多个拷贝时，各数据的地址并不连续，而是有 n 字节的间隔。然而有的机器不

允许程序访问任意内存地址，要求应用程序按字、双字甚至四字的整数倍地址边界访问数据。试图不按这些边界访问内存将导致异常，或许会终止应用程序的执行。如果高级语言支持指针算术运算，必须考虑到这种情况，提供便于移植到其他 CPU架构的通用指针算术运算方案。高级语言在向指针添加整数偏移量时，所采用的最一般解决办法是，将此偏移量乘以指针所指数据的尺寸。也就是说，倘若指针 p 指向内存中的 16 字节数据，则 p+1 指向的是 p 所指地址后的 16 字节，p+2 则指向 p 地址后的 32 字节。只要数据尺寸是要求对齐尺寸的整数倍——必要的话，编译器会强制插入填充字节，这种方案就能避免在数据访问须对齐某种边界的架构上出现问题。举个例子，现在来看下面的 C/C++代码：

```
int *intPtr;
   ...
   // 为 8 个整数分配存储空间
   intPtr = malloc( sizeof( int ) * 8 );

   // 初始化这 8 个整数的值
   *(intPtr+0) = 0;
   *(intPtr+1) = 1;
   *(intPtr+2) = 2;
   *(intPtr+3) = 3;
   *(intPtr+4) = 4;
   *(intPtr+5) = 5;
   *(intPtr+6) = 6;
   *(intPtr+7) = 7;
```

这个例子说明，C/C++如何通过指针算术运算来指定距指针基地址整数尺寸的偏移量。

这里需要特别提醒的是，加法运算符只在指针与整数值间有意义。比方说，在C/C++语言中可以使用"*(p+i)"之类的表达式来间接访问内存里的数据，其中 p 是指向某数据的指针，而 i 为整数值。将两个指针相加，则没有任何意义。类似地，也不能对指针加上其他数据类型的值。比如，对指针加上浮点数值，也无道理可言：将基地址加 1.5612，结果位置的数据能有什么意义呢？指针运算涉及字符串、字符等数据类型同样没什么意义。唯有整数值——有符号整型和无符号整型——才是指针加法运算的合理数据类型。

另一方面，不仅可以对指针加一个整数，也可以将整数加一个指针，结果依旧是指针。即 p+i 和 i+p 都是合法的，因为加法满足交换律。换句话说，操作数顺序不会影响运算结果。

9.4.2　指针与整数之差

另一种合理的指针算术运算是减法。对指针减去整数值后引用的是指针基地址之前的内存地址。然而减法不满足交换律，从整数中减去指针属于不合法的操作，即 p-i 合法，而 i-p 不合法。

在 C/C++里，*(p-i)访问 p 所指数据前的第 i 个数据。80x86 汇编语言和许多处理器的汇编语言一样，使用变址寻址模式时能够指定负的偏移量，例如：

```
mov( [ebx-4], eax );
```

但要知道，80x86 汇编语言使用字节偏移量，不像 C/C++那样采用数据偏移量。因此，该语句将 EBX 内存地址之前存放的双字值调入 EAX。

9.4.3　指针与指针之差

和加法不同，从一个指针中减去另一个指针的值是有意义的操作。看下面的C/C++代码，它浏览一串字符，寻找第一个字符 a 后的首个字符 e，提取子字符串时可以利用该计算结果：

```
int distance;
char *aPtr;
char *ePtr;
   ...
aPtr = someString; // 将指针 aPtr 指向字符串 someString 的起始位置

// 只要没到字符串末尾，且当前字符不是'a'…
while( *aPtr != '\0' && *aPtr != 'a' )
{
  // aPtr 指向下一个字符
  aPtr = aPtr + 1;
}
```

```
// 只要没到字符串末尾, 且当前字符不是'e'…
//
// 从字符'a'开始; 如果字符串中没有'a', 就位于字符串末尾
ePtr = aPtr;
while( *ePtr != '\0' && *ePtr != 'e' )
{
    // ePtr 指向下一个字符
    ePtr = ePtr + 1;
}

// 现在计算'a'到'e'间的字符数, 算'a', 但不算上'e'
distance = (ePtr - aPtr);
```

这两个指针相减将得到两个指针之间的数据数。在本例中, ePtr 和 aPtr 都指向字符, 因此其相减就会得出两个指针间的字符数; 如果字符长为 1 字节, 也就得到了字节数。

仅当两个指针指向内存中的同一数据结构, 比如数组、字符串或记录时, 指针减法才有意义。尽管汇编语言允许指向完全不同的内存数据的两个指针相减, 但其差值可能毫无意义可言。

在 C/C++中使用指针减法时, 两个指针的基类型必须是相同的, 即两个指针所指地址的数据类型应当一致。之所以要有这种限制, 是因为 C/C++的指针减法将会得到两个指针之间的数据数目, 而不是字节数。计算内存中某字节与某双字之间存在多少数据有什么用呢, 其结果既不是字节量, 也不是双字量。

倘若被减数指针是内存低端地址, 而减数指针是内存高端地址, 则指针相减的结果会是负数。根据所用语言及其实现的不同, 倘若我们只对指针间的距离感兴趣, 而不关心哪个指针地址更大的话, 可能需要对结果取绝对值。

9.4.4 指针比较

比较是另一种有意义的指针运算。几乎每种支持指针的语言都可以比较指针, 以检查它们是否相等。指针比较能够告诉我们, 这两个指针引用的数据是否为同一个。有的语言——如汇编和 C/C++, 还能让我们比较两个指针, 看哪个大些, 哪个

小些。类似于指针的减法，只有指针基类型相同，并且指向同一数据结构时，指针比较才有意义。倘若一个指针小于另一个指针，就说明该指针在某数据结构中引用的数据位于第二个指针引用数据之前，而大于的结果则正好与此相反。下面的简短 C 语言例子将展示指针比较：

```
#include <stdio.h>
int iArray[256];
int *ltPtr;
int *gtPtr;

int main( int argc, char **argv )
{
    int lt;
    int gt;

    // 将 iArray 数组中第 argc 个元素放入 ltPtr。如此之后，优化器就不会把后面的代码一概抹去
    // 如果下标采用常量，优化器就会完全消除后面的代码
    ltPtr = &iArray[argc];

    // 将第 8 个数组元素的地址放入 gtPtr
    gtPtr = &iArray[7];

    // 假如执行程序时没有在命令行上键入 7 个或以上的参数，
    // 下面两个赋值语句将把 lt 和 gt 置 1(即 true)
    lt = ltPtr < gtPtr;
    gt = gtPtr > ltPtr;
    printf( "lt:%d, gt:%d\n", lt, gt );
    return 0;
}
```

在 x86-64 机器语言级，地址只不过是 64 位的数值，所以机器码比较这些指针时，将其等同于 64 位整型值。下面是 Visual C++为此例生成的 x86-64 汇编代码：

```
;
; Grab 的 argc 通过 rcx 传递给程序，取 argc 作为 iArray 的下标。iArray 的每个元素为 4 字节，
; 故在比例变址寻址模式下，要乘以 4，才能通过 LEA(调入有效地址，load effective address)指令
; 来计算该数组元素的地址，并将结果地址保存到 ltPtr。
; Line 24
        movsxd  rax, ecx                        ; rax=rcx
```

```
; Line 37
      xor     edx, edx                                ;edx = 0
      mov     r8d, edx                                ;初始化布尔结果为 false
      lea     rcx, OFFSET FLAT:iArray                 ;rcx 为 iArray 基址
      lea     rcx, QWORD PTR [rcx+rax*4]              ;rcx = &iArray[argc]
      lea     rax, OFFSET FLAT:iArray+28              ;rax=&iArray[7] (7*4 = 28)
      mov     QWORD PTR ltPtr, rcx                    ;ltPtr = &iArray[argc]
      cmp     rax, rcx                                ;进位标志位为!(ltPtr < gtPtr)
      mov     QWORD PTR gtPtr, rax                    ;gtPtr = &iArray[7]
      seta    r8b                             ;r8b = ltPtr < gtPtr (即 gtPtr 不大于 ltPtr)
      cmp     rcx, rax                                ;进位标志位为!(gtPtr > ltPtr)
; Line 38
      lea     rcx, OFFSET FLAT:??_C@_0O@KJKFINNE@lt?3?$CFd?0?5gt?3?$CFd?6?$AA@
      setb    dl                              ;dl = !(ltPtr < gtPtr ) (即 gtPtr 不大于 ltPtr)
      call    printf
;
```

除地址比较后用以求值 true(1)或 false(0)的小诀窍外，这段代码还可以直来
直去地编译成机器码。

9.4.5 指针与“与/或”逻辑运算

在可字节寻址的机器上，对地址和位串值逻辑“与”是有意义的操作，这样能
够屏蔽地址的低位，将地址对齐到 2 的整数次幂值边界。比如，倘若 32 位 80x86 的
EBX 寄存器存放着任意地址，则下列汇编语句将把 EBX 里的指针值截尾成 4 字节的
整数倍：

```
and( $FFFF_FFFC, ebx );
```

要想确保内存按特定地址边界访问，这种操作就很有用了。举例而言，假如某个
内存分配函数能返回指向某内存块的指针，而该内存块起始于任意字节边界，倘若我
们想确保指针所指的数据结构位于双字（dword）边界，就可以采用下面的汇编代码：

```
// nBytes 为要分配的字节数
mov( nBytes, eax );

// 为了截尾，先有所铺垫，即多分配 3 字节
add( 3, eax );
```

```
// 分配内存，返回的指针保存于 EAX
malloc( eax );

// 如果没有按双字对齐，加 3 后就能截尾到紧邻着的较高双字
add( 3, eax );

// 将地址截尾为 4 的整数倍
and( $ffff_fffc, eax );
```

这段代码在调用 malloc() 时会多分配 3 字节的空间，从而能对 malloc() 的返回值加 0、1、2 或 3，其目的就是要将数据对齐至双字（dword）边界。从 malloc() 返回后，如果地址不是 4 的整数倍，代码就会对其加 3，使之跨越下一个双字边界。使用 AND 指令减小了地址值，使地址对齐至前面的双字边界，即要么是原地址的下一个双字边界，要么就保持不变——倘若原地址已按双字对齐的话。

9.4.6　对指针的其他操作

除了加法、减法、比较及可能的 AND、OR，指针操作数基本就没有其他运算了。将指针与某整数或另外一个指针相乘能有什么意义呢？指针除法有何道理？将指针左移一位又能怎样？我们可以对这些运算设定某种含义，但就这些算术的本意而言，它们对指针并无意义。

包括 C/C++、Pascal 在内的一些语言对指针可能的操作有所限制。不让程序员肆意操作指针是有充分理由的，下面是其中的一些理由：

- 涉及指针的代码特别难以优化。通过限制指针运算的种类，编译器能够认为没有它应付不了的代码，理论上可使编译器产生的机器码更好。
- 操作指针的代码容易引入缺陷。限制程序员指针操作的随意性，能够防止其滥用指针，从而生成更健壮的代码。

注意： 9.9 节将描述一些很严重的错误，以及在代码中规避这些错误的方法。

- 有的指针运算，特别是某些算术运算不能跨 CPU 体系移植。例如，指针减法操作在最初的 16 位 80x86 等段式架构上可能无法得到期望的结果。

- 恰当使用指针有助于得到高效的程序，但反过来也一样：若不当使用，也会败坏程序的效率。编程语言通过限制指针操作的种类，能够阻止无谓的指针用法。这些不当的指针用法往往导致代码低效。

这些限制指针操作的"充分理由"存在一个主要问题，那就是它们大多为了程序员自己好。许多程序员，尤其是新手，会受益于这些限制形成的纪律。然而，对于很谨慎的程序员，他们本来就不会滥用指针，由于对指针用法有种种限制，他们可能丧失本可写出卓越代码的某些机会。因此，有些语言，如 C/C++、汇编语言等，提供了一套丰富的指针运算，受到高级程序员的欢迎。这些高级程序员需要在其程序中实现对指针用法的绝对控制。

9.5　内存分配的简单示例

采用动态分配的内存及指向这种内存的指针时，性能如何？内存开销有多大？为了了解这些内容，本节将给出一个简单的内存分配/释放系统。通过研究内存分配/释放的相关操作，我们将会知道采纳这种机制的代价，这样就能以适当的方式应用之。

最简单、最快的内存分配方案就是只维护一个变量，作为指向内存堆区域的指针。只要有内存分配请求，系统就将此堆指针拷贝一份，返回给应用程序。堆管理例程把此指针变量保存的地址加上所请求的内存数目，并确保请求使用的内存量不会超出堆区域能提供的数目。倘若请求的内存过多，内存管理器会返回错误指示，如 NULL 指针，或抛出一个异常。这种简单的内存管理方案是有问题的——太浪费内存，因为没有垃圾收集机制能让应用程序释放内存，从而供以后使用。垃圾收集是堆管理系统的主要用途之一。

支持垃圾收集的唯一代价就是需要一些开销。所需的内存管理代码越复杂，执行时间就越长，就越需要额外的一些内存来保存堆管理系统用到的内部数据结构。我们来看一个堆管理器的简易实现，它支持 32 位系统上的垃圾收集。这个简单系统维护着一个空闲内存块的链表。表中的每个空闲内存块有两个双字值——一个值说明空闲块的大小，另一个值则为链表中下一个空闲内存块的地址（即"链接"），如图 9-2 所示。

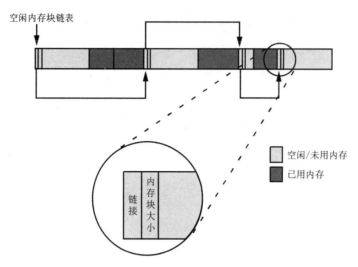

空闲内存块链表

空闲/未用内存

已用内存

链接

内存块大小

图 9-2　使用空闲内存块链表来管理堆

　　系统以一个 NULL 链表指针、整个空闲的堆空间尺寸域来初始化堆。当有内存请求时，堆管理器首先确定有无足够大的空闲块能满足分配请求。为此，堆管理器将搜寻链表，以找出具有足够内存的空闲块。要对堆管理器定义的特性之一是，如何搜索空闲块表来满足请求。常见的算法有"首次匹配搜索"（即首次匹配算法）和"最佳匹配搜索"（即最佳匹配算法）。首次匹配搜索正如其名字所说的，从头查找块表，直到发现第一个满足内存请求的块；而最佳匹配搜索则扫描整个链表，找出满足请求的最小块。最佳匹配算法的优势在于，它能保留比首次匹配算法更大的块，因此能让系统以后处理需要更大内存的请求（尽管找出最合适的块要多花些时间）；而首次匹配算法只是找寻第一个足够大的块（即便还存在能满足请求的较小块）。所以首次匹配算法会减少系统中的大内存块数量，这些内存块本来可以满足对较大内存的分配请求。

　　其实比起最佳匹配算法，首次匹配算法也有若干优点。最明显的好处就是首次匹配算法更快。最佳匹配算法在搜索过程中找到恰好满足要求的块，才中断搜索；否则，它将搜索整个空闲块链表，从中找出能满足分配请求的最小块。而首次匹配算法，只要找到能满足请求的块就行了。

　　首次匹配算法的另一个优点是，它较少遇到所谓外部碎片的退化情形。堆在经历了反复的分配、释放操作后会出现碎片。

要知道，当堆管理器满足某个内存分配请求时，通常在内存中生成两个块：一个是供申请者使用的块，另一个则是原块分配出去后剩余的部分（假如所请求的尺寸与原块尺寸并非严格相等）。经过一段时间的操作，最佳匹配算法也许会产生大量内存块残片，这些残片太小，以至于无法满足一般的内存请求——由于最佳匹配算法自身的原因，其留下的残片也最小。因此，堆管理器大概永远没有办法分配这些小块，故而这些小块不能有效利用。堆中的每个碎片单独来说都很小，多个碎片累积起来的数目却相当可观。这会导致即便堆中有足够的空闲内存，也没有一块足够大的内存块来满足请求，因为内存碎片遍布于整个堆区域。图 9-3 给出了这种情形的示例。

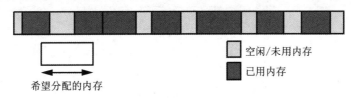

空闲/未用内存

已用内存

希望分配的内存

图 9-3　内存碎片

除了首次匹配算法和最佳匹配算法，还有其他一些内存分配策略。有的策略执行得更快，有的策略需要的内存开销较少，有的策略容易理解，而有的策略则异常复杂，还有的策略能生成较少的碎片，也有的策略能合并使用不连续的空闲内存。内存/堆管理是计算机科学中重点研究的课题之一。有相当多的文献阐释某方案比其他方案有什么优越性。要想了解更多内存分配策略，请查看操作系统设计方面的好书。

9.6　垃圾收集

内存分配只是我们故事的一半。不仅有内存分配例程，堆管理器还要提供调用，供应用程序释放不再需要的内存，以便让内存供随后使用——这也就是被称为"垃圾收集"的进程。例如，C 和 HLA 的应用程序通过调用函数 free() 达此目的。乍一看，free() 似乎很容易编写，它不就是将以前分配而现在用不上的内存块添加到空闲块链表的尾部吗？问题在于这么不经意地实现 free()，几乎注定会让堆充满无法使用的碎片。现在来看图 9-4 所示的情形。

倘若 free() 实现只是将要释放的块添加到空闲块链表的结尾，图 9-4 里的内存就会生成 3 个空闲块。既然这 3 个块是连续的，堆管理器理应将其接合在一起，成为一个空闲块，以便满足较大的内存分配请求。不幸的是，这种接合操作会要求前述的简陋堆管理器遍历整个空闲块链表，才能确定系统准备释放的块是否在链表中有相邻块。我们可以提出某种数据结构，例如堆中的每个块都额外使用 8 字节以上的一些开销，使邻近空闲块的接合变得容易。这种交易是否划算呢？这要视内存分配的平均尺寸而定。倘若使用堆管理器的应用程序总是分配小尺寸内存，那么每一内存块的额外开销就会占据很大比例的堆空间；话说回来，假如多数内存分配都是大块，几个字节的开销就不足挂齿了。

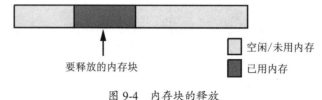

要释放的内存块

■ 空闲/未用内存
■ 已用内存

图 9-4　内存块的释放

9.7　操作系统与内存分配

堆管理器所用算法和数据结构的性能只是整体性能问题的一部分。归根结底，堆管理器需要向操作系统请求内存块。一种极端情况是，操作系统直接处理所有的内存分配请求；另一种极端情况是，堆管理器是与用户应用程序链接的运行时库例程，堆管理器先从操作系统申请到大块内存，然后按应用程序的内存请求小量地发放内存块。

向操作系统直接请求分配内存的问题在于，操作系统的应用程序接口（API）通常很慢。这是由通常要在 CPU 的核态与用户态间切换，而切换速度不快所致。故而，假如应用程序不停地调用内存分配、释放例程，操作系统直接实现的堆管理器将无法出色表现。

既然调用操作系统的代价过于高昂，多数语言都在其运行时库中有自己的 malloc()和 free()实现（或者叫其他什么名字）。首次分配内存时，malloc()会从操作系统申请一大块内存，应用程序的 malloc()、free()例程将管理这块内存。如果 malloc()先前创建的内存块不能满足某个应用程序请求，就会向操作系统再申请一大块内存（通常其远大于应用程序请求的内存块），并将该块加到其空闲块链表的结尾。因为应用程序的 malloc()、free()例程只会偶尔调用操作系统，这就显著减少了有关操作系统调用的开销。

然而，务必要知道，前面描述的过程将因语言实现而异。如果编写软件时要求高性能组件，千万不要以为 malloc()、free()多有效率。唯一可移植的办法就是开发自己应用程序专门的内存分配/释放例程集，这样才能确保堆管理器具备高性能。如何编写这类例程超出了本书范围，但要知道有这种可能性。我们可参看操作系统方面的教程来了解细节内容。

9.8　堆内存的开销

堆管理器通常会有两类开销：性能（速度）、内存（空间）。直到目前，我们的讨论还主要注重于堆管理器的性能特性，现在把眼光移到堆管理器有关的内存开销上。

在系统分配每个块时，都会比应用程序请求的存储空间多分配一些作为开销。从最低限度上说，堆管理器分配的每个块需要若干字节来记录块大小。特别的高性能的方法还会要求更多字节，但典型的开销界于 8 到 64 字节之间。堆管理器可将这些信息放入单独的内部表格，也可将块尺寸等内存管理信息直接放入所分配的块。

将信息放入内部表格有几点好处。首先，应用程序难以无意中覆盖保存在那里的信息，而将信息放到堆内存块中没有什么保护措施，无法防止应用程序抹去控制信息，从而会破坏内存管理器的数据结构；其次，将内存管理信息放入内部的数据结构，内存管理器就能方便地判断给定指针有效与否，即指针是否指向堆管理器确信已分配的某个内存块。

倘若堆管理器将控制信息与所分配的块直接关联在一起，定位这些信息就很容易，这是其优势所在。而堆管理器将信息维护于内部表格时，要定位信息就需要进行某种查找操作。

另一个影响堆管理器开销的问题就是分配粒度（allocation granularity）。堆管理器大都允许申请少到 1 字节的内存，但实际可能分配的最少字节数会大于 1。这个最小数目就是堆管理器支持的分配粒度。一般情况下，设计内存分配函数的工程师在选择粒度时，要确保能让堆中分配的数据都起始于某个合理对齐的内存地址。于是，多数堆管理器会按 4、8 或 16 字节边界来分配内存块。出于性能考虑，许多堆管理器在缓存线边界开始分配，通常是 16、32 或 64 字节。不管粒度如何，倘若应用程序请求的字节数少于堆管理器的粒度，或者不是粒度值的整数倍，堆管理器都将多分配一些字节的存储空间。故而，每个请求会得到额外的字节。这些额外的字节被填补到堆管理器能分配的最小块中，如图 9-5 所示。当然，字节数量因堆管理器而异，甚至与特定堆管理器的不同版本有关，所以程序员永远不要假定应用程序内存总比它的请求多。既然应用程序需要多一些的内存，在早先调用分配函数时就应申请这么多。

堆管理器额外分配的内存导致了另一种形式的碎片，即图 9-5 中的内部碎片（internal fragmentation）。和外部碎片一样，内部碎片也会造成少量的内存损失。它们遍布于系统内存各处，使之不能满足将来的内存分配请求。假定分配内存时尺寸任意，则每次分配的内部碎片平均为粒度尺寸的一半。幸好粒度尺寸对于大部分堆管理器来说都很小，通常为 16 字节或更少，所以经过成千上万次的内存分配后，只会有几十 KB（千字节）的内部碎片。

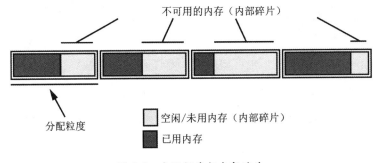

图 9-5　分配粒度与内部碎片

由于存在分配粒度和内存控制信息的开销，典型内存请求除应用程序需要的字节数外，还会再要求 8~64 字节。如果请求分配大量的内存（几百、几千字节），开销字节在堆中就不会占多大比重；然而倘若分配大量的小内存块，内部碎片和控制信息就会占据堆区域的相当大一部分。例如，我们来考虑某个简单的内存管理器，它总是将内存块分配到 4 字节边界上，并给每个分配请求额外分配一个 4 字节值用于控制。这意味着堆管理器为每次请求至少分配 8 字节的存储空间。如果发出一系列的 malloc() 调用，每次分配 1 字节，那么所分配空间的 88% 都无法供应用程序使用。即便每次请求分配 4 字节，堆管理器也要额外花费三分之二的内存量作为开销。然而，倘若一般分配 256 字节块，开销只占内存分配总量的 2%。正应了这句话——"请求分配的内存量越大，控制信息和内部碎片对堆的影响就越小。"

很多计算机科学刊物的软件工程研究表明，内存分配/释放请求会造成相当多的性能损失。在这些研究中，作者没有调用标准运行时库或者操作系统内核的内存分配代码，而是采用其应用程序专用的简化内存管理算法，结果使程序的性能提高了 1 倍甚至更多。希望本节能让你在自己的代码中对此潜在问题有所认识。

9.9 常见的指针问题

程序员用到指针时，常会犯 6 个毛病。这些毛病有的会使程序立即停止，并附有诊断信息提示；另一些毛病则很隐蔽，不会报告错误，却会生成错误结果；还有些毛病会对程序的性能有负面影响。不用说，编程卓越的程序员都会注意使用指针的风险，并避免犯下这些毛病：

- 使用了未初始化的指针。
- 所用的指针含有 NULL 之类的非法值。
- 释放存储空间后仍试图继续使用。
- 程序用过某存储空间后却不释放。
- 使用不当的数据类型访问间接数据。
- 进行无效指针操作。

9.9.1 所用的指针未初始化

最常见的毛病是，未给指针变量赋以内存地址值，就使用指针。编程新手往往没有意识到，声明指针变量只是为指针保留存储空间，并未给指针所指的数据保留存储空间。下面的 C/C++小程序展示了这类问题：

```
int main()
{
    static int *pointer;
```

```
  *pointer = 0;
}
```

尽管声明的是静态变量，从技术上讲已初始化为 0，也就是 NULL，但静态初始化并没有将指针初始化为有效的地址。因此，当程序执行时，变量 pointer 未包含有效地址，程序就无法运行。为避免此类问题发生，应当确保在解析每个指针变量前，使其包含的地址有效。例如：

```
int main()
{
    static int i;
    static int *pointer = &i;

    *pointer = 0;
}
```

当然，CPU 大都不会真正有未初始化的变量。变量初始化有两种途径：

- 程序员显式地给变量赋某个初始值。
- 当系统将存储空间分配给变量时，变量就继承了内存单元中原有的比特位。

多数时候，内存单元中的垃圾比特并不代表有效地址。试图解析这样的无效指针——即访问其所指向的内存单元数据——将会导致"内存访问冲突"（Memory Access Violation）异常，倘若你所用的操作系统能够捕获这种异常的话。

不过有些时候，这些内存中的随机位正好对应于某个可访问的内存地址。在这种情况下，CPU 可以访问所指定的内存单元而不会中途废止程序。幼稚的程序员大概会想，访问随机的某个内存单元总比废止程序强吧。其实，忽略这类错误会糟糕得多，因为程序带着毛病运行，却没有给我们任何警示。假如向未初始化的指针存放数据，可能正好覆盖掉内存中某个重要变量的值，导致的问题将非常难以定位。

9.9.2　所用的指针含有非法值

程序员使用指针的第二个毛病，就是给其赋了无效值。这里的"无效"意为并非内存中实际数据的地址。这可以被看成上一个毛病的引申——倘若没有初始化，内存中的垃圾位只会给出无效地址。其效果是一样的。如果试图解析包含无效地址的指针，要么会得到内存访问冲突异常，要么访问的是不可预知的地址。因此，解析指针变量时务必小心，确保给指针赋了有效地址值后再使用之。

9.9.3 释放存储空间后仍试图继续使用

第 3 个毛病就是所谓的指针悬空问题。为了理解它是怎么回事，现在来看下面的 Pascal 代码片段：

```
(* 为新数据 p 分配存储空间 *)
new( p );

(* 使用此指针 *)
p^ := 0;
    ... (* 用到 p 所关联的存储单元的代码 *)

(* 释放指针 p 所关联的存储空间 *)
dispose( p );

    ... (* 未引用 p 的代码 *)

(* 指针悬空 *)
p^ := 5;
```

在本例中我们看到，程序员分配了某个存储单元，并将其地址保存到变量 p 中。代码使用了此存储单元后将其释放掉，释放后的存储单元会返回系统以供他用。注意，调用 dispose() 并不改变所分配内存的任何数据。它不改变 p 的值，p 仍指向先前以 new() 分配的存储单元。但是请注意，对 dispose() 的调用告诉系统，程序已不再需要此内存块，系统可将此内存区挪作他用。dispose() 函数并没有强制我们永远不再访问该内存的数据，我们仅仅是承诺"不再用"而已。当然，这段代码没有信守承诺。程序最后一条语句将 5 保存到 p 所指的内存单元。

指针悬空的最大麻烦是，有些时候我们还能用这些指针，所以不会立即意识到存在该问题。只要系统没有将我们先前释放的存储空间用到别处，使用悬空的指针还不会对程序有负面作用。然而随着 new() 的每次调用，系统可能会重用以前dispose() 释放的内存单元。一旦重用这些单元，后续对悬空指针的解析就会导致不可知的后果。问题可能包括从已被覆盖的单元读数据、覆盖掉新数据，更坏情况是覆盖了系统的堆管理指针（这样可能导致程序崩溃！）解决的办法很明确——既然释放了指针所指的存储空间，就不要再用这个指针的值。

9.9.4　程序用过某存储空间后却不释放

在所有这些毛病中，不释放指针所指的存储空间大概对程序的正常工作影响最小。下面的 C 语言代码展示了这类问题：

```
// 变量"ptr"为指向该存储空间的指针
ptr = malloc( 256 );

... // 没有释放"ptr"的代码

ptr = malloc( 512 );

// 这时就无法引用先前通过 malloc()分配的 256 字节内存块
```

在这个例子中，程序先是分配 256 字节存储空间，以变量 ptr 指向之。后来，程序又分配了 512 字节存储空间，并改写变量 ptr，使之指向新分配的内存块。ptr 先前保存的地址丢失。由于程序已经覆盖掉以前的 ptr 值，就无法将早先的 256 字节用 free()释放。于是，程序就无法再利用这 256 字节的存储空间。

程序不能访问 256 字节的存储空间似乎没什么大不了的。但想想这段代码若在循环中执行，则每次迭代都要丢失 256 字节内存。只要重复足够的次数，程序就会耗光堆中的内存。这种问题通常被叫作*内存泄漏*（memory leak），因为在程序执行过程中其效果如同内存不断从计算机中流出一样。

比起指针悬空，内存泄漏还不算大问题。实际上，内存泄漏只有两个麻烦：

- 有耗光堆空间的危险，最终可能导致程序废止，不过这种现象很少见。
- 由于虚拟页交换（即颠簸）而影响到程序的性能。

不管怎样，应当养成分配存储空间后都要释放的习惯。

注意：程序退出后，操作系统就能利用所有的内存空间，包括内存泄漏的那部分。所以内存泄漏只是对程序而言，并不会对整个系统造成内存损失。

9.9.5 使用不当的数据类型访问间接数据

第 5 个毛病是没有类型安全地访问指针，这样容易意外使用错误的数据类型。有的语言如汇编语言，不能强制进行指针类型检查。而 C/C++等语言却容易凌驾于指针引用的数据类型之上。例如，现在来看下面的 C/C++程序片段：

```
char *pc;
...
pc = malloc( sizeof( char ) );
...
// 将字符型指针 pc 强制类型转换为整型指针
*((int *) pc) = 5000;
```

一般来说，如果试图将值 5000 赋给 pc 所指的数据，编译器就会牢骚满腹，因为5000 无法放入 char 型数据的存储空间——只有 1 字节。然而本例通过强制类型转换（type casting 或 coercion）告知编译器，pc 为 int 型指针而非 char 型指针，编译器就能认定这种赋值是合法的。

当然，倘若 pc 并未实际指向整数数据，则这段代码的最后一句可能引起灾难。字符是 1 字节，而整数要长一些。既然整数长于 1 字节，该赋值语句将会覆盖更多字节，而不光是 malloc()分配的那个字节。这是否会造成问题，要看内存中紧邻该字符的数据是什么。

9.9.6 进行无效指针操作

最后一类常见的指针错误与指针本身的操作有关。随意的指针算法可能导致指针指向早先分配的数据范围之外。通过做一些疯狂的运算，我们甚至可以将指针修改得指向不正确的对象。考虑下面这段 C 代码，就做得令人讨厌：

```
int  i [4] = {1,2,3,4};
int *p     = &i[0];
     .
     .
     .
   p = (int *)((char *)p + 1);
   *p = 5;
```

本例将 p 强制转换为指向字符的指针。然后，它向 p 中的值添加 1。由于进行了强制转换，编译器认为 p 指向一个字符，p 加 1 实际上会将值 1 添加到 p 中保存的地址。该序列中的最后一条指令将值 5 存储到 p 指向的内存地址中，该地址现在是为 i[0] 元素所占 4 字节中的 1 字节。在某些机器上，这种情形会导致故障；在其他机器上，会将一个奇怪的值存储到 i[0] 和 i[1] 中。

当两个指针并不指向同一个对象（同一个对象通常指数组或结构）时，比较两个指针孰小孰大，这是对指针执行非法操作的另一个例子。将指针强制转换为整数，并为该指针赋以整数值，会产生意想不到的结果。

9.10　现代编程语言中的指针

鉴于 9.9 节中提到的问题，现代高级语言，如 Java、C#、Swift 和 C++ 11/C++ 14，试图取消手动内存分配和释放。这些语言让我们在堆上创建新数据（通常使用 new() 函数），但不提供任何用于显式释放该存储空间的机制。相反，该语言的运行时系统会跟踪内存使用情况，并在程序不再使用存储空间时，通过垃圾收集来自动释放之。这样就消除了大多数（但不是全部）指针未初始化和指针悬空的问题。它还降低了内存泄漏的可能性。这些新语言显著减少了由错误使用指针所带来的问题数量。

当然，放弃对内存分配和释放的控制也会带来一些问题。特别是，我们丧失了控制内存分配生命期的能力。现在，由运行时系统决定何时对未使用的数据进行垃圾收集，因此在我们使用完数据后，大的数据块仍然还会保留一段时间。

9.11　托管指针

一些编程语言提供的指针功能非常有限。例如，标准 Pascal 只允许对指针执行几种操作：赋值（指针拷贝）、比较（检查是否相等）和解除引用。它不支持指针算术运算，这意味着许多类型的指针错误是不可能发生的 [1]。另一个极端则是 C/C++，其

1　然而，大多数实际的 Pascal 编译都提供了允许指针算术运算的扩展，所以 C/C++ 的指针问题在 Pascal 上也同样存在。

允许对指针进行不同的算术运算，这使得语言非常强大，但也可能会在代码中引入缺陷。

诸如 C#和 Microsoft 公共语言运行时系统之类的现代语言系统引入了托管指针，允许对指针进行各种算术运算，从而具备比标准 Pascal 等语言大得多的灵活性；现代语言系统又提供了一些限制，从而有助于避免许多常见的指针陷阱。举例来说，在这些语言中，不能将任意整数添加到任意指针——这在 C/C++中是可能的。如果要向指针添加整数并获得合法结果，指针必须包含数组或内存中其他同类元素的集合的地址。此外，整数的值必须限制为不超过此数据类型大小的值，也就是说运行时系统强制执行数组边界检查。

虽然使用托管指针不能消除所有指针问题，但它确实能够防止指向某数据的指针访问其引用对象范围之外的数据。它还有助于阻止软件有安全问题，例如，通过在指针算术运算中使用非法偏移量来试图入侵系统。

9.12 获取更多信息

- Jeff. Duntemann 编写的 *Assembly Language Step-by-Step*（第 3 版），由 Wiley 出版社于 2009 年出版。
- Randall Hyde编写的 *The Art of Assembly Language*（第 2 版）[1]，由No Starch Press 于 2010 年出版。
- Steve Oualline编写的How Not to Program in C++[2]，由No Starch Press于 2003 年出版。

---

1 中文版《汇编语言的编程艺术（第 2 版）》，包战、马跃译，清华大学出版社于 2011 年出版。
　——译者注
2 中文版《捉虫历险记——常见 C++ Bug 大围剿》，彭珲、糜元根译，清华大学出版社出版。
　——译者注

10

字符串

在现代程序中，字符串可能是除整型外最常用的基本数据类型了；作为复合数据类型，其使用频度也仅次于数组。所谓"串"即一个数据序列。多数情况下，术语串指的是字符序列，但整数串、实数串、布尔值串等等也颇有可能，例如《编程卓越之道（卷 1）》和本书已经介绍了位串。不过，在本章中我们将研究字符串的一般用法。

泛泛而谈，字符串拥有两个主要属性：长度和字符数据。字符串还有其他一些属性，诸如对某特定变量的最大允许长度（maximum length）、说明有多少个字符串变量在引用同一字符串数据的引用计数（reference count）等等。在随后几节我们将了解这些属性，以及程序如何使用之，还将描述各种字符串格式及对字符串可能的操作。

特别地，本章将探讨如下话题：

- 各种字符串格式，包括以 0 结尾的字符串、带长度值前缀的字符串、HLA 字符串和 7 位字符编码的字符串

- 使用（及不使用）标准库中字符串处理函数的时机
- 静态字符串、伪动态字符串和动态字符串
- 引用计数与字符串
- Unicode 和 UTF-8/UTF-16/UTF-32 字符编码格式的字符串

在当代应用程序中，字符串操作占据了相当大的 CPU 时间。因此，如果想写出高效的代码来操作字符串，很有必要了解编程语言是如何表示和处理字符串的。本章将提供基础知识，让我们具备做到这些操作所需的能力。

10.1 字符串格式

语言不同，用来表达字符串的数据结构也会有差异。有的字符串格式占用较少的内存，有的字符串可更快地处理，有的字符串方便使用，有的字符串利于编译器的编写者实现，还有的字符串可为程序员和操作系统提供更多功能。

尽管字符串的内部表示各有千秋，但全部字符串格式都有一处共同点——字符数据，即 0 到多字节的字符序列（序列意指字符的顺序很关键）。程序引用字符序列的方法因其格式而异。在有些字符串格式中，字符序列保存于字符数组；而对于另一些字符串格式，程序在内存某处维护着一个指向该字符序列的指针。

所有字符串格式都有长度属性，然而各字符串格式表达字符串长度的方法千差万别。一些字符串格式使用专门的标记字符（sentinel character）来指示字符串结束；一些字符串格式在字符数据前面放置一个数值，指示序列中的字符数；一些字符串格式将长度值编码到与字符序列不相邻的变量；还有一些字符串格式使用专门比特位的置位或清零来标记字符串结尾；另有一些字符串格式综合使用上述这些方法。特定字符串格式确定长度的方法会对操作这些字符串的函数性能有深远影响，同样还会影响到表示字符串数据时额外需要多少存储空间。

有的字符串格式提供额外属性，譬如最大允许长度和引用计数，某些字符串函数利用这些属性能够更高效地工作。这些属性是可选的，定义字符串值时并非严格需要。然而选用这些属性后，能让字符串操作函数提供某些正确性测试，或者表现得更出色。

为了更好地理解字符串设计潜藏的思路，我们将用各种语言观察若干种常见的字符串表达法。

10.1.1 以0结尾的字符串

毫无疑问，以 0 结尾的字符串（参看图 10-1）是当今应用最广泛的字符串表达法，因为 C、C++及其他一些语言都采用这种字符串格式。不仅如此，在没有专门内定字符串格式的语言，如汇编语言的程序中，也能找到以 0 结尾字符串的身影。

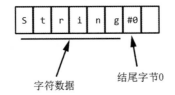

图 10-1　以 0 结尾的字符串格式

以 0 结尾的 ASCII 字符串也被称为 "*ASCIIz 字符串*" 或 "*zstring*"，即包含 0 到多个 8 位字符编码，且以字节值 0 结尾的字符串；而 Unicode（UTF-16）字符串则是包含 0 到多个 16 位字符编码，且以 0 值的 16 位字结尾的字符串。UTF-32 字符串里每个字符是 32 位（4 字节）的，以 32 位 0 值结尾。例如，C/C++的 ASCIIz 字符串 "abc"需要 4 字节：字符 a、b 和 c 分别需要 1 字节，结束处的 0 值也占 1 字节。

比起其他字符串格式，以 0 结尾的字符串具备下列这些优越性：

- 以 0 结尾的字符串不管表示多长的字符序列，都只需要 1 字节的额外开销（在 UTF-16 中，为 2 字节；在 UTF-32 中，则为 4 字节）。
- 由于 C/C++编程语言使用的普遍性，对以 0 结尾的字符串有高性能的字符串处理函数库可供使用。
- 以 0 结尾的字符串容易实现。事实上，除字符串文字常量外，C/C++编程语言没有提供其他内定的字符串支持。就 C 和 C++语言而言，字符串只不过是字符数组罢了。这大概是 C 语言设计者选用该格式的首要原因之一——这样就无须使用字符串运算符了，字符串运算符会把语言搞得面目全非。
- 任何语言只要能创建字符数组，就很容易表示以 0 结尾的字符串格式。

尽管有这么多优点，但以 0 结尾的字符串仍有一些不便之处——这种格式并不总是表示字符串数据的最佳之选。其缺点如下：

- 在操作以 0 结尾的字符串时，字符串函数经常不能很高效。许多的字符串操作需要知道字符串的长度后，才能对字符串数据进行操作。对于以 0 结尾的字符串，取得其长度的唯一办法就是从头至尾扫描字符串。字符串越长，函数运行得就越慢。因此，以 0 结尾的字符串并非处理长字符串的上策。
- 以 0 结尾的字符串不太容易表达字符代码 0——亦即 ASCII 和 Unicode 中的字符 NUL，尽管这不算什么大问题。
- 以 0 结尾的字符串自身无法提供最大允许长度的信息。故而对于有的字符串函数，如合并函数，倘若调用的程序明确要求有最大长度，就只能在扩展已有字符串变量后，再检查其是否超出了长度范围。

以 0 结尾的字符串有一个亮点，就是指针和字符数组都能容易地实现这种格式。也许这正是编程语言 C 采纳此种格式的另一个初衷——实现方便。现在来看下面的 C/C++语句：

```
someCharPtrVar = "Hello World";
```

下面是 Borland C++ v5.0 编译器为此语句生成的代码：

```
; char *someCharPtrVar;
  ;    someCharPtrVar = "Hello World";
  ;
@1:
; offset 意为"占用谁的地址"，s@是编译器对字符串"Hello World"存放处所做的标号
     mov eax,offset s@
     ...
_DATA segment dword public use32 'DATA'
; s@+0:
; 为文字字符串"Hello World"生成以 0 结尾的字符序列
s@ label byte
   db "Hello World",0
   ;      s@+12:
   db     "%s",0
   align  4
_DATA ends
```

Borland C++编译器只用把文字字符串"Hello World"放到内存的全局数据段，将其第一个字符在数据段中的地址存入变量 someCharPtrVar 中。从此以后，程序通过该指针就可以间接引用字符串数据。从编译器编写者的角度来看，这种方案非常便利。

诸如 C、C++和 Python 等一大堆使用以 0 结尾字符串的语言，都采用了 C 语言的字符串格式。记住以下几点将能够提高字符串处理代码的性能：

- 尽量使用语言自带的运行时库函数，不要试图自己编写同等功能的函数。多数编译器厂商提供的字符串函数经过高度优化，运行起来可能比我们自己编写的代码快很多倍。
- 如果必须扫描整个字符串才能计算其长度，就将得到的长度值保存起来备用；别随算随扔，每次需要时再重新算一遍。
- 避免在字符串变量之间拷贝数据。在应用程序中，将以 0 结尾的字符串数据拷贝到内存的其他地方是开销很大的操作之一。

下面各节会逐个讨论这几点。

10.1.1.1　使用 C 语言标准库字符串函数

有些程序员，特别是汇编程序员总不相信别人写的代码比自己写的代码运行得快或好。如果能用标准库函数，就别自行编写函数，除非你觉得库代码实在不像样。我们不大可能写出效率比现有库高 1 倍的代码，在 C、C++之类处理以 0 结尾字符串的语言中编写字符串函数尤其如此。标准库（如标准库字符串函数）通常比我们自己写的代码好，这主要有 3 个方面的原因——经验、成熟度和内联替代。

第一个原因是，编写编译器运行时库的程序员有着字符串处理函数方面的丰富阅历。尽管过去新出的编译器所带库的效率臭名昭著，但随着时间的推移，编译器厂商的编程队伍会积累丰富的库子程序编写经验，知道如何让字符串处理函数干得出色。除非我们花相当多的时间编写同样类型的子程序，写出的代码才可能与他们旗鼓相当。许多编译器厂商从专门编写库代码的其他机构购买标准库，所以即便我们所用的编译器刚刚出炉，带的库仍可能不错。时至今日，商品级编译器包含的库代码效率糟糕透顶的情况少之又少。大多数时候，只有研发中的或业余编译器带的

库才会不堪使用，以至于我们重写代码就很容易地改进。请看一个简单的例子——C
语言标准库函数 strlen()，它用来计算字符串的长度。没有经验的程序员可能这样
实现 strlen()函数：

```c
#include <stdlib.h>
#include <stdio.h>

int myStrlen( char *s )
{
  char *start;

  start = s;
  while( *s != 0 )
  {
    ++s;
  }
  return s - start;
}

int main( int argc, char **argv )
{
  printf( "myStrlen = %d", myStrlen( "Hello World" ));
  return 0;
}
```

倘若用 Microsoft 的 Visual C++对 myStrlen()编译，任何程序员都能想象出其
80x86 机器码是这个样子的：

```
myStrlen PROC                          ; COMDAT
; File c:\users\rhyde\test\t\t\t.cpp
; Line 10                              // 指向字符串的指针通过 RCX 寄存器传递
      cmp    BYTE PTR [rcx], 0         //*s 为 0 否？
      mov    rax, rcx                  // 保存字符串开头的地址，以计算字符串的长度
      je     SHORT $LN3@myStrlen       // 到字符串结尾处停下
$LL2@myStrlen:
; Line 12
      inc    rcx                       // 移至字符串的下一个字符
      cmp    BYTE PTR [rcx], 0         // 到字符 0 了吗？
      jne    SHORT $LL2@myStrlen       // 如果没有，继续循环
```

```
$LN3@myStrlen:
; Line 14
        sub     rcx, rax                    // 计算字符串的长度
        mov     eax, ecx                    // 通过 EAX 寄存器返回函数结果
; Line 15
        ret     0
myStrlen ENDP
```

不用说，有经验的汇编语言程序员会重新组织这些指令，提高其执行速度。事实上，即便一般的 80x86 汇编语言程序员也能指出，正是代码序列里的 scasb 指令干了大部分活儿。虽然这段代码相当短，容易看懂，但绝非不能跑得再快。汇编语言高手大概会注意到，循环对字符串中的每个字符都要迭代一次，每次只访问内存中的 1 字节字符。通过展开循环 [1]，每次迭代处理几个字符，就能提高字符串函数的性能。举个例子，现在来看下列 HLA 标准库 zstr.len() 函数，它对以 0 结尾的字符串计算长度，一次处理 4 个字符：

```
unit stringUnit;
#include( "strings.hhf" );

/****************************************************************/
/*                                                            */
/** zlen-对以参数形式传递过来的 zstring 返回其长度值。          */
/*                                                            */
/****************************************************************/

procedure zstr.len( zstr:zstring ); @noframe;
const
   zstrp    :text := "[esp+8]";

begin len;
   push( esi );
   mov( zstrp, esi );

   // 着手下一步前我们需要将 ESI 按双字对齐。如果 ESI 的低两位为 00，则 ESI 中的地址是 4 的整数倍。
   // 倘若其不都为 0，则需要检查从 ESI 地址开始的 1、2、3 字节，看有无字符串结尾字节 0。
   test( 3, esi );
```

1　展开（unrolling）循环是一种优化技术，可以通过消除循环控制指令和循环检验指令来加快执行速度。

```
        jz ESIisAligned;

        cmp( (type char [esi]), #0 );
        je SetESI;
        inc( esi );
        test( 3, esi );
        jz ESIisAligned;

        cmp( (type char [esi]), #0 );
        je SetESI;
        inc( esi );
        test( 3, esi );
        jz ESIisAligned;

        cmp( (type char [esi]), #0 );
        je SetESI;
        inc( esi );     // 至此已将 ESI 按双字对齐

    ESIisAligned:
        sub( 32, esi );          // 为了抵消随后的加法操作
    ZeroLoop:
        add( 32, esi );          // 跳过循环已经处理的字符
ZeroLoop2:
    mov( [esi], eax );       // 下列代码一次取 4 字节放入 EAX
    and( $7f7f7f7f, eax );   // 清除每个字节的最高位, 注意 $80 将变成 $00
    sub( $01010101, eax );   // 原来的 $00、$80 都变为 $FF, 其他则成为正值
    and( $80808080, eax );   // 检测所有字节的高位, 如果哪个字节的高位为 1,
    jnz MightBeZero0;        // 说明找到了字节值 $00 或 $80

    mov( [esi+4], eax );     // 下列代码都是对上面结果的内联展开。
    and( $7f7f7f7f, eax );   // 循环的每轮迭代将处理 32 字节
    sub( $01010101, eax );
    and( $80808080, eax );
    jnz MightBeZero4;

    mov( [esi+8], eax );
    and( $7f7f7f7f, eax );
    sub( $01010101, eax );
    and( $80808080, eax );
    jnz MightBeZero8;

    mov( [esi+12], eax );
    and( $7f7f7f7f, eax );
    sub( $01010101, eax );
```

```
    and( $80808080, eax );
    jnz MightBeZero12;

    mov( [esi+16], eax );
    and( $7f7f7f7f, eax );
    sub( $01010101, eax );
    and( $80808080, eax );
    jnz MightBeZero16;

    mov( [esi+20], eax );
    and( $7f7f7f7f, eax );
    sub( $01010101, eax );
    and( $80808080, eax );
    jnz MightBeZero20;

    mov( [esi+24], eax );
    and( $7f7f7f7f, eax );
    sub( $01010101, eax );
    and( $80808080, eax );
    jnz MightBeZero24;

    mov( [esi+28], eax );
    and( $7f7f7f7f, eax );
    sub( $01010101, eax );
    and( $80808080, eax );
    jz ZeroLoop;

// 下列代码对找到$80或$00的情况进行处理。我们需要确定是否为字节0以及字节0的确切位置。
// 如果是$80，还得回头继续处理字符串里的字符。

// OK，我们已经发现位置28到31有$80或$00字节。若是字节0的话，就确定其位置。
    add( 28, esi );
    jmp MightBeZero0;

// 如果到了这个地方，就说明在位置4到7处有字节0
MightBeZero4:
    add( 4, esi );
    jmp MightBeZero0;

// 如果到了这个地方，就说明在位置8到11处有字节0
MightBeZero8:
    add( 8, esi );
    jmp MightBeZero0;
```

```
// 如果到了这个地方，就说明在位置 12 到 15 处有字节 0
MightBeZero12:
    add( 12, esi );
    jmp MightBeZero0;


// 如果到了这个地方，就说明在位置 16 到 19 处有字节 0
MightBeZero16:
    add( 16, esi );
    jmp MightBeZero0;


// 如果到了这个地方，就说明在位置 20 到 23 处有字节 0
MightBeZero20:
    add( 20, esi );
    jmp MightBeZero0;


// 如果到了这个地方，就说明在位置 24 到 27 处有字节 0
MightBeZero24:
    add( 24, esi );


// 如果到了这个地方，就说明在位置 0 到 3 处有字节 0；或者通过上述条件的分支来到此处
MightBeZero0:
    mov( [esi], eax );          // 取出原来的 4 字节
    cmp( al, 0 );               // 检查第 1 个字节是否为 0
    je SetESI;
    cmp( ah, 0 );               // 检查第 2 个字节是否为 0
    je SetESI1;
    test( $FF_0000, eax );      // 检查第 3 个字节是否为 0
    je SetESI2;
    test( $FF00_0000, eax );    // 检查最高字节是否为 0
    je SetESI3;


// 如果到了这个地方，必定是遇到了字节 $80。幸亏这一字符很少出现在 ASCII 字符串里，
// 所以难得用上这里的附带运算，即跳回 ZeroLoop2 继续处理
    add( 4, esi );              // 跳过已经处理的字节
    jmp ZeroLoop2;             // 不经过 ZeroLoop 的加 32 操作，而跳至 ZeroLoop2!


// 下面的代码计算字符串的长度，先从原始值减去当前 ESI 的值，然后根据上面 MightBeZero0 序列
// 的分支对差值加上 0、1、2 或 3。

SetESI3:
    sub( zstrp, esi );          // 由于字节 0 位于最高位字节，因此将长度加 3
    lea( eax, [esi+3] );
```

```
    pop( esi );
    ret(4);

SetESI2:
    sub( zstrp, esi );    // 由于字节 0 位于第 3 个字节, 因此将长度加 2
    lea( eax, [esi+2] );
    pop( esi );
    ret(4);

SetESI1:
    sub( zstrp, esi );    // 由于字节 0 位于第 2 个字节, 因此将长度加 1
    lea( eax, [esi+1] );
    pop( esi );
    ret(4);

    SetESI:
        mov( esi, eax );    // 计算长度, 不再加任何值, 因为最低字节即字节 0
        sub( zstrp, eax );
        pop( esi );
        ret(4);

end zlen;
end stringUnit;
```

　　这个函数比前面给出的简单示例长得多、复杂得多，但它运行得更快，因为大幅减少了执行的循环次数，每次迭代处理 4 个字符而非一个字符。并且通过"展开循环"——即将循环体在内部拷贝 8 次——减少了循环开销，能够省去 87%的循环控制指令，所以其比先前给出的代码快 2~6 倍，具体改善程度视字符串的长度而定 [1]。

　　请勿自行编写库函数（应使用标准库字符串函数）的第 2 个原因就是代码的成熟度问题。现今流行的优化型编译器大都有些年头了，在这段时间内编译器厂商通过使用其子程序找出了瓶颈所在，对库代码有所优化。如果我们自己编写标准库字符串处理函数，很可能没有时间去专门优化特定的函数——我们要操心的是整个应

1　值得指出的是，这段代码并非确切对应本节给出的简化 C 代码。HLA 代码假定所有字符串都通过填充字节将长度定为 4 的整数倍。这种 HLA 假设合情合理，但对标准的 C 语言字符串并不总成立。而且，这也让代码效率降低了不少。支持 SSE4.1 扩展的新式 CPU 可以使用若干 SSE 指令，让此操作执行得更快！

用程序。由于项目时间所限，大概再也不会回头重写某个字符串函数，以改进它的性能。即便我们的子程序有少许性能优势，别忘了编译器厂商将来也会更新其库，我们只要对项目重新链入新代码，就可以利用这些进步。倘若自行编写库代码，它可不会自我完善，只能靠我们自己动手才能解救自己。显而易见，多数人都在忙于新项目，没有功夫回头整理老代码，因此日后改进自己所写字符串函数的概率微乎其微。

还有第 3 个原因说明我们应当使用标准库字符串函数，这对 C、C++之类的语言异常重要，那就是内联展开。许多编译器能识别某些标准库函数名，并在调用这些函数的地方把函数名替换成高效的机器码。内联展开比显式的函数调用快很多倍，函数带有若干参数时更是如此。举一个简单例子，现在来看下面的简短 C 程序：

```
#include <stdlib.h>
#include <stdio.h>

int main( int argc, char **argv )
{
   char localStr[256];

   strcpy( localStr, "Hello World" );
   printf( localStr );
   return 0;
}
```

Visual C++对其生成的 64 位 x86 汇编代码值得回味：

```
; 为 strcpy()函数中的文字字符串保留的存储位置

_DATA   SEGMENT
$SG6874 DB   'Hello World', 00H
_DATA   ENDS
_TEXT   SEGMENT
localStr$ = 32
__$ArrayPad$ = 288
argc$ = 320
argv$ = 328
main    PROC
; File c:\users\rhyde\test\t\t\t.cpp
; Line 6
```

```
$LN4:
   sub rsp, 312                ; 00000138H
   mov rax, QWORD PTR __security_cookie
   xor rax, rsp
   mov QWORD PTR __$ArrayPad$[rsp], rax
; Line 9
   movsd   xmm0, QWORD PTR $SG6874
; Line 10
   lea rcx, QWORD PTR localStr$[rsp]
   mov eax, DWORD PTR $SG6874+8
   movsd   QWORD PTR localStr$[rsp], xmm0
   mov DWORD PTR localStr$[rsp+8], eax
   call    printf
; Line 11
   xor eax, eax
; Line 12
   mov rcx, QWORD PTR __$ArrayPad$[rsp]
   xor rcx, rsp
   call    __security_check_cookie
   add rsp, 312                ; 00000138H
   ret 0
main    ENDP
_TEXT   ENDS
```

编译器认出了代码的意图，并用 4 个内联指令实现了在内存中将 12 字节的字符串文字常量拷入变量 localStr 的操作。特别是，它用 XMM0 寄存器拷贝 8 字节，用 EAX 寄存器拷贝 4 字节。注意这段代码使用 RCX 将 localStr 传递到 printf() 函数。尚且不算拷贝字符串数据的花费，仅仅调用 strcpy() 函数再返回的开销都比这种方法大。这个例子恰当说明了应调用标准库函数，无须自行编写实现同样功能的"优化"函数的原因。

10.1.1.2　何时不要用标准库函数

通常调用标准库函数比我们动手编写子程序的效果要好。不过，在某些特殊情况下还是得自己编写函数，不能指望标准库里的那些函数。

如果库函数恰能完成我们需要的那些功能——不多不少——自然再好不过了。但程序员往往乱用某个库函数，要它干并非其本职的事情，或者只想利用函数提供的部分功能，这时就会惹上麻烦。例如，请看下面的 C 语言标准库函数 strcspn()：

```
size_t strcspn( char *source, char *cset );
```

此函数遍历 *source* 中的字符，找寻第一个 *cset* 字符串没有的字符。返回值为找到此字符时已经扫描的字符数。下面这种调用函数的方法屡见不鲜：

```
len = strcspn( SomeString, "a" );
```

这么做是想返回字符串 *SomeString* 中字符 "a" 之前的字符数。也就是说，其本意在于做下面的事情：

```
len = 0;
while (
     SomeString[ len ] != '\0'
  && SomeString[ len ] != 'a'
){
   ++len;
}
```

不巧的是，调用函数 strcspn()可能比简单的 while 循环慢了一大截。因为 strcspn()不光在 *source* 字符串中查找单个字符，它还会对源字符串搜寻 *cset* 中的所有字符。该函数的一般实现是这样的：

```
len = 0;
for(;;)              // 无限循环
{
   ch = SomeString [ len ];
   if( ch == '\0' ) break;
   for( i=0; i<strlen( cset ); ++i )
   {
      if( ch == cset[i] ) break;
   }
   if( ch == cset[i] ) break;
   ++len;
}
```

注意这里有两个嵌套循环！稍微分析一番，就能看出这段代码比前面给出的那段慢得多。即便我们传递进去的字符串 cset 只有一个字符，也是如此。它并不只是处理单个终止字符的特定情况，而是会搜索所有可终止条件的字符——这正是杀鸡用牛刀的一个典型例子。倘若标准库函数可"恰到好处"地完成我们需要的功能，那么二话不说就该使用标准库。但假如它做事还来些添头，从程序效率的角度看，再使用标准库函数就会得不偿失。

10.1.1.3　避免重复计算

前一小节的最后一个例子有一个常见的 C 编程毛病。现在来看此代码段：

```
for( i=0; i<strlen( cset ); ++i )
{
   if( ch == cset[i] ) break;
}
```

循环每迭代一轮，代码都要检查循环下标是否小于字符串 cset 的长度。由于循环体对字符串 cset 毫发未动，而我们假设应用并非多线程操作，不存在其他线程修改 cset 的情况，因此没有必要每次迭代都计算 cset 的长度。请看 Microsoft Visual C++ 32 位编译器为整个程序段生成的汇编代码：

```
; Line 10
        mov     DWORD PTR i$1[rsp], 0 ;for(i = 0;...;...)
        jmp     SHORT $LN4@main

$LN2@main:
        mov     eax, DWORD PTR i$1[rsp] ;for(...;...;++i)
        inc     eax
        mov     DWORD PTR i$1[rsp], eax

$LN4@main: ;for(...; i < strlen(localStr);...)
        movsxd  rax, DWORD PTR i$1[rsp]
        mov     QWORD PTR tv65[rsp], rax
        lea     rcx, QWORD PTR localStr$[rsp]
        call    strlen
        mov     rcx, QWORD PTR tv65[rsp]
        cmp     rcx, rax
        jae     SHORT $LN3@main
; Line 12
        movsx   eax, BYTE PTR ch$[rsp]
        movsxd  rcx, DWORD PTR i$1[rsp]
        movsx   ecx, BYTE PTR localStr$[rsp+rcx]
```

```
        cmp       eax, ecx
        jne       SHORT $LN5@main
        jmp       SHORT $LN3@main
$LN5@main:
; Line 13
        jmp       SHORT $LN2@main
$LN3@main:
```

和前面一样，在最里层的 for 循环每次迭代时，机器码都会计算该字符串的长度。由于字符串 cset 长度固定不变，每次迭代都计算该值实在没有必要。按下面的办法重写代码段，即可轻易纠正此不当之处：

```
slen = strlen( cset );
len = 0;
for(;;)            // 无限循环
{
   ch = SomeStr[ len ];
   if( ch == '\0' ) break;
   for( i=0; i<slen; ++i )
   {
      if( ch == cset[i] ) break;
   }
   if( ch == cset[i] ) break;
   ++len;
}
```

更进一步，较新版本的微软 Visual C++编译器在你打开优化时，能够识别这种情形。倘若判断出字符串长度是循环不变体计算，即其值并不随着每轮循环变化，Visual C++就将对 strlen()的调用移出循环。不走运的是，Visual C++并非每次都能认出这种情形。举个例子，如果你调用 Visual C++不知道的某个函数，向其传递 localStr 地址作为"非常数"的参数，Visual C++只能假定字符串长度可能改变——即便该长度不会变，这时就不能把 strlen()调用移出循环。

相当多的字符串操作需要先知道字符串的长度。想想许多C语言库都有的 strdup()函数 [1]，下列代码是其一般实现：

---

1 早先的 C 语言标准库并未定义 strdup()，但厂商都对 C 语言标准库扩展了此函数。

```
char *strdup( char *src )
{
    char *result;

    result = malloc( strlen( src ) + 1 );
    assert( result != NULL );        // 确保malloc()成功, 才做下一步
    strcpy( result, src );
    return result;
}
```

这样的 strdup()实现基本没有错误。如果将字符串当作参数传递时我们对其确实一无所知，就必须计算此字符串的长度，以便了解需要为其拷贝分配多大的存储空间。然而，请看下列调用 strdup()的代码序列：

```
len = strlen( someStr );
if( len == 0 )
{
    newStr = NULL;
}
else
{
    newStr = strdup( someStr );
}
```

这里存在着重复调用 strlen()的问题：一次在代码段中显式调用 strlen()函数，另一次则隐含于 strdup()中调用。最糟糕的是，我们不能一眼看出 strlen()被调用了两次，所以很难发现代码其实浪费了 CPU 时间。此为杀鸡用牛刀的另外一个例子，它导致了对字符串长度的重复计算，降低了效率。解决之道是采用不太常用的 strdup()版本——比如 strduplen()，以便能传递已经算出的字符串长度。函数 strduplen()可以通过下列代码实现：

```
char *strduplen( char *src, size_t len)
{
    char *result;

    //为新字符串分配存储空间
    result = malloc( len + 1 );
    assert( result != NULL );
```

```
// 将源字符串和字节 0 拷贝到新字符串
memcpy( result, src, len+1 );
return result;
}
```

注意，上例中用到了 `memcpy()` 而非 `strcpy()`，也没有用比 `strcpy()` 更好的 `strncpy()`。这是出于同样的道理——既然已经知道了字符串的长度，我们就没有必要执行代码来搜寻结尾字节 0，而 `strcpy()` 和 `strncpy()` 都要查找结尾字节 0。当然，如此实现这个函数是假定其调用者传递过来的长度值正确，但对大部分字符串和数组操作来说，这是一个标准的 C 语言假设。

10.1.1.4　避免拷贝数据

字符串的拷贝操作，特别是对长字符串的拷贝，会非常消耗计算机的时间。毕竟大多数程序是在内存中维护字符串数据的，而内存的速度远低于 CPU——通常差一个数量级，甚至更多。尽管缓存可以缩短两者的差距，但如果没有频繁重用缓存里的字符串数据，所处理的大量字符串数据仍会抹去其他缓存数据，导致颠簸现象。程序拷贝字符串数据在所难免，然而许多数据拷贝操作是不必要的，只会对程序性能造成致命损害。

较好的解决办法就是利用指针传递以 0 结尾的字符串，而不要在变量之间来回拷贝字符串。指向以 0 结尾字符串的指针能够放入寄存器，通过内存变量存放时也不会占用太多存储空间。因此，比起在字符串变量间拷贝数据，传递指针对缓存和 CPU 性能的影响要小得多。

正如你在本章所看到的，比起操作其他字符串类型的函数，处理以 0 结尾字符串的函数通常效率欠佳。此外，运用以 0 结尾字符串的程序时容易犯错误，例如会重复调用 `strlen()`，或者为达到特定目的而滥用普通函数。幸好即使语言的内定格式是这种字符串，设计、使用更高效的字符串格式照样挺容易。

10.1.2　带长度值前缀的字符串格式

另一种常见的格式是字符串带有长度值前缀，它克服了以 0 结尾字符串的某些缺点。带长度值前缀的字符串常见于 Pascal 之类的语言：通常有一个字节指示字符串长度，其后跟着 0 到多个 8 位字符码，如图 10-2 所示。在这种方案中，字符串 "String"包含 7 个字节——长度字节（6）、字符 S、t、r、i、n 和 g。

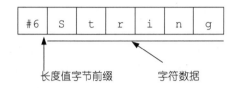

图 10-2　带长度值前缀的字符串格式

带长度值前缀的字符串解决了以 0 结尾字符串的两大难题：

- 带长度值前缀的字符串格式可表示 NUL 字符。
- 字符串操作更有效率。

以长度值为前缀的字符串还有一个好处，那就是若将字符串看作字符数组，长度字节总是位于字符串的位置 0 处。故而字符串中的第一个字符下标就能以 1 表示。对于许多字符串函数，下标从 1 开始比从 0 开始要方便得多，而从 0 开始正是以 0 结尾字符串的记法。

以长度值为前缀的字符串也存在缺陷，主要是字符数被限制到 255 以内，假如前缀为 1 字节的话。采用 2 字节或 4 字节的长度值能破除这一限制，可是数据开销将从 1 字节增加到 2 字节或 4 字节。另外，扩展长度域会改变字符串的起始下标（从 1 改为 2 或 4），下标从 1 开始的好处也就不复存在。虽然有办法解决这个问题，但总会带来更多的开销。

字符串采用长度值前缀后，可以大幅提高许多字符串函数的效率。显而易见，计算字符串长度就成了微不足道的操作——只是访问内存而已。那些需要知道字符串长度的函数，比如，合并与赋值函数通常都比处理以 0 结尾字符串时高效。再就是，我们使用编程语言内置的标准库字符串函数时，无须操心会对字符串长度重复计算。

尽管有上述这些优越性，但不要以为程序使用了带长度值前缀的字符串函数，就肯定有效率。无谓地拷贝数据照样会浪费许多 CPU 周期。与以 0 结尾的字符串类似，倘若只用到字符串函数的部分功能，大量的 CPU 时间就会为了完成多余操作而白白耗掉。

在处理以长度值为前缀的字符串时，我们也应像对付以 `0` 结尾的字符串那样，牢记一些要点：

- 尽量使用语言带的运行时库函数，自己别编写等效函数。大多数编译器厂商的字符串函数经过高度优化，这些函数运行起来比我们写的要快好多倍。
- 使用带长度值前缀的字符串时，尽管计算字符串长度不费吹灰之力，但许多（Pascal）编译器其实都调用函数来从字符串数据中提取长度值。这种函数调用和返回的开销比从变量读取长度值还大出不少。所以一旦计算出某字符串的长度，随后还可能用到，就将此值保存到局部变量里。当然，如果编译器足够聪明，会将字符串长度的调用函数替换成从字符串数据结构中取出的简单数据。这样的"优化"无须付出任何代价。
- 避免在字符串变量之间拷贝数据。在应用程序中，从内存的一个地方拷贝带长度值前缀的字符串数据到另一个地方是开销很大的操作之一。和以 `0` 结尾的字符串一样，传递指针具有同样的好处。

10.1.3　7 位字符的字符串

7 位字符的字符串格式很有趣，可适用于 ASCII 码之类的 7 位编码字符。它利用通常闲置的字符最高位来指示字符串结束——最后一个字符的最高位为 1，其他字符的最高位则为 0，如图 10-3 所示。

7 位字符的字符串格式有若干缺点：

- 必须扫描整个字符串，才能确定字符串的长度。
- 在这种格式中，字符串的长度不能为 0。
- 很少有语言采用 7 位编码的字符串文字常量。
- 字符码限制到 128 个，尽管这对于纯 ASCII 码不是问题。

最高位为0的字符码

最高位为1的字符码

图 10-3　7 位字符的字符串格式

　　然而，7 位字符的字符串有一个突出优点，就是无须为长度支付额外开销。要处理 7 位字符的字符串，最好的语言莫过于汇编语言，采用汇编语言时可通过宏生成字符串文字常量。这种字符串格式的优越之处在于其紧凑性，而汇编语言程序员最在乎紧凑，两者一拍即合。下面是一个 HLA 宏，可以将字符串文字常量转换为 7 位字符的字符串。

```
#macro sbs( s );
  // 从字符串中取出除最末一个字符外的所有字符
  (@substr( s, 0, @length(s) - 1) +

    // 将最末一个字符合并入字符串，其最高位置1
    char
    (
      uns8
      (
        char( @substr( s, @length(s) - 1, 1))
      ) | $80
    )
  )
#endmacro
...
byte sbs( "Hello World" );
```

　　鲜有语言支持 7 位字符的字符串格式，因而在前面对以 0 结尾字符串和带长度值前缀字符串的建议中，第一条并不适用这种字符串：我们可能得自己编写这种字符串的处理函数。"标准库"一般都不支持 7 位字符的字符串。采用这种字符串格式时，计算长度、拷贝数据等操作照例开销很大。因而前述建议的另外两条仍然成立——

- 如果非得扫描整个字符串来计算其长度，就将长度值保存起来供后面使用，切勿每次需要时又计算一遍。

- 避免在字符串变量之间拷贝数据。从内存地址拷贝字符串数据，即使不考虑长度计算的开销，这种操作在使用 7 位字符串的程序中的开销也是很大的。

10.1.4　HLA 字符串格式

只要我们不在乎字符串带上几个字节的额外开销，就可结合带长度值前缀字符串与以 0 结尾字符串的优点，创造出一种字符串格式，以规避它们各自的缺点。HLA 语言的内定字符串格式就是这么做的[1]。

HLA字符串格式的最大不足就是每个字符串的开销过多。如果机器内存有限，又要处理许多短字符串，这类开销所占的比重将相当可观。HLA字符串既有长度值前缀，又有结尾字节 0，再加上其他一些信息，每个字符串需要 9 字节的额外开销[2]。

HLA 字符串格式采用 4 字节的长度值前缀，允许字符串长达 40 亿个字符，这无疑远远超出了实际应用程序使用的长度。HLA 还在字符串数据末尾加了字节 0，所以 HLA 字符串能兼容于引用以 0 结尾字符串的函数，但这些处理以 0 结尾字符串的函数不能改变字符串的长度。其余 4 个开销字节则为该字符串允许的最大长度值（另有一个以 0 结尾的字节）。有了这个字段，必要时就能让 HLA 字符串函数检查字符串是否溢出。在内存中，HLA 字符串采用如图 10-4 所示的形式。

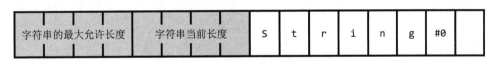

图 10-4　HLA 字符串格式

字符串首个字符之前的 4 字节指示当前字符串的长度。在长度指示字节之前还有 4 字节，存放该字符串允许的最大长度值。字符数据之后就是字节 0。最后一点，HLA 出于性能考虑，总是确保字符串数据结构长度为 4 的整数倍字节。因此在字符串之后的内存中可能还有多达 3 字节的填充。注意图 10-4 中只需 1 个填充字节，就

1　注意 HLA 是汇编语言，因此其能够很好地，也很容易地支持各种适当的字符串格式。所谓 HLA 的内定字符串格式，就是指用于字符串文字常量，并为 HLA 标准库中多数子程序支持的格式。

2　实际上，由于内存对齐的限制，开销可能多达 12 字节，这取决于具体的字符串。

能使该数据结构达到4字节整数倍的长度。

　　HLA 的字符串变量其实就是指针，其指向字符串首个字符的字节地址。要访问长度域，可以将字符串指针的值调入 32 位寄存器中，以此基址寄存器值减去偏移量4，就可以访问"字符串当前长度"字段；减去 8，访问"字符串的最大允许长度"字段。下面是一个示例：

```
static
  s :string := "Hello World";
  ...
// 将"Hello World"的'H'地址送入 ESI
mov( s, esi );

// 将"Hello World"的长度值11字符串送入 ECX
mov( [esi-4], ecx );
  ...
mov( s, esi );

// 查看 ECX 的值是否超过字符串的最大允许长度
cmp( ecx, [esi-8] );
jae StringOverflow;
```

　　前面已经提到，为存放包含结尾 0 字节在内的 HLA 字符串的字符数据，需要的内存数量总是 4 的整数倍字节，因此可以按双字而非单字节的方式来拷贝 HLA 字符串数据。这就使得字符串拷贝子程序的运行速度高达原来的 4 倍，因为循环只需字节拷贝的四分之一次迭代，就可以拷贝完整个字符串数据。举例来说，下面是对 HLA 的 str.cpy()函数做过很大改动的代码，该函数用来拷贝字符串数据：

```
// 把源字符串指针送入 ESI, 目的字符串指针送入 EDI
  mov( dest, edi );
  mov( src, esi );

// 取得源字符串的长度值，并确保源字符串能放入目的字符串
  mov( [esi-4], ecx );

// 将源字符串的长度值保存为目的字符串的长度值
  mov( ecx, [edi-4] );

// 对长度值加 1，以便拷贝结尾字节 0。还要计算需要拷贝的双字数（而非字节数），然后拷贝数据
```

```
add( 4, ecx );    // 对 ECX 加 4，除以 4 后相当于 ECX 加 1
shr( 2, ecx );    // 右移两位，相当于长度值除以 4
rep.movsd();      // 拷贝长度值/4 个双字
```

HLA 的 str.cpy()函数还会检查字符串溢出和空（NULL）指针引用。基于叙述清晰的考虑，我们没有给出这部分代码。本例的重点是看 HLA 为优化其执行性能，采用了双字方式拷贝字符串。

HLA 字符串变量有一个亮点——作为只读数据时，能够与以 0 结尾的字符串兼容。举例来说，如果某函数用 C 或其他语言编写，希望我们传递以 0 结尾的字符串，则像下面这样调用函数时也可传递 HLA 字符串：

```
someCFunc( hlaStringVar );
```

唯一要求就是 C 函数不能对字符串做影响长度或长度字段的修改，因为 C 代码不会主动更新 HLA 字符串的长度字段。当然，我们可以调用 C 语言的 strlen()函数，以更新 HLA 字符串的长度字段；但一般情况下，倘若函数会修改以 0 结尾的字符串，还是不向其传递 HLA 字符串为妙。

前面介绍了对带长度值前缀的字符串进行处理有一些注意事项，这些注意事项通常也适用于 HLA 字符串。特别地：

- 尽量采用 HLA 标准库函数，不要自己编写等效代码。我们或许想摸索库函数的源代码，不过 HLA 能够提供这些源代码，并且绝大多数字符串函数都能很好地操作字符串数据。
- 理论上，我们不该指望 HLA 字符串格式的长度域，但既然程序大都从字符串数据之前的 4 字节取长度值，因而通常没有必要通过变量保存长度值。谨慎的 HLA 程序员会实际调用 HLA 标准库的 str.len()函数，将其返回值保存于局部变量供随后使用。然而，直接访问长度域或许是安全的做法。
- 避免在字符串变量之间拷贝数据。在应用程序中使用 HLA 字符串时，从一个内存位置拷贝数据到另一处是开销很大的操作之一。

10.1.5 基于描述记录的字符串格式

迄今为止，我们所考虑的字符串都在内存中把长度、结尾字节等属性信息与字符串数据一起放置。更灵活的方案也许是把字符串信息——如最大允许长度值和当前长度值——放到记录结构中维护，再带一个指向字符数据的指针。这样的记录被称作描述记录（descriptor）。现在来看下列 Pascal/Delphi 数据结构，如图 10-5 所示。

```
type
  dString :record
    curLength   :integer;
    strData :^char;
  end;
```

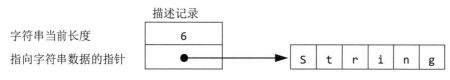

图 10-5　字符串的描述记录

注意，这种数据结构并不真正保存字符串数据。strData 指针指向字符串首个字符的地址，curLength 字段说明字符串的当前长度。当然了，我们还可以往记录中添加任何需要的字段，例如最大允许长度字段。然而通常不需要最大允许长度值，因为采用描述记录的字符串格式多数为动态的——这将在下一节讨论。这种字符串格式大都只维护长度字段。

基于描述记录的字符串系统的一个属性很令人感兴趣，那就是某字符串关联的字符数据还可以是其他更大字符串的组成部分。由于实际字符串数据没有长度和结尾字节，字符数据就可能同时属于两个字符串，如图 10-6 所示。

图 10-6　使用描述记录时字符串可重叠

图 10-6 中有两个字符串，一个表示"Hello World"，另一个表示"World"。注意这两个字符串是重叠的。这样做能够节省内存，高效地实现 substring()等函数。显然，倘若字符串这么重叠，就不能修改字符串数据，因为可能会误改别的字符串。

前面对其他字符串格式的建议对基于描述记录的字符串不太适合。如果有标准库的话，当然还是应调用库函数，不再自行编写函数，毕竟库函数很可能编得比我们自己的好；没有必要通过变量保存长度值，因为从字符串描述记录的长度域获取长度值易如反掌。另外，许多基于描述记录的字符串系统采用写时拷贝（copy on write）来减少字符串拷贝的开销，可参看《编程卓越之道（卷 1）》和本书 10.2.3 节中对此技术的讨论。在应用字符串描述记录的系统中，应避免修改字符串，因为"写时拷贝"要求系统，在我们修改哪怕一个字符时，都生成字符串的完整拷贝——这种做法对于其他字符串格式纯属多此一举。

10.2 静态字符串、伪动态字符串和动态字符串

截至目前，我们已经讨论了各种字符串格式。现在该考虑把字符串数据放在内存的什么地方了。根据系统何时何地为字符串分配存储空间，可以将字符串分为三类——静态字符串、伪动态字符串和动态字符串。

10.2.1 静态字符串

纯粹的静态字符串就是程序员写程序时已确定最大允许长度的字符串。Pascal 的 string 和 Delphi 的 *short string* 都属于这个范畴；C/C++用来保存以 0 结尾字符串的字符数组也归于此类，因为字符数组的长度已固定。现在来看下面的 Pascal 声明：

```
(* Pascal 静态字符串示例 *)
var
  // 字符串的最大允许长度固定为 255 个字符
  pascalString :string(255);
```

下面是 C/C++示例：

```
// C/C++静态字符串示例
```

```
// 不算结尾字节 0，字符串的最大允许长度固定为 255 个字符
char cString[256];
```

　　程序运行时既无法对静态字符串增加最大允许长度值，也不能减少其占据的存储空间。上述字符串变量将在运行时始终占用 256 字节。纯静态字符串的好处是编译器编译时就能确定其最大允许长度，从而将此信息隐含地传递给字符串函数，字符串函数就能在运行时检测越界冲突。

10.2.2　伪动态字符串

　　在系统运行期间，通过调用malloc()之类的内存管理函数分配存储空间，这时才确定长度的字符串被称为"伪动态字符串"。然而，一旦系统为字符串分配了内存，该字符串的最大允许长度值也随之确定。HLA字符串通常以此方式工作[1]。HLA程序员一般调用函数stralloc()来为字符串变量分配存储空间。经stralloc()创建字符串变量后，其长度就固定下来，不能改变[2]。

10.2.3　动态字符串

　　动态字符串系统往往采用基于描述记录的格式，在创建字符串变量或者进行其他影响现存字符串的操作时，能够自动为字符串变量分配足够的存储空间。诸如字符串赋值、子字符串提取之类的操作，在动态字符串系统中可谓小菜一碟——它们一般只拷贝字符串描述记录里的数据，因而操作起来很快。不过，前面谈到描述记录字符串时已经提及，这样使用字符串就无法回存，因为可能会改动系统中其他字符串变量的数据。

　　采用所谓的"写时拷贝"技术可解决这一问题。每当字符串函数需要修改动态字符串中的某些字符时，函数首先生成字符串拷贝，然后对此拷贝进行任何必要的修改。对典型程序的研究表明，"写时拷贝"的思想能够改善许多应用程序的性能，

1　不过既然 HLA 是汇编语言，当然也可以创建静态字符串和纯动态字符串。

2　其实可以调用函数 strrealloc()来更改 HLA 字符串的长度，但动态字符串系统一般都能自动实现该过程；而现有的 HLA 字符串函数就算检测到字符串，也不会这么做。

因为诸如字符串赋值、子字符串提取（其实就是字符串的部分赋值）之类的操作远比修改字符串里的字符数据常用。这种机制的唯一缺陷是，内存中的字符串数据经过多次修改后，在字符串堆存储区，可能有一些区域包含不再用到的字符数据。为了避免"内存泄漏"（memory leak），采用"写时拷贝"的动态字符串系统一般会提供"垃圾收集代码"（garbage collection code）。这些代码将扫描整个字符串区域，搜寻"废弃"的字符数据，从而回收其内存，供其他目的的使用。遗憾的是，归因于代码所用的算法，垃圾收集操作相当慢。

注意： 可参看第9章来了解内存泄漏和垃圾收集的细节。

10.3　字符串的引用计数

请考虑一种情形，我们有两个字符串描述记录——或者干脆就是指针——指向内存中同样的字符串数据。显然，当程序还在用一个指针访问这些数据的时候，不能释放另一个指针所指的存储空间，用于其他目的。一般的解决办法就是由程序员负责跟踪这类细节。麻烦的是，随着应用程序越来越复杂，单单依靠程序员跟踪这些细节往往会导致软件出现指针悬空、内存泄漏等牵涉指针的问题。更好的方案是允许程序员对字符串中的字符数据释放空间，但直到程序员释放对字符串数据的最后一个指针引用后，释放进程才真正释放存储空间。为了完成这项工作，字符串系统可以使用引用计数器（reference counter）来跟踪指针及相关数据。

引用计数器是一个整数值，用以对引用某字符串在内存中字符数据的指针进行计数。每当我们将字符串地址赋值给某个指针时，就对引用计数器加1。同理，每次要对字符串的字符数据释放空间时，就将引用计数器减1。引用计数器减到0时，字符数据占据的存储空间才真正释放。

当编程语言自动处理字符串赋值的细节时，引用计数方案表现得极为出色。倘若试图手工实现引用计数，只需克服一个困难：那就是在将字符串指针赋值给其他指针变量时，要保证总能对引用计数器实现加计数。最好的做法就是永远不对指针直接赋值，字符串赋值操作统统经由某个函数或宏实现。该函数除拷贝指针数据外，还会更新引用计数器。如果代码不能恰当地更新引用计数器，就会造成指针悬空或内存泄漏。

10.4　Delphi 字符串格式

Delphi 提供了"short string"字符串格式，尽管这种格式兼容于 Delphi 及 Turbo Pascal 早期版本的带长度值前缀的字符串格式，然而 Delphi 4.0 及以后的版本都把动态字符串作为内定格式。short string 字符串格式没有公开，因此容易变更；不过编著本书时对 Delphi 的试验表明，其字符串格式与 HLA 颇为相似。Delphi 的字符序列以 0 结尾，并且前面有长度值及引用计数器值——HLA 则指示最大允许长度。图 10-7 给出了 Delphi 字符串在内存中的布局。

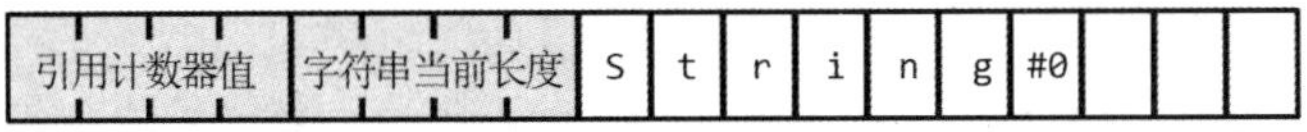

| 引用计数器值 | 字符串当前长度 | S | t | r | i | n | g | #0 | | | |

图 10-7　Delphi 字符串格式

和 HLA 一样，Delphi 字符串变量是指向实际字符串数据第一个字符的指针。为了访问长度字段、引用计数器字段，Delphi 字符串子程序要使用字符数据的基地址减去偏移量 4 或 8。然而，由于这种字符串格式并未公开，应用程序不应直接访问长度字段和引用计数器字段（比如，某个时候这些字段会是 64 位值）。Delphi 提供了一个长度函数，可供从字符串数据中提取长度值；应用程序也不必访问引用计数器字段，因为 Delphi 的字符串函数自动维护这个字段。

10.5　在高级语言中使用字符串

字符串是高级语言中很常用的数据类型。由于应用程序经常广泛地使用字符串数据，故而许多高级语言提供了函数库，其中有大量对字符串操作的复杂子程序，为程序员隐藏了相当多的复杂性。不巧的是，执行某一语句时很容易忽视典型的字符串操作究竟涉及多少工作量，例如：

```
aLengthPrefixedString := 'Hello World';
```

在一般的 Pascal 实现里，赋值语句会调用一个函数，从字符串文字常量向 *aLengthPrefixedString* 变量的存储空间逐个拷贝字符。也就是说，该语句大致可展开为：

```
(* 拷贝字符串中的字符 *)
for i:= 1 to length( HelloWorldLiteralString ) do begin
   aLengthPrefixedString[ i ] := HelloWorldLiteralString[ i ];
end;

(* 设置字符串长度值前缀 *)
aLengthPrefixedString[0] := char( length( HelloWorldLiteralString ));
```

上段代码还没有包括过程调用、返回和参数传递的开销。正如本章一再提到的，字符串数据拷贝是程序中常见的开销很大的操作之一。这也是许多高级语言转到动态字符串，并采用"写时拷贝"的原因——要对字符串赋值，拷贝指针远比拷贝所有字符数据高效得多。我们并非暗示"写时拷贝"方法总是技高一筹；不过，对于许多字符串操作，比如赋值、提取子字符串等不更改字符数据的操作，"写时拷贝"极富效率。

虽然难得有编程语言会给出选项，供我们选择想用哪种字符串格式，但许多语言都允许创建字符串指针，所以也能手工支持"写时拷贝"。倘若你希望自己编写字符串处理函数，可以绕开语言内置的字符串处理能力，创建一些非常高效的程序。举例来说，C语言提取子字符串的操作通常由函数strncpy()处理。strncpy()往往按照下列方式实现[1]：

```
char* strncpy( char* dest, char *src, int max )
{
   char *result = dest;
   while( max > 0 )
   {
      *dest = *src++;
      if( *dest++ == '\0) break;
      --max;
```

---

[1] 多数实际的 **strncpy()** 子程序都比该示例高效。事实上，许多 **strncpy()** 都采用汇编语言编写，这里不再赘述。

```
    }
    return result;
}
```

典型的提取子字符串操作可能这么调用函数 strncpy()：

```
strncpy( substring, fullString + start, length );
substring[ length ] = '\0';
```

其中 *substring* 为目的字符串，*fullString* 为源字符串，*start* 为要拷贝的子字符串起始下标，*length* 为子字符串长度。

倘若在 C 语言中利用 struct 创建基于描述记录的字符串格式，类似于 10.1.5 节提及的 HLA 记录，可以通过下面两条 C 语句实现提取子字符串的操作：

```
// 假定 ".strData" 字段为 char* 类型
    substring.strData = fullString.strData + start;
    substring.curLength = length;
```

这样的代码执行起来将比 strncpy() 快得多。

有些时候，特定编程语言不让我们访问其所支持的底层字符串数据表示，我们只好容忍一些性能损失，或者转到其他语言，也可用汇编语言写出自己的处理代码。不过一般情况下，在应用程序中总归有拷贝字符串数据的替代办法，上面使用描述记录的例子就展示出了这一点。

10.6 字符串中的 Unicode 字符数据

到目前为止，本章一直假定字符串中的每个字符都确切地占用 1 字节的存储空间；在讨论字符串中的字符数据时，还假定用的是 7 位 ASCII 字符集——这已成为编程语言习惯上表示字符串内字符数据的方式。然而今天，ASCII 字符集的局限性太大，无法在世界范围内使用。一些新的字符集被提出并流行开来，其中包括 Unicode 的各种变种：UTF-8、UTF-16、UTF-32 和 UTF-7。由于这些字符格式会对操作它们的字符串函数在性能方面有很大冲击，因此我们准备花一点时间探讨这一话题。

10.6.1　Unicode 字符集

几十年前，Aldus、NeXT、Sun、Apple Computer、IBM、微软、研究图书馆组织（Research Library Group）和施乐的工程师们意识到，他们的新计算机系统带有位图和用户可选字体后，可以同时显示远远超过 256 个不同的字符。当时，双字节字符集（DBCS）是最常见的解决方案。然而，DBCS 有几个问题。首先，由于 DBCS 通常是可变长度编码，因此其需要特殊的库编码；依赖于固定长度字符编码的常见字符/字符串算法无法正常操作 DBCS。其次，没有统一的标准。导致不同的 DBCS 对不同的字符采用了相同的编码。因此，为了避免这些兼容性问题，工程师们找到了一条不同的路线。

他们提出的解决方案就是 Unicode 字符集。最初开发 Unicode 的工程师选择了 2 字节字符大小。与 DBCS 一样，这种方法仍然需要专门的库编码，故而现存的单字节字符串函数并不总适用于双字节字符。但除更改字符大小外，大多数已有的字符串算法仍然适用于双字节字符。Unicode 定义囊括了当时所有已知、已存的字符集，为每个字符赋予唯一的编码，以避免困扰不同 DBCS 的一致性问题。

最初的Unicode标准使用 16 位字来表示每个字符。因此，Unicode支持多达 65 536 种不同的字符代码，这比用 8 位字节表示的 256 种可能的代码有了巨大的进步。此外，Unicode与ASCII是向上兼容的。如果Unicode字符二进制表示的高 9 位 [1]包含 0，则低 7 位使用标准ASCII码。如果高 9 位包含一些非零值，则 16 位形成扩展字符码，即从ASCII扩展而来。你也许感到奇怪：何必需要这么多不同的字符码？请注意，某些亚洲字符集包含 4096 个字符。Unicode字符集甚至提供了一组代码，可以用来创建应用程序定义的字符集。在 65 536 个可能的字符代码中，大约有一半已经定义，其余的字符编码保留下来供将来扩展。

如今，Unicode 已是一个通用字符集，替代了 ASCII 和更老的 DBCS。所有现代操作系统（如 macOS、Windows、Linux、iOS、Android 及 UNIX）、Web 浏览器和大多数现代应用程序都提供对 Unicode 的支持。"Unicode 联盟"（Unicode Consortium）是一家维护 Unicode 标准的非营利机构。通过维护标准，Unicode 公司（参见网址链

1　ASCII 是一种 7 位代码。如果 16 位 Unicode 值的 9 位均为 0，则其余 7 位为字符的 ASCII 编码。

接 18）确保我们在一个系统上写出的字符在其他系统或应用程序上仍能按预期显示出来。

10.6.2　Unicode 码点

尽管最初的 Unicode 标准经过深思熟虑，但它还是没有预料到随后会出现字符"爆炸"的情况。为互联网、移动设备和 Web 浏览器引入的表情符号、占星术符号、箭头、指针和其他各种各样的符号极大地扩展了 Unicode 符号库，人们还想支持历史上的、过时的和罕见脚本的符号。1996 年，系统工程师发现 65 536 个符号已不够用了。负责 Unicode 定义的人不再要求每个 Unicode 字符用 3 或 4 个字节，而是放弃了用定长字符数表示的尝试，允许 Unicode 字符进行不透明的多次编码。如今，Unicode 定义了 1 112 064 个码点，远远超过了最初 Unicode 字符设定的 2 字节容量。

Unicode 码点（code point）只是 Unicode 与特定字符符号关联的整数值，可以将其视为某字符对应 ASCII 码的 Unicode 等价物。Unicode 码点的约定是，采用 U+前缀的十六进制值。例如，U+0041 是字母 A 的 Unicode 码点。

注意：可查看网址链接 19 来了解有关码点的更多详细信息。

10.6.3　Unicode 代码平面

由于历史原因，65 536 个字符的块在 Unicode 中是特殊的，它们被称为多语言平面。第一个多语言平面 U+000000 到 U+00FFFF 大致对应于原始的 16 位 Unicode 定义。Unicode 标准将其称为基本多语言平面（basic multilingual plane，BMP）。平面 1（U+010000 至 U+01FFFF）、2（U+020000 至 U+02FFFF）和 14（U+0E0000 至 U+0EFFFF）为补充平面。Unicode 保留平面 3 到 13 为将来扩展，平面 15 和 16 保留为用户定义的字符集。

Unicode 标准定义了 U+000000 到 U+10FFFF 范围内的码点。请注意，0x10ffff 是 1 114 111，这是 Unicode 字符集中 1 112 064 个字符的大部分来源；剩余的 2048 个码点保留用作代理（surrogate），即 Unicode 扩展。Unicode 标量（Unicode scalar）是我们可能听说过的另一个术语；这是除 2048 个代理码点外的所有 Unicode 码点集合中的值。6 位码点的高两位十六进制数指定多语言平面。为什么有 17 个平面呢？稍后你将看到，原因是 Unicode 使用特殊的多字条目对 U+FFFF 之外的码点进行编码。两个可能扩展中的每一个都编码 10 位，总共 20 位；20 位给出了 16 个多语言平面，加上原始 BMP，生成 17 个多语言平面。这也是码点在 U+000000 到 U+10FFFF 范围内的原因：编码 16 个多语言平面加上基本多语言平面（BMP），共需要 21 位（bit）。

10.6.4　代理码点

如前所述，Unicode 始于 16 位（即 2 字节）字符集编码。当 16 位显然不足以处理现存的所有可能字符时，扩展就是必然的。从 Unicode v2.0 开始，Unicode Inc.组织扩展了 Unicode 的定义，以包括多字字符。现在，Unicode 使用代理码点（U+D800 到 U+DFFF）来对大于 U+FFFF 的值进行编码。图 10-8 显示了这个编码原理。

图 10-8　Unicode 平面 1 到 16 的代理码点编码

请注意，这两个字——单元 1 即高位代理，单元 2 即低位代理——总是一同出现。带高位 110110 的单元 1 值指示 Unicode 标量的高 10 位（$b_{10}..b_{19}$），带高位 110111 的单元 2 值则指定 Unicode 标量的低 10 位（$b_0..b_9$）。因此，位 $b_{16}..b_{19}$ 的值+1 指示 Unicode 平面 1 到 16。位 $b_0..b_{15}$ 指示所在平面内的 Unicode 标量值。

还应注意，代理码点仅出现在基本多语言平面中。其他多语言平面都不包含代理码点。从单元 1 和单元 2 值中提取的位 $b_0..b_{19}$ 总是指示 Unicode 标量值（即使此值落在 U+D800 到 U+DFFF 的范围内）。

10.6.5　字形、字符和字形集

每个 Unicode 码点都有唯一的名称。例如，U+0045 的名称为"拉丁文的大写字母 A"。请注意，符号 A 不是字符的名称。A 是一个字形，由一系列笔画（一个水平笔画和两个倾斜笔画）组成，用于让设备绘制，以将此字符表示出来。

单个 Unicode 字符"拉丁文的大写字母 A"可有许多不同字形。例如，Times Roman 的 A 和 Times Roman Italic 的 *A* 字形不同，但 Unicode 不去这么区分它们，也不区分任何两种不同字体的字符 *A*。无论我们使用何种字体或样式绘制字形，字符"拉丁文的大写字母 A"的编码都是 U+0045。

有趣的是，如果我们使用 Swift 编程语言，可以采用以下代码打印出任意 Unicode 字符的名字：

```
import Foundation
let charToPrintName :String = "A"        // 打印出此字符的名字
let unicodeName =
    String(charToPrintName).applyingTransform(
        StringTransform(rawValue: "Any-Name"),
        reverse: false
    )! // 这里强制解包是合法的，因为操作总能成功
print( unicodeName )
```

此为程序的输出：

```
\N{LATIN CAPITAL LETTER A}
```

那么，Unicode 中的字符到底是什么？Unicode 标量是 Unicode 字符，但我们通常所称的字符与 Unicode 的字符（标量）定义之间存在差异。例如，*é* 是一个字符还是两个字符？现在来看下面的 Swift 代码：

```
import Foundation
let eAccent :String = "e\u{301}"
print( eAccent )
print( "eAccent.count=\(eAccent.count)" )
print( "eAccent.utf16.count=\(eAccent.utf16.count)" )
```

"\u{301}"是一种 Swift 语法，用于在字符串中指定 Unicode 标量值。在此处 301 是十六进制代码，表示组合重音字符 é。

第一个 print 语句：

```
print( eAccent )
```

打印出此字符，即如我们所愿，在输出设备上生成 é。

第二个 print 语句打印出 Swift 认为字符串中有几个字符：

```
print( "eAccent.count=\(eAccent.count)" )
```

这将打印 1 到标准输出。

第三个 print 语句打印字符串中的元素数，即 UTF-16 元素 [1]：

```
print( "eAccent.utf16.count=\(eAccent.utf16.count)" )
```

这会在标准输出上打印 2，因为字符串包含 2 个字的 UTF-16 数据。

那么，到底是一个字符还是两个字符？假定是 UTF-16 编码，计算机在内部为这个单一字符（两个 16 位 Unicode 标量值）留出 4 字节的内存 [2]。然而在屏幕上，输出只占据一个字符的位置，在用户看来就像一个字符。当该字符出现在文本编辑器中且光标位于该字符的右侧时，用户希望按退格键能将其删除。因此，从用户角度来看，这是一个字符——正如我们打印字符串的 count 属性时，Swift 报告的是这个值。

然而在 Unicode 中，字符在很大程度上等同于码点。这不是人们通常认为的字符。在 Unicode 术语里，字形集（grapheme cluster）才是人们通常所说的一个字符，它是一个或多个 Unicode 码点构成的序列，组合起来形成一个语言元素（即"单个字符"）。所以，当我们谈论应用程序向终端用户显示的符号时，提到的字符实际上指的是字形集。

字形集会让软件开发人活得很悲惨。考虑下面的 Swift 代码，它是对先前例子的修改：

```
import Foundation
let eAccent   :String = "e\u{301}\u{301}"
print( eAccent )
print( "eAccent.count=\(eAccent.count)" )
print( "eAccent.utf16.count=\(eAccent.utf16.count)" )
```

---

1 有关 UTF-16 编码的讨论，可参见 10.6.7 节。
2 Swift 5 将其字符串的首选编码方案从 UTF-16 切换到 UTF-8，参见网址链接 20。

这段代码的前两个 print 语句生成与前例相同的 é 和 1 输出。这一句打印 é：

```
print( eAccent )
```

而这个 print 语句显示出 1：

```
print( "eAccent.count=\(eAccent.count)" )
```

然而第三个 print 语句：

```
print( "eAccent.utf16.count=\(eAccent.utf16.count)" )
```

显示 3，而不是先前示例的 2。

这个字符串中肯定有 3 个 Unicode 标量值（U+0065、U+0301 和 U+0301）。在打印时，操作系统将 e 和两个重音组合字符组合成单个字符 é，然后将字符输出到标准输出设备。Swift 非常聪明，知道这种组合会在显示屏上创建一个输出符号，因此打印 count 属性的结果将继续输出 1。然而，这个字符串中毋庸置疑有 3 个 Unicode 码点，所以打印 utf16.count 会输出 3。

10.6.6 Unicode 规范和规范的等价性

在 Unicode 出现之前很久，Unicode 字符 é 就已经存在于个人计算机上了。它是原始 IBM PC 字符集的组件，也是拉丁-1 字符集的组件。拉丁-1 字符集在诸如旧的 DEC 终端上使用。其实，Unicode 将 U+00A0 到 U+00FF 的范围留给拉丁-1 字符集作为码点，而 U+00E9 正对应 é 字符。因此，我们可以按如下方式修改之前的程序：

```
import Foundation
let eAccent  :String = "\u{E9}"
print( eAccent )
print( "eAccent.count=\(eAccent.count)" )
print( "eAccent.utf16.count=\(eAccent.utf16.count)" )
```

以下是这个程序的输出结果：

```
é
1
1
```

啊哈！3 个不同的字符串都会显示 é，但包含不同数量的码点。想象一下，这会使包含 Unicode 字符的字符串编程变得多么复杂！例如，如果我们有以下 3 个字符串（按 Swift 语法表示出来），想尝试比较它们，结果会怎样？

```
let eAccent1 :String = "\u{E9}"
let eAccent2 :String = "e\u{301}"
let eAccent3 :String = "e\u{301}\u{301}"
```

对于用户来说，这 3 个字符串在屏幕上看起来是一样的。然而，它们显然包含不同的值。如果比较它们，看其是否相等，结果是真还是假？

归根结底，这取决于我们使用的字符串库。如果比较这些字符串是否相等，大多数当前字符串库都会返回 false。有趣的是，Swift 会声称 eAccent1 等于 eAccent2，但它还没聪明到报告 eAccent1 等于 eAccent3，或者 eAccent2 等于 eAccent3，尽管它为这 3 个字符串都显示相同的符号。许多语言的字符串库都只是报告这 3 个字符串不相等。

3 个 Unicode/Swift 字符串"\u{E9}"、"e\u{301}"和"e\u{301}\u{301}"都在显示器上产生相同的输出。因此，根据 Unicode 标准，它们在规范上是等价的。有些字符串库不会报告这些字符串有任何等效性。而有些字符串库，比如 Swift 的字符串库，能够处理微小的规范等价，比如"\u{E9}"=="e\u{301}"，但不是要处理任意的应该等价的序列。其或许是要在正确性与效率之间取得良好的平衡，因为处理所有通常不会发生的奇怪情况，比如"e\u{301}\u{301}"，计算开销会很大。

Unicode 定义了 Unicode 字符串的规范形式。规范形式的一个方面就是用等价序列替换规范等价序列，例如，用"\u{E9}"替换"e\u{309}"，或用"e\u{309}"替换"\u{E9}"（通常倾向于更短的形式）。一些 Unicode 序列允许有多个组合字符。通常组合字符的顺序与生成所需的字形集无关。但是，如果组合字符的顺序是指定的，比较两个这样的字符串会更容易。规范化 Unicode 字符串还能让组合字符总是以固定顺序出现，从而提高字符串比较的效率。

10.6.7　Unicode 编码

Unicode v2.0 标准支持 21 位字符空间，能够表示超过 100 万个字符，尽管大多数码点仍保留供将来使用。Unicode Inc.没有使用固定大小的 3 字节（或者更糟的 4 字节）编码来实现更大的字符集，而是允许使用不同的编码——UTF-32、UTF-16 和 UTF-8——每种编码方案各有某自身的优缺点 [1]。

UTF-32 使用 32 位整数来存放 Unicode 标量。此方案的优点是，32 位整数可以表示每个 Unicode 标量值。不过，Unicode 标量值只需要 21 位。在使用 UTF-32 时，当程序需要随机访问字符串中的字符时，不必搜索代理项对，也不需要其他恒定时间的操作。UTF-32 有一个显而易见的缺点，就是每个 Unicode 标量值需要 4 字节的存储空间，是原始 Unicode 定义的 2 倍，是 ASCII 字符的 4 倍。使用 ASCII 和原始 Unicode 2 倍或 4 倍的存储空间似乎是一个很小的代价。毕竟，现代机器的存储空间比 Unicode 诞生时多了几个数量级。然而，额外的存储对性能有着巨大的影响，因为这些多出的字节会很快耗光缓存的存储空间。此外，现代字符串处理库通常一次处理 8 字节的字符串（在 64 位机器上）。对于 ASCII 字符，这意味着给定的字符串函数最多可以同时处理 8 个字符；对于 UTF-32，同一个字符串函数只能同时对两个字符进行操作。因此，UTF-32 版本的运行时长将是 ASCII 版本的 4 倍。最后，即使是 Unicode 标量值，也不足以表示所有 Unicode 字符。也就是说，许多 Unicode 字符需要一系列 Unicode 标量表示，使用 UTF-32 并不能解决这个问题。

Unicode 支持的第二种编码格式是 UTF-16。顾名思义，UTF-16 使用 16 位（无符号）整数来表示 Unicode 值。为了处理大于 `0xFFFF` 的标量值，UTF-16 使用代理项对方案来表示 `0x010000`～`0x10FFFF` 范围的值（参见 10.6.4 节）。因为绝大多数有用的字符都可以放入 16 位，所以大多数 UTF-16 字符只需要 2 字节。对于需要代理的罕见情况，UTF-16 需要两个字（32 位）来表示字符。

最后一种编码无疑是最流行的——UTF-8。UTF-8 编码与 ASCII 字符集向前兼容。特别是，所有 ASCII 字符都由单一字节表示，即用它们的原始 ASCII 代码，字符的最高位为 0。如果 UTF-8 的高位为 1，则 UTF-8 需要额外的 1～3 字节来表示 Unicode 码点。表 10-1 提供了 UTF-8 编码方案。

表 10–1　UTF 编码

字节数	码点位数	首位码点	末位码点	字节 1	字节 2	字节 3	字节 4
1	7	U+00	U+7F	`0xxxxxxx`			

1　UTF 指的是 Unicode 转换格式（Unicode Transformational Format）。

字节数	码点位数	首位码点	末位码点	字节 1	字节 2	字节 3	字节 4
2	11	U+80	U+7FF	110xxxxx	10xxxxxx		
3	16	U+800	U+FFFF	1110xxxx	10xxxxxx	10xxxxxx	
4	21	U+10000	U+10FFFF	11110xxx	10xxxxxx	10xxxxxx	10xxxxxx

"*xxx*..."位是 Unicode 码点位。对于多字节序列,字节 1 包含高位,字节 2 包含次高位,依此类推。例如,2 字节序列(%11011111,%10000001)对应于 Unicode 标量%0000_0111_1100_0001(U+07C1)。

UTF-8 编码可能是最常用的编码。大多数网页都使用它。大多数 C 标准库字符串函数都可以在未经修改的情况下对 UTF-8 文本进行操作。尽管如果程序员不小心的话,有些 C 标准库函数可能会生成格式错误的 UTF-8 字符串。

不同的语言和操作系统默认使用不同的编码。例如,macOS 和 Windows 倾向于使用 UTF-16 编码,而大多数 UNIX 系统使用 UTF-8。Python 的一些变种使用 UTF-32 作为其内定字符格式。不过,总的来说,大多数编程语言都使用 UTF-8,因为它们可以继续使用老的基于 ASCII 的字符处理库来处理 UTF-8 字符。苹果的 Swift 是最早尝试正确使用 Unicode 的编程语言之一,尽管这样做会对性能造成巨大影响。

10.6.8 Unicode组合字符

虽然 UTF-8 编码和 UTF-16 编码比 UTF-32 编码紧凑得多,但处理多字节或多字字符集的 CPU 开销和算法复杂性使其用法很复杂,会引入错误和性能问题。UTF-32 既然存在浪费内存,尤其是浪费缓存的问题,为什么不简单地将字符定义为 32 位条目来使用它呢?这似乎可以简化字符串处理算法,提高性能,减少代码中出现缺陷的可能性。

这个理论的问题是,我们不能用 21 位(甚至 32 位)的存储空间来表示所有可能的字形集。许多字形集由几个 Unicode 码点串起来组成。以下是 Chris Eidhof 和 Ole Begemann 所著 *Advanced Swift*(《Swift 进阶》,CreateSpace 出版社于 2017 年出版）中的一个例子：

```
let chars: [Character] = [
    "\u{1ECD}\u{300}",
    "\u{F2}\u{323}",
    "\u{6F}\u{323}\u{300}",
    "\u{6F}\u{300}\u{323}"
]
```

上面这些 Unicode 字形集都产生一样的字符，即底部带点的 ó，这个字符来自 Yoruba 字符集。字符序列（U+1ECD, U+300）是底部带点的 o，后跟一个组合重音；字符序列（U+F2, U+323）是后跟一个组合点的 ó；字符序列（U+6F，U+323，U+300）是一个 o，后跟一个组合点，又有一个组合重音；最后那个字符序列（U+6F，U+300，U+323）则是 o，后跟一个组合重音，再跟一个组合点。所有 4 个字符串产生相同的输出。事实上，Swift 的字符串比较将所有 4 个字符串视为相等的：

```
print("\u{1ECD} + \u{300} = \u{1ECD}\u{300}")
print("\u{F2} + \u{323} = \u{F2}\u{323}")
print("\u{6F} + \u{323} + \u{300} = \u{6F}\u{323}\u{300}")
print("\u{6F} + \u{300} + \u{323} = \u{6F}\u{300}\u{323}")
print( chars[0] == chars[1] ) // Outputs true
print( chars[0] == chars[2] ) // Outputs true
print( chars[0] == chars[3] ) // Outputs true
print( chars[1] == chars[2] ) // Outputs true
print( chars[1] == chars[3] ) // Outputs true
print( chars[2] == chars[3] ) // Outputs true
```

请注意，没有一个 Unicode 标量值会生成此字符。我们必须组合至少两个 Unicode 标量，甚至多达 3 个，才能在输出设备上生成此字形集。即使采用 UTF-32 编码，仍要用两个 32 位标量来产生这个特定的输出。

表情符号是另一个无法用 UTF-32 解决的挑战。我们来看 Unicode 标量 U+1F471。这会打印一个金发人的表情符号。如果我们在上面添加一个肤色修改器，就会得到（U+1F471，U+1F3FF），这会产生一个深色皮肤、金色头发的人。在这两种情况下，我们都会在屏幕上显示一个字符。第一个示例使用单个 Unicode 标量值，而第二个示例需要两个标量值。在此，无法用单个 UTF-32 值对其进行编码。

最重要的是，某些字形集将需要多个标量，无论我们为标量分配多少位。例如，可以将三四十个标量组合到一个字形集中。这意味着，无论我们如何努力避免，都要处理多字序列来表示单个"字符"。这正是 UTF-32 从来都不受欢迎的原因。它无法解决随机访问字符串中 Unicode 字符的问题。如果我们要规范处理和组合 Unicode 标量，使用 UTF-8 或 UTF-16 编码方案会更有效率。

同样，如今大多数语言和操作系统都以某种形式支持 Unicode，通常采用 UTF-8 或 UTF-16 编码方案。尽管处理多字节字符集存在明显的问题，但现代程序需要处理 Unicode 字符串，而不是简单的 ASCII 字符串。Swift 语言几乎是"纯 Unicode"的语言，甚至没有提供什么对标准 ASCII 字符的支持。

10.7 Unicode 字符串函数和性能

Unicode 字符串有一个重要问题：因为 Unicode 是多字节字符集，所以字符串中的字节数不等于字符串中的字符数。而更重要的是，字节数也不等于符号数。不幸的是，确定字符串长度的唯一方法是扫描字符串中的所有字节（从开始到结束），并对这些字符进行计数。在这方面，Unicode 字符串长度函数的性能将与字符串的大小成正比，就像以 0 结尾的字符串一样。

更糟糕的是，计算字符串中某字符位置的索引，即从字符串开头开始的字节偏移量只有一个方法：从字符串开头开始扫描，对期望的字符数进行计数。即使是以 0 结尾的 ASCII 字符串，也不会受困于"字符位置不能从字节数导出"的问题。在 Unicode 中，取子字符串或字符串中的插入/删除字符等函数的开销可能非常大。

由于 Swift 语言纯粹为 Unicode 打造，因此，其标准库的字符串函数性能很糟糕。Swift 程序员在处理字符串时只能小心翼翼，因为在 C/C++或其他语言中通常执行得很快的操作，在 Swift Unicode 环境中都可能引发性能问题。

10.8　获取更多信息

- Randall Hyde编写的*The Art of Assembly Language*（第 2 版）[1]，由No Starch Press 于 2010 年出版。
- Randall Hyde编写的*Write Great Code, Volume 1: Understanding the Machine*（第 2 版）[2]，由No Starch Press于 2020 年出版。

1　中文版《汇编语言的编程艺术（第 2 版）》，包战、马跃译，清华大学出版社于 2011 年出版。——译者注

2　中文版《编程卓越之道 第一卷：深入理解计算机》（第 1 版），韩东海译，电子工业出版社于 2006 年出版。——译者注

11

记录、联合和类

记录、联合和类是许多现代编程语言都有的复合数据类型。倘若利用不当，这些数据类型将会对软件效率有非常负面的影响；而恰当使用，则比起其他替代数据结构来，这些数据类型能大大改善应用程序的性能。本章就来探讨这些数据类型的实现，以便我们了解其用法，从而最大限度地提高程序的性能。

本章将探讨如下话题：

- 记录、联合和类等数据类型的定义
- 各种语言中记录、联合和类的声明语法
- 记录变量与例化
- 编译时期对记录的初始化
- 记录、联合和类数据的内存表示
- 使用记录改善运行时期的内存性能
- 动态记录类型

- 命名空间
- 变数（variant）数据类型及其以联合形式的实现
- 类的虚方法表及其实现
- 类的继承与多态
- 类和对象涉及的性能开销

在我们探讨如何实现这些数据类型，以生成更高效、更可读、可维护的代码之前，先来看看一些定义。

11.1　记录

Pascal 语言的 record（记录）、C/C++的 structure 描述类似的复合数据类型。编程语言设计教程有时称这些类型为笛卡儿积（Cartesian product）或元组（tuple）。Pascal 的术语大概更好些，因为 record 不会与术语 data structure 混淆。因此，本书采用 record（记录）这一术语。不管这些数据类型如何称谓，记录都是在应用程序中组织数据的有力工具。如果能够透彻理解编程语言对记录的实现原理，我们将能写出更有效率的代码。

数组是同质的，所有元素的数据类型都一样。而记录则是异质的，其元素可以有不同类型。记录旨在让我们将逻辑相关的值放到一个数据中去。

对于数组，我们通过整数下标来选择特定的元素；对于记录，必须通过所谓字段（field）[1]的名字来选择某个分量。记录中的每个字段名具备唯一性；也就是说，在某个记录中，同一名字不能重复使用。然而所有字段名都只局限于其所在的记录，在程序的其他地方仍然可以用这些名字[2]。

11.1.1　在各种语言中声明记录

在讨论各种语言对记录数据类型的实现之前，我们先看看这些语言怎样声明记录。

1　有的资料中也将 field 称作"域"。本书对记录、联合和类中的 field 统一译为"字段"。——译者注

2　从技术上讲，记录嵌套后也可以在所嵌套的记录内重用字段名，但这时记录结构已非一个。所以，上面的基本法则照样成立。

在以下几小节，我们将一睹 Pascal、C/C++/C#、Swift 和 HLA 对记录的声明语法。

11.1.1.1 Pascal/Delphi 的记录声明

下面是 Pascal/Delphi 中对数据类型 student 的典型记录声明：

```
type
  student =
    record
      Name            : string [64];
      Major           : smallint; //smallint 在 Delphi 中为 2 字节整型
      SSN             : string[11];
      Mid1            : smallint;
      Midt            : smallint;
      Final           : smallint;
      Homework        : smallint;
      Projects        : smallint;
    end;
```

记录声明含有关键字 record，后面跟着一串字段声明，最后以关键字 end 结尾。字段声明在语法上与 Pascal 语言的变量声明相同。

许多Pascal编译器将所有字段分配到连续的地址单元。这意味着Pascal将把最前面的 65 字节保留给Name[1]（姓名），其后 2 字节为Major代码（专业号），12 字节为SSN（社会安全号，Social Security Number），依此类推。

11.1.1.2 C/C++的记录声明

下面是 C/C++的等效声明：

```
typedef
  struct
  {
    char Name[65];        // 为有 64 个字符且以字节 0 结尾的字符串准备存储空间
    short Major;          // 在 C/C++中短整型通常为 2 字节
    char SSN[12];         // 为有 11 个字符且以字节 0 结尾的字符串准备存储空间
    short Mid1;
    short Mid2;
```

1　除字符串中的那些字符外，Pascal 一般还需要 1 字节来编码字符串长度。

```
      short Final;
      short Homework;
      short Projects;
   } student;
```

C/C++的记录（即结构）声明以关键字 typedef 打头，后面跟着关键字 struct、用大括号括住的一组字段声明、结构名。和 Pascal 一样，C/C++编译器大都会按照字段声明在记录中的顺序依次为其指定内存偏移量。

11.1.1.3 C#的记录声明

C#的结构声明与 C/C++非常相似：

```
struct student
{
    public char[] Name;      // 为有 64 个字符且以字节 0 结尾的字符串准备存储空间
    public short Major;      // 同 C/C++一样，短整型通常为 2 字节
    public char[] SSN;       // 为有 11 个字符且以字节 0 结尾的字符串准备存储空间
    public short Mid1;
    public short Mid2;
    public short Final;
    public short Homework;
    public short Projects;
};
```

C#中的记录/结构声明以关键字 struct 打头，然后是结构名、一套用大括号括住的字段声明。和 Pascal 一样，大多数 C#编译器按字段在记录中的声明顺序依次为其分配内存单元。

本例定义了 Name 和 SSN 字段为字符数组，以与本章中其他记录的声明示例保持一致。在实际 C#程序中，我们可能会对这些字段采用字符串（string）数据类型而非字符数组类型。但记住 C#用的是动态分配的数组，因而，C#的结构在内存里的布局与 C/C++、Pascal 和 HLA 都不相同。

11.1.1.4 Java 的记录声明

Java 不支持纯记录，其只有数据成员的类声明可达到同样目的。具体内容可参看 11.5.3 节。

11.1.1.5　HLA 的记录声明

HLA 通过 record/endrecord 声明也可以创建记录类型。前面小节内容的记录在 HLA 中编码如下：

```
type
  student:
    record
      sName          : char[65];
      Major          : int16;
      SSN            : char[12];
      Mid1           : int16;
      Mid2           : int16;
      Final          : int16;
      Homework       : int16;
      Projects       : int16;
    endrecord;
```

如我们所见，HLA 声明与 Pascal 非常相似。注意，为了与 Pascal 保持一致，本例中对 sName、SSN 字段使用了字符数组，而非字符串。而在声明典型的 HLA 记录时，我们或许使用 string 类型，至少对 sName 字段这么做。要知道，字符串变量只是一个 4 字节的指针。

11.1.1.6　Swift 的记录（元组）声明

尽管 Swift 不支持记录的概念，但我们可以用 Swift 元组（tuple）来模拟出记录。元组对于创建复合/聚合数据类型很有用，而没有类那样的开销。然而请注意，Swift 在内存中保存记录/元组的行为与其他编程语言并不相同。

Swift 元组只是一个值列表。在语法上，元组采取下列形式：

```
( value₁, value₂, ..., valueₙ )
```

元组内各值的类型不需要一样。

在典型情况下，Swift 使用元组来从函数中返回多个值。我们来看下列简短的 Swift 片段：

```
func returns3Ints()->(Int, Int, Int )
```

```
{
    return(1, 2, 3)
}
var (r1, r2, r3) = returns3Ints();
print( r1, r2, r3 )
```

returns3Ints()返回 3 个值(1, 2, 3)。而语句

```
var (r1, r2, r3) = returns3Ints();
```

将这 3 个整数值分别保存到 r1、r2 和 r3。

我们也可以将元组赋值给单一变量，使用整数下标作为字段名来访问元组的这些"字段"：

```
let rTuple = ( "a", "b", "c" )
print( rTuple.0, rTuple.1, rTuple.2 ) // 打印"a b c"
```

不建议使用".0"之类的字段名，因为这样会导致代码难以维护。可以从元组创建记录，但使用整数下标来引用这些字段，在程序处理现实世界的问题时并不合适。

幸运的是，Swift 允许我们为元组字段分配标号，然后用标号名而非整数下标来引用字段——通过关键字 typealias：

```
typealias record = ( field1:Int, field2:Int, field3:Float64 )

var r = record(1, 2, 3.0 )
print( r.field1, r.field2, r.field3 )  // 打印"1 2 3.0"
```

记住元组在内存中的存储并不能反映记录或结构在其他语言里的布局。如同 Swift 里的数组，元组是一种不透明类型，Swift 没有明确定义如何在内存中保存元组。

11.1.2 记录的例化

一般来说，记录声明并不为记录变量预留存储空间。记录声明指定的是数据类型，可以将其作为声明记录变量的模板。例化（instantiation）才是按照记录模板，或者说是记录类型来创建记录变量的过程。

我们来考虑前面 HLA 对 student 的类型声明。该类型声明并未给记录变量分配任何存储空间，只是提供了可用记录变量的结构。不管是在编译时期还是在运行时期，要想实际创建 student 变量，都必须为其安排存储空间。例如在 HLA 中，可通过如下变量声明为某 student 数据在编译时预留存储空间：

```
var
    automaticStudent :student;

static
    staticStudent :student;
```

var 声明告诉 HLA，在程序执行到当前过程时，请为 student 类型的变量 automaticStudent 在当前活动记录中预留存储空间；static 语句让 HLA 在静态数据区为 student 变量 staticStudent 分配存储空间，这是在编译时期完成的。

内存分配函数也可以用来为记录数据动态地分配存储空间。举例而言，C 语言里可以使用函数 malloc() 为 student 变量分配存储空间：

```
student *ptrToStudent;
    ...
    ptrToStudent = malloc( sizeof( student ));
```

记录仅仅是本不相关的一组变量的集合。你也许感到奇怪，那么为什么要用记录呢？为何不各自创建变量呢？比如，在 C 语言里为何不这么写呢：

```
// 为有 64 个字符且以字节 0 结尾的字符串准备存储空间
char someStudent_Name[65];

// 在 C/C++中，短整型通常为 2 字节
short someStudent_Major;

// 为有 11 个字符且以字节 0 结尾的字符串准备存储空间
char someStudent_SSN[12];

short someStudent_Mid1;
short someStudent_Mid2;
short someStudent_Final;
short someStudent_Homework;
```

这种方法不够理想是有若干个理由的——从软件工程角度来看，要考虑到维护问题。例如，倘若我们已经创建了几套"student"型变量，然后又想再加一字段，怎么办呢？只能回头去编辑已构筑好的每一套声明——而无法在一个地方就搞定。倘若通过结构/记录声明，我们只需修改类型声明，所有变量声明就自动新添这个字段。要想创建一个"student"型数组时，该怎么办？

撇开软件工程不谈，从效率方面来说，将分开的字段集中于记录就是一个好的思路。许多编译器允许将整个记录看成一个整体来赋值、传递参数等等。比如在 Pascal 中，如果有 s1、s2 两个 student 类型变量，只需一条赋值语句就可以将其中一个 student 变量的值赋给另一个 student 变量。

```
s2 := s1;
```

不光是比逐一赋值每个字段方便，而且编译器通过使用块传送操作，生成的代码往往更佳。现在来看下列 C++代码及其相关的 80x86 汇编语言输出：

```
#include <stdlib.h>

// 随意设定一个尺寸得当的结构，用来展示 C++编译器如何对结构赋值
typedef struct
{
   int x;
   int y;
   char *z;
   int a[16];
}aStruct;

int main( int argc, char **argv )
{
   static aStruct s1;
   aStruct s2;
   int i;

   // 对 s1 赋一些非零值，以免优化器在引用 s1 的各字段时仅仅以 0 替代
   s1.x = 5;
   s1.y = argc;
```

```
s1.z = *argv;

// 对结构整体赋值，这在 C++ 中是合法的
s2 = s1;
// 对 s2 随便做一点修改，否则编译器优化程序会消除创建 s2 的代码，
// 而只使用 s1，因为 s1 和 s2 的值一样
s2.a[2] = 2;

// 下列循环也是为了防止优化器消除 s2 的代码
for( i=0; i<16; ++i )
{
    printf( "%d\n", s2.a[i] );
}

// 这里演示对字段逐个赋值，以便我们能看看编译器生成的代码
s1.y = s2.y;
s1.x = s2.x;
s1.z = s2.z;
for( i=0; i<16; ++i )
{
    s1.a[i] = s2.a[i];
}
for( i=0; i<16; ++i )
{
    printf( "%d\n", s2.a[i] );
}
return 0;
}
```

以"/O2"优化选项设定微软 Visual C++ 编译器。此编译器生成 x86 的 64 位（即 x86-64）汇编代码相关部分如下：

```
;BSS 段中的 s1 数组存储空间
_BSS    SEGMENT
?s1@?1??main@@9@9 DB 050H DUP (?)                    ; `main'::`2'::s1
_BSS    ENDS
;
s2$1$ = 32
s2$2$ = 48
s2$3$ = 64
```

```
s2$ = 80
__$ArrayPad$ = 160
argc$ = 192
argv$ = 200


; 注意在 main 入口处, rcx = argc, rdx = argv
main    PROC                                       ; COMDAT
; File c:\users\rhyde\test\t\t\t.cpp
; Line 20
$LN27:
        mov     r11, rsp
        mov     QWORD PTR [r11+24], rbx
        push    rdi
;
; 为包括 s2 在内的局部变量分配存储空间
        sub     rsp, 176                           ; 000000b0H
        mov     rax, QWORD PTR __security_cookie
        xor     rax, rsp
        mov     QWORD PTR __$ArrayPad$[rsp], rax
        xor     ebx, ebx  ; ebx = 0
        mov     edi, ebx  ; edi = 0

    ; s1.z = *argv
        mov     rax, QWORD PTR [rdx] ;rax = *argv
        mov     QWORD PTR ?s1@?1??main@@9@9+8, rax

    ; s1.x = 5
        mov     DWORD PTR ?s1@?1??main@@9@9, 5

    ;s1.y = argc
        mov     DWORD PTR ?s1@?1??main@@9@9+4, ecx

;    s2 = s1;
;
;       xmm1=s1.a[0..1]
        movaps  xmm1, XMMWORD PTR ?s1@?1??main@@9@9+16
        movaps  XMMWORD PTR s2$[rsp+16], xmm1 ;s2.a[0..1] = xmm1
        movaps  xmm0, XMMWORD PTR ?s1@?1??main@@9@9
        movaps  XMMWORD PTR s2$[rsp], xmm0
        movaps  xmm0, XMMWORD PTR ?s1@?1??main@@9@9+32
        movaps  XMMWORD PTR s2$[rsp+32], xmm0
```

```
        movups  XMMWORD PTR s2$1$[rsp], xmm0
        movaps  xmm0, XMMWORD PTR ?s1@?1??main@@9@9+48
        movaps  XMMWORD PTR [r11-56], xmm0
        movups  XMMWORD PTR s2$2$[rsp], xmm0
        movaps  xmm0, XMMWORD PTR ?s1@?1??main@@9@9+64
        movaps  XMMWORD PTR [r11-40], xmm0
        movups  XMMWORD PTR s2$3$[rsp], xmm0
    ; s2.a[2] = 2
        mov     DWORD PTR s2$[rsp+24], 2
        npad    14
;   for (i = 0; i<16; ++i)
;   {

$LL4@main:
; Line 53
        mov     edx, DWORD PTR s2$[rsp+rdi*4+16]
        lea     rcx, OFFSET FLAT:??_C@_03PMGGPEJJ@?$CFd?6?$AA@
        call    printf
        inc     rdi
        cmp     rdi, 16
        jl      SHORT $LL4@main
.;      } //endfor

; Line 59 // s1.y = s2.y
        mov     eax, DWORD PTR s2$[rsp+4]
        mov     DWORD PTR ?s1@?1??main@@9@9+4, eax

        ;s1.x = s2.x
        mov     eax, DWORD PTR s2$[rsp]
        mov     DWORD PTR ?s1@?1??main@@9@9, eax

        ; s1.z = s2.z
        mov     rax, QWORD PTR s2$[rsp+8]
        mov     QWORD PTR ?s1@?1??main@@9@9+8, rax

;   for (i = 0; i<16; ++i)
;   {
;       printf("%d\n", s2.a[i]);
;   }
```

```
; Line 64
      movups  xmm1, XMMWORD PTR s2$1$[rsp]
      movaps  xmm0, XMMWORD PTR s2$[rsp+16]
      movups  XMMWORD PTR ?s1@?1??main@@9@9+32, xmm1
      movups  xmm1, XMMWORD PTR s2$3$[rsp]
      movups  XMMWORD PTR ?s1@?1??main@@9@9+16, xmm0
      movups  xmm0, XMMWORD PTR s2$2$[rsp]
      movups  XMMWORD PTR ?s1@?1??main@@9@9+64, xmm1
      movups  XMMWORD PTR ?s1@?1??main@@9@9+48, xmm0
      npad    7

$LL10@main:
; Line 68
      mov     edx, DWORD PTR s2$[rsp+rbx*4+16]
      lea     rcx, OFFSET FLAT:??_C@_03PMGGPEJJ@?$CFd?6?$AA@
      call    printf
      inc     rbx
      cmp     rbx, 16
      jl      SHORT $LL10@main

; Return 0
; Line 70
      xor     eax, eax
; Line 71
      mov     rcx, QWORD PTR __$ArrayPad$[rsp]
      xor     rcx, rsp
      call    __security_check_cookie
      mov     rbx, QWORD PTR [rsp+208]
      add     rsp, 176                              ; 000000b0H
      pop     rdi
      ret     0
main  ENDP
```

本例中需要注意的地方是，微软 Visual C++编译器在给整个结构赋值时采用了一串 movaps 和 movups 指令，但假如在两个结构间逐字段进行拷贝，就要按字段分解为一串 mov 指令。同样的道理，如果未将所有字段封装到一个结构，就没办法通过块拷贝操作对 struct 里的变量赋值。

将字段合并到记录中还有诸多益处，下面列出了其中一些：

- 记录结构的维护，即字段的增删、重命名和修改都大为容易。
- 编译器可对记录进行额外的类型和语义检查，因此在记录使用不当时，可方便我们找出其中的逻辑错误。
- 编译器将记录看作单一数据，比起分别处理各字段变量，编译器能通过 movsd、movaps 之类的指令序列生成更有效率的代码。
- 多数编译器尊重记录中的声明顺序，依次为各字段分配内存。这对于在不同语言中衔接数据结构很重要。而编程语言对内存中的分立变量大都没有类似保证。
- 正如我们后面将看到的那样，采用记录可以改善缓存性能，减少虚拟内存颠簸。
- 记录可以包含指针字段，指向其他同类记录变量的地址。倘若在内存中分散使用变量，就不可能做到这一点。

在下面几节里，我们还将看到记录的其他优越性。

11.1.3　在编译时期初始化记录数据

有的语言如 C/C++和 HLA，允许在编译时期初始化记录数据。对于静态变量，无须手工初始化记录的各字段，从而节省了应用程序的执行代码和时间。举例而言，我们来看下面的 C 代码示例，它对静态的、自动的结构变量都进行了初始化。

```
#include <stdlib.h>

// 随意组织的结构会占据不少内存空间
typedef struct
{
    int x;
    int y;
    char *z;
    int a[4];
}initStruct;

// 下列代码只是为了阻止优化器优化，使之认为结构中的所有字段都要用到
extern thwartOpt( initStruct *i );
```

```
int main( int argc, char **argv )
{
    static initStruct staticStruct = {1,2,"Hello", {3,4,5,6}};
    initStruct autoStruct = {7,8,"World",{9,10,11,12}};

    thwartOpt( &staticStruct );
    thwartOpt( &autoStruct );
    return 0;
}
```

使用命令行选项"/O2"和"/Fa"执行 VC++（即 Visual C++）编译器，可以得到下列 x86 的 64 位机器码（手工去掉了无关的输出）：

```
; 声明静态结构。请注意每个字段都按C语言源文件中的初始值进行了初始化
;静态 initStruct 结构变量的字符串
CONST    SEGMENT
??_C@_05COLMCDPH@Hello?$AA@ DB 'Hello', 00H          ; `string'
CONST    ENDS

_DATA    SEGMENT
; `main'::`2'::staticStruct
?staticStruct@?1??main@@9@9 DD 01H ;x field
         DD      02H ;y field
         DQ      FLAT:??_C@_05COLMCDPH@Hello?$AA@  ; z field
         DD      03H ;a[0] field
         DD      04H ;a[1] field
         DD      05H ;a[2] field
         DD      06H ;a[3] field
_DATA    ENDS

;初始化自动结构变量 autoStruct 使用的字符串
CONST    SEGMENT
??_C@_05MFLOHCHP@World?$AA@ DB 'World', 00H          ; `string'
CONST    ENDS
;
_TEXT    SEGMENT
autoStruct$ = 32
__$ArrayPad$ = 64
argc$ = 96
```

```
argv$ = 104
main    PROC                                   ; COMDAT
; File c:\users\rhyde\test\t\t\t.cpp
; Line 26
$LN9: ;主程序起始代码
        sub     rsp, 88                        ; 00000058H
        mov     rax, QWORD PTR __security_cookie
        xor     rax, rsp
        mov     QWORD PTR __$ArrayPad$[rsp], rax

; Line 28
;
; 初始化 autoStruct
        lea     rax, OFFSET FLAT:??_C@_05MFLOHCHP@World?$AA@
        mov     DWORD PTR autoStruct$[rsp], 7 ;autoStruct.x
        mov     QWORD PTR autoStruct$[rsp+8], rax
        mov     DWORD PTR autoStruct$[rsp+4], 8 ;autoStruct.y
        lea     rcx, QWORD PTR autoStruct$[rsp+16] ;autoStruct.a
        mov     eax, 9
        lea     edx, QWORD PTR [rax-5] ;edx = 4
$LL3@main:
; autoStruct.a[0] = 9, 10, 11, 12 (这是一个循环)
        mov     DWORD PTR [rcx], eax
        inc     eax

; RCX 指向 autoStruct.a 的下一个元素
        lea     rcx, QWORD PTR [rcx+4]
        sub     rdx, 1
        jne     SHORT $LL3@main

; Line 30
; thwartOpt(&staticStruct );
        lea     rcx, OFFSET FLAT:?staticStruct@?1??main@@9@9
        call    thwartOpt

; Line 31
; thwartOpt( &autoStruct );
        lea     rcx, QWORD PTR autoStruct$[rsp]
        call    thwartOpt
; Line 32
; Return 0
```

```
        xor     eax, eax ;EAX = 0
; Line 34
        mov     rcx, QWORD PTR __$ArrayPad$[rsp]
        xor     rcx, rsp
        call    __security_check_cookie
        add     rsp, 88                              ; 00000058H
        ret     0
main    ENDP
_TEXT   ENDS
        END
```

请仔细观察编译器生成的机器码中对变量 autoStruct 初始化的部分。与静态初始化不同，编译器不能在编译时初始化内存，因为它并不知道系统在运行时期分配的自动记录中各字段的地址。编译器只好生成逐个字段的赋值指令序列，以初始化结构的各字段。虽然这么做相对快些，但会占用相当多的内存，尤其在记录比较大时。如果想减少自动结构变量初始化代码的体积，一种办法就是事先创建已初始化的静态结构，然后每次进入自动结构变量的函数时，在声明处将结构赋值给该变量。现在来看下面的 C++ 程序及其 80x86 汇编代码：

```
#include <stdlib.h>
typedef struct
{
   int x;
   int y;
   char *z;
   int a[4];
}initStruct;

// 下列代码只是为了阻止优化器优化代码，使之认为该结构的所有字段都是有用的
extern thwartOpt( initStruct *i );

int main( int argc, char **argv )
{
   static initStruct staticStruct = {1,2,"Hello", {3,4,5,6}};

   // 将 initAuto 当作 "只读" 结构，用于在函数入口处初始化变量 autoStruct
   static initStruct initAuto = {7,8,"World",{9,10,11,12}};

   // 为 autoStruct 在栈中分配存储空间，并用保存于 initAuto 的值对其初始化
```

```
    initStruct autoStruct = initAuto;

    thwartOpt( &staticStruct );
    thwartOpt( &autoStruct );
    return 0;
}
```

下面是 Visual C++为其生成的 x86 的 64 位汇编代码：

```
; 对静态结构变量 staticStruct 初始化数据
_DATA SEGMENT

; staticStruct 的静态初始化数据
?staticStruct@?1??main@@9@9 DD 01H                    ;
`main'::`2'::staticStruct
        DD      02H
        DQ      FLAT:??_C@_05COLMCDPH@Hello?$AA@
        DD      03H
        DD      04H
        DD      05H
        DD      06H

; 要拷贝到 autoStruct 的初始化数据
?initAuto@?1??main@@9@9 DD 07H                         ;
`main'::`2'::initAuto
        DD      08H
        DQ      FLAT:??_C@_05MFLOHCHP@World?$AA@
        DD      09H
        DD      0aH
        DD      0bH
        DD      0cH
_DATA   ENDS

_TEXT   SEGMENT
autoStruct$ = 32
__$ArrayPad$ = 64
argc$ = 96
argv$ = 104
main    PROC                                  ; COMDAT
; File c:\users\rhyde\test\t\t\t.cpp
```

```
; Line 23
$LN4:
; 主程序起始代码:
        sub     rsp, 88                            ; 00000058H
        mov     rax, QWORD PTR __security_cookie
        xor     rax, rsp
        mov     QWORD PTR __$ArrayPad$[rsp], rax
; Line 34

; 通过将数据从静态初始化程序拷贝到自动变量, 完成对 autoStruct 的初始化
        movups  xmm0, XMMWORD PTR ?initAuto@?1??main@@9@9
        movups  xmm1, XMMWORD PTR ?initAuto@?1??main@@9@9+16
        movups  XMMWORD PTR autoStruct$[rsp], xmm0
        movups  XMMWORD PTR autoStruct$[rsp+16], xmm1
; thwartOpt( &staticStruct );
        lea     rcx, OFFSET FLAT:?staticStruct@?1??main@@9@9
        call    thwartOpt   ; 参数通过 RCX 寄存器传递
; thwartOpt( &autoStruct );
        lea     rcx, QWORD PTR autoStruct$[rsp]
        call    thwartOpt
; Return 0;
        xor     eax, eax
; Line 40
        mov     rcx, QWORD PTR __$ArrayPad$[rsp]
        xor     rcx, rsp
        call    __security_check_cookie
        add     rsp, 88                            ; 00000058H
        ret     0
main    ENDP
_TEXT   ENDS
        END
```

正如我们在汇编代码中看到的，只用 4 条指令就可以将静态初始化记录的数据拷贝到自动分配的记录。这段代码相当短，但它还不足够快。记录间的拷贝牵涉到内存传送，倘若所有存储单元未缓存，记录拷贝就会很慢。将立即数常量直接传送到各字段通常更快，尽管这要花许多指令才能完成。

这个例子也提醒我们，如果对自动变量附带初始化值，编译器就会生成一些代码来在运行时期执行初始化。除非变量在每次进入函数时需要重新初始化，否则我

们应当考虑采用静态记录变量。

11.1.4 记录的内存表示

下面是 Pascal 典型的 **student** 变量声明：

```
var
  John: student;
```

如图 11-1 所示，按照前面 Pascal 对 **student** 数据类型的声明，该语句将在内存中为 John 分配 81 字节的存储空间。如果 John 标号对应记录的基地址（base address），则 Name 字段位于地址 John+0，Major 字段位于 John+65，SSN 字段位于 John+67，依此类推。

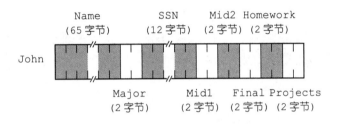

图 11-1　**student** 数据结构在内存中的存储形式

编程语言大都可以通过名字来引用记录字段，而不需要通过记录中的数值偏移量来引用。实际上，只有个别低端的汇编器要求通过数值偏移量来引用字段，这样的汇编器还不算真正支持记录。访问字段的典型语法是使用"."运算符从记录变量中选择某字段。对于上例中的变量 John，可以这样访问记录中的各字段：

```
John.Mid1 = 80;              // C/C++示例
John.Final := 93;            (* Pascal 示例 *)
mov( 75, John.Projects );    // HLA 示例
```

图 11-1 表明，记录中的所有字段在内存里都是按其声明的顺序出现的。理论上，编译器可以将这些字段自由组织到内存中的任意地方。然而在实践中，几乎每个编译器都按记录中声明的顺序在内存里放置这些字段。第一个字段往往位于记录的最低地址，第二个字段的地址比第一个字段的地址高一些，第三个字段的地址比第二

个字段的地址再高一些，依此类推。

图 11-1 还指出，编译器将这些字段放于相邻的内存单元，字段之间没有空隙。这对许多语言都适用，但其当然并非最常见的记录内存组织方法。出于性能考虑，大部分编译器都会将记录字段对齐于适当的内存边界。具体细节因语言、编译器实现和 CPU 而异，不过典型的编译器会将字段放在记录存储区域的某个偏移量上，这个偏移量对于该特定字段的数据类型来说是"自然而然"的。例如在 80x86 上，遵循 Intel ABI（应用程序二进制接口）的编译器会在记录内任意偏移量的地方分配单字节数据，字只会位于偶数偏移量，双字或更大的数据位于双字边界。尽管并非所有 80x86 编译器都支持 Intel 的 ABI，但编译器大都支持，从而允许 80x86 上的记录由不同语言编写的函数、过程共享。其他 CPU 厂商也为其处理器及程序提供 ABI。程序在运行时期可与其他遵守同样 ABI 的程序共享二进制数据。

除将记录中的字段按某种合理的偏移量对齐于边界外，多数编译器还会确保整个记录的长度是 2、4 或 8 字节的整数倍。对于不满足这一长度的记录，就在记录末尾添加填充字节。编译器之所以加入填充字节，就是为了让记录总长为记录内最大标量数据（非数组、非记录）尺寸的整数倍 [1]。例如，倘若记录中有一些字段，分别长为 1、2、4、8 字节，则 80x86 编译器将产生填充字节，使记录长为 8 的整数倍。这就能让我们在创建记录数组时，确保数组中的每个记录都起始于内存中合理的地址。

尽管有些 CPU 不允许访问位于内存中未对齐地址上的数据，但许多编译器能够让我们禁用记录中字段的自动对齐功能。一般情况下，编译器会有一个选项供我们全局禁用此功能。很多编译器还提供 pragma、alignas 或 packed 之类的关键字，以便关掉记录之间的字段对齐，从而挨个紧密存放记录。倘若我们的 CPU 不强求字段对齐，禁用自动字段对齐功能可以节约少许内存，毕竟省去了字段之间的填充字节以及记录末尾的填充字节。当然，程序在访问内存中未对齐的值时稍微慢些，这就是代价。

使用打包记录的一个理由是，为了我们能自己控制记录中的字段对齐。举例来说，假如有两个函数，分别用两种不同语言编写，都需要访问记录中的某些数据。我们还设想这两个函数各自的编译器采用的字段对齐算法不同。像下面的 Pascal 记

1　或者是 CPU 最大边界值的整数倍——如果最大边界值小于记录中最大字段尺寸的话。

录声明可能使两个函数访问记录数据的方式都不适用：

```
type
  aRecord: record
    (* 假设 Pascal 编译器支持 byte、word 和 dword 类型*)
    bField : byte;
    wField : word;
    dField : dword;
  end; (* record *)
```

麻烦在于，一个编译器对 bField、wField 和 dField 分别使用偏移量 0、2 和 4，而另一个编译器可能采用 0、4 和 8 的偏移量。

假如前一个编译器能在 record 之前指定关键字 packed，这样该编译器就能在紧邻每个字段后存放下一个字段。尽管关键字 packed 并不能使记录与两个函数兼容，但这样就有条件为记录声明手工添加填充字段，就像下面这样：

```
type
  aRecord: packed record
    bField :byte;      (*偏移量 0*)

    (* 为 wField 添加填充字节，以便对齐至 dword *)
    padding0 :array[0..2] of byte;
    wField :word;      (*偏移量 4*)

    (* 为 dField 添加填充字节，以便对齐至 dword *)
    padding1 :word;
    dField :dword;     (*偏移量 8*)
  end; (* 记录结束 *)
```

人工维护处理填充字节的代码实在没意思。但如果需要与不兼容的编译器共享数据，这种技巧还是有必要知道。关于打包记录的确切细节，需要查询语言参考手册。

11.1.5　使用记录改善内存效能

从希望编程卓越的程序员角度来看，记录赋予我们一个重要的手段——能够在内存中控制变量的存放位置。这样就能更好地控制这些变量对缓存的用法，从而大幅提高代码的执行速度。

我们先看下面的 C 语言全局/静态变量声明：

```
int i;
int j = 5;
int cnt = 0;
char a = 'a';
char b;
```

你也许觉得编译器会依次为这些变量分配连续的内存单元。然而，几乎没有语言这么保证，C 语言当然也不会。事实上，像微软 Visual C++等 C 编译器，都不会在连续的存储单元中分配这些变量。现在来看 Visual C++为上述变量声明生成的汇编语言输出：

```
PUBLIC    j
PUBLIC    cnt
PUBLIC    a
_DATA     SEGMENT
COMM      i:DWORD
_DATA     ENDS
_BSS      SEGMENT
cnt       DD      01H DUP (?)
_BSS      ENDS
_DATA     SEGMENT
COMM      b:BYTE
_DATA     ENDS
_DATA     SEGMENT
j         DD      05H
a         DB      061H
_DATA     ENDS
```

即便我们不清楚上面全部指示性语句的用意，也能明白看出 Visual C++在内存中重新排布了所有的变量声明。因此，我们不能指望源文件中的声明相邻，内存中的各变量存储单元就挨在一起。实际上，我们没办法阻止编译器可能让一到多个变量分配到机器寄存器。

当然，你可能感到奇怪，何必关心变量在内存中的存放位置呢？毕竟有名变量主要就用来作为内存的抽象化，从而不用操心底层的内存分配策略。然而，我们经常有必要控制变量在内存的存放。比如，假设准备尽力提升程序效能，可以尝试把要一起访问的有些变量放在内存中的邻近区域。这样，这些变量就容易待在同一个缓存线，而不必花费较大的延时开销，就能访问到未在缓存中的变量。更进一步说，将所用变量在内存中毗邻放置，用到的缓存线较少，因此颠簸也较轻。

泛泛而谈，支持传统记录概念的编程语言都会将记录中的各字段放于相邻内存单元。因此，倘若需要在内存中紧邻放置不同变量，以便最大限度地共享缓存线，将这些变量放入记录将是一个蛮不错的办法。然而，这里的关键是传统（即传统语言），倘若我们所用的语言采用动态记录类型，就要另辟蹊径了。

11.1.6   使用动态记录类型和数据库

有些动态语言采用"动态类型系统"（dynamic type system），变量的类型可以在运行时期改变。我们稍后讨论动态类型，现在要说的是，倘若编程语言使用动态类型记录结构，则前面在内存中放置各字段的方式将统统被推翻——这些字段几乎铁定了不会置于相邻的内存。还要说的是，如果采用动态语言，由于不能充分利用缓存，在性能上会有所牺牲，但这只是需要我们操心的最小问题。

动态记录的典型例子是从数据库引擎中读取的数据。引擎本身不会在编译时期预知数据库记录的结构怎样。数据库本身提供元数据（metadata），用来告诉数据库引擎其记录结构如何如何。数据库引擎从数据库读取此元数据，按照元数据来组织记录中的字段，然后将数据返回到数据库应用程序。在动态语言里，实际的字段数据一般会遍布内存，数据库应用程序间接地引用这些数据。

当然，如果使用动态语言，我们应更关心性能问题，而不是记录字段在内存中的摆放或组织。诸如数据库引擎之类的动态语言，要执行许多指令处理元数据（或者相反，执行许多指令决定其操作数的数据类型），因此会损失一些周期来颠簸缓存，尽管这似无大碍。有关动态类型系统开销的更多信息，请参看 11.3 节。

11.2　判别式联合

判别式联合（discriminant union），即"联合"，它与记录非常相似。判别式即指从量上区别或分开各项的东西，具体到判别式联合，意思就是对于给定内存单元的数据类型，不同字段名有不同的解释方法。

和记录一样，支持联合的语言也是采用字段，访问时以"."形式表示的。实际上，许多语言对记录、联合只有一点儿语法区别，就是联合使用关键字 union，而非 record 或 struct。然而，记录和联合的语义大相径庭。记录中每个字段距离记录基地址的偏移量各不相同，字段不会重叠；而在联合中，所有字段的偏移量都为 0，各字段是重叠在一起的。因此，记录的尺寸是所有字段尺寸之和，可能的话还包括填充字节；而联合的尺寸则是其最大字段的尺寸，结尾也许还有填充字节。

由于联合会重叠字段，改变一个字段的值就会连带使其他字段统统变化，这表明联合中的字段用起来是"互斥的"（mutually exclusive）——也就是说，在任意给定时刻，只能使用其中一个字段。故而联合一般没有记录通用，但仍有许多用途。在本章后面可以看到，通过联合对不同值重用内存，可以节省内存、强制数据类型转换，还能创建变数数据类型。然而最关键的是，程序使用联合可在不同变量间共享内存，而这些变量的使用时刻并不重叠，即对这些变量的引用是互斥的。

例如，设想有一个 32 位双字变量，我们需要经常取其高 16 位和低 16 位字。多数高级语言是这么实现的——读 32 位双字，利用 AND 运算屏蔽掉不需要的字。这还不够，倘若需要高位字，还得将结果右移 16 位。有了联合，可以声明 32 位双字的内存空间，同时又是有两个元素的 16 位字数组，就可以直接访问这些字。11.2.3 节将解释这是如何做到的。

11.2.1　在各种语言中声明联合

C/C++、Pascal 和 HLA 对判别式联合的声明语法各不相同；Java 语言则不提供联合的等效类型；Swift 有一个专门的 Enum 声明版本来提供变数记录的能力，但它不会在内存的同样地址保存所声明的成员。故而基于本节讨论的目的，我们假定 Swift 不会提供联合的声明。

11.2.1.1　C/C++的联合

下面是 C/C++ 声明联合的例子：

```
typedef union
{
  unsigned int i;
  float r;
  unsigned char c[4];
} unionType;
```

假定 C/C++ 编译器对无符号整型分配 4 字节，则一个 unionType 变量的尺寸将为 4 字节，因为 3 个字段都是 4 字节长。

11.2.1.2　Pascal/Delphi 的联合

Pascal 和 Delphi 使用 case 变数记录（case-variant record）来创建判别式联合。case 变数记录的语法是这样的：

```
type
  typeName =
    record
      < 此处为非变数/联合的记录字段 >
      case tag of
        const1:( field_declaration );
        const2:( field_declaration );
        ...
        constn:( field_declaration )
    end;
```

tag 项要么是 boolean、char 或用户自定义类型之类的标识符，要么是 *identifier:type* 形式的字段声明。如果 *tag* 项为后一种形式，则 *identifier* 就成为记录的另一个字段，而非变数区的成员，并具备指定的类型。采用这种字段声明的形式时，Pascal 编译器可以生成抛出异常的代码——只要应用程序试图访问任何 *tag* 字段以外的变数字段。在实践中，几乎没有哪个 Pascal 编译器会这么做。但要知道，Pascal 语言规范是这么建议的，所以有些编译器可能进行这项检查。

下面是声明两个不同 case 变数记录的 Pascal 实例：

```
type
   noTagRecord=
      record
         someField: integer;
         case boolean of
            true:( i:integer );
            false:( b:array[0..3] of char )
      end; (* record *)

   hasTagRecord=
      record
         case which:(0..2) of
            0:( i:integer );
            1:( r:real );
            2:( c:array[0..3] of char )
      end; (* record *)
```

正如在 hasTagRecord 联合中看到的，Pascal 的 case 变数记录并不要求有记录字段。缺了 tag 项照样合法。

11.2.1.3 HLA 的联合

HLA 也支持联合。下面是 HLA 中典型的联合声明：

```
type
   unionType:
      union
         i: int32;
         r: real32;
         c: char[4];
      endunion;
```

11.2.2 联合的内存表示

还记得吗？联合与记录的一大区别在于，记录为每个字段在内存的不同偏移量处分配存储空间，而联合在同一偏移量处重叠每个字段。举个例子，看看下面 HLA 对记录和联合的声明：

```
type
  numericRec:
    record
      i: int32;
      u: uns32;
      r: real64;
    endrecord;

  numericUnion:
    union
      i: int32;
      u: uns32;
      r: real64;
    endunion;
```

倘若我们声明一个 numericRec 型变量，例如 n，那么对 n.i、n.u、n.r 等字段的访问方法和 n 为 numericUnion 型变量时并无区别。然而 numericRec 型变量尺寸为 16 字节，是记录中两个双字字段、一个四字字段（real64）尺寸的相加。numericUnion 型变量的尺寸却为 8 字节。图 11-2 说明了记录和联合中 i、u、r 字段的内存安排情况。

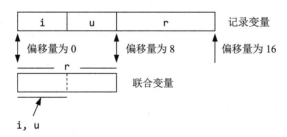

图 11-2　记录变量与联合变量的布局比较

11.2.3　联合的其他用法

程序员不仅用联合节约内存，还经常在代码中通过联合创建别名（alias）。别名是对同一个内存数据的别称。尽管别名在程序中往往引起混淆，应当节制使用，但有时采用别名会很方便。例如，在程序的某些地方，可能需要不断地使用类型强制转换来引用某特定数据。其替代办法就是采用联合变量，以各字段表示需要的不同变量类型。我们举例来说明，请看下面的 HLA 代码片段：

```
type
  CharOrUns:
    union
        c:char;
        u:uns32;
    endunion;

static
  v:CharOrUns;
```

有了这样的声明，就可以通过访问 v.u 来操控 uns32 数据。倘若在某些地方需要将此 uns32 变量的低字节当作字符，那么访问 v.c 变量就行了，就像下面这样：

```
mov( eax, v.u );
stdout.put( "v, as a character, is '", v.c, "'" nl );
```

另一种常见做法是用联合来分解较大的数据，将大型数据转换成各成员字节。现在来看下列 C/C++代码片段：

```
typedef union
{
    unsigned int u;
    unsigned char bytes[4];
} asBytes;

asBytes composite;
    ...
    composite.u = 1234576890;
    printf
    (
      "HO byte of composite.u is %u, LO byte is %u\n",
      composite.u[3],
      composite.u[0]
    );
```

尽管使用联合组装、拆分数据类型向来是一个有用的诀窍，但要知道这种代码是无法移植的。请记住，在大端（big endian）机器、小端（little endian）机器上，多字节数据高低字节所处的地址是不同的。因此，这段代码在小端机器上工作正常，却无法在大端 CPU 上显示正确字节。只要用到联合来拆分大型数据，都应考虑到这个局限性。尽管如此，将较大的值拆分成各对应字节，或者将字节合并成较大值，远比左移位、右移位和 AND 操作高效。因此，这一诀窍颇为常用。

11.3　变数类型

　　变数数据是一种类型可变的数据——即变量的数据类型可在运行时改变。这使得程序员不必在设计程序时就确定其数据类型，而留给最终用户在程序工作时设定。比起传统静态类型语言，用动态类型语言写成的程序通常紧凑得多。这就使得动态类型在快速原型开发、解释性的及超高级的编程语言中很吃香。包括 Visual Basic、Delphi 在内的几种主流语言也支持变数类型。在本节中，我们就来看看编译器是如何实现变数类型的，以及与变数相关的效率开销。

　　为了实现变数类型，编程语言大都以联合来为变数的所有不同类型保留存储空间。这意味着变数数据能支持的最大基本数据类型是多大，它就要占据多大的空间。不光是保存变数值的存储空间，其数据结构另外需要一些空间来跟踪变数的当前类型。倘若语言允许变数为数组类型，还得再花费一点存储空间说明数组有多少元素；假如语言支持变数为多维数组的话，就要指示每一维的边界。总之，即便实际数据只有 1 字节，变数也肯定会耗用大量的内存。

　　要描述变数数据类型的工作原理，最好手工实现一个变数类型。我们来看 Delphi 对 case 变数记录的声明：

```
type
  dataTypes =
    (
      vBoolean, paBoolean, vChar, paChar,
      vInteger, paInteger, vReal, paReal,
      vString, paString
    );

  varType =
    record
```

```
    elements : integer;
        case theType: dataTypes of
            vBoolean: ( b:boolean );
            paBoolean: ( pb:array[0..0] of ^boolean );
            vChar:    ( c:char );
            paChar:   ( pc:array [0..0] of ^char );
            vInteger: ( i:integer );
            paInteger: ( pi:array[0..0] of ^integer );
            vReal:    ( r:real );
            paReal:   ( pr:array[0..0] of ^real );
            vString:  ( s:string[255] );
            paString: ( ps:array[0..0] of ^string[255] )
    end;
```

在此记录中，如果数据是一维数组，*elements* 将为数组的元素个数。这一特殊的数据结构不支持多维数组。假如是标量变量，*elements* 就无所谓了。theType 字段说明数据的当前类型。倘若此标记字段为枚举常量 vBoolean、vChar、vInteger、vReal 或 vString 之一，则该数据就是标量变量。如果该字段为常量 paBoolean、paChar、paInteger、paReal 和 paString 中的一个，那么数据是指定类型的一维数组。

如果变数是标量变量，Pascal 的 case 变数记录里各字段就存放变数值；假如变数是数组，则这些字段存放着数组指针。从技术上讲，Pascal 要求在声明数组时指定其边界。然而幸运的是，Delphi 允许关掉边界检查，还可为任意尺寸的数组分配内存，所以本例中的数组边界只是摆设而已。

同一类型的两个变数数据操控起来易如反掌。例如，设想把两个变数值相加。先要决定两个变数的当前类型，以及加法操作是否对这种数据类型有意义[1]。一旦确定加法运算合乎逻辑，就可以根据两个变数类型的tag字段，使用case或switch语句轻松实现：

```
// 进行加法运算

// 从 left.theType 或 right.theType 调入变量 theType，这里假定两者的值相同

case( theType ) of
    vBoolean: writeln( "Cannot add two Boolean values!" );
```

1　比如，两个布尔值相加就没有意义。

```
      vChar: writeln( "Cannot add two character values!" );
      vString: writeln( "Cannot add two string values!" );

      vInteger: intResult := left.vInteger + right.vInteger;
      vReal: realResult := left.vReal + right.vReal;

      paBoolean: writeln( "Cannot add two Boolean arrays!" );
      paChar: writeln( "Cannot add two character arrays!" );
      paInteger: writeln( "Cannot add two integer arrays!" );
      paReal: writeln( "Cannot add two real arrays!" );
      paString: writeln( "Cannot add two string arrays!" );
end;
```

倘若左右操作数并非一种类型，运算就要复杂些。有些混合类型运算是合法的。例如，整型操作数和实数操作数能够相加，在多数语言中会得到实数型结果。如果操作数的值可以相加，还有一些运算也是合法的。打个比方，倘若字符串为一串数字，可在加法前转换成整数，则将字符串和整数相加不无道理，这对字符串和实数操作数相加也同样成立。这时就需要二维case/switch语句。不巧的是，除了汇编语言，我们在别处找不到这种用法[1]；但通过嵌套case/switch语句，我们可以轻松地模拟出二维case/switch：

```
case( left.theType ) of
   vInteger:
      case( right.theType ) of
         vInteger:
            (* 这里放置进行整数加法运算的代码 *)
         vReal:
            (* 这里放置进行整数加实数运算的代码 *)
         vBoolean:
            (* 这里放置进行整数加布尔值运算的代码 *)
         vChar:
            (* 这里放置进行整数加字符值运算的代码 *)
         vString:
            (* 这里放置进行整数加字符串运算的代码 *)
         paInteger:
```

---

1 在汇编语言中我们不会真的找到它。但我们可以很容易写一段汇编代码，以实现二维 case/switch 语句所做的事情。

```
                (* 这里放置进行整数加整型数组运算的代码 *)
            paReal:
                (* 这里放置进行整数加实数数组运算的代码 *)
            paBoolean:
                (* 这里放置进行整数加布尔值数组运算的代码 *)
            paChar:
                (* 这里放置进行整数加字符数组运算的代码 *)
            paString:
                (* 这里放置进行整数加字符串数组运算的代码 *)
        end;

    vReal:
        case( right.theType ) of
            (* 这里放置右操作数为各种类型时的代码，左操作数固定为实数型 *)
        end;

    Boolean:
        case( right.theType ) of
            (* 这里放置右操作数为各种类型时的代码，左操作数固定为布尔型 *)
        end;

    vChar:
        case( right.theType ) of
            (* 这里放置右操作数为各种类型时的代码，左操作数固定为字符型 *)
        end;

    vString:
        case( right.theType ) of
            (* 这里放置右操作数为各种类型时的代码，左操作数固定为字符串型 *)
        end;

    paInteger:
        case( right.theType ) of
            (* 这里放置右操作数为各种类型时的代码，左操作数固定为整型数组 *)
        end;

    paReal:
        case( right.theType ) of
            (* 这里放置右操作数为各种类型时的代码，左操作数固定为实数数组 *)
        end;
```

```
paBoolean:
  case( right.theType ) of
    (* 这里放置右操作数为各种类型时的代码, 左操作数固定为布尔数组 *)
  end;

paChar:
  case( right.theType ) of
    (* 这里放置右操作数为各种类型时的代码, 左操作数固定为字符数组 *)
  end;

paString:
  case( right.theType ) of
    (* 这里放置右操作数为各种类型时的代码, 左操作数固定为字符串数组 *)
  end;

end;
```

要是展开注释中提到的所有代码, 我们会发现颇需些语句。而这只是一项操作! 显然, 要实现全部基本算术、字符串、字符和布尔运算, 工作量相当大。毫无疑问, 不可能在每次需要把两个变数值相加时, 总将这段代码内联展开。一般来说, 我们会编写 vAdd() 之类的函数, 它接受两个变数作为参数, 求出变数结果。如果加法操作数不合法, 就抛出某种异常。

我们查看这段代码时, 需要特别注意之处不是变数加法代码太长, 真正的问题在于性能。变数加法要完成运算, 即便不用几百条指令, 少说也要花费几十条机器指令。相比之下, 将两个整数或浮点数相加只需要两三条指令。因此可以预想, 涉及变数数据的操作会比标准操作慢两到三个数量级。这正是 "无类型" 语言——通常为超高级语言——太慢的主要原因。当我们真的需要变数类型时, "无类型" 式语言的性能等同甚至胜于我们所编写的替代代码。然而, 倘若一开始写程序就通过变数数据存放类型业已知晓的值, 则会由于未用定型数据而付出惨重的性能代价。

在面向对象的编程语言, 比如 C++、Java、Swift 和 Delphi(即面向对象的 Pascal) 中, 对变数计算有一个更好的解决方案: 继承和多态。union/switch 有一个大问题就是, 要添加新的类型到变数时, 变数类型扩展会很困难。举个例子, 假定我们想添加一个新的复合数据类型来支持复数, 就必须找到已写的每个函数(通常是每种操作写一个函数），为 switch 语句添加 case。这对维护来说简直就是噩梦，特别是在你拿不到根源的源代码时。然而，通过使用对象，可以创建 ComplexNumber 之类的新类，重载现有的基类，比如 Numeric，而无须修改任何现存的处理其他数值类型和运算的代码。关于这种方法的更多信息，请参看《编程卓越之道（卷 4）》。

11.4　命名空间

随着程序规模的不断膨胀，特别是由于利用了第三方的软件库来缩短开发时间，在源文件中越来越有可能出现名字的冲突现象。我们在程序某处希望使用的标识符若在其他某个地方，比如在所用的某个库中已经用到，就会发生名字冲突。我们在特大型项目的某一点可能会遇到这样的情况：好不容易想出一个解决命名冲突的新名，结果发现新名也已经被使用了。软件工程师们称此为命名空间污染问题。就像环境污染一样，这种问题较小且位于局部时容易对付，程序变大后我们会发现"适当的标识符统统被用光了"，那就真的麻烦了。

乍一看，"命名空间污染"是一个语义问题。毕竟程序员总能构造不同的名字——全局命名空间的所有可能名字是海量的。然而，编程卓越的程序员通常会遵守某种命名约定，以便其源代码连贯易读。这一课题还会在《编程卓越之道（卷 5）》一书中探讨。不断拼凑新名字，即便它们并不算太差，也会造成源代码的不协调，平添人们看懂程序的难度。要是能选择自己中意的任何名字作为标识符，又无须操心与其他代码或库冲突，那该多好！命名空间恰好提供了这种能力。

命名空间（namespace）是这么一种机制，命名空间标识符可以关联一套标识符。命名空间在许多方面与记录声明类似。事实上，在由于一些重要限制而无法直接支持命名空间的语言中，记录（record）或结构（struct）声明可以被当作"穷人的命名空间"。例如，现在来看下面的 Pascal 变量声明：

```
var
    myNameSpace:
        record
            i: integer;
            j: integer;
```

```
        name: string(64);
        date: string(10);
        grayCode: integer;
     end;

  yourNameSpace:
     record
        i: integer;
        j: integer;
        profits: real;
        weekday: integer;
     end;
```

显而易见，根据前面所学的知识，这两个记录中的 i 和 j 字段根本不是一回事。这里永远不存在命名冲突，因为程序必须通过记录变量名来引用这两个字段。也就是说，需要使用下面的名字来引用这些变量：

```
myNameSpace.i, myNameSpace.j,
yourNameSpace.i, yourNameSpace.j
```

记录变量作为字段前缀，唯一标识了各记录的每个字段名，使用记录或结构写过程序的人一眼就能看出来。因此，对于不支持命名空间的编程语言，可以拿记录或类来代用。

通过记录或结构创建命名空间的主要麻烦是，大部分语言在记录内只能声明变量。而 C++、HLA 里的命名空间声明特意允许包含其他类型的数据。例如，HLA 对命名空间的声明采用如下形式：

```
namespace nsIdentifier;
  < 常量声明、类型声明、变量声明、过程声明等 >
end nsIdentifier;
```

类声明——如果我们所用语言支持的话——能够克服这些问题。最起码的，大部分编程语言允许在类中声明过程或函数，而许多语言还允许常量和类型声明。

命名空间是单独的声明区域。特别是，它们不必置于 var、static 或其他任何区域。在命名空间里，我们可以创建常量、类型、变量、静态数据、过程等等。

在 HLA 中访问命名空间中的数据时，采用我们熟悉的点表示法，记录、类和联合都是这么用的。而要访问 C++ 命名空间里的名字，要使用 "::" 运算符。

只要命名空间标识符保持唯一，所有字段名在此命名空间中也独一无二，就不会存在任何问题。通过将项目仔细划分为各个命名空间，很容易免除命名空间污染带来的绝大多数麻烦。

命名空间的另一个有趣之处是它们能够扩展。举个例子，看看下面的 C++ 声明：

```
namespace aNS
{
    int i;
    int j;
}

int i;    // 由于在命名空间 aNS 之外，因此该变量名是唯一的
int j;    // 同上

namespace aNS
{
    int k;
}
```

这段示例代码完全合法。aNS 的第二个声明并不会与第一个声明冲突，而是扩展了 aNS 命名空间。aNS 命名空间包含标识符 aNS::k、aNS::i 和 aNS::j。这一功能特别方便，例如，当我们欲对一套库例程和头文件扩展命名空间时，无须修改该库原来的头文件，当然这要假定库中的名字均位于同一个命名空间。

从实现的角度来看，命名空间与它外面的一大堆声明其实并没有什么两样。编译器通常以几乎完全相同的方式处理其中的声明。唯一的区别在于，程序要将命名空间里的所有数据以命名空间标识符作为前缀。

11.5　类与对象

数据类型类（class）是现代面向对象编程（object-oriented programming，OOP）方法的基石。在面向对象的编程语言中，类与记录（或称"结构"）大都有着紧密联系。各种语言在实现记录方面惊人地一致，然而对类的实现却各有千秋。尽管如此，许多当代面向对象的编程语言达到某种结果时所采用的手法还是颇为类似的，所以本节将给出几个具体的 C++、Java、Swift、HLA 和 Delphi（面向对象的 Pascal）例子。其他语言的用户会发现自己使用的语言跟这些都差不多。

11.5.1　类和对象的关系

很多程序员往往分不清术语对象（object）和类。类是一种数据类型，是编译器对类中各字段的内存组织模板。对象是类的实例——即对象是某个类类型的变量，且分配了存储单元，用来存放类中各字段的有关数据。对于给定的类来说，类定义只有一个；然而可以有多个该类类型的对象，即类变量。

11.5.2　C++中的简单类声明

在 C++中，记录（或称"结构"）和类的语法、语义都很相像。事实上，C++的结构和类只有一点语法区别——前者的关键字是 struct，后者的关键字则是 class。我们来看下面两个正确的 C++类型声明：

```
struct student
{
    // 为有 64 个字符且以字节 0 结尾的字符串准备存储空间
    char Name[65];

    // 在 C/C++中，短整型通常为 2 字节
    short Major;

    // 为有 11 个字符且以字节 0 结尾的字符串准备存储空间
    char SSN[12];

    // 下列各字段一般均为 2 字节短整型
    short Mid1;
```

```
    short Mid2;
    short Final;
    short Homework;
    short Projects;
};

class myClass
{
    public:
        // 为有 64 个字符且以字节 0 结尾的字符串准备存储空间
        char Name[65];

        // 在 C/C++中，短整型通常为 2 字节
        short Major;

        // 为有 11 个字符且以字节 0 结尾的字符串准备存储空间
        char SSN[12];

        // 下列各字段一般均为 2 字节短整型
        short Mid1;
        short Mid2;
        short Final;
        short Homework;
        short Projects;
};
```

　　尽管这两种数据结构都含有同样的字段，访问这些字段的办法也一样，但它们的内存实现略有差异。结构的内存布局如图 11-3 所示，图 11-4 则是类的内存布局。图 11-3 和图 11-1 相同，这里给出图 11-3，是方便与图 11-4 进行比较。

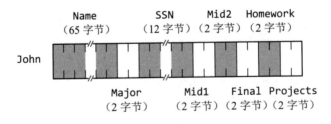

图 11-3　student 结构的内存布局

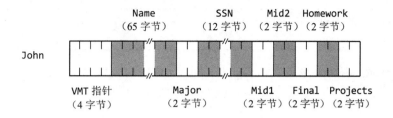

图 11-4 myClass 类的内存布局

VMT 指针是一个指示类中包含函数（即方法）成员的字段。有些 C++编译器在类没有函数成员时，没有提供 VMT 指针字段，这时类（class）和结构（struct）在内存中有着同样的布局。

注意：VMT 表示"虚方法表"（virtual method table），会在 11.5.6 节中深入探讨。

尽管 C++类声明可以只包含数据字段，但类通常都会包含成员函数和数据成员的定义。在下列 myClass 示例中，我们可以有以下成员函数：

```
class myClass
{
public:
        // 为有 64 个字符且以字节 0 结尾的字符串准备存储空间
        char Name[65];

        // 在 C/C++中，短整型通常为 2 字节
        short Major;

        // 为有 11 个字符且以字节 0 结尾的字符串准备存储空间
        char SSN[12];

        // 下列每个变量通常均为 2 字节整型变量
        short Mid1;
        short Mid2;
        short Final;
        short Homework;
        short Projects;

        // 成员函数：
        double computeGrade( void );
```

```
        double testAverage( void );
};
```

computeGrade()函数可以基于期中、期末、家庭作业和项目分数的相对权重，计算课程总的级数。testAverage()函数则会返回所有考试的平均分。

11.5.3　C#和 Java 的类声明

C#和 Java 类声明看上去与 C/C++类相似。下面是一个 C#类声明，它同样适用于 Java：

```
class student
{
        // 为有64个字符且以字节0结尾的字符串准备存储空间
        public char[] Name;

        // 和C/C++一样，短整型通常为2字节
        public short Major;

        // 为有11个字符且以字节0结尾的字符串准备存储空间
        public char[] SSN;

        public short Mid1;
        public short Mid2;
        public short Final;
        public short Homework;
        public short Projects;
        public double computeGrade()
        {
            return Mid1 * 0.15 + Mid2 * 0.15 + Final *
                  0.2 + Homework * 0.25 + Projects * 0.25;
        }
        public double testAverage()
        {
            return (Mid1 + Mid2 + Final) / 3.0;
        }
    };
```

11.5.4 Delphi 中的类声明

Delphi（面向对象的 Pascal）类看起来非常类似于 Pascal 的记录。类使用关键字 class 而不是 record，可以在类中包含函数原型的声明。

```
type
  student =
   class
    Name:      string [64];
    Major:     smallint;     // Delphi 里的 2 字节整型
    SSN:       string[11];
    Mid1:      smallint;
    Mid2:      smallint;
    Final:     smallint;
    Homework:  smallint;
    Projects:  smallint;

    function computeGrade:real;
    function testAverage:real;
  end;
```

11.5.5 HLA 中的类声明

HLA 类看起来类似于 HLA 的记录。类使用关键字 class 而不是 record，可以在类中包含函数（方法）原型的声明。

```
type
   student:
     class
      var
       sName:      char[65];
       Major:      int16;
       SSN:        char[12];
       Mid1:       int16;
       Mid2:       int16;
       Final:      int16;
       Homework:   int16;
       Projects:   int16;
```

```
        method computeGrade;
        method testAverage;
    endclass;
```

11.5.6　虚方法表

现在再看图 11-3 和图 11-4，我们会发现其区别在于类定义中有 VMT 字段，而结构定义中没有。VMT 意即虚方法表（virtual method table），是指向类中所有成员函数（即方法）的指针。虚方法即 C++中的虚成员函数，是我们在类中声明的与特定类有关的函数。在这个示例中，类其实没有任何虚方法，所以大多数 C++编译器会省去 VMT 字段。但是，有些面向对象的语言依旧在类中为 VMT 指针分配存储空间。

下面的 C++类里有一个虚成员函数 f()。因此它会有 VMT：

```
class myclass
{
    public:
        int a;
        int b;
        virtual int f( void );
};
```

在 C++调用标准函数时，直接调用就行了；对于虚成员函数则是另一回事，参看图 11-5。

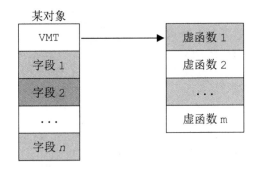

图 11-5　C++中的虚方法表（VMT）

为了调用虚成员函数，需要两次间接访问——首先，程序从类对象的 VMT 指针间接取得特定虚函数的地址。然后，程序依据从 VMT 获得的指针，间接地调用虚成员函数。作为示例，我们来看下列 C++ 函数：

```
#include <stdlib.h>

// 下面是有两个简单成员函数的 C++ 类，其虚方法表因此也有两个条目
class myclass
{
  public:
    int a;
    int b;
    virtual int f( void );
    virtual int g( void );
};

// 下面的成员函数都很简单。我们真正关心的是怎样调用它们，所以函数内容并不重要
int myclass::f( void )
{
  return b;
}

int myclass::g( void )
{
  return a;
}
// 下面是 main()函数，它创建 myclass 类的实例，然后调用其两个成员函数
int main( int argc, char **argv )
{
  myclass *c;
  c = new myclass;    // 新建对象

  c->a = c->f() + c->g();    // 调用这两个成员函数
  return 0;
}
```

下面是 Visual C++ 相应生成的 x86 的 64 位汇编代码：

```
; 下面是 myclass 的 VMT。它包含 3 个条目——指向 myclass 构造函数的指针、指向成员函数 myclass::f()
的指针和指向成员函数 myclass::g() 的指针
CONST   SEGMENT
```

```
??_7myclass@@6B@ DQ FLAT:??_R4myclass@@6B@ ; myclass::`vftable'
        DQ      FLAT:?f@myclass@@UEAAHXZ
        DQ      FLAT:?g@myclass@@UEAAHXZ
CONST   ENDS
;
...
;
; 为 myclass 类的新实例分配存储空间
; 这里的 16 为字节数，指两个 4 字节整型数加一个 8 字节 VMT 指针
        mov     ecx, 16
        call    ??2@YAPEAX_K@Z          ;new 操作符
        mov     rdi, rax                ;将指针保存到已分配存储空间的数据
        test    rax, rax                ;new 操作失败否（返回 NULL 没有）?
        je      SHORT $LN3@main

; 用 VMT 地址初始化 VMT 字段:
        lea     rax, OFFSET FLAT:??_7myclass@@6B@
        mov     QWORD PTR [rdi], rax
        jmp     SHORT $LN4@main
$LN3@main:
        xor     edi, edi                ; 如果失败, 在 EDI 中置 NULL

; 在此, RDI 存放着指向我们所谈对象的 THIS 指针。在这一特定代码序列中,
; THIS 是对象的地址, 我们在前面曾为其分配存储空间
; 将 VMT 地址放入 RAX, 此为调用虚成员函数前的首次间接访问
        mov     rax, QWORD PTR [rdi]
        mov     rcx, rdi                ; 通过 RCX 传递 THIS
        call    QWORD PTR [rax+8]       ; 调用 c->f()
        mov     ebx, eax                ; 保存函数结果
        mov     rdx, QWORD PTR [rdi]    ; 将 VMT 调入 RDX
        mov     rcx, rdi                ; 通过 RCX 传递 THIS
        call    QWORD PTR [rdx]         ; 调用 c->g()

; 计算函数结果之和
        add     ebx, eax
        mov     DWORD PTR [rdi+8], ebx  ; 将 sum 保存到 c->a 中
```

　　这个例子详细展示了面向对象的程序为何比标准过程化程序稍慢一些——因为调用虚成员函数时需要额外的间接访问。针对这种低效率问题，C++试图通过提供静态成员函数来解决。但是，使用静态成员函数反而使得虚成员函数的许多优点丧失

殆尽，而正是这些优点才使面向对象的编程方法成为可能。

11.5.7　抽象方法

有些语言如 C++允许我们在类中声明抽象方法。抽象方法声明告诉编译器，我们不会为此方法提供代码，而是承诺某个派生类会提供此方法的实现。下面是有着抽象方法的 `myclass` 类：

```
class myclass
{
public:
    int a;
    int b;
    virtual int f(void);
    virtual int g(void);
    virtual int h(void) = 0;
};
```

语法看似如此奇特？它不是真的将 0 赋给虚函数。为何不像其他语言那样，用关键字 `abstract` 而非 `virtual` 呢？问得好！答案或许与抽象函数 VMT 条目中放置的 0（空指针）有很大关系。在现代版本的 C++中，编译器通常将某个生成适当运行时消息的函数（类似于不能调用抽象方法）之地址放在这里，而不是一个空（NULL）指针。下列代码段展示了这种版本的 `myclass` 之 Visual C++ VMT：

```
CONST    SEGMENT
??_7myclass@@6B@ DQ FLAT:??_R4myclass@@6B@            ; myclass::`vftable'
    DQ      FLAT:?f@myclass@@UEAAHXZ
    DQ      FLAT:?g@myclass@@UEAAHXZ
    DQ      FLAT:_purecall
CONST    ENDS
```

`_purecall` 入口对应于抽象方法 h()，此名字为处理对抽象方法的非法调用的子程序名。当我们重载抽象函数时，C++编译器会将 VMT 里的这个指针替换为 `_purecall` 函数，地址为重载函数的地址，如同此指针能够替换为任何重载函数的地址一样。

11.5.8　共享虚方法表

确定的某个类在内存中只有一份 VMT（虚方法表）。VMT 是静态数据，由给定类类型的所有对象共享。这么做不会有任何问题，因为同一个类的所有对象都拥有相同的成员函数，如图 11-6 所示。

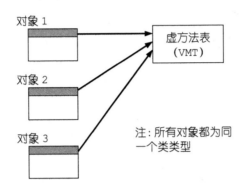

图 11-6　同一个类的所有对象共享同一个 VMT

由于 VMT 中的地址在程序执行期间始终不变，因此多数语言将 VMT 放入内存中的常量区，对其进行写保护。在上例中，编译器将 myclass 的 VMT 放入 CONST 段。

11.5.9　类的继承

继承性是面向对象编程的基本思想之一。其大致含义就是从现有某个类继承，也就是拷贝所有字段，然后在新类中有可能扩展字段的数量。例如，假设我们已经创建数据类型 point，用于描述二维空间（平面）上的某点。point 类可能是这样的：

```
class point
{
    public:
        float x;
        float y;

        virtual float distance( void );
};
```

成员函数 distance() 可用来计算原点(0, 0)到指定坐标为(x, y)的对象的距离。

下面是此成员函数的典型实现：

```
float point::distance( void )
{
    return sqrt( x*x + y*y );
}
```

继承性允许我们通过添加新字段、替换已有字段来扩展现有类。例如，我们想将二维点定义扩展到三维空间。用下列 C++ 类定义可很容易地做到：

```
class point3D :public point
{
    public:
        float z;

        virtual void rotate( float angle1, float angle2 );
};
```

point3D 类继承了 x、y 字段及 distance() 成员函数。当然，对于三维空间里的点，distance() 不会得到正确结果，我们稍后再说。通过继承，point3D 对象的 x、y 字段与 point 对象具有相同的偏移量，参看图 11-7。

衍生类（即子类）将其继承的字段放在和基类相同的偏移量位置

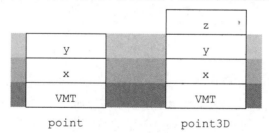

图 11-7 类的继承

也许你已经注意到，point3D 类实际上添加了两项——新的数据字段 z 和新成员函数 rotate()。如果看图 11-7，会发现虚成员函数 rotate() 对 point3D 对象没有任何影响。这是因为虚成员函数的地址位于 VMT，而不在对象本身。尽管 point、point3D 都有名为 VMT 的字段，但并不指向内存中同一个 VMT。如图 11-8 所示，每个类都有自己唯一的、之前定义的 VMT，该 VMT 是由指向类中所有成员函数——包括继承来的或显式声明的——指针构成的数组。

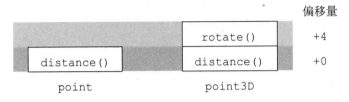

图 11-8 继承类的虚方法表（假定指针为 32 位的）

给定类的所有对象共用同一个 VMT，但不同类的对象不会共用 VMT。既然 point
和 point3D 并非同一个类，所以其对象的 VMT 字段指向各自的 VMT，如图 11-9 所示。

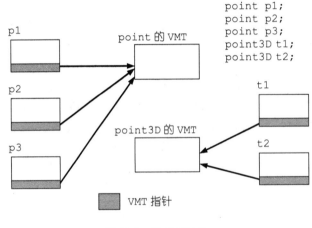

图 11-9 访问 VMT

目前的 point3D 定义存在一个问题——它从 point 类继承了 distance() 函数。
默认情况下，如果类从其他类中继承了成员函数，则 VMT 中涉及继承函数的项要指
向基类中的相应函数。倘若有一个 point3D 类型的对象指针变量，比如"p3D"，我
们调用成员函数 p3D->distance()，就不会得到正确的结果：由于 point3D 从 point
类中继承函数 distance()，p3D->distance() 将计算的是原点到(x,y,z)坐标在二维平
面上投影的距离，而非实际距离。在 C++中，可以通过重载（overloading）继承函数，
并编写新的 point3D 专用成员函数来解决此问题，办法如下：

```
class point3D :public point
{
```

```
    public:
        float z;

        virtual void distance( void );
        virtual void rotate( float angle1, float angle2 );
};

float point3D::distance( void )
{
    return sqrt( x*x + y*y + z*z );
}
```

创建重载成员函数并不改变类的数据布局，也不会修改 point3D 的 VMT。该函数带来的唯一变动就是 C++编译器初始化 point3D 虚方法表中的 distance()入口时，用的是函数 point3D::distance()的地址,而不再是函数 point::distance()的地址。

11.5.10　类的多态

继承和重载是面向对象编程的两个基本组成部分。多态也是面向对象编程方法的一根支柱。多态的字面意思是 "多面性"，再多解释一点，就是 "多种形式" 或 "多种形状"，其概念说明的是程序调用某函数的实例如 x->distance()时，如何能够调用不同的函数。对于 11.5.9 节的例子，函数可以是 point::distance 或 point3D::distance。之所以有这种可能，是因为 C++在处理衍生（继承）类时，对类型检查机制有所放宽。

一般来说，试图把某数据项的地址赋值给指针时，倘若指针基类型与该项类型并不匹配，C++编译器就会出错。例如，现在来看下面的代码段:

```
float f;
int *i;
...
i = &f;   // C++不允许这样
```

当对指针赋以地址值时，所在地址的数据基类型必须完全符合要赋值指针变量的基类型。但有一个例外：在 C++中，只要指针的基类型与对象相同，或者与该对象的祖先类相同，就可以将此对象的地址赋给指针。"祖先类" 就是通过直接或间接继承而衍生出其他类的类。也就是说，下面这些代码是合法的：

```
point *p;
point3d *t;
point *generic;

    p = new point;
    t = new point3D;
    ...
    generic = t;
```

奇怪，这怎么会合法呢？我们可以再看看图11-7。倘若 generic 的基类型是 point，则 C++ 编译器允许访问对象中偏移量为 0 处的 VMT、偏移量为 4 的 x 字段及偏移量为 8 的 y 字段。若是在 64 位机器上，x 字段、y 字段的偏移量分别变为 8、16。类似地，任何函数要调用 distance() 成员函数，都将访问 VMT 中偏移量为 0 处的函数指针。假如 generic 指向 point 类型的对象，这些要求都可以满足；generic 指向 point 的衍生类，也即任何从 point 中继承了这些字段的类时，条件照样成立。当然，通过 generic 指针不能访问衍生类 point3D 的其他字段，我们也不指望能这样，毕竟 generic 的基类是 point。

然而要特别指出的是，当我们调用 generic 的 distance() 成员函数时，其实是在调用 point3D 的 VMT 指向的函数 distance()，而不是 point 的 VMT 指向的同名函数。这是诸如 C++ 等面向对象编程语言多态性的基础。即便 generic 包含 point 类型对象的地址，编译器还是生成一样的代码。之所以出现这些"奇迹"，是因为编译器允许程序员将 point3D 对象的地址调入 generic。

11.5.11　C++中的多继承

C++ 是少数支持多继承的现代编程语言之一，某个类可以从其他多个类继承数据和成员函数。请看下列的 C++ 代码段：

```
class a
{
   public:
       int i;
```

```
        virtual void setI(int i) { this->i = i; }
};

class b
{
    public:
        int j;
        virtual void setJ(int j) { this->j = j; }
};

class c : public a, public b
{
    public:
        int k;
        virtual void setK(int k) { this->k = k; }
};
```

在此例中，类 c 继承了类 a 和类 b 的所有信息。在内存中，典型的 C++编译器
会创建如图 11-10 所示的对象。

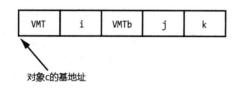

对象c的基地址

图 11-10　多继承的内存布局

VMT 指针入口指向典型的 VMT。VMT 含有 setI()、setJ()和 setK()方法的地
址，如图 11-11 所示。倘若我们调用 setI()方法，编译器会生成代码，将 this 指针
调入对象的 VMT 指针入口地址，即图 11-10 所示的对象 c 的基地址。对于 setI()
入口，系统相信 this 是指向类 a 的一个对象。特别地，this.VMT 字段指向一个 VMT。
此 VMT 的首个入口——只是对于类 a 而言——就是 setI()方法的地址。同样道理，
在内存的（this+8）偏移量处（因为 VMT 指针是 8 字节，假定为 64 位指针），setI()
方法可以找到数据 i 的值。就 setI()方法而言，this 是指向类 a 的对象，尽管它实
际指向的是类 c 的对象。

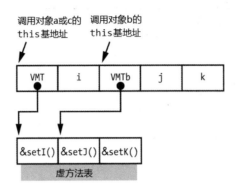

图 11-11   this 值的多重继承

当我们调用 setK() 方法时，系统还将 c 对象的基地址传递过去。当然了，setK()期望是 c 类型的对象，this 应指向 c 类型的对象，故而所有该对象的偏移量都如 setK()所愿。注意，c 类型所有的数据和方法通常都会忽略 c 对象里的 VMT2 指针字段。

当程序试图调用 setJ() 方法时，问题就出来了。setJ()属于类 b，它期望 this 保存的 VMT 指针指向的是类 b，还期望在偏移量(this+8)处找到数据字段 j。倘若我们将 c 对象的 this 指针传递给 setJ()，访问(this+8)处就是在引用数据字段 i，并非 j。而且，如果类 b 的一个方法调用类 b 的另一个方法，如 setJ()，就会变成递归调用。VMT 指针就错了——在它指向的 VMT 中，指针指向偏移量为 0 的 setI()，而类 b 在此处期望它指向的是偏移量为 0 的 setJ()。为解决这个问题，典型的 C++编译器会额外插入一个 VMT 指针到 c 对象中，就在 j 数据字段之后。它可以将第二个 VMT 字段初始化，将其指向类 c 的 VMT。类 c 的 VMT 就在类 b 方法指针开始的位置，参看图 11-11。当调用类 b 的方法时，编译器会生成代码，将 this 指针初始化为第二个 VMT 指针的地址，而不是指向 c 对象的内存位置。这样一来，对于 b 类方法，比如 setJ()，this 就会指向真实的 b 类 VMT 指针，且 j 数据字段就会出现在 b 类方法期望的(this+8)偏移量处。

11.6   协议与接口

Java 和 Swift 不支持多继承，因为有一些逻辑问题。典型例子就是"金刚石晶格"式的数据结构。当两个类如 b 和 c 都继承同一个类，比如 a 时，第四个类如 d 又从 b、 c 继承信息。导致的结果是，d 继承了 a 两次，一次是通过 b，另一次是通过 c。这会导致一些一致性问题。

　　尽管多继承会引起一些怪异的问题，毫无疑问，若能从多处继承，会是有用的。因为诸如 Java 和 Swift 等语言的解决方案就是，允许类从多个父类继承方法/函数，但只允许从一个祖先类继承。这就避免了多继承的大部分问题——特别是所继承的数据字段的模糊选择问题——允许程序员能从各种来源引入方法。Java 称呼这类扩展为接口，Swift 则称其为协议。

　　下面是若干 Swift 协议声明的例子，以及支持此协议的类：

```swift
protocol someProtocol
{
    func doSomething()->Void;
    func doSomethingElse() ->Void;
}
protocol anotherProtocol
{
    func doThis()->Void;
    func doThat() ->Void;
}
class supportsProtocols: someProtocol, anotherProtocol
{
    var i:Int = 0;
    func doSomething()->Void
    {
        // 适当的函数体
    }
    func doSomethingElse()->Void
    {
        // 适当的函数体
    }
    func doThis()->Void
    {
        // 适当的函数体
    }
    func doThat()->Void
    {
        // 适当的函数体
    }
}
```

Swift 的协议不提供函数，替代方案是，支持协议的类可提供协议指定的函数实现。在前例中，supportsProtocols 类负责提供协议要求的所有函数。从效率上看，协议类似于只包含抽象方法的抽象类——继承类必须提供所有抽象方法的实际实现。

下面是前例用 Java 代码改写的，用于演示其相应的"接口"机制：

```
interface someInterface
{
    void doSomething();
    void doSomethingElse();
}
interface anotherInterface
{
    void doThis();
    void doThat();
}
class supportsInterfaces  implements someInterface, anotherInterface
{
    int i;
    public void doSomething()
    {
        // 适当的函数体
    }
    public void doSomethingElse()
    {
        // 适当的函数体
    }
    public void doThis()
    {
        // 适当的函数体
    }
    public void doThat()
    {
        // 适当的函数体
    }
}
```

接口/协议的行为某种程度上类似于 Java 和 Swift 的基类。如果我们例化一个类，并将类实例赋值给接口/协议类型的变量，就可以执行该接口/协议支持的函数成员。考虑下面的 Java 示例：

```
someInterface some = new supportsInterfaces();
// 可以调用为 someInterface 定义的成员函数：
some.doSomething();
some.doSomethingElse();
// 注意：使用 some 变量来调用 doThis 或 doThat，或者访问 i 数据字段都是非法的
```

下面是 Swift 的对等示例：

```
import Foundation
protocol a
{
    func b()->Void;
    func c()->Void;
}

protocol d
{
    func e()->Void;
    func f()->Void;
}

class g : a, d
{
    var i:Int = 0;

    func b()->Void {print("b")}
    func c()->Void {print("c")}
    func e()->Void {print("e")}
    func f()->Void {print("f")}
    func local()->Void {print( "local to g" )}
}

var x:a = g()
x.b()
x.c()
```

协议或接口的实现相当简单，只不过是指向 VMT 的指针而已，此 VMT 包含接口/协议声明的函数之地址。所以，前面 Swift 例子中的 g 类会有三个 VMT 指针：一个是协议 a，另一个是协议 d，还有一个是类 g（保存指向 local() 函数的指针）。图 11-12 给出了类和 VMT 的布局。

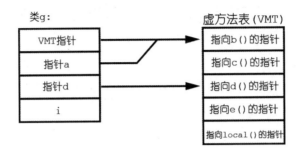

图 11-12　多继承的布局

在图 11-12 中，类 g 的 VMT 指针包含整个 VMT 的地址。类中有两个入口，指针分别指向协议 a 和协议 d 的 VMT。由于类 g 的 VMT 也包含属于这些协议的函数，因此无须为这两个协议单独创建 VMT；而是由类 g 的 VMT 内 aPtr 和 dPtr 指向相应的入口。

在前面的例子中，当 var x:a = g() 赋值语句发生时，Swift 代码会将变量 x 装入对象 g 的 aPtr 指针。因此，对 x.b() 和 x.c() 的调用就如同一般的过程调用——系统使用 x 里的指针去引用 VMT，然后通过下标找到 VMT 内的相应偏移量，以调用 b() 或 c()。倘若 x 是 d 类型的而不是 a 类型的，赋值语句 x:d = g() 就会将 d 协议的 VMT（由 dPtr 所指）地址调入 x。对 d 和 e 的调用是在 d 协议的 VMT 内偏移量为 0 和 8 的地方，假如是 64 位指针的话。

11.7　类、对象和性能

从本章前面的示例代码可以看出，面向对象编程的直接开销还不是太吓人。对成员函数（方法）的调用因为是间接调用，付出要大一点。然而，这些代价比起面向对象编程所获得的灵活性，还是很划算的。额外指令和内存访问可能只会占到程序整体性能的 10%。有的语言如 C++、HLA 还支持静态成员函数的概念，在不必用多态时可以直接调用成员函数。

许多时候，采用面向对象编程时会有一个大问题，那就是程序员容易走极端。他们会编写存取函数来读/写对象的字段，而不是直接访问这些字段。除非编译器对存取函数的内联做得特别好；否则，间接访问对象字段的开销要比直接访问高一个数量级。换句话说，倘若过度使用面向对象编程的范型，应用程序的性能将大打折扣。按"面向对象"的方法干活有许多好的理由，例如使用存取函数可访问对象的所有字段，但一定要记住这些开销会上升得很快。除非迫不得已，否则不要投机取巧地利用面向对象编程提供的这些技术，因为这样程序可能无谓地跑慢，并占用过多空间。

Swift 是面向对象语言走极端的极佳例子。任何人只要比较了编译后的 Swift 代码与其等效的 C++程序，就会知道 Swift 实在太慢了。总的来说，这是因为 Swift "凡事皆对象"，而且在运行时总是检查类型和边界。结果就是 Swift 要花上几百条机器指令做一件事，而同样的事用优化的 C++编译器只用几条指令就搞定了。

许多面向对象的程序还有另一个毛病很常见，即"过分教条化"（over generalization）。程序员往往为了应付某个问题，动辄使用一大堆类库，通过继承来扩展类。图省事的想法是好，但扩展类库往往导致为完成一丁点儿任务，就调用一个库例程。在面向对象的系统中，唯一麻烦的就是库例程往往高度层次化。换句话说，我们需要做某件事，于是从继承的类中调用某成员函数。该函数也许只是略略处理一下我们传递给它的数据，便去调用其类所继承的成员函数。而成员函数也是只做一点活儿，又去调用所在类继承的成员函数，这样一直下去……要不了多久，CPU 花在函数调用和返回的时间就会比它实际干事的时间还多。标准库——即非面向对象的库，也会发生同样情形，但在面向对象的应用程序中要常见得多。

精心设计的面向对象程序不会比等效的过程化程序慢多少，只要小心避免为了完成琐碎任务，而进行一大堆开销很大的函数调用即可。

11.8 获取更多信息

- Herbert Dershem 和 Michael Jipping 编写的 *Programming Languages, Structures and Models*，由 Wadsworth 出版社于 1990 年出版。
- Jeff. Duntemann 编写的 *Assembly Language Step-by-Step*（第 3 版），由 Wiley 出版社于 2009 年出版。

- Carlo Ghezzi 与 Jehdi Jazayeri 编写的 *Programming Language Concepts*（第 3 版），由 Wiley 出版社于 2008 年出版。

- Randall Hyde 编写的 *The Art of Assembly Language*（第 2 版）[1]，由 No Starch Press 于 2010 年出版。

- Donald Knuth 编写的 *The Art of Computer Programming, Volume I: Fundamental Algorithms*（第 3 版）[2]。这本教程由 Addison-Wesley Professional 出版社于 1997 年出版。

- Henry Ledgard 与 Michael Marcotty 编写的 *The Programming Language Landscape*，由 SRA 出版社于 1986 年出版。

- Kenneth C. Louden 与 Kenneth A. Lambert 编写的 *Programming Languages: Principles and Practice*（第 3 版）[3]，由 Course Technology 出版社于 2012 年出版。

1　中文版《汇编语言的编程艺术（第 2 版）》，包战、马跃译，清华大学出版社于 2011 年出版。——译者注

2　影印版《计算机程序设计艺术》（1～3 卷），清华大学出版社于 2002 年出版；双语版《计算机程序设计艺术：第 1 卷 第 1 册 MMIX：新千年的 RISC 计算机》，苏运霖译，机械工业出版社于 2006 年出版。《计算机程序设计艺术 卷 1：基本算法 第 3 版》，人民邮电出版社于 2016 年出版。该系列图书内其他出版物包括：中文版《计算机程序设计艺术 卷 2：半数值算法（第 3 版）》，巫斌、范明译，人民邮电出版社于 2015 年出版；《计算机程序设计艺术：第 4 卷 第 2 册 生成所有元组和排列》（双语版），苏运霖译，机械工业出版社于 2006 年出版；双语版《计算机程序设计艺术第 4 卷 第 3 册 生成所有组合和分划》，苏运霖译，机械工业出版社于 2006 年出版；双语版《计算机程序设计艺术：第 4 卷 第 4 册 生成所有树组合生成的历史》，苏运霖译，机械工业出版社于 2007 年出版。——译者注

3　影印版《程序设计语言——原理与实践（第二版）》，电子工业出版社出版；中文版《程序设计语言——原理与实践（第二版）》，黄林鹏、毛宏燕、黄晓琴等译，电子工业出版社于 2004 年出版。——译者注

- Terrence W. Pratt和Marvin V. Zelkowitz编写的 *Programming Languages, Design and Implementation*（第 4 版）[1]，由Prentice-Hall出版社于 2001 年出版。
- Robert Sebesta编写的 *Concepts of Programming Languages*[2]，由Pearson出版社于 2016 年出版。

1　影印版《程序设计语言：设计与实现（第 3 版）》，清华大学出版社于 1998 年出版；影印版《编程语言：设计与实现（第四版）》，科学出版社于 2004 年出版；中文版《程序设计语言：设计与实现（第 3 版）》，傅育熙、黄林鹏、张冬茉等译，电子工业出版社于 1998 年出版；中文版《程序设计语言：设计与实现（第四版）》，傅育熙、张冬茉、黄林鹏译，电子工业出版社于 2001 年出版。——译者注

2　影印版《程序设计语言原理（英文版·第 5 版）》，机械工业出版社于 2003 年出版；中文版《程序设计语言原理（原书第 5 版）》，张勤译，机械工业出版社于 2004 年出版；中文版《程序设计语言概念（第六版）》，林琪、侯妍译，中国电力出版社于 2006 年出版。——译者注

12

算术与逻辑表达式

与底层语言相比，高级语言的一大进步就是能够使用代数形式的算术与逻辑表达式（以下简称为"算术表达式"）。高级语言算术表达式的可读性远远超过了编译器生成的机器指令序列。而从算术表达式到机器码的转换过程很难高效。典型的编译器在优化阶段要花相当大的精力来处理这类转换。正因为转换存在难度，我们更应对编译器给予协助。本章将探讨如下话题：

- 计算机架构如何影响算术表达式的计算
- 算术表达式的优化
- 算术表达式的副作用
- 算术表达式的序列点
- 算术表达式的求值顺序
- 算术表达式的短路求值与全面求值
- 算术表达式的计算开销

掌握了这些知识，我们就能写出更高效、更健壮的应用程序。

12.1 算术表达式与计算机架构

根据对算术表达式所进行的运算方式，我们可以将传统的计算机架构分为 3 种基本类型：基于栈的机器（简称"栈机器"）、基于寄存器的机器（简称"寄存器机器"）和基于累加器的机器（简称"累加器机器"）。这些架构类型的主要区别在于CPU进行算术运算时将操作数置于何处。CPU从操作数取得数据后，会将其送入算术逻辑单元（ALU），ALU才是实际进行算术或逻辑运算的地方 [1]。我们将在下面逐一探讨以上几种架构。

12.1.1 基于栈的机器

基于栈的机器通过内存进行大部分计算，在内存中利用栈保存所有操作数和结果。基于栈架构的计算机系统有一些优点胜于其他架构：

- 因为指令通常不必说明任何操作数，这种架构通常比其他架构的指令短，即每条指令占用较少的字节数。
- 由于很容易将算术表达式转换成栈操作，为栈架构编写编译器一般比较省事。
- 栈本身就能起到临时变量的作用，故而栈架构很少需要临时变量。

糟糕的是，栈架构的机器也存在一些严重缺陷：

- 几乎每条指令都引用内存，而在现代计算机上，访问内存相对 CPU 运算要慢得多。虽然缓存有助于缓解这一问题，但内存性能仍然是栈架构机器的主要难题。
- 即便高级语言到栈机器码的转换很容易，可是比起其他架构，这种架构的代码优化机会仍然较少。
- 栈机器总是不断访问位于栈顶的同一数据元素，所以很难实现流水线操作与指令并行化。

---

1 事实证明，所有计算本质上都是逻辑运算。甚至诸如加减等算术运算，因为 CPU 也是通过一系列的布尔表达式来计算结果的，所以也是"逻辑"运算。因此，从我们讨论的角度看，"逻辑表达式"与"算术表达式"是同义词。请参看《编程卓越之道（卷 1）》，了解有关布尔表达式和底层算术的更多细节。

注意：请参看《编程卓越之道（卷 1）》，了解流水线（pipelining）和指令并行化操作机制的细节。

通常只能对栈做 3 种事情——向栈压入新数据、将数据弹出栈、操作目前位于栈顶及紧挨栈顶的数据。

12.1.1.1　基本的栈机器组织

为了展示栈机器的工作原理，我们来构造一个假想的栈机器。如图 12-1 所示，典型的栈机器在 CPU 里维护着两个寄存器，具体就是程序计数寄存器、栈指针寄存器，分别类似于 80x86 的寄存器 RIP 和 RSP。

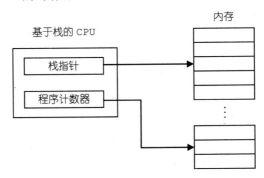

图 12-1　典型的栈机器架构

栈指针寄存器存放当前栈顶（TOS）元素的内存地址。当程序向栈中放入数据，或者从栈中删除数据时，CPU 就会增减栈指针寄存器的值。有些架构中的栈是从高端地址到低端地址延伸的，而另一些架构的栈则从低端地址到高端地址生长。从本质上讲，栈的延伸方向无关紧要，只是涉及向栈放入数据时，倘若栈向低端地址生长，栈指针寄存器的值就减少；假如栈是向高端地址生长的，栈指针寄存器的值就增加。

12.1.1.2　push 指令

将数据压入栈的典型机器指令就是 push，该指令将操作数指定的值压入栈。push 指令的语法通常如下：

```
push < 内存或常量操作数 >
```

下面是一些具体例子：

```
push 10    ;将常量 10 压入栈
push mem   ;将内存单元 mem 的值压入栈
```

push 操作通常对栈指针的值加上其操作数的字节数尺寸，然后将操作数拷贝到当前栈指针指向的内存单元。举例来说，图 12-2、图 12-3 描述了"push 10"操作前后的栈内容。

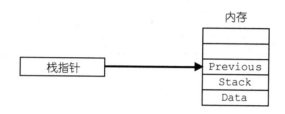

图 12-2   "push 10"指令执行前的栈

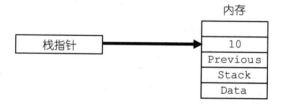

图 12-3   "push 10"指令执行后的栈

12.1.1.3   pop 指令

多数栈机器使用 pop 或 pull 指令取栈顶数据。本书采用术语"pop"，只要知道有些架构的机器采用"pull"即可。典型的 pop 指令语法如下：

```
pop < 内存单元 >
```

注意： 不能将弹出的数据放到常量中。pop 的操作数必须为内存单元。

pop 指令将栈指针所指的数据拷贝到目标内存单元，然后增大或减小栈指针的值，指向"栈中的下一项"（next on stack，NOS），如图 12-4、图 12-5 所示。

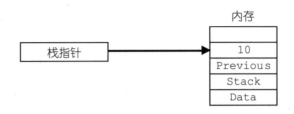

图 12-4　"pop mem"指令执行前的栈

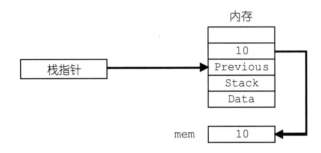

图 12-5　"pop mem"指令执行后的栈

注意，pop 指令从栈中删除的值仍存在于内存里，位于新栈顶的上部，但以后程序在向栈"push"数据时该值会被新值覆盖。

12.1.1.4　栈机器的算术运算

栈机器的算术与逻辑指令通常不允许指定任何操作数，这就是人们经常称栈机器为零地址机器的原因——算术指令本身不对任何操作数地址编码。例如，我们考虑典型栈机器的 add 指令。该指令从栈中弹出栈顶及栈项下面的值，对其相加，然后把和压入栈，如图 12-6 和图 12-7 所示。

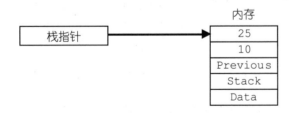

图 12-6　"add"指令执行前的栈

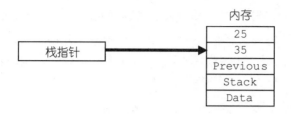

图 12-7 "add" 指令执行后的栈

既然算术表达式有递归的性质，而递归需要用到栈才能正确实现，所以将算术表达式转换成栈机器指令串相对容易就不足为奇了。在一般编程语言里，算术表达式采用中间标记法（infix notation），即运算符出现在两个操作数的中间。比如，"a+b"和"c−d"都是中间标记的例子，因为运算符+、−位于操作数[a,b]、[c,d]之间。倘若我们要将其转换成一串栈机器指令，则必须将中间标记表达式转换为后缀标记（postfix notation）形式，即所谓的逆波兰标记法（reverse polish notation），运算符位于操作数之后。例如，这两个中间标记的表达式所对应的后缀标记形式分别是 a b + 和 c d − 。

一旦表达式是后缀标记方式，将其转换为栈机器指令序列就非常容易——仅需对每个操作数发送 push 指令，以及相应运算符的算术指令。例如，"a b +"运算就是：

```
push a
push b
add
```

而 "c d −" 变成：

```
push c
push d
sub
```

当然，我们假定 add 是将栈顶的两项相加，而 sub 则是从栈顶下面的值减去栈顶值。

12.1.1.5 实际的栈机器

栈架构机器的一个巨大优势在于，编译器和仿真机都很容易编写。正因为如此，Java 虚拟机（VM，virtual machine）、加州大学圣地亚哥分校（UCSD）的 Pascal p-machine 和微软的 Visual Basic、C#和 F# CIL 等流行的虚拟机都采用栈架构。现实中的确有几种基于栈的 CPU，比如 Java 虚拟机的硬件实现。然而由于内存访问性能有限，这些 CPU 用得并不普遍。尽管如此，了解栈架构的基础知识仍然很有必要，因为许多编译器在将高级语言源代码转换成实际的机器码时，都要先转换成基于栈的形式。实际上，编译器在编译复杂的算术表达式时，最坏情况下只能产生仿真栈机器的代码，尽管这种情况极少出现。

12.1.2　基于累加器的机器

栈机器指令序列的简单性掩盖了算术运算的复杂程度。我们来看 12.1.1 节中基于栈的指令：

---

add

该指令看起来简单，其实它指定了许多操作：

- 从栈指针指向的内存位置取操作数。
- 把栈指针的值送往 ALU（arithmetic/logical unit）。
- 命令 ALU 对栈指针的值减去一定的量。
- 把 ALU 的值送回栈指针寄存器。
- 从栈指针指向的内存单元取值。
- 把取得的值和先前取得的值都送入 ALU。
- 要求 ALU 对这些值相加。
- 把和保存在栈指针指向的内存单元。

栈机器的典型组织形式使得许多本可流水线化的并行操作无法实现（参看《编程卓越之道（卷 1）》了解有关流水线的详细内容）。所以，栈架构有两个致命伤：指令通常需要许多步骤才能完成，这些步骤难以与其他操作实现并行化。

栈架构的一大问题是，它不管做什么都得与内存打交道。特别地，如果只是想对两个变量求和，将结果存到第三个变量，就必须取出这两个变量的值，将其写入栈——需要四次内存操作；然后从栈中取出这两个值，将其相加，把和写回栈——需要三次内存操作；最后从栈中弹出结果，放到目标内存单元——需要两次内存操作。所以，总共要对内存操作九次！由于访问内存很慢，这么计算两数之和所花费的开销太大。

为了避免过于频繁地访问内存，一个办法就是在 CPU 中设立通用算术寄存器。这种机器基于累加器的思路是，采用一个累加寄存器，用来让 CPU 存放临时结果，而不必在内存中，也就是栈顶寄放临时值。基于累加器的机器也被称为一地址机器或单地址机器，因为大部分处理两个操作数的指令都将累加器作为默认的目标操作数，而以某内存单元或常量作为计算的源操作数。基于累加器的典型机器是 6502，它包含下列指令：

```
LDA < 常量或内存单元 >    ;将常量或内存单元的值调入累加器
STA < 内存单元 >          ;将累加器的值保存到指定内存单元
ADD < 常量或内存单元 >    ;将常量或内存单元的值与累加器值相加，结果存于累加器
SUB < 常量或内存单元 >    ;将累加器值减去常量或内存单元值，结果存于累加器
```

由于单地址指令需要操作数，而零地址指令没有操作数，因此，基于累加器的机器指令通常比基于栈的典型机器指令长——毕竟这样需要将操作数地址编码为指令的一部分，可参看《编程卓越之道（卷 1）》来了解有关细节。然而在实践中，基于累加器的程序往往比基于栈的程序小，因为做同样的事情，其需要的指令较少。举例来说，假如我们想计算 x=y+z。在栈机器上，也许会采用下列指令序列：

```
push y
push z
add
pop x
```

而在基于累加器的机器上，我们可能采用下列指令序列：

```
lda y
add z
sta x
```

我们做一个合理的假设：认为 push、pop 指令与累加器机器的 lda、add、sta 指令尺寸大致相等。可以明显看出，栈机器的指令序列其实需要较多指令，所以长一些。进一步说，倘若其他条件都相同，累加器机器将更快地执行代码，因为累加器机器只需要访问内存三次——取 y 和 z、保存 x，相比之下，栈机器需要对内存访问九次之多。还有一点，累加器机器在计算时，无须浪费任何时间去操纵栈指针。

尽管鉴于上述原因，基于累加器的机器比基于栈的机器性能好，但它也有自己

的问题——只有一个通用寄存器可供算术运算，会在系统中产生瓶颈，导致数据冲突（data hazard）[1]。许多运算都会生成临时结果；应用程序必须将其写入内存，才能计算表达式的其他部分。这将引起额外的内存访问，要是CPU有更多的累加寄存器，就能免除这些内存访问。因此，大多数现代通用CPU都不使用基于累加器的架构，而使用大量的通用寄存器来取而代之。

注意： 参看《编程卓越之道（卷1）》了解"数据冲突"的细节。

基于累加器的架构一度走红于早期计算机上，因为当时的制造工艺限制了 CPU 的功能数目。如今这类机器已很少见，只有在低成本的嵌入式微控制器上还能看到其身影。

12.1.3　基于寄存器的机器

在我们所讨论的 3 种机器类型中，基于寄存器的机器是当今最流行的架构，因为它能达到最高性能。借助于 CPU 里的众多寄存器，这种体系使 CPU 在计算复杂表达式时，免于进行大量开销很大的内存访问操作。

理论上，基于寄存器的机器只要有两个通用的、可进行算术运算的寄存器就够了。实际上，仅有两个通用寄存器的唯一机型就是 Motorola 的 680x 处理器。人们大都将其视为累加器架构的特例——因为它有两个累加器。基于寄存器的机器通常包含至少 8 个"通用"寄存器。数目 8 不是随意而定的，80x86 CPU、8080 CPU、Z80 CPU 都有这么多的通用寄存器，这是堪称"基于寄存器"的机器起码应有的寄存器数目。

尽管诸如 32 位 80x86 等基于寄存器的机器只有几个寄存器，但一般原则是"寄存器越多越好"。典型的 RISC 机器如 PowerPC、ARM，至少有 16 个通用寄存器，通常最少有 32 个寄存器；Intel 的 Itanium 处理器有 128 个通用寄存器；而 IBM 的 CELL 处理器每个处理单元都有 128 个寄存器。这些处理单元就是能进行某些操作的微型CPU，

1　中文版《编程卓越之道 第一卷：深入理解计算机》（第 1 版，韩东海译）第 1 次的印刷版本第 246 页、第 250 页将 data hazard 译作"数据相关"。尽管数据相关性确实与 data hazard 有关，但毕竟并非其本来意思，所以卷 2 翻译时没有沿用卷 1 的译法；也有的文献将 data hazard 译作"数据冒险"。——译者注

典型的 CELL 处理器有 8 个这样的处理单元，以及一个 PowerPC 的 CPU 核。

通用寄存器应尽可能多，主要就是为了避免访问内存。在基于累加器的机器上，累加器是用于保存计算中间结果的寄存器，但变量不能老占着寄存器不放，毕竟累加器还要干别的事情。倘若机器上的寄存器宽裕，我们就能在寄存器里存放某些常用的变量，省得在用到这些变量时访问内存。请看赋值语句 x := y+z；在 80x86 等基于寄存器的机器上，可以通过下列 HLA 代码计算其结果：

```
// 注意：假定 x 位于 EBX，y 位于 ECX，z 位于 EDX

mov( ecx, ebx );
add( edx, ebx );
```

只用了两条指令，并且没有为变量来访问内存。比起累加器架构和栈架构，其效率要高出不少。从这个例子就可以看出，寄存器架构为什么能在现代计算机系统上大行其道。

正如我们将在随后几节看到的，寄存器机器通常被称作"双地址机器"或"三地址机器"，称谓取决于具体的 CPU 架构。

12.1.4　算术表达式的典型形式

计算机的设计师们对有代表性的源程序文件做过仔细研究，发现相当大比例的赋值语句采用下列形式中的一种：

```
var = var2;
var = constant;
var = op var2;
var = var op var2;
var = var2 op var3;
```

还存在其他赋值形式，但与采用其余形式相比，程序采用上述任何一种形式的可能性要更大。因此，计算机的设计师们往往对其 CPU 进行优化，以便能高效处理这几种形式的赋值语句。

12.1.5　三地址架构

许多机器采用所谓的三地址架构，这意味着算术语句要支持 3 个操作数：两个源操作数和一个目标操作数。打个比方，多数 RISC CPU 提供 add 指令，把两个操作数的值相加，结果保存于第 3 个操作数中。例如：

```
add source1, source2, dest
```

在这种架构里，操作数通常为机器寄存器或小值常量，所以一般会按下列形式写出指令（假定使用 R0，R1，...，Rn 标识寄存器）：

```
add r0, r1, r2      ;计算 r2 := r0 + r1
```

由于 RISC 编译器要用寄存器保存变量，因此这条指令就是 12.1.4 节最后那条赋值语句的形式：

```
var = var2 op var3;
```

而如下的赋值操作：

```
var = var op var2;
```

也相对容易，只要将目标寄存器作为其中一个源操作数即可。例如：

```
add r0, r1, r0      ; 计算 r0 := r0 + r1
```

三地址架构的缺点在于，既然指令支持 3 个操作数，就必须将其统统编码到指令中。这就是三操作数指令通常只作用于寄存器操作数的原因——编码 3 个内存地址的开销太大。你可以问问 VAX 机的程序员，DEC 公司的 VAX 计算机系统就是三地址 CISC 机器的绝佳例子。

12.1.6 双地址架构

80x86 架构就是所谓的双地址架构。在双地址架构的机器上，其中一个源操作数也充当目标操作数。我们来看 HLA 在 80x86 上的 add 指令：

```
add( ebx, eax );   ; 计算 eax := eax + ebx;
```

诸如 80x86 之类的双地址机器，可用一条指令处理前面所列各种赋值语句形式的前 4 种。而最后一种形式则需要两条以上的指令及一个临时寄存器。举例来说，要计算：

```
var1 = var2 + var3;
```

假设 *var2*、*var3* 是内存变量，且编译器在寄存器 EAX 中存放 *var1*，应使用下列代码：

```
mov( var2, eax );
add( var3, eax );   //var1 结果位于 EAX
```

12.1.7　架构差异和写代码的关系

单地址架构、双地址架构和三地址架构存在下列层次关系：

单地址架构 $\subset$ 双地址架构 $\subset$ 三地址架构

换句话说，只要是单地址机器能干的活儿，双地址机器也能够做，而三地址机器可以干单地址机器或双地址机器能做的任何事情。证实这种论点是很简单的 [1]：

- 要证明双地址机器能干单地址机器所做的任何事情，只要在双地址机器上挑选一个寄存器当作"累加器"用，就能模仿单地址架构的机器。
- 为了证明三地址机器能做双地址机器所做的任何事情，只要在三地址机器上将某个寄存器既作为源寄存器，又作为目标寄存器，所有操作就自我限定用两个寄存器（操作数/地址）。

有了这个层次关系，你也许以为，倘若写代码时有所限制，代码也能在单地址机器上运行良好。于是乎，在所有机器上都会收到不错的效果。实际上，当今通用 CPU 大都是双地址或三地址架构，故而如果代码想支持单地址机器，就会妨碍可能的优化，因为这些优化措施是对双地址或三地址机器而言的。进一步说，不同编译器的优化质量相去甚远，很难保证支持这类想法。如果想让编译器生成足够好的代码，或许应当按前面 12.1.4 节里给出的 5 种形式来创建表达式。既然现代程序大多运行于双地址或三地址的机器之上，本章余下部分都假定是这类环境。

1　从技术角度看，我们还应证明双地址机器能够做单地址机器无法办到的事情，而三地址机器能够完成双地址机器实现不了的工作，这样一来证明才算圆满。这个问题留给读者作为练习，要证明这些，同样不费什么气力。

12.1.8 复杂表达式的处理

一旦表达式变得比前面给出的 5 种形式复杂，编译器就得产生两个或两个以上指令的序列来对该表达式求值。在编译代码时，编译器大都会在内部将复杂表达式转换为"三地址语句"序列。该序列在语义上与复杂表达式等价。现在来看下面的示例：

```
// complex = ( a + b ) * ( c - d ) - e/f;

temp1 = a + b;
temp2 = c - d;
temp1 = temp1 * temp2;
temp2 = e / f;
complex = temp1 - temp2;
```

倘若研究这 5 条语句，就能看出它们在语义上确实等价于注释中的复杂表达式。计算过程的主要区别是指令序列引入了两个临时值 temp1、temp2。编译器大都以机器寄存器存放这些临时值。

由于编译器能将复杂表达式内部转换为三地址的语句序列，我们大概会想到，能否帮编译器一个忙，将复杂表达式手工转换为三地址形式呢？有道理，这取决于我们所用的编译器。对于许多优秀的编译器而言，将复杂计算分解成几块，反而会阻碍编译器优化某些序列的能力。所以谈到算术表达式，多数时候我们只要做好该做的事——尽量写清楚代码，而优化结果代码的工作则放手让编译器去干。但是，倘若某种形式可自然而然地转换成双地址或三地址指令形式，就千万别犹豫。这样做至少不会对编译器生成代码产生坏的影响；而在某些特殊情况下，还有助于编译器生成更好的代码。更不用说，倘若结果代码不太复杂，就更易看懂和维护了。

12.2 算术语句的优化

由于高级语言编译器的初衷就是让程序员在其源代码中使用代数形式的表达式，因此人们对计算机科学的这个领域做了透彻研究。现代编译器只要提供的优化程序说得过去，大都能将算术表达式转换为相当好的机器码。通常可认为我们所用的编译器不需要太多协助，就能优化算术表达式；否则，趁还未操心如何手工优化代码，赶紧考虑换一个好点的编译器吧。

为了认识编译器所做的工作，我们将讨论一些现代优化型编译器应具备的典型优化措施。只要了解适当的编译器能做什么，我们就能免于手工优化那些编译器可以出色应对的代码。

12.2.1　常量折叠

常量折叠（constant folding）是这么一种优化措施，在编译期间计算常量表达式或子表达式的值，而不是生成代码，到了运行时才计算它们。举例来说，支持这种优化的 Pascal 编译器会把 i := 5 + 6;形式的语句转换成 i := 11;，而不是为原语句生成代码。显然，这样就无须在运行时期执行 add 指令。还有一个例子，假如我们想给某数组分配 16MB 的存储空间，可以用下列办法做到：

```
char bigArray[ 16777216 ];    // 分配 16MB 的存储空间
```

这种方法的唯一麻烦在于，16 777 216 是一个不便识别的数，它代表值 2^{24}，而非随意的某值。再看下面的 C/C++声明：

```
char bigArray[ 16*1024*1024 ];     // 分配 16MB 的存储空间
```

多数程序员都看得出来，1024*1024 就是二进制的"1 兆"，将其乘以 16，意即"16 兆"。要认出 16*1024*1024 等于 16 777 216 确实需要眼力，而写成这种形式比 16777216 更容易让我们明白它是指 16MB——至少在字符数组中是这样的，而不是 16777214 之类的其他数。编译器对两种情况分配的内存量完全相同，但第二种方法更易看懂，所以第二种方法更好 [1]。

编译器不光能在变量声明中应用这种优化措施，包含常量操作数的算术表达式、子表达式同样也是常量折叠优化的用武之地。因此，倘若常量表达式能比手工计算的结果更清楚地写出算术表达式，就应毅然采用更易看懂的方法，留给编译器在编译时处理常量的计算。如果你的编译器不支持常量折叠，当然只好对常量统统手工

---

[1] 当然，使用明示常量标识符代替数值表达式，在这里或许是更好的解决办法。但在有些场合，我们需要实际定义常数值，使用 16*1024*1024 定义要比 16777216 好。

计算，这样才能模仿出前者的效果。然而这是不得已而为之的，将编译器"鸟枪换炮"几乎总是更恰当的选择。

在进行常量折叠时，一些好的优化型编译器可能达到登峰造极的程度。例如，有的编译器设为相当高的优化级别后，能将某些带有常量参数的函数调用也替换为常量值。举例来说，C/C++编译器也许在编译时就将"sineR = sin(0);"形式的语句替换成"sineR =0;"，因为 0 弧度的正弦值为 0。不过，这种类型的常量折叠并不多见，通常要启用特定的编译器模式才会实现。

如果你不确定自己的编译器是否支持常量折叠，可以让编译器生成一段汇编清单，查找其输出或查看调试器的反汇编输出。下面是一个 C/C++的小例子：

```c
#include <stdio.h>
int main(int argc, char **argv)
{
    int i = 16 * 1024 * 1024;
    printf( "%d\n", i);
     return 0;
}
```

下面是 Visual C++的编译结果：

```
// 上述代码段的汇编输出（关掉了优化功能）
    mov     DWORD PTR i$[rsp], 16777216        ; 01000000H
    mov     edx, DWORD PTR i$[rsp]
    lea     rcx, OFFSET FLAT:$SG7883
    call    printf
```

下面是 Java 的对等程序：

```java
public class Welcome
{
    public static void main( String[] args )
    {
        int i = 16 * 1024 * 1024;
        System.out.println( i );
    }
}
```

编译器生成的 JBC（Java 字节码）：

```
javap -c Welcome
Compiled from "Welcome.java"
public class Welcome extends java.lang.Object{
public Welcome();
  Code:
  0:    aload_0
        ; //Method java/lang/Object."<init>":()V
  1:    invokespecial   #1
  4:    return
public static void main(java.lang.String[]);
  Code:
  0:    ldc #2; //int 16777216
  2:    istore_1
        ; //Field java/lang/System.out:Ljava/io/PrintStream;
  3:    getstatic   #3
  6:    iload_1
        ; //Method java/io/PrintStream.println:(I)V
  7:    invokevirtual   #4
  10:   return
}
```

请注意"ldc #2"指令将常量池中的一个常量压入栈。该句指令附带的注释说明了 Java 编译器将 16*1024*1024 转换成了常量 16777216。这说明在编译时期 Java 完成了常量折叠，而不是在运行时再计算出这个积。

下面是Swift的对等程序及其主程序相关部分输出的汇编代码[1]：

```
import Foundation

var i:Int = 16*1024*1024
print( "i=\(i)" )

// 通过"xcrun -sdk macosx swiftc -O -emit-assembly main.swift -o result.asm"
// 生成的代码
```

---

1 Swift 会生成相当多的额外代码，这些代码与此语言是否支持常量折叠没有关系，所以没有在这里给出这些代码。

```
        movq    $16777216, _$S6result1iSivp(%rip)
```

正如我们所看到的，Swift 也支持常量折叠。

12.2.2 常量传播

常量传播（constant propagation）也是一种优化措施，即编译器在编译时若能确定变量值，就把变量替换成常量值。例如，支持常量传播的编译器会做到下列优化：

```
// 原代码:
variable = 1234;
result = f( variable );

// 采用常量传播优化后的代码
variable = 1234;
result = f( 1234 );
```

在目标码中，操纵立即数常量比操纵变量更高效。因此，常量传播也使得编译器得以消除某些变量和语句。比如在本例中，倘若源代码之后不再有对变量 variable 的引用，编译器就可从代码中把语句"variable = 1234;"去掉。

有些情况下，编写精良的编译器在常量传播方面的优化效果令人惊叹。我们来看下列 C 语言代码：

```
#include <stdio.h>
static int rtn3( void )
{
    return 3;
}

int main( void )
{
    printf( "%d", rtn3() + 2 );
    return( 0 );
}
```

以下是 GCC 以"-O3"选项最大限度优化而生成的 80x86 汇编输出：

```
.LC0:
   .string "%d"
   .text
   .p2align 2,,3
.globl main
   .type  main,@function
main:
   ;构建 main 的活动记录
   pushl  %ebp
   movl   %esp, %ebp
   subl   $8, %esp
   andl   $-16, %esp
   subl   $8, %esp

   ;显示"rtn3() + 5"的结果
   pushl  $5    ;常量折叠和常量传播一块起作用
   pushl  $.LC0
   call   printf
   xorl   %eax, %eax
   leave
   ret
```

只要扫一眼，就能看出函数 rtn3() 没了。当采用命令行选项 "-O3" 时，GCC 推敲出 rtn3() 只是返回一个常量，于是就把调用 rtn3() 的地方统统以返回的常量值代替；而调用函数 printf() 时，常量传播和常量折叠联手，只向 printf() 传递了常量 5。

和常量折叠同理，倘若你的编译器不支持常量传播，当然可以手工模仿来进行优化。然而这只是没有办法的办法，还是换成好些的编译器为妙。

可以打开编译器的汇编语言输出功能，以查看编译器是否支持常量传播。例如，下面是打开了优化级别/O2 时的 Visual C++输出：

```
#include <stdio.h>

int f(int a)
{
 return a + 1;
}
```

```
int main(int argc, char **argv)
{
    int i = 16 * 1024 * 1024;
    int j = f(i);
    printf( "%d\n", j);
}
// 上述代码的汇编语言输出：
main    PROC                                    ; COMDAT
$LN6:
        sub     rsp, 40                         ; 00000028H
        mov     edx, 16777217                   ; 01000001H
        lea     rcx, OFFSET FLAT:??_C@_02DPKJAMEF@?$CFd?$AA@
        call    printf
        xor     eax, eax
        add     rsp, 40                         ; 00000028H
        ret     0
main    ENDP
```

我们可以看到，除 i、j 变量外，Visual C++ 还消除了函数 f()。它在编译阶段算出了函数结果为(i+1)，并在所有计算中将 16*1024*1024 + 1 替代为 16777217。

下面是一个 Java 示例：

```
public class Welcome
{
    public static int f( int a ) { return a+1;}
    public static void main( String[] args )
    {
        int i = 16 * 1024 * 1024;
        int j = f(i);
        int k = i+1;
        System.out.println( j );
        System.out.println( k );
    }
}

// 这段 Java 源码对应的 JBC：
javap -c Welcome
Compiled from "Welcome.java"
```

```
public class Welcome extends java.lang.Object{
public Welcome();
  Code:
   0:    aload_0
        ; //Method java/lang/Object."<init>":()V
   1:    invokespecial   #1
   4:    return
public static int f(int);
  Code:
   0:    iload_0
   1:    iconst_1
   2:    iadd
   3:    ireturn

public static void main(java.lang.String[]);
  Code:
   0:    ldc #2; //int 16777216
   2:    istore_1
   3:    iload_1
   4:    invokestatic    #3; //Method f:(I)I
   7:    istore_2
   8:    iload_1
   9:    iconst_1
   10:   iadd
   11:   istore_3

        ; //Field java/lang/System.out:Ljava/io/PrintStream;
   12:   getstatic   #4
   15:   iload_2

        ; //Method java/io/PrintStream.println:(I)V
   16:   invokevirtual   #5
        ; //Field java/lang/System.out:Ljava/io/PrintStream;
   19:   getstatic   #4
   22:   iload_3

        ; //Method java/io/PrintStream.println:(I)V
   23:   invokevirtual   #5
   26:   return
}
```

快速看一下这段 Java 字节码就知道，Java 编译器（Java 版本号 1.6.0_65）不支持常量传播优化。它不仅没有消除函数 f()，也没有消除变量 i 和 j。它将 i 传递给函数 f()，而不是传递给其适当的常数。有人会争辩说，Java 字节码的解释过程才会显著影响性能，所以诸如常量传播这类的简单优化对性能的影响算不上什么。

下面给出 Swift 的同等程序及其编译器的汇编输出：

```
import Foundation

func f( _ a:Int ) -> Int
{
    return a + 1
}
let i:Int = 16*1024*1024
let j = f(i)
print( "i=\(i), j=\(j)" )

// 通过下列命令产生汇编输出：
// xcrun -sdk macosx swiftc -O -emit-assembly main.swift -o result.asm
    movq    $16777216, _$S6result1iSivp(%rip)
    movq    $16777217, _$S6result1jSivp(%rip)

    …    // 略去大量汇编代码，它们与此处的 Swift 源码没有关系

    movl    $16777216, %edi
 callq    _$Ss26_toStringReadOnlyPrintableySSxs06CustomB11ConvertibleRzlFSi_Tg5
    …
    movl    $16777217, %edi
 callq    _$Ss26_toStringReadOnlyPrintableySSxs06CustomB11ConvertibleRzlFSi_Tg5
```

Swift 编译器生成了数目巨大的代码以支持其运行时系统，所以我们很难称 Swift 为优化型编译器。尽管如此，它所产生的汇编代码表明 Swift 支持常量传播；它还消除了函数 f()，并将常数计算结果传播到打印 i 和 j 值的调用中。或许因为运行时系统的一些一致性问题，它没有消除 i 和 j 变量，但在编译代码中确实传播了常量。

既然Swift编译器产生了太多数量的代码，就不得不让人怀疑这种优化是否值得。然而，即便有这么多额外的代码（代码太多了，以致没法印刷在这里，你可以自行查看），其输出依然比解释性的 Java 代码运行要快。

12.2.3 死码消除

死码消除是指如果程序从来不会用到某语句的结果，就消除该特定源代码对应的目标代码。这种从来不会用到的代码通常是编程失误导致的结果。不是吗，为什么人们计算某个值而又不用它呢？假如编译器在源文件中遇到死码，会发出警告，让我们检查代码的逻辑。然而在有些情况下，前期的优化也可能生成死码。例如，前面例子中对 variable 值的常量传播将导致语句 "variable = 1234;" 成为死码。在目标文件中，支持死码消除的编译器，不吭一声就会去除该语句的目标码。

我们来看一个死码消除的例子。请考虑下面的 C 语言程序，以及相应的汇编代码：

```
static int rtn3( void )
{
    return 3;
}

int main( void )
{
    int i = rtn3() + 2;

    // 注意程序再未用到 i 的值
    return( 0 );
}
```

以下是 GCC 生成的 32 位 80x86 汇编输出，使用了 "-O3" 命令行选项：

```
.file "t.c"
    .text
    .p2align 2,,3
.globl main
    .type main,@function
main:
    ;构建 main 的活动记录
    pushl %ebp
    movl  %esp, %ebp
    subl  $8, %esp
    andl  $-16, %esp

    ;请注意这里没有了对 i 的赋值语句
```

```
;main 函数返回结果 0
xorl %eax, %eax
leave
ret
```

而下面是 GCC 不优化时生成的 80x86 汇编输出：

```
.file "t.c"
    .text
    .type rtn3,@function
rtn3:
    pushl %ebp
    movl  %esp, %ebp
    movl  $3, %eax
    leave
    ret
.Lfe1:
    .size rtn3,.Lfe1-rtn3
.globl main
    .type main,@function
main:
    pushl %ebp
    movl  %esp, %ebp
    subl  $8, %esp
    andl  $-16, %esp
    movl  $0, %eax
    subl  %eax, %esp

    ;请注意下面的函数调用与计算
    call rtn3
    addl $2, %eax
    movl %eax, -4(%ebp)

    ;main 函数返回结果 0
    movl $0, %eax
    leave
    ret
```

事实上，本书各处的许多程序示例之所以用 printf()之类的函数显示一些值，正是为了让代码显式用到这些值，以免这些值被当成死码删除，以致我们无法研究汇编输出文件中的相关内容。如果将这些 C 语言程序中的 printf() 去掉，由于死码消除优化，绝大多数汇编代码都会无影无踪。

这是先前 C++ 代码通过 Visual C++ 的编译输出：

```
; Listing generated by Microsoft (R) Optimizing Compiler Version 19.00.24234.1
include listing.inc

INCLUDELIB LIBCMT
INCLUDELIB OLDNAMES

PUBLIC  main
; Function compile flags: /Ogtpy
; File c:\users\rhyde\test\t\t\t.cpp
_TEXT    SEGMENT
main     PROC
         xor    eax, eax
         ret    0
main     ENDP
_TEXT    ENDS
; 函数编译标志位: /Ogtpy
; File c:\users\rhyde\test\t\t\t.cpp
_TEXT    SEGMENT
rtn3     PROC

         mov    eax, 3
         ret    0
rtn3     ENDP
_TEXT    ENDS
END
```

与 GCC 不同，Visual C++ 不会消除函数 rtn3()，但它会在主程序中去掉对 i 的赋值及对 rtn3() 的调用。

下面是对等的 Java 程序及其 JBC 输出：

```
public class Welcome
{
    public static int rtn3() { return 3;}
    public static void main( String[] args )
```

```
    {
        int i = rtn3();
    }
}

// JBC 输出:
public class Welcome extends java.lang.Object{
public Welcome();
  Code:
   0:   aload_0
        ; //Method java/lang/Object."<init>":()V
   1:   invokespecial   #1
   4:   return

public static int rtn3();
  Code:
   0:   iconst_3
   1:   ireturn

public static void main(java.lang.String[]);
  Code:
   0:   invokestatic    #2; //Method rtn3:()I
   3:   istore_1
   4:   return
}
```

乍一看，Java 似乎不支持死码消除。然而，问题或许是我们的示例代码并未触发编译器的这个优化功能。我们再试一下对编译器更直观的例子：

```
public class Welcome
{
    public static int rtn3() { return 3;}
    public static void main( String[] args )
    {
        if( false )
        {   int i = rtn3();
        }
    }
}

// 下面是输出的字节码:
```

```
Compiled from "Welcome.java"
public class Welcome extends java.lang.Object{
public Welcome();
  Code:
   0:    aload_0
         ; //Method java/lang/Object."<init>":()V
   1:    invokespecial    #1
   4:    return

public static int rtn3();
  Code:
   0:    iconst_3
   1:    ireturn

public static void main(java.lang.String[]);
  Code:
   0:    return
}
```

现在，我们给出了能让 Java 编译器认出来的东西。主程序消除了对 rtn3() 的调用和对 i 的赋值操作。这个优化没有 GCC 和 Visual C++优化那么聪明，但至少在有些情况下是管用的。不幸的是，除了常量传播，Java 错失了死码消除的许多机会。

下面是前面示例的等效 Swift 代码：

```
import Foundation
func rtn3() -> Int
{
    return 3
}
let i:Int = rtn3()

// 汇编语言输出：
_main:
    pushq    %rbp
    movq     %rsp, %rbp
    movq     $3, _$S6result1iSivp(%rip)
    xorl     %eax, %eax
    popq     %rbp
    retq
```

```
    .private_extern _$S6result4rtn3SiyF
    .globl   _$S6result4rtn3SiyF
    .p2align    4, 0x90
_$S6result4rtn3SiyF:
    pushq    %rbp
    movq     %rsp, %rbp
    movl     $3, %eax
    popq     %rbp
    retq
```

注意到至少在此例中，Swift 不支持死码消除。然而，我们再做一点和刚才对 Java 做的同样事情，看下列代码：

```
import Foundation

func rtn3() -> Int
{
    return 3
}
if false
{
    let i:Int = rtn3()
}

// 汇编输出
_main:
    pushq    %rbp
    movq     %rsp, %rbp
    xorl     %eax, %eax
    popq     %rbp
    retq

    .private_extern _$S6result4rtn3SiyF
    .globl   _$S6result4rtn3SiyF
    .p2align    4, 0x90
_$S6result4rtn3SiyF:
    pushq    %rbp
    movq     %rsp, %rbp
    movl     $3, %eax
    popq     %rbp
```

```
retq
```

编译这段代码会有好多关于死码的警告,但其输出说明 Swift 确实支持死码消除。并且,由于 Swift 也支持常量传播,因此它不会像 Java 那样,错过许多死码消除的机会。不过要想赶上 GCC 或 Visual C++的水平,Swift 还得更成熟些。

12.2.4 公共子表达式消除

很多时候,当前函数会频繁用到某些表达式的一小部分甚至一大部分——这些部分被称为子表达式。如果该子表达式中的变量值并未修改过,程序就没有必要重复计算子表达式的值,而是在第一次计算它时将其值保存下来,在子表达式又出现的地方用此值替换。例如,我们来看下面的 Pascal 代码:

```
complex := ( a + b ) * ( c - d ) - ( e div f );
lessSo := ( a + b ) - ( e div f );
quotient := e div f;
```

好样的编译器会将这些语句转换为下列形式的三地址语句:

```
temp1 := a + b;
temp2 := c - d;
temp3 := e div f;
complex := temp1 * temp2;
complex := complex - temp3;
lessSo := temp1 - temp3;
quotient := temp3;
```

前例中的语句两次用到子表达式(a + b),三次用到(e div f),而这里的三地址代码序列只对它们计算一次,后面再出现这些子表达式时就直接用其值代替。

再举一个例子,我们来看下面的 C/C++代码:

```
#include <stdio.h>

static int i, j, k, m, n;
static int expr1, expr2, expr3;

extern int someFunc( void );
```

```
int main( void )
{
    //下面是一个糊弄优化器的小花招。当我们调用外部函数时，优化器并不知道此函数会返
    //回什么，所以不会将返回值优化掉。这是为了展示本例想给出的优化措施；也就是说，
    //编译器通常会优化到每个角落，如果没有下面的小花招，我们就看不到优化器对实际例
    //子生成的代码。

    i = someFunc();
    j = someFunc();
    k = someFunc();
    m = someFunc();
    n = someFunc();

    expr1 = (i + j) * (k * m + n);
    expr2 = (i + j);
    expr3 = (k * m + n);

    printf( "%d %d %d", expr1, expr2, expr3 );
    return( 0 );
}
```

下面是 GCC 使用命令行选项"-O3"时，对上述 C 代码生成的 32 位 80x86 汇编文件：

```
.file "t.c"
    .section    .rodata.str1.1,"aMS",@progbits,1
.LC0:
    .string "%d %d %d"
    .text
    .p2align 2,,3
.globl main
    .type main,@function
main:
    ;构建活动记录
    pushl %ebp
    movl %esp, %ebp
    subl $8, %esp
    andl $-16, %esp

    ;对 i、j、k、m 和 n 初始化
```

```
call someFunc
movl %eax, i
call someFunc
movl %eax, j
call someFunc
movl %eax, k
call someFunc
movl %eax, m
call someFunc     ;n 的值存放在 EAX

;计算 EDX = k*m+n 和 ECX = i+j
movl    m, %edx
movl    j, %ecx
imull   k, %edx
addl    %eax, %edx
addl    i, %ecx

;EDX 存放着 expr3,故将其压入栈,供 printf()使用
pushl %edx

; 将 n 值保存起来
movl %eax, n
movl %ecx, %eax

;ECX 存放着 expr2,故将其压入栈,供 printf()使用
pushl %ecx

;expr1 为两个子表达式(其值分别位于 EDX 和 EAX)之积,所以这里计算其乘积,
;并把结果压入栈,供 printf()使用
imull %edx, %eax
pushl %eax

;将格式字符串的地址压入栈,供 printf()使用
pushl $.LC0

;将变量值保存到内存,然后调用 printf()显示先前压入栈的各值
movl %eax, expr1
movl %ecx, expr2
movl %edx, expr3
call printf

;main 函数返回结果 0
```

```
xorl %eax, %eax
leave
ret
```

请注意参看汇编输出中的注释，了解编译器是如何用一些寄存器保存公共子表达式结果的。

下面是 Visual C++输出的 64 位汇编语言结果：

```
_TEXT    SEGMENT
main     PROC
$LN4:
         sub    rsp, 40                                    ; 00000028H

         call   someFunc
         mov    DWORD PTR i, eax

         call   someFunc
         mov    DWORD PTR j, eax

         call   someFunc
         mov    DWORD PTR k, eax

         call   someFunc
         mov    DWORD PTR m, eax

         call   someFunc

         mov    r9d, DWORD PTR m

         lea    rcx, OFFSET FLAT:$SG7892
         imul   r9d, DWORD PTR k
         mov    r8d, DWORD PTR j
         add    r8d, DWORD PTR i
         mov    edx, r8d
         mov    DWORD PTR n, eax
         mov    DWORD PTR expr2, r8d
         add    r9d, eax
         imul   edx, r9d
         mov    DWORD PTR expr3, r9d
```

```
        mov     DWORD PTR expr1, edx
        call    printf

        xor     eax, eax

        add     rsp, 40                         ; 00000028H
        ret     0
main    ENDP
_TEXT   ENDS
```

由于 x86-64 上有额外的寄存器，因此 Visual C++能够将所有临时值放到寄存器中，从而更好地复用预先计算的公共子表达式值。

如果我们用的编译器不支持公共子表达式优化——通过检查汇编输出就能看出来，则编译器的优化程序很可能做得不完善，这时应当考虑换一个编译器。然而，此种优化措施，我们可以自己动手实现。现在来看前面 C 代码的下一个版本，它对公共子表达式进行了手工计算：

```c
#include <stdio.h>

static int i, j, k, m, n;
static int expr1, expr2, expr3;
static int ijExpr, kmnExpr;

extern int someFunc( void );

int main( void )
{
    //下面是一个糊弄优化器的小花招。当我们调用外部函数时，优化器并不知道此函数
    //会返回什么，所以不会由于常量传播的原因而将其值优化掉。
    i = someFunc();
    j = someFunc();
    k = someFunc();
    m = someFunc();
    n = someFunc();

    ijExpr = i+j;
    kmnExpr = (k*m+n);
    expr1 = ijExpr * kmnExpr;
    expr2 = ijExpr;
    expr3 = kmnExpr;
```

```
    printf( "%d %d %d", expr1, expr2, expr3 );
    return( 0 );
}
```

当然，其实没有必要创建变量 ijExpr 和 kmnExpr，只有变量 *expr2* 和 *expr3* 就够了。代码之所以这样写，是为了将原来的程序改得尽可能浅显易懂。

下面是类似的 Java 代码：

```
public class Welcome
{
    public static int someFunc() { return 1;}
    public static void main( String[] args )
    {
        int i = someFunc();
        int j = someFunc();
        int k = someFunc();
        int m = someFunc();
        int n = someFunc();
        int expr1 = (i + j) * (k*m + n);
        int expr2 = (i + j);
        int expr3 = (k*m + n);
    }
}

// JBC 输出
public class Welcome extends java.lang.Object{
public Welcome();
  Code:
  0:    aload_0
        ; //Method java/lang/Object."<init>":()V
  1:    invokespecial    #1
  4:    return

public static int someFunc();
  Code:
  0:    iconst_1
  1:    ireturn

public static void main(java.lang.String[]);
```

```
Code:
   0:   invokestatic    #2; //Method someFunc:()I
   3:   istore_1
   4:   invokestatic    #2; //Method someFunc:()I
   7:   istore_2
   8:   invokestatic    #2; //Method someFunc:()I
  11:   istore_3
  12:   invokestatic    #2; //Method someFunc:()I
  15:   istore 4
  17:   invokestatic    #2; //Method someFunc:()I
  20:   istore 5
; iexpr1 = (i + j) * (k*m + n);
  22:   iload_1
  23:   iload_2
  24:   iadd
  25:   iload_3
  26:   iload   4
  28:   imul
  29:   iload   5
  31:   iadd
  32:   imul
  33:   istore  6
; iexpr2 = (i+j)
  35:   iload_1
  36:   iload_2
  37:   iadd
  38:   istore  7
; iexpr3 = (k*m + n)
  40:   iload_3
  41:   iload   4
  43:   imul
  44:   iload   5
  46:   iadd
  47:   istore  8
  49:   return
}
```

注意 Java 不会优化公共子表达式，而是每次遇到时再计算一遍公共子表达式的值。因此，我们在写 Java 代码时应手工计算公共子表达式的值。

下面是这个例子的 Swift 形式，以及其汇编输出：

```swift
import Foundation

func someFunc() -> UInt32
{
    return arc4random_uniform(100)
}
let i = someFunc()
let j = someFunc()
let k = someFunc()
let m = someFunc()
let n = someFunc()

let expr1 = (i+j) * (k*m+n)
let expr2 = (i+j)
let expr3 = (k*m+n)
print( "\(expr1), \(expr2), \(expr3)" )

//上述表达式的汇编输出

;函数调用代码:

    movl    $0x64, %edi
    callq   arc4random_uniform
    movl    %eax, %ebx  ; EBX = i
    movl    %ebx, _$S6result1is6UInt32Vvp(%rip)
    callq   _arc4random
    movl    %eax, %r12d ; R12d = j
    movl    %r12d, _$S6result1js6UInt32Vvp(%rip)
    callq   _arc4random
    movl    %eax, %r14d ; R14d = k
    movl    %r14d, _$S6result1ks6UInt32Vvp(%rip)
    callq   _arc4random
    movl    %eax, %r15d ; R15d = m
    movl    %r15d, _$S6result1ms6UInt32Vvp(%rip)
    callq   _arc4random
    movl    %eax, %esi  ; ESI = n
    movl    %esi, _$S6result1ns6UInt32Vvp(%rip)

; 表达式的处理代码:
```

```
addl    %r12d, %ebx  ; R12d = i + j (此为 expr2)
jb LBB0_11           ; 如果发生溢出，就跳转分支

movl    %r14d, %eax  ;
mull    %r15d
movl    %eax, %ecx   ; ECX = k*m
jo LBB0_12           ; 如果发生溢出，就跳转至 LBB0_12
addl    %esi, %ecx   ; ECX = k*m + n（n 实为表达式 expr3 的值）
jb LBB0_13           ; 如果溢出，就退出
movl    %ebx, %eax
mull    %ecx         ; expr1 = (i+j) * (k*m+n)
jo LBB0_14           ; 如果溢出，就退出
movl    %eax, _$S6result5expr1s6UInt32Vvp(%rip)
movl    %ebx, _$S6result5expr2s6UInt32Vvp(%rip)
movl    %ecx, _$S6result5expr3s6UInt32Vvp(%rip)
```

倘若仔细阅读这段代码，就会看出 Swift 编译器恰当地将公共子表达式优化掉了，每个公共子表达式只计算了一次。

12.2.5　强度削弱

很多时候，CPU 能够通过与源代码不同的运算符来直接计算某个值，从而将较复杂或较难执行的指令替换成较简单的指令。比方，移位（shift）操作能够实现数值与 2 的整数次幂的乘除法；而取模也即取余数操作，则可通过按位"与"（and）指令来得到。要知道，移位和"与"操作比一般的乘除法快得多。编译器优化程序大都善于识别这样的操作，将开销较大的运算替代为开销较小的机器指令串。下面是一段 C 代码，以及 GCC 为其生成的 80x86 汇编输出，它们将实际展示强度削弱的效果。

```
#include <stdio.h>

unsigned i, j, k, m, n;

extern unsigned someFunc( void );
extern void preventOptimization( unsigned arg1, ... );
```

```
int main( void )
{
    //下面是一个糊弄优化器的小花招。当我们调用外部函数时，优化器并不知道此函数
    //会返回什么，所以不会将这些值优化掉。
    i = someFunc();
    j = i * 2;
    k = i % 32;
    m = i / 4;
    n = i * 8;

    //下面调用函数 preventOptimization() 是为了哄骗编译器，使其认为上述结果会在其他地方
    //用到。如果不使用这些求得的结果，GCC 就会消除其有关代码，我们举例的目的就无从达到。
    preventOptimization( i,j,k,m,n);
    return( 0 );
}
```

下面是 GCC 生成的 80x86 汇编输出：

```
.file "t.c"
    .text
    .p2align 2,,3
.globl main
    .type main,@function
main:
    ;构建 main 的活动记录
    pushl %ebp
    movl  %esp, %ebp
    pushl %esi
    pushl %ebx
    andl  $-16, %esp

    ;取 i 值并放入 EAX:
    call someFunc

    ;通过比例变址寻址模式和 LEA 指令计算 i*8，将结果值 n 放入 EDX
    leal 0(,%eax,8), %edx

    ;为调用外部函数 preventOptimization()而调整栈
    subl $12, %esp
```

```
    movl  %eax, %ecx       ;ECX=i
    pushl %edx             ;为调用上述函数而将 n 压入栈
    movl  %eax, %ebx       ;将 i 保存于 k
    shrl  $2, %ecx         ;ECX=i/4（即 m）
    pushl %ecx             ;为调用上述函数而将 m 压入栈

    andl  $31, %ebx        ;EBX=i%32
    leal  (%eax,%eax),  %esi       ;j=i*2
    pushl %ebx             ;为调用上述函数而将 k 压入栈
    pushl %esi             ;为调用上述函数而将 j 压入栈
    pushl %eax             ;为调用上述函数而将 i 压入栈
    movl  %eax, i          ;在内存单元中保存这些值
    movl  %esi, j
    movl  %ebx, k
    movl  %ecx, m
    movl  %edx, n
    call  preventOptimization

    ;清栈，main 函数返回结果 0
    leal -8(%ebp), %esp
    popl %ebx
    xorl %eax, %eax
    popl %esi
    leave
    ret
.Lfe1:
    .size main,.Lfe1-main
    .comm i,4,4
    .comm j,4,4
    .comm k,4,4
    .comm m,4,4
    .comm n,4,4
```

对于这段 80x86 代码，关键是要注意，即便 C 语言源程序频繁用到乘除法运算符，GCC 也根本不生成乘法或除法指令。GCC 将这些开销巨大的操作都替换为开销较小的地址计算、移位和逻辑"与"操作。

这段 C 程序示例用 unsigned 声明变量，而没有用 int 来声明。之所以做出这种修改，是基于很好的理由——比起有符号操作数，强度削弱对无符号操作数更能生

成高效代码。这一点非常重要！倘若操作数对整型有无符号无所谓，我们就永远要选择无符号整型，因为编译器处理这种整数类型时能够生成更好的代码。为了展示整型有无符号的差异，我们重写上一个 C 程序的代码，改用有符号整型，再来看看GCC 的 80x86 输出：

```
#include <stdio.h>

int i, j, k, m, n;

extern int someFunc( void );
extern void preventOptimization( int arg1, ... );

int main( void )
{
    //下面是一个糊弄优化器的小花招。通过调用外部函数，优化器并不知道此函数返回什么值，
    //所以不会把值优化掉。也就是说，这样就会阻止在编译时计算所有后面的值，即阻止了常量传播。
    i = someFunc();
    j = i * 2;
    k = i % 32;
    m = i / 4;
    n = i * 8;

    //下面对 preventOptimization()的调用防止了所有之前语句的死码消除
    preventOptimization( i,j,k,m,n);
    return( 0 );
}
```

32 位 GCC 对上面 C 代码生成的 80x86 汇编输出如下：

```
.file "t.c"
    .text
    .p2align 2,,3
    .globl main
    .type main,@function
main:
    ;构建 main 的活动记录
    pushl %ebp
    movl  %esp, %ebp
    pushl %esi
    pushl %ebx
```

```
        andl    $-16, %esp

        ;调用 someFunc(), 取得 i 值
        call    someFunc
        leal    (%eax,%eax), %esi       ;j = i * 2
        testl   %eax, %eax              ;检查 i 的符号
        movl    %eax, %ecx
        movl    %eax, i
        movl    %esi, j
        js      .L4

;倘若 i 为非负值, 执行下列代码
.L2:
        andl    $-32, %eax      ;取模操作
        movl    %ecx, %ebx
        subl    %eax, %ebx
        testl   %ecx, %ecx      ;检查 i 的符号
        movl    %ebx, k
        movl    %ecx, %eax
        js      .L5
.L3:
        subl    $12, %esp
        movl    %eax, %edx
        leal    0(,%ecx,8), %eax        ;i*8
        pushl   %eax
        sarl    $2, %edx        ;有符号运算除以 4
        pushl   %edx
        pushl   %ebx
        pushl   %esi
        pushl   %ecx
        movl    %eax, n
        movl    %edx, m
        call    preventOptimization
        leal    -8(%ebp), %esp
        popl    %ebx
        xorl    %eax, %eax
        popl    %esi
        leave
        ret
        .p2align 2,,3
```

```
; 对于 sarl 指令将有符号数 i 除以 4 的操作，倘若 i 为负值，则需要对 i 先加 3
.L5:
    leal 3(%ecx), %eax
    jmp .L3
    .p2align 2,,3

; 对于有符号数的取余操作，倘若 i 为负值，则需要先对其加 31
.L4:
    leal 31(%eax), %eax
    jmp .L2
```

这两个代码示例的区别展示出在我们根本无须处理负数时，应采用无符号整型而非有符号整型的原因。

试图手工进行强度削弱是有风险的。尽管除法等一些操作在多数 CPU 上几乎总是比右移位等操作慢，但许多强度削弱的优化措施并不能跨 CPU 移植。也就是说，将乘法代以左移位操作并不一定会在其他 CPU 上生成较快代码。某些陈旧的 C 程序含有手工的强度削弱指令，其初衷是为了改进性能，现在却反而导致程序跑慢。所以，在高级语言代码中直接采用强度削弱时要谨慎从事，这个领域的事务还是交给编译器处理比较牢靠。

12.2.6 归纳变量

在许多表达式，特别是位于循环内的表达式中，某一变量的值完全依赖于其他某个变量。例如，我们来看下列 Pascal 语言的 for 循环：

```
for i := 0 to 15 do begin
    j := i * 2;
    vector[ j ] := j;
    vector[ j+1 ] := j + 1;
end;
```

编译器优化程序可能识别出 j 值完全依赖于 i 值，从而将代码改写为下面这样：

```
ij := 0; { ij 为上段代码中 i 和 j 的结合 }
while( ij < 32 ) do begin
    vector[ ij ] := ij;
```

```
   vector[ ij+1 ] := ij + 1;
   ij := ij + 2;
end;
```

这种优化将省掉一些循环中的工作量，特别是不必计算"j := i * 2"。

还有一个例子，请看下列 C 代码，以及微软 Visual C++编译器生成的 MASM 输出：

```
extern unsigned vector[32];

extern void someFunc( unsigned v[] );
extern void preventOptimization( int arg1, ... );

int main( void )
{
   unsigned i, j;

   // 初始化 vector，或至少让编译器觉得我们在对 vector 操作
   someFunc( vector );

   // 下面的 for 循环用来展示归纳变量
   for( i=0; i<16; ++i )
   {
      j = i * 2;
      vector[ j ] = j;
      vector[ j+1 ] = j+1;
   }

   // 下列代码可用来防止编译器将前段代码当成死码而删除
   preventOptimization( vector[0], vector[15] );
   return( 0 );
}
```

下面是 Visual C++编译器生成的 MASM 32 位 80x86 输出：

```
_main   PROC
        push    OFFSET _vector
        call    _someFunc
        add     esp, 4
        xor     edx, edx
```

```
         xor      eax, eax
$LL4@main:
         lea      ecx, DWORD PTR [edx+1]              ; ECX = j+1
         mov      DWORD PTR _vector[eax], edx          ; EDX = j
         mov      DWORD PTR _vector[eax+4], ecx

; 每轮循环，都将 j 赋为 2 倍的循环变量 i，即(i*2)
         add      edx, 2

; 对循环变量 i 加 8 来作为下标，寻址 vector 数组，因为每轮循环均填写两个值
         add      eax, 8

; 对数组中的每个元素都执行此过程
         cmp      eax, 128                            ; 00000080H
         jb       SHORT $LL4@main
         push     DWORD PTR _vector+60
         push     DWORD PTR _vector
         call     _preventOptimization
         add      esp, 8
         xor      eax, eax
         ret      0
_main    ENDP
_TEXT    ENDS
```

　　正如从这些 MASM 输出看到的那样，Visual C++编译器发觉循环内并未用到 i，也没有运算涉及 i，所以 i 就被优化得一干二净。不仅如此，也没有 j=i*2 的计算。编译器实际上通过归纳发现，每次迭代后 j 增加 2，于是代码就发送这样的指令来完成操作，而不再通过 i 计算 j 的值。最后一点请注意，编译器并没有使用 vector 数组的下标，而是每迭代一次，就将指针在数组里推进一些——再次利用归纳法，生成了比未优化时更快、更短的代码序列。

　　和公共子表达式一样，我们可以手工在程序中应用归纳法优化，不过其效果几乎注定难以被人看懂且被理解。但是，假如我们的编译器优化程序无法对程序特定区域生成较好的机器代码，不手工优化还能怎样呢？

　　下面是前述示例的 Java 语言变形，以及 JBC 的汇编输出：

```
public class Welcome
{
```

```java
    public static void main( String[] args )
    {
        int[] vector = new int[32];
        int j;
        for (int i = 0; i<16; ++i)
        {
          j = i * 2;
          vector[j] = j;
          vector[j + 1] = j + 1;
        }
    }
}
// JBC 的汇编输出：
Compiled from "Welcome.java"
public class Welcome extends java.lang.Object{
public Welcome();
  Code:
  0:   aload_0

       ; //Method java/lang/Object."<init>":()V
  1:   invokespecial   #1
  4:   return

public static void main(java.lang.String[]);
  Code:
; 创建 vector 数组
  0:   bipush  16
  2:   newarray int
  4:   astore_1

; i = 0   -- for( int i=0;...;...)
  5:   iconst_0
  6:   istore_3

; 若 i >= 16, 退出循环  -- for(...;i<16;...)
  7:   iload_3
  8:   bipush  16
  10:  if_icmpge   35

; j = i * 2
  13:  iload_3
```

```
   14:  iconst_2
   15:  imul
   16:  istore_2

; vector[j] = j
   17:  aload_1
   18:  iload_2
   19:  iload_2
   20:  iastore

; vector[j+1] = j + 1
   21:  aload_1
   22:  iload_2
   23:  iconst_1
   24:  iadd
   25:  iload_2
   26:  iconst_1
   27:  iadd
   28:  iastore

; 循环的下一轮迭代 -- for(...;...; ++i )
   29:  iinc    3, 1
   32:  goto    7

; 这里退出程序
   35:  return
}
```

或许很容易看出，Java 一点都没有优化代码。如果你想得到更好的代码，需要进行手工优化：

```
for ( j = 0; j < 32; j = j + 2 )
{
    vector[j] = j;
    vector[j + 1] = j + 1;
}

  Code:
; 创建 vector 数组
   0:  bipush  16
```

```
 2:    newarray int
 4:    astore_1

; for( int j = 0;...;...)
 5:    iconst_0
 6:    istore_2

; if j >= 32, 退出循环 -- for(...;j<32;...)
 7:    iload_2
 8:    bipush  32
10:    if_icmpge    32

; vector[j] = j
13:    aload_1
14:    iload_2
15:    iload_2
16:    iastore

; vector[j + 1] = j + 1
17:    aload_1
18:    iload_2
19:    iconst_1
20:    iadd
21:    iload_2
22:    iconst_1
23:    iadd
24:    iastore

; j += 2  -- for(...;...; j += 2 )
25:    iload_2
26:    iconst_2
27:    iadd
28:    istore_2
29:    goto    7
32:    return
```

可以看出，如果我们热衷于生成优化的运行时代码，Java 并非最佳选择。或许 Java 的创作者认为要解释执行字节码，没有充足理由来优化编译器输出；或许他们认为优化是即时编译器的事。

12.2.7 循环不变体

我们前面展示的优化措施全都是一些技术，可供编译器对精心编写的代码进一步完善。相比之下，对循环不变体的处理则是编译器对付劣质代码的优化手段。循环不变体（loop invariant）就是不随循环中每次迭代而变化的表达式。下列 Visual Basic 代码给出了一个简单的循环不变体计算式：

```
i = 5;
for j = 1 to 10
   k = i*2
next j
```

k 的值在整个循环执行期间保持不变。不管将对 k 的计算移到循环体前面或后面，只要循环执行结束，k 值都是一样的。例如：

```
i = 5;
k = i*2
for j = 1 to 10
next j
rem k 在该处的值与上一个例子相同
```

要说这两个代码片段的区别，当然是"k=i*2"在后面示例中只计算了一次，而前一个示例的每轮迭代都要计算一次。

许多编译器优化程序能够找出循环中存在的不变体，然后采用代码移动（code motion）技术将不变体的计算移到循环外面。举一个这种操作的例子，我们来看下面的 C 程序以及相应的输出：

```
extern unsigned someFunc( void );
extern void preventOptimization( unsigned arg1, ... );

int main( void )
{
   unsigned i, j, k, m;

   k = someFunc();
   m = k;
   for( i=0; i<k; ++i )
   {
```

```
        j = k+2;        // 这里正是循环不变体
        m += j+i;
    }
    preventOptimization( m, j, k, i );
    return( 0 );
}
```

Visual C++编译器生成的 MASM 80x86 汇编输出如下：

```
_main PROC NEAR ; COMDAT
; File t.c
; Line 5
    push ecx
    push esi
; Line 8
    call _someFunc
; Line  10
    xor   ecx, ecx    ; i=0
    test  eax, eax    ; 检查 k 是否为 0
    mov   edx, eax    ; m = k
    jbe   SHORT $L108
    push edi


; Line 12
; 计算 j = k + 2, 但只计算一次, 因为此代码已从循环体内移出
    lea esi, DWORD PTR [eax+2]      ;j = k+2


; 下面是上述代码已经外提的循环体
$L99:
; Line 13
    ;m(edi) = j(esi) + i(ecx)
    lea edi, DWORD PTR [esi+ecx]
    add edx, edi


    ; ++i
    inc ecx
    ;当 i<k 时, 重复下列操作
    cmp ecx, eax
    jb SHORT $L99


    pop edi
```

```
; Line 15
;
; 以下是循环体之后的代码
  push ecx
  push eax
  push esi
  push edx
  call _preventOptimization
  add esp, 16     ; 00000010H
; Line 16
  xor eax, eax
  pop esi
; Line 17
  pop ecx
  ret 0
$L108:
; Line 10
  mov esi, DWORD PTR _j$[esp+8]
; Line 15
  push ecx
  push eax
  push esi
  push edx
  call _preventOptimization
  add esp, 16     ;00000010H
; Line 16
  xor eax, eax
  pop esi
; Line 17
  pop ecx
  ret 0
_main ENDP
```

　　阅读汇编代码中的注释就能看出，循环不变体表达式 j=k+2 移到了循环体外，先于循环执行，因此节省了每次迭代要花的时间。

　　如果可能的话，大部分优化措施都可以留给编译器完成；然而对循环不变体，却不能这样，倘若没有说得过去的理由，我们就该将循环不变体的计算移出循环。

对循环不变体的计算只会让看我们代码的人引发疑问，比如："难道这原本是想在循环中改变的吗？"循环不变体的存在将使代码晦涩难懂。因此，我们应当将这类代码移出循环。假如由于某种原因，我们想将不变体留在循环中，就务必在注释中说明原因，以供日后看代码的人明白我们的用意。

12.2.8　优化器与程序员

按照高级语言程序员对编译器优化的理解，可以将这些程序员分为三类：

- 第一类高级语言程序员不知道编译器优化的工作原理。他们编程时从不考虑其代码组织会对优化器有什么影响。
- 第二类程序员了解编译器的优化原理，写的代码也比较容易让人看懂。他们相信优化器能够在条件合适时处理诸如将乘除法转换为移位操作、常量表达式预处理之类的问题。这类程序员对编译器正确优化其程序的能力有充足的信心。
- 第三类程序员同样清楚编译器有哪些类型的优化办法，但他们不信任编译器为其实现这些优化的效果，所以自己动手在代码中实现优化。

有趣的是，编译器的优化程序其实是为第一类程序员设计的。这类程序员对编译器的工作原理一窍不通。因此，优秀的编译器对这三类程序员生成的代码品质通常几乎一样——至少对算术表达式是这样的。特别在跨编译器编译同一个程序时，更是如此。然而，务必要知道这种说法只是对有不错优化能力的编译器而言的。如果需要在许多编译器上编译代码，又无法确保所有编译器带的优化程序都不错，要想取得同样好的性能，手工优化不失为一个办法。

当然，真正的问题如下："哪个编译器算是好的，哪个算是差的呢？"要是本书能提供一个表格或示意图，指出我们可能遇到的所有编译器之优化能力，那该多好！遗憾的是，这样的排名会随着编译器厂商改进其产品而不断变化，所以本书提供的这些东西将会迅速过时[1]。幸运的是，有些网站能够提供实时更新的各种编译器比较信息。

1　确实，为了编写这本《编程卓越之道（卷2）：运用底层语言思想编写高级语言代码》的第2版，
　　我只好更新了许多前一版中编译器的汇编语言输出清单。

12.3　算术表达式的副作用

谈到表达式可能出现的"副作用"（side effect），我们肯定想明确给编译器一些指导。假如我们不了解编译器处理算术表达式中副作用的方法，所写代码未必会得到正确的结果，尤其在我们往不同编译器迁移源代码时更是如此。要让代码尽量又快又小的想法确实好，但倘若结果不正确，所有的优化措施则都如同空中楼阁。

"副作用"（side effect）指的是一块代码不仅取得眼前的效果，还会额外修改程序的全局状态。算术表达式的主要目标是生成表达式的值，此外，对系统状态的任何改动都算副作用。C、C++、C#、Java 和 Swift 等基于 C 的语言特别能纵容算术表达式带有副作用。例如，我们来看下面的 C 代码：

```
i = i + *pi++ + (j = 2) * --k
```

这个表达式共有 4 种副作用：

- 在表达式末尾对 k 减 1。
- 在使用 j 前先对其赋值。
- 解析指针 pi 后对 pi 加 1。
- 对 i 的赋值 [1]。

未基于 C 的语言很少在算术表达式中提供这么多的方式来产生副作用，但编程语言大都允许通过函数调用，在表达式中制造副作用。倘若我们需要函数返回不止一个值，而所用的编程语言又不支持这样做时，函数中的副作用会很实用。我们来看下面的 Pascal 代码片段：

```
var
    k:integer;
    m:integer;
    n:integer;

function hasSideEffect( i:integer; var j:integer ):integer;
```

---

[1]　一般来说，倘若在该表达式末尾加上分号，从而转变成单独的语句，那么我们可以将对 i 的赋值操作看成此语句的意图，而不算副作用。

```
begin
  k := k + 1;
  hasSideEffect := i + j;
  j = i;
end;
  ...
  m := hasSideEffect( 5, n );
```

本例对函数 hasSideEffect() 的调用存在两个副作用：

- 对全局变量 k 进行了修改。
- 修改了传递引用的形参 j，也即修改了实参 n。

该函数的真正用途是计算出结果后返回之，其他对全局变量或地址传递形参的修改都算是函数的副作用；因此，将这种函数放入算术表达式，就会招致副作用。显而易见，任何语言——只要允许函数改动全局变量值，无论直接修改还是通过参数——都能在表达式中产生副作用；不光 Pascal 程序会这样。

表达式副作用的问题在于，多数语言都不保证表达式内各组件的计算顺序。很多天真的程序员自以为写出如下的表达式时：

```
i := f(x) + g(x);
```

编译器生成的代码会先调用函数 f()，然后才调用函数 g()。然而，鲜有语言要求按照这样的顺序执行。也就是说，有的编译器确实先调用 f() 后调用 g()，再将其返回结果相加。可是也有一些编译器先调用 g() 再调用 f()，之后将两个函数的返回结果相加。即编译器会将该表达式转换成下列的简化代码序列之一，而后才实际生成本机机器码：

```
{ 对"i := f(x) + g(x);" 的转换方案 1 }
  temp1 := f(x);
  temp2 := g(x);
  i := temp1 + temp2;

{ 对"i := f(x) + g(x);" 的转换方案 2 }
  temp1 := g(x);
  temp2 := f(x);
```

```
i := temp2 + temp1;
```

倘若 f()或 g()存在副作用，这两个函数调用序列的结果可以迥然不同。例如，假设函数 f()修改了传递给它的参数 x 值，那么两者就会各有各的结果。

请注意，关于表达式内组件求值的先后顺序，诸如运算优先级、结合律和互换律都不能对编译器施加影响。

例如，我们来看下列算术表达式及其若干中间形式：

```
j := f(x) - g(x) * h(x);

{ 对该表达式的转换方案 1 }
  temp1 := f(x);
  temp2 := g(x);
  temp3 := h(x);
  temp4 := temp2 * temp3
  j := temp1 - temp4;

{ 对该表达式的转换方案 2 }
  temp2 := g(x);
  temp3 := h(x);
  temp1 := f(x);
  temp4 := temp2 * temp3
  j := temp1 - temp4;

{ 对该表达式的转换方案 3 }
  temp3 := h(x);
  temp1 := f(x);
  temp2 := g(x);
  temp4 := temp2 * temp3
  j := temp1 - temp4;
```

还有其他一些可能的组合。

编程语言规范大都明确指出，对求值顺序不作要求。这似乎有些古怪，但理由是充分的——编译器若能重新安排表达式内子表达式的顺序，就会生成更好的机器码。如果语言设计者试图强加求值顺序，就会妨碍编译器设计的优化范围。

当然，多数语言还是有一些规则的。也许最常见的规矩就是，表达式内的所有副作用都执行完，才可完成所在语句的执行。举个例子，倘若函数 f() 修改了全局变量 x，则其后的语句都会显示 f() 修改了的 x 值：

```
i := f(x);
writeln( "x=", x );
```

另一个确凿无疑的规则就是，在赋值语句内等号左边变量的赋值永远不会先于等号右边对该变量的使用。换句话说，下列代码只有在表达式中用了变量 n 以前的值后，才会将表达式的结果写入 n:

```
n := f(x) + g(x) - n;
```

由于编程语言大都不规定表达式内副作用的产生顺序，下列 Pascal 代码的结果通常是不确定的：

```
function incN:integer;
begin
  incN := n;
  n := n + 1;
end;
...
  n := 2;
  writeln( incN + n*2 );
```

编译器可以自由选择先调用函数 incN()，从而 n 在执行子表达式 n*2 时会是 3；或者先计算 n*2，再调用 incN()。因此，这一语句编译后可能得到输出为 8，也可能输出为 6。不管怎样，在执行 writeln 语句后 n 都是 3，但 writeln 语句内的表达式计算顺序则无一定之规。

切勿以为运行一些表达式，即可确定运算顺序。这样的试验充其量就是告诉我们特定编译器所用的顺序，其他编译器完全可能采用不同的顺序。事实上，即便同一个编译器，也会根据所在的语境来计算子表达式。这意味着编译器在程序某处可能按某个顺序计算结果，而在此程序的另一个地方则采取别的顺序。因此，"找出"所用编译器的顺序，而后依赖此顺序的做法是靠不住的。就算编译器对副作用的计算顺序始终如一，编译器厂商也可能在随后的版本中修改。倘若必须依靠求值顺序，就应将运算拆分为一些简单语句的序列，从而能对其计算顺序有所控制。例如，假定我们确实需要程序在下列语句中先调用 f()，后调用 g()：

```
i := f(x) + g(x);
```

则应当这样编写代码：

```
temp1 := f(x);
temp2 := g(x);
i := temp1 + temp2;
```

如果必须控制表达式内的求值顺序，一定要格外小心，确保所有的副作用都是在适当时刻完成的。要想知道怎样做到这一点，我们得了解"序列点"的概念。

12.4 包含副作用：序列点

正如前面所言，编程语言大都确保在程序执行到某些位置前完成副作用。这些位置被称作序列点（sequence point）。比如，几乎所有语言都能够保证，在包含了表达式的语句执行完之前，要结束所有的副作用。语句结尾就是序列点的一个例子。

除了语句结尾的分号，C 语言在表达式中还提供了若干重要的序列点。C 语言定义在下列运算符间有序列点：

expression1, expression2	表达式中的逗号运算符
expression1 && expression2	逻辑"与"运算符
expression1 || expression2	逻辑"或"运算符
expression1 ? expression2 : expression3	条件表达式运算符

在上述例子中，C 语言 [1]保证，计算*expression2* 或*expression3* 之前定会完成*expression1* 所有的副作用。注意对于条件表达式，C 语言只会计算*expression2* 或*expression3*，所以给定的条件表达式执行时只可能出现其中一个子表达式的副作用。类似地，短路求值只会引起"与""或"里的*expression1* 运算。所以，要慎重使用后 3 种形式。

---

1 现代 C++编译器提供的序列点通常与 C 语言一致，尽管原 C++标准并未定义序列点。

为了理解副作用以及序列点如何影响程序的操作，我们来看下列 C 语言示例：

```
int array[6] = {0, 0, 0, 0, 0, 0};
int i;
  ...
i = 0;
array[i] = i++;
```

注意，C 语言并未定义跨赋值运算符的序列点。因此，C 语言并不保证表达式 i 用作数组下标时的值会怎样。编译器可选择在寻址数组的某下标元素之前或之后使用 i 的值。运算符 "++" 是后加操作，只是表示 i++ 返回 i 值后才会加 1，但并不保证编译器会在表达式的其他地方也使用 i 增量前的值。于是，该例中最后那条语句在语义上等价于下列语句之一：

```
array[0] = i++;  或  array[1] = i++;
```

C 语言规范允许使用这两种形式中的任意一种形式，并未仅仅因为表达式中的数组下标位于后增量运算符之前，就要求用前一种形式。

在本例中要想控制对 array 的赋值，只有确保表达式中的每部分都不依赖于其他部分的副作用。也就是说，我们不能既在表达式某处使用 i 值，又在其他地方对 i 使用后增量运算符，除非两者之间有序列点。由于这里的语句对 i 的两次使用之间并不存在序列点，因此 C 语言标准并没有规定结果该是什么。

为了确保在适当位置产生副作用，两个子表达式间必须有序列点。举一个例子，倘若想在 i 加 1 之前将其作为数组下标，可以这么改写代码：

```
array [i] = i;     //分号标志着一个序列点
++i;
```

如果想在 i 加 1 之后将其作为数组下标，则可用下列代码：

```
++i; //分号标志着一个序列点
array[ i ] = i-1;
```

顺便指出，好样的编译器是不会对 i 加 1 后再计算 i-1 的。设计合理的编译器会识别出这里的对称性，在 i 增量前就取其值来用作 array 的数组下标。对于熟悉典型编译器优化措施的人们来说，可以利用这种行为写出更可读的代码。那些对编译器及其优化能力抱有成见的程序员大概会将上述代码写成：

```
j=i++;     //分号标志着一个序列点
array[ i ] = j;
```

我们要指出一个重要特性：序列点并不指定计算的时机。序列点告诉我们，在跨越序列点前要完成所有相关的副作用。副作用的计算在前一个序列点与当前序列点之间，可能早于代码很长时间就执行了。另一个要记住的关键事实是，如果两个序列点之间的某个计算没有副作用，序列点并不强迫编译器在这两点之间完成该计算。例如，倘若编译器只能在两序列点之间使用公共子表达式的结果，公共子表达式消除的优化意义就不太大了。只要子表达式没有副作用，编译器就能根据需要，自由决定计算该子表达式的早晚时刻。

由于分号之类的语句末尾在多数语言中都是序列点，控制计算副作用的一个办法就是手工将复杂表达式拆分为三地址之类的语句序列。比如，我们不要指望 Pascal 编译器依其自身规则将前面的示例转换成三地址代码，而应以我们想表达的语义来明确写出该代码：

```
{ Pascal 中结果不定的语句 }
  i := f(x) + g(x);

{ 语义精确定义的语句 }
  temp1 := f(x);
  temp2 := g(x);
  i := temp1 + temp2;

{ 另一种语义精确定义的语句 }
  temp1 := g(x);
  temp2 := f(x);
  i := temp2 + temp1;
```

再次指出，运算符优先关系和结合律并不能控制表达式内的运算何时发生。虽然加法满足结合律，编译器仍可以在计算加法运算符右边的值后，才计算左边操作数的值。优先关系、结合律控制的是编译器如何组织计算来生成结果，它们不管程序何时计算表达式内的子组件。只要最终计算能生成人们基于优先级和结合律期望的结果，编译器可自由决定各子组件的计算顺序及计算时刻。

迄今为止，本节给人的印象是一旦遇到语句末尾的分号，编译器就总会计算赋值语句的值，完成赋值及其他副作用的运算。严格来说，这并不准确。很多编译器其实是这么做的：确保在某序列点与副作用将要修改的数据的下次引用之间，发生所有这些副作用。例如，我们来看下面两条语句：

```
j = i++;
k = m*n + 2;
```

虽然上段的第一条语句存在副作用，有的编译器在结束第一条语句的执行前，也许会先计算出第二条语句的值或其部分值。这是因为，许多编译器会重新安排各种机器指令，以免产生数据冲突及其他可能导致性能低效的执行依赖性——可参看《编程卓越之道（卷 1）》了解其细节。两条语句之间的分号并不能保证 CPU 在执行下一条语句前，一定要完成上一条语句的执行；只是保证在执行对副作用有依赖关系的代码前，先计算这些副作用而已。既然第二条语句不会依赖 j 或 i 的值，编译器就可在第一条语句尚未结束的任何时候开始第二条赋值语句的计算。

序列点充当路障的角色。序列点必须比其后受副作用影响的代码先完成。编译器尚未执行完上一个序列点前的代码时，是不能计算某副作用之值的。我们来看下列两个代码片段：

```
// 代码段 1
  i = j + k;
  m = ++k;

// 代码段 2
  i = j + k;
  m = ++n;
```

在第一个例子中，编译器绝不会重组代码，免得在使用前一条语句的 k 前就出现++k 的副作用。第一条语句末尾的序列点会确保该语句采用 k 的值后，才生成后续语句的副作用。然而对于第二个代码片段，++n 的副作用不会对 i = j + k 语句有任何影响，故而编译器可以自由地将++n 操作移到计算 i 值代码的前后任何地方，只要这样做更方便、更高效。

12.5 避免让副作用造成麻烦

由于在代码中通常很难看清副作用的影响，因此应尽量防范程序受到副作用的困扰。当然，最好的办法是一并消除程序中的副作用。可惜这么做是不现实的。许多算法都要靠副作用才能正确操作——函数通过地址传递形参、通过全局变量来返回多个结果，就是很好的例子。然而只要遵循若干简单的法则，就能减少很多副作用造成的无意后果。这里是一些建议：

- 程序流控制语句如 if、while、do..until 等等的布尔表达式中不要设有副作用。
- 倘若赋值运算符右边存在副作用，设法将此副作用独立成一条语句，视赋值语句要使用副作用发生前还是发生后的值，将该语句放于赋值语句之前或之后。
- 不要在同一条语句中有多个赋值操作，请将其拆分为各自的语句。
- 不要在一个表达式中调用多个可能有副作用的函数。
- 所写的函数应避免修改全局数据而引发副作用。
- 全面彻底地标注副作用。对于函数，应当在函数说明中指出其副作用，并在所有调用该函数的地方标明其副作用。

12.6 强制按特定顺序计算

前面已经提到，运算符优先级和结合律管不了编译器何时计算子表达式。举例来说，倘若 X、Y 和 Z 都是子表达式——它们可以简单到只是一个常量，抑或是引用复杂表达式的变量，则 X/Y*Z 的表达式形式并不能说明编译器对 X 的计算一定先于 Y 和 Z。事实上，编译器可自由决定先计算 Z，然后是 Y，最终是 X。所有运算符优先级和结合律只是要求：编译器必须算出 X、Y 的值（可以为任意顺序）后，才计算 X/Y；并且必须在算出 X/Y 的值后再计算(X/Y)*Z。当然，编译器可以通过适当的代数算法来自行转换表达式，但编译器这么做时通常很谨慎，因为算术精度有限时，所有标准代数转换并非都适用。

尽管编译器能够以任意顺序计算子表达式——这也正是副作用含混不清的原因所在，但编译器通常避免重组计算的实际顺序。例如，从数学意义上看，按照代数的标准法则，下列两个表达式是等价的，我们可将其与有限精度的计算机算术进行对比：

```
X / Y * Z
Z * X / Y
```

标准数学中的确存在这种等价性，因为乘法运算满足交换律。也就是说，$A \times B$ 等于 $B \times A$。事实上，只要这两个表达式按下列顺序计算，其产生的结果应相同：

```
(X / Y) * Z
Z * (X / Y)
```

这里的括号并非为了展示优先级，而是用来将 CPU 必须完成的某操作归组为一个单元。即这些语句等效于：

```
A = X / Y;
B = Z
C = A * B
D = B * A
```

在多数代数系统中，C、D 的值本应一样。为了理解前面两个例子为何在计算机算术中不等效，我们来看 X、Y、Z 都是整数数据的例子，它们的值分别为 5、2 和 3：

```
X / Y * Z
= 5 / 2 * 3
= 2 * 3
= 6

Z * X / Y
= 3 * 5 / 2
= 15 / 2
= 7
```

正因为如此，编译器会很谨慎地重组表达式的代数计算顺序。程序员大都知道 X*(Y/Z)与(X*Y)/Z 不是一码事。多数编译器也明白这一点。理论上，编译器应当将 X*Y/Z 形式的表达式当作(X*Y)/Z 来转换，毕竟乘法和除法的运算优先级相同，所以就由结合律决定好了。然而，高明的程序员从来不指望结合律来实现这一点。尽管编译器大都能够准确地将此表达式转换成期望的形式，但下一个工程师可能并不知道表达式在做什么。因此，还是应当显式地加入括号，以便明了要做的计算。再做得到位些，可将整数截尾操作看成副作用，把该表达式拆分为各自计算的形式，即采用类似三地址的表达式，从而确保求值按照适当的顺序进行。

整型算术显然遵循独特的规则，这并不适用于实数的代数算术。然而切勿以为浮点算术会脱此干系。当我们进行精度有限的算术运算时，一旦涉及四舍五入、截尾、上溢或下溢，标准的实数算术转换就可能不合法。因为浮点算术同样精度有限，也存在四舍五入、截尾、上溢或下溢，在浮点表达式中引入任何实数算术转换，都可能导致计算误差。因此，优秀的编译器不会在实数表达式中进行这些类型的转换。不幸的是，有些编译器将实数算术的规则用到浮点运算中。多数时候只要结果在浮点数表示的限度之内，还算正确；但在特殊情况下，把实数算术和浮点算术混为一谈会导致糟糕的后果。

一般来说，倘若我们必须控制求值顺序，以及控制程序计算表达式内组件的时机，就只能选择汇编语言。以汇编代码实现表达式，指令乱序执行的问题就会烟消云散，还可以指定软件计算表达式中各组件的具体时刻。对于非常精准的计算，如果计算顺序会影响要得到的结果，汇编语言可谓最安全的手段。尽管能看懂和理解汇编代码的高级语言程序员少之又少，但毫无疑问在汇编语言中，我们可以确切地指定算术表达式的语义——所见即所得，汇编器没有任何"掺假"的成分。而这对大部分高级语言系统是不成立的。

12.7　短路求值

某些算术和逻辑运算符有这么一种特性，倘若表达式的一个组件为某个值，尽管表达式还有其他成分，但整个表达式的值已经能确定下来了。典型的例子就是乘法运算符。如果有一个表达式 A*B，只要知道 A 或 B 为 0，就无须再计算另一个组件的值，因为结果必然是 0。假如计算子表达式的开销远远超过比较操作，那么程序先检查第一个组件，判断还有无必要计算下一个组件，就能节省些许时间。这种优化即所谓的**短路求值**（short-circuit evaluation），因为程序跳过了对表达式内其他部分的计算，这与电子学术语"短路"可谓殊途同归。

尽管短路求值可用于个别算术运算符，但检查短路求值要花费的开销通常比完成全部计算还大。比如，尽管乘法能通过短路求值方式省去与 0 的乘法操作，然而在实际程序中极少出现与 0 相乘的情形，所以大部分情况下与 0 的比较将得不偿失。因此，我们很少会遇到哪个语言系统支持对算术运算的短路求值。

12.7.1　短路求值与布尔表达式

有一种类型的表达式适合短路求值，那就是布尔/逻辑表达式。布尔表达式适用短路求值有 3 个原因：

- 布尔表达式只会得到两个结果——true 或 false，因此通过短路求得值的概率很大。如若随机分布，即有 50%的概率。
- 布尔表达式往往比较复杂。
- 布尔表达式在程序中频繁出现。

于是乎，我们会发现许多编译器在处理布尔表达式时都会运用短路求值。

现在来看两条 C 语言语句：

```
A = B && C;
D = E || F;
```

注意，倘若 B 为 false，则不管 C 值如何，A 都为 false。类似地，假如 E 为 true，则不管 F 如何，D 都为 true。因此我们可以按下列方式计算 A 和 D 的值：

```
A = B;
if( A )
{
    A = C;
}
```

```
D = E;
if( !D )
{
    D = F;
}
```

这看起来像是额外做了一大堆工作。当然了，打字量确实增加了不少。然而如果 C、F 表示的是复杂布尔表达式，那么 B 经常是 false，而 E 经常为 true 时，代码运算将会快得多。不言而喻，如果编译器充分支持短路求值，无须我们键入这些代码，编译器就会为我们代劳。

顺便说一下，短路布尔求值的反义词叫全面布尔求值（complete Boolean evaluation）。采用全面布尔求值时，编译器生成的代码总是计算布尔表达式中每个组件的值。C、C++、C#、Swift 和 Java 等语言指定采用短路求值；Ada 之类的少数语言则由程序员指定使用短路求值还是全面布尔求值。多数语言如 Pascal 并不规定表达式应使用短路求值还是全面布尔求值，而是留给语言实现看着办。事实上，同样一个编译器，可能对某表达式采用全面布尔求值，而对同一程序另一个地方的同样表达式使用短路求值。除非所用的语言严格定义了布尔求值的类型，否则，我们只能检查自己编译器的文档来确定它是如何处理布尔表达式的。当然，如果代码日后有可能在别的编译器上编译，应当避免采用特定于某个编译器的机制。

我们再来看看前面对布尔表达式的展开。容易看出，假如 A 为 false、D 为 true，程序不必计算 C 和 F 的值。因此，逻辑"与"（&&）或者"或"（||）运算符可以被看作门，其能够阻止对表达式右边部分的执行。这个事实很关键，实际上许多算法都依靠这种特性来正确操作。现在来看下面一个很常见的 C 语言语句：

```
if( ptr != NULL && *ptr != '\0' )
{
    <处理字符串里指针 ptr 所指向的当前字符>
}
```

如果使用全面布尔求值，这个例子就失效了。我们来看变量 ptr 为 NULL 的情形。使用短路求值时，程序不会计算子表达式"*ptr != '\0'"，因为程序已经看出结果总为 false。于是控制流马上就到了 if 语句的结尾"}"处。然而，如果编译器采用全面布尔求值时，会怎样呢？在确定 ptr 为 NULL 后，程序仍然试图解析 ptr。很不幸，这种尝试将导致运行时期错误。因此，即便程序为确保通过指针的访问合法而老老实实地检查，全面布尔求值也会导致这个程序运行失败。

全面布尔求值和短路求值还有一个语义区别，这与副作用有关。在特定情况下，由于短路求值而未执行某个子表达式，该子表达式的副作用于是不会发挥出来。这种做法有用得很，但也非常危险。对于某些完全依赖短路求值的算法，这么做可谓得心应手。之所以危险，是由于即便表达式已在某处算出为 false，有些算法仍希望所有的副作用发生。作为示例，我们来看下面怪异但合法的 C 语句，它是将"光标"指针移动到字符串的下个 8 字节边界还是字符串结尾——取决于哪个位置在前：

```
*++ptr && *++ptr && *++ptr && *++ptr && *++ptr && *++ptr && *++ptr && *++ptr;
```

该语句对指针加 1，然后从内存中 ptr 所指的地址单元取 1 字节。如果得到的数据为 0，说明到达字符串结尾，就立即结束对该表达式/语句的执行，因为整个表达式的值已经在该处算出为 false；倘若取得的字符不是 0，上述过程将继续下去最多 7 次。在序列结尾处，ptr 要么指向字节 0，要么指向距原位置 8 字节的地方。这里所用的花招涉及短路求值，即表达式到达字符串结尾时会立即结束计算，而不是"无脑式"地一路执行到表达式末端。

当然，也有一些补充示例能够展示在全面布尔求值过程中，布尔表达式的副作用发生时有哪些期望的行为。关键要注意的是无法说明这些方案孰是孰非。在不同场合，给定算法也许要求使用短路求值或者全面布尔求值，才能得到正确结果。假如我们所用的语言没有明确指定采用何种形式，或者我们希望换用另一种形式——例如在 C 中，采用全面布尔求值——就应自己动手按某种形式写出代码，从而强迫编译器采纳我们希望的方案来求值。

12.7.2　强制短路布尔求值或全面布尔求值

在使用（或允许使用）短路布尔求值的语言里，强制实现全面布尔求值相对容易。只需将表达式拆分为独立的语句，将每个子表达式的结果放入变量中，然后使用"与""或"运算符对这些临时变量操作即可。例如，我们来看下列转换：

```
// 复杂表达式
```

```
if( (a < f(x)) && (b != g(y)) || predicate( a+b ))
{
    < 如果上述表达式为 true，应执行的语句 >
}

// 将上述代码转换成全面布尔求值的形式
temp1 = a < f(x);
temp2 = b != g(y);
temp3 = predicate( a+b );
if( temp1 && temp2 || temp3 )
{
    < 如果此表达式为 true，应执行的语句 >
}
```

出现在 if 语句中的布尔表达式仍然使用短路求值。然而，由于这段代码是在 if 语句前已对各子表达式求值的，因此能够确保函数 f()、g() 和 predicate() 发挥出其副作用。

反过来会怎样？换句话说，如果所用语言只支持全面布尔求值，或者并未指定求值类型，我们想实现短路求值，咋办？这比起强制为全面布尔求值要麻烦一些，但也不难做到。

我们来看下列Pascal代码[1]：

```
if( ((a < f(x)) and (b <> g(y))) or predicate( a+b )) then begin
    < 如果上述表达式为 true，应执行的语句 >
end; (*if*)
```

要强制为短路求值，我们需要检查第一个子表达式的值，仅当其为 true 时才计算第二个子表达式，并对这两个表达式进行"与"运算。可以这么做：

```
boolResult := a < f(x);
if( boolResult ) then
    boolResult := b <> g(y);

if( not boolResult ) then
    boolResult := predicate( a+b );
```

1　Pascal 的标准定义没有说明编译器究竟该用全面布尔求值还是短路布尔求值，然而 Pascal 编译器大都采用全面布尔求值。

```
if( boolResult ) then begin
  < 如果该 if 表达式为 true，应执行的语句 >
end; (*if*)
```

这段代码使用 if 语句，根据保存于变量 boolResult 中的布尔表达式当前状态，强制或阻挡对函数 g() 和 predicate() 的计算，以此模仿出短路求值。

将表达式转换成强制短路求值或全面布尔求值的形式，看起来均比原来的形式多出了不少代码。倘若我们关心这种转换的效率，别紧张。编译器在内部会将这些布尔表达式转换成三地址代码，就像我们手工转换的代码一样。

12.7.3　短路求值和全面布尔求值的效率对比

从前面的讨论中，切勿推断出全面布尔求值和短路求值的效率一样。如果处理的是复杂布尔表达式，或者某些子表达式的开销太大，短路求值通常要比全面布尔求值快得多。至于哪种形式的目标码较少，它们则不相上下，具体差别完全要看欲计算的表达式如何。

为了理解全面布尔求值和短路求值的效率问题，我们来看一些前面示例对应的汇编代码。下列HLA代码将给出对同一个表达式求值的两种形式 [1]：

```
// 复杂表达式：
// if( (a < f(x)) && (b != g(y)) || predicate( a+b ))
// {
//    < 如果该 if 表达式为 true，应执行的语句 >
// }
//
// 转换为全面布尔求值的形式：
//
// temp1 = a < f(x);
// temp2 = b != g(y);
// temp3 = predicate( a+b );
// if( temp1 && temp2 || temp3 )
// {
```

---

[1] HLA 当然支持对 if 语句内的表达式短路求值。我们这里不用此特性，因为本练习完全是为了隐藏 if 语句的高层抽象性而设的。

```
//    < 如果表达式为 true，应执行的语句 >
// }
//
//
// 转换为 80x86 汇编代码，假定所有变量和返回值均为无符号 32 位整型值
   f(x);              // 假设函数 f() 将结果返回到 EAX
   cmp( a, eax );     // 将 f(x)的返回结果与 a 进行比较
   setb( bl );        // bl = a < f(x)
   g(y);              // 假设函数 g() 将结果返回到 EAX
   cmp( b, eax );     // 将 g(y)的返回结果与 b 进行比较
   setne( bh );       // bh = b != g(y)
   mov( a, eax );     // 计算 a+b 后，将结果传递给函数 predicate()
   add( b, eax );
   predicate( eax );     // al 存放着函数 predicate()的结果(0/1)
   and( bh, bl );     // bl = temp1 && temp2
   or( bl, al );      // al = (temp1 && temp2) || temp3
   jz skipStmts;      // a1 为 false 时是 0，为 true 时是非 0

      < 如果条件为 true，应执行的语句 >

skipStmts:
```

　　下面是对同一表达式采用短路求值的代码：

```
// if( (a < f(x)) && (b != g(y)) || predicate( a+b ))
// {
//     < 如果 if 表达式为 true，应执行的语句 >
// }

   f(x);
   cmp( a, eax );
   jnb TryOR;              // 如果 a 不小于 f(x)，就执行"或"运算的另一部分，即跳到 TryOR 处
   g(y);
   cmp( b, eax );
   jne DoStmts             // 如果 b 不等于 g(y)且 a<f(x)，就执行主体语句，即跳到 DoStmts 处

TryOR:
   mov( a, eax );
   add( b, eax );
   predicate( eax );
   test( eax, eax );     // EAX 为 0 吗？
```

```
        jz SkipStmts;

DoStmts:
    < 如果条件为 true，应执行的语句 >

SkipStmts:
```

只要数一数各自语句的条数，就不难看出采用短路求值的方案稍少一点，有 11 条指令，而全面布尔求值为 12 条指令。然而，短路求值的速度可能快得多，因为代码有一半概率可以只计算三个表达式中的两个。只有在算出第一个子表达式(a<f(x))为 true，且第二个子表达式(b!=g(y))为 false 时，才需要计算三个子表达式。如果这些布尔表达式产生各种结果的概率相等，那么这段代码需要检查三个子表达式的情况只占总次数的 25%，其余情况都只需要检查两个子表达式：50%的次数要检查 a<f(x)和 predicate(a+b)，25%的次数检查 a<f(x)和 b!=g(y)。即，只有剩下 25% 的次数需要检查所有三项条件。

对于这两段汇编语言序列，还请注意一个有趣之处，那就是全面布尔求值倾向于在实际变量中保存表达式的 true 或 false 状态，而短路求值只在程序的当前位置保存表达式的当前状态。我们再看一下短路求值的例子。注意，除代码所在的位置外，每个子表达式的结果并未保留于别的什么地方。举例来说，倘若此代码执行到标号 TryOR 处，我们就知道涉及逻辑"与"的子表达式值为 false；类似地，假如程序执行了对 g(y)的调用，就会清楚示例中的首个子表达式(a<f(x))已算出是 true。如果我们到了标号 DoStmts，就会获悉此表达式的整体结果为 true。

如果在示例中，函数 f()、g()和 predicate()执行所需要的时间大体一致，那么稍加改动，就能显著提高代码的性能。现在来看对前例修改后的代码：

```
// if( predicate( a+b ) || (a < f(x)) && (b != g(y)))
// {
//    < 如果 if 表达式为 true，应执行的语句 >
// }

    mov( a, eax );
    add( b, eax );
    predicate( eax );
    test( eax, eax );      // EAX 为 true（非零）吗?
```

```
jnz DoStmts;

f(x);
cmp( a, eax );
jnb SkipStmts;          // 如果 a>=f(x)，尝试后面的"否则"语句
g(y);
cmp( b, eax );
je SkipStmts;           // 如果 b!=g(y)，就跳到 DoStmts 处执行主体语句

DoStmts:
  < 如果条件为 true，应执行的语句 >
SkipStmts:
```

再次指出，假定每个子表达式的结果都是随机的，且均匀分布，即每个子表达式都有 50% 的概率为 true，则这段代码要比前一种方案平均快 50%。何以见得？将对 predicate() 的检查挪到代码段的开头位置后，代码只进行一项检查，就能决定是否需要执行主体语句。由于 predicate() 有一半机会返回 true，因此有一半次数只需检查一次，就能决定主体语句执行与否。而在前一个示例中，至少要进行两次检查，才能做出同样判断。

这里的两个假设——即布尔表达式产生 true、false 的概率相等、每个子表达式的计算开销相等——在实践中很少成立。然而，这意味着我们有更大而非更小的机会来优化代码。例如，假定调用函数 predicate() 的开销相对于另外两个子表达式大出许多，可以这么安排表达式：只在绝对必要时才调用 predicate()。相反，倘若 predicate() 的调用开销比起其他子表达式都小，就可以先调用它。函数 f() 和 g() 同样适用这种做法。由于逻辑"与"操作满足交换律，下列两个表达式不考虑副作用时，语义上是等效的：

```
a < f(x) && b != g(y)
b != g(y) && a < f(x)
```

当编译器使用短路求值时，倘若调用函数 f() 的开销比调用函数 g() 小，那么第一个表达式会比第二个表达式快。相反，如果调用函数 f() 的开销比调用函数 g() 大，第二个表达式会执行得较快。

影响短路求值性能的另一个因素就是，给定的布尔表达式在每次调用时很可能

返回相同的值。我们来看下列两个样板：

```
expr1 && expr2
expr3 || expr4
```

当使用逻辑"与"运算符时，应当将更可能返回 true 的表达式置于"与"（&&）运算符的右边。请记住，对于逻辑"与"运算来说，倘若第一个操作数为 false，采用短路求值的布尔系统就不会费事再计算第二个操作数。出于性能考虑，我们应当将最可能返回 false 的操作数放在表达式的左部，从而减少计算第二个操作数的概率。

而对逻辑"或"运算正好相反。在这种场合中，应当安排操作数，使 *expr3* 比 *expr4* 更有可能返回 true。这样组织操作数后，能够减少右部表达式的执行机会。

倘若表达式存在副作用，就不能随便改变布尔表达式的顺序，这是不言自明的。副作用的恰当计算可能依赖于子表达式的具体顺序。重组这些子表达式会导致本不该出现的副作用发生。故而我们在试图通过重组布尔表达式内的操作数来改善性能时，务必要清楚这一点。

12.8　算术运算的相对开销

大多数算法分析方法论都使用一种简化的假设，认为所有操作都花费同样多的时间 [1]。这种假设很少正确，因为有些算术运算比其他操作要慢两个数量级。例如，简单的整数加法运算比整数乘法运算快得多。类似地，整数运算通常也比浮点数运算快得多。出于算法分析考虑，忽略某运算比另一种运算快*n*倍的事实也许无关痛痒；但对于渴望卓越编程的人来说，知道哪种运算最高效是很关键的事，特别是能有多种运算可供选择时。

遗憾的是，我们无法造一个运算符表格，从中列出它们各自的相对速度。某算

1　其实为了在技术上准确起见，这些方法论假设不同算术运算的开销比率为定值，而忽略常数乘法的区别。

术运算符的性能因 CPU 而异。即便是同一家族的 CPU，同样一种算术运算也会在性能上有很大差异。举个例子，Pentium III 上的移位和环形移位操作比加法运算快；而在 Pentium IV 上，它们却比加法运算慢了不少，这些运算在 Intel 后面推出的 CPU 上又比加法运算快。所以，诸如 C/C++的<<、>>运算符相对于加法运算快慢不一，这具体取决于在哪种 CPU 上执行。

也就是说，我可以给出一些通用准则。比如，加法运算在大部分 CPU 上都是最有效率的算术和逻辑运算之一。难得有哪个 CPU 能支持比加法更快的算术或逻辑运算。因此，根据同加法之类运算的性能进行比较，我们可将不同操作归类。表 12-1 给出了各种运算的相对性能估计。

表 12-1　算术运算的相对性能估计

相对性能	操作
最快	整数加法、整数减法、整数取负值、逻辑"与"、逻辑"或"、逻辑"异或"、逻辑"非"、比较
	逻辑移位
	逻辑环形移位
	乘法
	除法
	浮点数比较、浮点数取负值
	浮点数加法、浮点数减法
	浮点数乘法
最慢	浮点数除法

表 12-1 的评估并非对所有 CPU 都准确，但它提供了初步的近似，我们可以此为起点，逐步获得关于某特定处理器的更多经验。在许多处理器上，我们会发现最快与最慢的操作在性能上差两三个数量级。特别是除法在多数处理器上往往很慢，浮点数除法更慢。乘法通常慢于加法，但差距的确切程度会因处理器不同而有很大不同。

当然，如果我们确实需要进行浮点数除法运算，那么换用另一种运算来改善应用程序性能的余地很小，尽管在某些情况下乘以倒数会快一点。然而请注意，许多整数算术运算都可以另辟蹊径实现。例如，左移位操作比起与 2 的乘法操作，开销要小一些。尽管编译器大都能自动为我们处理这样的"运算符转换"，但编译器不是万能的，并不总会找到计算结果的最佳方法。倘若我们自己手工实现"运算符转换"，就无须寄希望于编译器了。

12.9 获取更多信息

- Alfred V. Aho、Monica S. Lam、Ravi Sethi和Jeffrey D. Ullman编写的*Compilers: Principles, Techniques, and Tools*（第 2 版）[1]，由Pearson Education出版社于 1986 年出版。

- William Barret 与 John Couch 编写的 *Compiler Construction: Theory and Practice*，由 SRA 出版社于 1986 年出版。

- Christopher Fraser与David Hansen编写的*A Retargetable C Compiler: Design and Implementation*[2]，由Addison-Wesley Professional出版社于 1995 年出版。

- Jeff. Duntemann 编写的 *Assembly Language Step-by-Step*（第 3 版），由 Wiley 出版社于 2009 年出版。

- Randall Hyde编写的*The Art of Assembly Language*（第 2 版）[3]，由No Starch Press 于 2010 年出版。

- Kenneth C. Louden编写的*Compiler Construction: Principles and Practice*[4]，由 Cengage出版社于 1997 年出版。

---

1 引进版《编译原理（英文版·第 2 版）》，机械工业出版社于 2011 年出版。——译者注。

2 中文版《可变目标 C 编译器——设计与实现》，王挺等译，电子工业出版社出版。——译者注

3 中文版《汇编语言的编程艺术（第 2 版）》，包战、马跃译，清华大学出版社于 2011 年出版。——译者注

4 影印版《编译原理与实践》，机械工业出版社于 2002 年出版；中文版《编译原理及实践》，冯博琴等译，机械工业出版社于 2004 年出版。——译者注

- Thomas W. Parsons 编写的 *Introduction to Compiler Construction*，由 W. H. Freeman 出版社于 1992 年出版。
- Willus.com 网站 "Willus.com 在 2011 年度的 Win32/64 平台上 C 编译器评测指数" (*Willus.com's 2011 Win32/64 C Compiler Benchmarks*) 2012 年 4 月 8 日最后更新，参见网址链接 21。

13

控制结构与程序判定

控制结构正是高级语言编程的价值所在。根据已知条件决定控制流向，乃是用计算机实现自动化过程的基石。比起其他因素，高级语言控制结构到机器码的转换大概更能影响程序的性能和尺寸。了解在特定情况下采取何种控制结构正是我们卓越编程的关键。

特别地，本章会描述与判定相关的控制结构机器级实现，以及无条件流控，具体包括：

- `if` 语句
- `switch` 和 `case` 语句
- `goto` 及其相关语句

后面两章将把这里的讨论分别延伸到循环控制结构、过程/函数调用及返回。

13.1 控制结构如何影响程序效率

程序中有相当大一部分指令用来控制程序的执行路径。由于控制转移指令经常会冲垮指令流水线（参看《编程卓越之道（卷 1）》），因此往往比单纯进行计算的指令慢。所以为了生成高效的程序，我们应当减少控制转移指令的数目，实在无法减少的话，就选用最快的控制转移指令。

CPU 用以控制程序流的具体指令集因 CPU 而异，不过许多 CPU——包括本书涵盖的五大家族 CPU——都使用"先比较后跳转"的范型。也就是说，先执行一条会修改 CPU 标志位的比较指令或其他指令，然后由条件转移指令根据标志位的状态把控制转向别的程序位置。有的 CPU 用单条指令就可完成这些操作，有的 CPU 则需要两三条甚至更多指令才能搞定；有的 CPU 可依据大量不同条件来比较两个值，而有的 CPU 只能进行若干种检测。不管其机制如何，在某种 CPU 上映射为给定序列的高级语言语句，映射到另一种 CPU 上时也会得到差不多的序列。因此，只要理解一类CPU 上的基本转换过程，我们就能举一反三，对编译器跨 CPU 工作的原理有透彻认识。

13.2　底层控制结构入门

大多数 CPU 使用两步骤的过程来进行程序判定。第一步，程序比较两个值，将比较结果放入某个机器寄存器或标志位。接着程序执行第二条指令来检测比较结果，据此将控制转向两个程序位置中的哪个。高级语言主要的控制结构大都能通过这个先比较后条件分支的序列合成。

即便是"先比较后条件分支"范型，CPU 一般也有两种手段实现条件代码。一种技术在基于栈的架构中尤其常见，比如加州大学圣地亚哥分校（UCSD）的p-machine、Java 虚拟机、微软的通用语言运行时（CLR），由不同形式的比较指令来检测特定条件。例如，可能有 *"compare if equal" "compare if not equal" "compare if less than" "compare if greater than"* 等等指令。这些指令的检测结果是一个布尔值，之后为两条条件分支指令—— *"branch if true"* 和 *"branch if false"*，用以检验结果，视情况将控制转向程序的某个位置。有的虚拟机会把比较与分支指令合并为一组"比较与分支"指令，每个指令检测其中一个条件。除了指令数更少，其最终结果是一样的。

第二种方法一直很流行——CPU 的指令集只包含一条比较指令，这条指令能对 CPU 程序状态/标志寄存器的若干比特置位或清零。执行它以后，程序再使用专门一条条件分支指令，将控制转向程序的其他位置。这些条件分支指令的名字可能是诸如 *"jump if equal"* *"jump if not equal"* *"jump if less than"* *"jump if greater than"* 之类的指令。由于"先比较后跳转"是 80x86、ARM 和 PowerPC 都用的技术，因此，我们将把这种手段用到本章的示例中。有了这种模式，要想对复合的"比较/为 true 时跳转至……/为 false 时跳转至……"范型进行转换，不过是雕虫小技。

ARM 的 32 位变种引入了第三方技术：条件执行。32 位 ARM，不仅仅是分支指令，大多数指令均提供了这个选项。例如，如果有且只有前一次比较（或其他运算）的结果置了零标志位，addeq 指令会加两个值。请参看网上附录 C 里的"指令的条件后缀"（Conditional Suffixes for Instructions）章节。

条件分支的典型情况是两路分支。换句话说，如果所检测的条件为 true，就将控制转向程序的一个位置，而为 false 时转向程序的另一位置。为了减小指令的尺寸，CPU 上的条件分支指令大都只对其中一个分支的地址编码，相反情况则采用隐含地址。特别地，大部分条件分支在条件为 true 时将控制转走，为 false 时则转向下一条指令。例如，我们来看 80x86 的下列 je 指令序列，它意为"如果等于，就跳转"（jump if equal）：

```
// 将 EAX 的值与 EBX 的值比较
   cmp( eax, ebx );

// 倘若 EAX 等于 EBX, 就"分支"到标号 EAXequalsEBX 处
   je EAXequalsEBX;
   mov( 4, ebx );   // 如果 EAX 不等于 EBX, 就到这个位置
   ...

EAXequalsEBX:
```

该指令序列先是用 cmp 指令比较寄存器 EAX 和 EBX 的值，此操作会将 80x86 之 EFLAGS 寄存器的条件码标志位（condition-code bit）置位。确切地说，倘若 EAX 和 EBX 中的值相等，cmp 指令会将 80x86 的零标志位置 1。je 指令检测零标志位，看它是否置位，如果是，je 指令就将控制即刻转往标号为 EAXequalsEBX 的地方；假

如 EAX 不等于 EBX，cmp 指令会对零标志位清零，执行接下来的 mov 指令，而不会将控制转向其他位置。

在机器指令访问变量时，如果变量所在内存单元距其活动记录的基地址很近，那么访问该变量的指令可以较短，执行较快。这一规则对条件跳转指令同样适用。80x86 提供两种形式的条件跳转指令：一种指令只有 2 字节长——由 1 字节的操作码、1 字节的有符号偏移量组成，有符号偏移量的取值范围为-128 到 127；另一种指令长为 6 字节——2 字节的操作码、4 字节的有符号偏移量，其取值范围为 -2^{31} 到 $2^{31}-1$。偏移量值说明了程序能跳多远的字节数。倘若要将控制转向附近位置，程序只需使用短格式的分支指令。由于 80x86 指令长度在 1 到 15 字节之间，通常为 3~4 字节，所以条件跳转指令的短格式往往可以跳过 32 到 40 条机器指令。一旦目标位置出了 ±127 字节的范围，可用 6 字节长的条件跳转指令将范围扩展到当前指令的±20 亿字节。如果我们有意写出最高效的代码，就应尽量使用 2 字节的跳转指令格式。

分支在现代流水线式的 CPU 中是一种开销很大的操作，因为分支可能要求 CPU 对流水线作业推倒重来。请参看《编程卓越之道（卷 1）》，了解其细节。就条件分支指令而言，只有实际跳转到它处时才有这种开销。倘若条件分支指令仍沿下一条指令接着执行，CPU 会继续使用流水线内的指令，而不必将其冲掉。因此，在许多系统上，执行分支后面的指令比跳转分支要快得多。然而请注意，有的 CPU——例如，80x86、PowerPC 和 ARM——支持所谓分支预测（branch prediction）的特性，分支预测能够告诉 CPU 从分支的目标位置为流水线取指令，而不是从条件分支指令后取指令。可惜分支预测算法随处理器而千差万别，甚至 80x86 家族中的 CPU 也各不相同，所以一般很难事先知晓分支预测对高级语言源代码有何影响。除非在为某个特定处理器写代码，否则，最保险的假设大概就是，沿着原路执行下一条指令肯定比跳转更有效率。

尽管"先比较后条件分支"范型是机器码程序中最普通的控制结构，但其实还有一些办法可基于某个计算结果将控制转往他处。毫无疑问，间接跳转，特别是经由地址表的间接跳转是极其常见的替代形式。现在来看下列 32 位 80x86 的 jmp 指令示例：

```
readonly
    jmpTable: dword[4] := [&label1, &label2, &label3, &label4];
    ...
```

```
jmp( jmpTable[ ebx*4 ] );
```

jmp 指令从数组 jmpTable 中取出以 EBX 为下标的双字。也就是说，该指令根据 EBX 中的值 0~3 将控制转往 4 个不同的位置。举例来说，倘若 EBX 为 0，jmp 指令就去取数组 jmpTable 内下标为 0 的双字（指令地址预先放置于 label1）。同理，如果 EBX 为 2，jmp 指令就去取表中的第 3 个双字，即程序中的 label3 地址。这种方案和下列代码序列大致等效，但比其简练明了：

```
cmp( ebx, 0 );
je label1;
cmp( ebx, 1 );
je label2;
cmp( ebx, 2 );
je label3;
cmp( ebx, 3 );
je label4;
// 没有定义 EBX 不为 0、1、2 或 3 时的处理办法
```

在各式各样的 CPU 上还有其他几种条件转移机制，但上述两种机制——先比较后条件分支、间接跳转——是多数高级语言编译器都具备的机制，它们都可用来在高级语言中实现标准的控制结构。

13.3　goto 语句

goto 语句也许是最基本的底层控制结构了。在 20 世纪 60 年代晚期到 70 年代的"结构化编程"大潮中，goto 语句越来越少地出现在高级语言代码中。实际上，有的现代高级编程语言，如 Java、Swift，甚至不提供非结构化的 goto 语句，也即传统的 goto 语句。即便在未限定 goto 用法的语言中，编程风格指导原则也通常将 goto 语句约束于特定的场合。由于 20 世纪 70 年代中期以后，人们谆谆教诲学生在学习编程时要避免使用 goto 语句，因此在现代程序里很少会见到许多 goto 语句了。从可读性的角度来看，这当然是好事。不相信的话，你可以试着读读 20 世纪 60 年代的 FORTRAN 程序来感受一下个中滋味，其中充斥着 goto 语句。然而也有程序员觉得使用 goto 语句能让其代码更富效率。尽管某些时候确实如此，但最终获得的效率收

益与可读性相比，还是不划算的。

有人认为 goto 语句能提高效率，声称它有助于避免代码重复。我们来看下列 C/C++示例：

```
if( a == b || c < d )
{
   < 执行某些语句 >
   if( x == y )
   {
      < 如果 x=y，就执行某些语句 >
   }
   else
   {
      < 如果 x!=y，就执行某些语句 >
   }
}
else
{
   < 执行与前面 x!=y 时一样的那些语句 >
}
```

一贯精益求精的程序员马上就能看出，程序存在重复性代码。也许他会这么改写程序：

```
if( a == b || c < d )
{
   < 执行某些语句 >
   if( x != y ) goto DuplicatedCode;
   < 如果 x=y，就执行某些指令 >
}
else
{
DuplicatedCode:
   < 对 x!=y 或原布尔表达式为 false 的情况执行一样的指令 >
}
```

这段代码当然存在若干软件工程方面的问题，包括比原示例稍难看懂、稍难修改和稍难维护。然而你也许会争辩说，代码实际上便于维护，因为没有了重复代码，只改动例子的一个地方就足以修正代码缺陷。不错，那是因为本例的代码较少，倘若代码量非常大，还能这样吗？

许多现代编译器的优化程序都会搜寻类似前一示例中的代码序列，产生与这个示例相同的代码。因此，即便源文件中有重复性代码，就像前一个示例给出的那样，高明的编译器仍会避免生成重复的机器码。

再看下面的 C/C++示例：

```c
#include <stdio.h>

static int a;
static int b;

extern int x;
extern int y;
extern int f( int );
extern int g( int );

int main( void )
{
  if( a==f(x))
  {
    if( b==g(y))
    {
      a=0;
    }
    else
    {
      printf( "%d %d\n", a, b );
      a=1;
      b=0;
    }
  }
  else
  {
    printf( "%d %d\n", a, b );
    a=1;
    b=0;
  }
```

```
  return( 0 );
}
```

下面是 GCC 对该 if 序列编译得到的 PowerPC 代码：

```
; f(x):

lwz r3,0(r9)
bl L_f$stub

; 对表达式 a==f(x)求值。如果为 false，就跳至 L2
lwz r4,0(r30)
cmpw cr0,r4,r3
bne+ cr0,L2

; g(y):
addis r9,r31,ha16(L_y$non_lazy_ptr-L1$pb)
addis r29,r31,ha16(_b-L1$pb)
lwz r9,lo16(L_y$non_lazy_ptr-L1$pb)(r9)
la r29,lo16(_b-L1$pb)(r29)
lwz r3,0(r9)
bl L_g$stub

; 对表达式 b==g(y)求值。如果为 false，就跳至 L3
lwz r5,0(r29)
cmpw cr0,r5,r3
bne- cr0,L3

; a=0
li r0,0
stw r0,0(r30)
b L5

; 对 a==f(x)但 b!=g(y)的情况设置参数 a、b
L3:
lwz r4,0(r30)
addis r3,r31,ha16(LC0-L1$pb)
b L6

; 对 a!=f(x)的情况设置参数
```

```
L2:
    addis r29,r31,ha16(_b-L1$pb)
    addis r3,r31,ha16(LC0-L1$pb)
    la r29,lo16(_b-L1$pb)(r29)
    lwz r5,0(r29)

    ; 两个 ELSE 部分共用的代码
L6:
    la r3,lo16(LC0-L1$pb)(r3)        ; 调用函数 printf()
    bl L_printf$stub
    li r9,1                          ; a=1
    li r0,0                          ; b=0
    stw r9,0(r30)                    ; 保存 a 的值
    stw r0,0(r29)                    ; 保存 b 的值
L5:
```

当然，并非每个编译器优化程序都会认出重复代码。所以如果抛开编译器不谈，要想编译得到高效的机器码，我们似乎得铤而走险，使用含有 goto 语句的代码。实际上，软件工程一个无可辩驳的观点就是源文件中的重复代码会让程序难以看懂、难以维护，例如修正代码某处的缺陷时，很可能忘记修改另一处拷贝的缺陷。尽管如此，但我们对目标标号处代码所做的改动，就一定对跳转到该目标标号的每处代码都适合吗？况且，在阅读源代码时也难以马上看出，到底有多少处 goto 语句将控制转移到这同一个目标标号。

传统的软件工程手段是将共用代码放入过程或函数，然后调用该函数。然而函数调用及返回的开销相当大，重复性代码不太多时尤其突出。所以从性能角度来看，使用过程或函数并不尽如人意。共用代码序列较短时，为之创建宏或内联函数可能是最好的解决方案。问题再复杂一些，我们也许需要对重复代码的一个实例做少许修改，即代码并非简单的重复。实在没有办法，才通过 goto 语句换取代码的效率。

goto 语句还常用于异常情况的处理。当我们身陷若干层语句内，碰到某种情况需要跳出所有这些层时，倘若重组代码无法改善其可读性，人们普遍认为 goto 还是可以接受的。然而从嵌套的块中直接跳出，将会使优化器为整个过程或函数生成像样代码的能力大打折扣。采用 goto 语句也许能节省少许字节或处理器周期，但 goto 的出现会对函数其他部位造成负面影响，导致其整体效率下降。因此，我们往代码

中插入 goto 时要谨慎从事。goto 会使源代码难以看懂，最终也会降低代码的效率。

对于有些场合，有一个适当的编程诀窍可用于解决此根本问题。现在看下面的代码修改：

```
switch( a == b || c < d )
{
    case 1:
        < 执行一定数量的语句 >

        if( x == y )
        {
            < 如果 x==y，就执行这些语句 >
            break;
        }
        //如果 x!=y，就到这里

    case 0:
        < 如果 x!= y 或者如果!( a == b || c < d )，就执行这些语句  >
}
```

当然了，这是一个耍花招的代码，而耍花招的代码并不总是卓越代码。然而，它确实避免了在程序中造成源代码重复的问题。

goto 语句的限制形式

为了在结构化编程时少用 goto 语句，许多编程语言都有 goto 语句的限制形式，允许程序员立即从循环、过程或函数等控制结构中退出。典型的语句包括从封闭循环中跳出的 break/exit、开始新一轮循环的 continue/cycle/next，还有立刻从封闭过程/函数中返回的 return/exit。这些语句的结构化程度高于标准的 goto 语句，因为程序员不再指定跳转目标，而是基于这些语句所在的控制语句、过程或者函数是什么，将控制转往固定的位置。

这样的语句几乎都被编译成一条 jmp 指令。break 之类跳出循环的语句将被编译为把控制转向循环体结束后首条语句的 jmp 指令；开始新一轮循环的语句如 continue、next 或 cycle，则被编译为将控制转向循环终止条件检测的地方——就 while、 repeat..until 和 do..while 而言是这样的；对于其他多数循环结构，则把控制转向循环体的开始位置。

虽然这些语句一般被编译为单条机器指令 jmp，但切勿以为它们用起来很有效率。且不说 jmp 的开销相当大，因为它迫使 CPU 清空指令流水线；分支出循环的语句还对编译器优化程序有着显著影响，会显著减少其生成高质量代码的机会。因此，我们应尽量有节制地使用这些语句。

13.4 if 语句

最基本的高层控制结构大概就是 if 语句了。实际上，只要有 if 语句和 goto 语句，就没有什么语义上无法实现的控制结构[1]。在讨论其他控制结构时，我们会用到这个事实。现在，我们先来展示典型编译器是如何将 if 语句转换为机器码的。

假如某个 if 语句比较两个值，当条件为 true 时就执行语句体，我们可以将此 if 语句很容易地用比较指令、条件分支指令实现。现在来看下面 Pascal 的 if 语句及其 80x86 汇编代码：

```
if( EAX = EBX ) then begin
   writeln( "EAX is equal to EBX" );
   i := i + 1;
end;
```

以下是其在 HLA 上的 80x86 汇编代码：

```
   cmp( EAX, EBX );
   jne skipIfBody;
   stdout.put( "EAX is equal to EBX", nl );
   inc( i );
skipIfBody:
```

在此 Pascal 源程序中，倘若 EAX 的值等于 EBX，就执行 if 语句体。对其生成的汇编代码，将 EAX 与 EBX 进行对比。假如 EAX 不等于 EBX，就越过 if 语句体。

1　出于可维护性考虑，这样做并不妥当，但确实可以办到。

这正是高级语言 if 语句转换为机器码的样板——检测某一条件，如果条件为 false，就越过 if 语句体。

if..then..else 语句实现起来只是比基本的 if 语句稍复杂些，一般采用下列的语法语义形式：

```
if( some_boolean_expression ) then
  ＜ 表达式为 true 时要执行的语句 ＞
else
  ＜ 表达式为 false 时要执行的语句 ＞
endif
```

要是用机器码实现该段程序，只需比简单 if 语句再多一条机器指令。我们来看下列的 C/C++代码：

```
if( EAX == EBX )
{
  printf( "EAX is equal to EBX\n" );
  ++i;
}
else
{
  printf( "EAX is not equal to EBX\n" );
}
```

以下是转换得到的 80x86 汇编代码：

```
   cmp( EAX, EBX );                // 检测 EAX 是否等于 EBX
   jne doElse;                     // 如果 EAX 不等于 EBX, 就跳过"then"部分的指令
   stdout.put( "EAX is equal to EBX", nl );
   inc( i );
   jmp skipElseBody               // 跳过"else"部分的处理指令

//如果 EAX 不等于 EBX, 就执行下列指令
doElse:
   stdout.put( "EAX is not equal to EBX", nl );

skipElseBody:
```

这段代码有两个值得注意之处：首先，如果求得条件为 false，代码将转移到

else 块的第一条语句，而不是跳到整体 if 语句后的首条语句；其次，就是注意在条件为 true 的块末尾有一条 jmp 指令，执行到此后会跳过 else 块。

包括 HLA 在内的一些语言在 if 语句中支持 elseif 子句，如果第一个条件为 false 时，则还能对第二个条件求值。这是对先前所示 if 语句的简单扩展。下面是 HLA 的 if..elseif..else..endif 语句：

```
if( EAX = EBX ) then
    stdout.put( "EAX is equal to EBX" nl );
    inc( i );
elseif( EAX = ECX ) then
    stdout.put( "EAX is equal to ECX" nl );
else
    stdout.put( "EAX is not equal to EBX or ECX" nl);
endif;
```

以下是 HLA 编译得到的纯 80x86 汇编代码：

```
// 检测 EAX 是否等于 EBX
    cmp( eax, ebx );
    jne tryElseif;                  // 如果 EAX 不等于 EBX，就跳过"then"部分

    // "then"部分
    stdout.put( "EAX is equal to EBX", nl );
    inc( i );
    jmp skipElseBody                // "then"部分结束，跳过 elseif 子句

tryElseif:
    cmp( eax, ecx );                // 在 elseif 部分中检测 EAX 是否等于 ECX
    jne doElse;                     // 如果 EAX 不等于 ECX，就跳过"then"子句

    // elseif 的 then 子句
    stdout.put( "EAX is equal to ECX", nl );
    jmp skipElseBody;               // 跳过"else"部分
doElse:                             // else 子句如下
    stdout.put( "EAX is not equal to EBX or ECX", nl );

skipElseBody:
```

从上述纯机器码可以看出，对 elseif 子句的转换直截了当——elseif 子句的机

器码与 if 语句完全相同。这里唯一要注意的地方就是编译器在 `if..then` 子句末尾如何发送 `jmp` 指令，以便跳过为 elseif 子句生成的布尔检测操作。

13.4.1 提高某些 if/else 语句的效率

在效率方面我们应注意到一个关键问题：即便未转移控制，`if..else` 语句仍没有贯穿的直通路径。单纯的 if 语句就不是这样的：倘若条件表达式为 true，就顺着执行其后的内容。正如本章已经指出的那样，分支不是好事，因为它们老是冲垮 CPU 的指令流水线，迫使 CPU 花费几个周期重新填充流水线。倘若布尔表达式两个出口——true 或 false——的可能性差不多，我们要想重组 `if..else` 语句来提高代码的性能，几乎无计可施。其实大部分 if 语句的某个出口往往比另一个出口的可能性大，甚至大得多。汇编程序员若对比较结果心中有数，通常就会按下列形式编码其 `if..else` 语句：

```
// if( eax == ebx ) then
//    //可能性大的情况
//    stdout.put( "EAX is equal to EBX", nl );
// else
//    //可能性不大的情况
//    stdout.put( "EAX is not equal to EBX" nl );
// endif;

   cmp( EAX, EBX );
   jne goDoElse;
   stdout.put( "EAX is equal to EBX", nl );
backFromElse:
   ...
// 其他地方的代码（并未直接跟在上述代码后面）

goDoElse:
   stdout.put( "EAX is not equal to EBX", nl );
   jmp backFromElse
```

注意在最一般的情况下表达式求得值为 true，会执行 then 部分的代码，然后执行紧跟 if 语句的代码。因此，倘若布尔表达式 "eax==ebx" 在多数时候为 true，就不必跳转到任何分支，而会顺路执行代码。少数时候 EAX 不等于 EBX，程序只好执行两个分支，先将控制转到 else 子句，之后再将控制返回到 if 后的第一条语句。只要这种情况发生的概率小于一半，软件就可以得到整体的性能提升。在诸如 C 这样的高级语言中，可以通过 goto 语句实现同样的效果，例如：

```
if( eax != ebx ) goto doElseStuff;
    // 此处为 if 语句体，位于 then 和 else 之间的语句
endOfIF:
// if..endif 后的语句
...

// 其他地方的代码，并未直接跟在上述代码后面
doElseStuff:
    // 当原表达式 eax != ebx 为 false 时的代码
    goto endOfIF;
```

不消说，这种方案有一个缺点，那就是一旦此类伎俩多用几次，程序就会乱成大家难以明白的一锅粥——这被戏称为乱麻式代码。汇编程序员之所以这么编程，是因为汇编语言代码本来就是纵横交织的 [1]。然而对于高级语言代码，人们通常不能容忍这种编程风格，大家只有在不得已时才用（可参看 13.3 节）。

使用诸如 C 这样的高级语言编程时，if 语句在程序中一般是这样的：

```
if( eax == ebx )
{
    // 将 i 设为顺着执行路径时的值
    i = j+5;
}
else
{
    // 将 i 设为走另一条路径时的值
    i = 0;
}
```

以下是将这条 C 语句经 HLA 编译得到的 80x86 汇编代码：

```
cmp( eax, ebx );
jne doElse;
```

---

1 不过，用 HLA 这样的高层汇编器不难写出结构化的代码。

```
    mov( j, edx );
    add( 5, edx );
    mov( edx, i );
    jmp ifDone;

doElse:
    mov( 0, i );
ifDone:
```

正如我们在前面例子中看到的那样，if..then..else 语句转换为汇编语言时需要两条控制转移指令：

- 用来检测 EAX 与 EBX 比较结果的指令 jne。
- 跳过 if 语句 else 部分的无条件转移指令 jmp。

不管程序走哪条路，即通过 then 或 else 区域，CPU 都会执行较慢的分支指令——分支指令将冲垮 CPU 的指令流水线。我们来看下列代码，它不存在此问题：

```
i = 0;
if( eax == ebx )
{
    i = j + 5;
}
```

其对应的纯 80x86/HLA 汇编代码如下：

```
    mov( 0, i );
    cmp( eax, ebx );
    jne skipIf;
    mov( j, edx );
    add( 5, edx );
    mov( edx, i );
skipIf:
```

可以看出，倘若对表达式求得的值为 true，CPU 就无须执行控制转移指令。此时，CPU 要执行额外的 mov 指令，其结果将会被迅速覆盖，所以白白浪费了上面的第一条 mov 指令。然而正是有了这个 mov，才免于在 true 时执行较慢的 jmp 指令。这个技巧可说明我们要懂一些汇编语言代码，并应了解编译器如何从高级语言语句产生机器码的原因。第二个序列优于第一个序列不是一眼就能看出来的。实际上，程序员新手可能会觉得第二个序列不好，因为倘若表达式求值为 true，程序"浪费"了一条给 i 赋值的语句，而前一个版本就没有这样的赋值语句。这就是本章价值的一处体现——它让我们明白使用高级语言控制结构时涉及的开销问题。

13.4.2　强制在 if 语句中全面布尔求值

由于全面布尔求值和短路布尔求值可能产生截然不同的结果（请参看 12.7 节），因此在我们的代码计算布尔表达式结果时，经常需要确信使用的是哪种形式。

强制全面布尔求值的一般办法是对表达式的每个组件分别求值，将各自结果放在临时变量中。在完成所有组件的计算后，再对这些临时变量组成的表达式求值，得到最终结果。例如，请看下面的 Pascal 代码片段：

```pascal
if( i < g(y) and k > f(x) ) then begin
  i := 0;
end;
```

由于 Pascal 不保证以全面形式求值布尔表达式，倘若 i 大于 g(y)，函数 f()可能不会被调用，所有与 f()相关的副作用也就不会发生。可参看 12.3 节了解副作用的细节。如果应用程序逻辑需要用到 f()和 g()的副作用，我们就必须确保应用程序调用了这两个函数。注意，仅仅将 AND 运算符两边的子表达式互换位置并不能解决问题。如果这么做的话，应用程序也许就不会调用函数 g()了。

解决之道是先使用单独的赋值语句计算两个子表达式的布尔结果，然后在 if 表达式中对这两个结果做"与"（AND）运算：

```pascal
lexpr := i < g(y);
rexpr := k > f(x);
if( lexpr AND rexpr ) then begin
  i := 0;
end;
```

请勿因为用了临时变量而操心效率损失。任何能提供优化措施的编译器都会将这些值放入寄存器，而不会费劲地使用实际内存单元。现在来看前面 Pascal 程序的 C

语言变形，以及通过 Visual C++编译器对其编译的结果：

```c
#include <stdio.h>

static int i;
static int k;

extern int x;
extern int y;
extern int f( int );
extern int g( int );

int main( void )
{
    int lExpr;
    int rExpr;

    lExpr = i < g(y);
    rExpr = k > f(x);
    if( lExpr && rExpr )
    {
        printf( "Hello" );
    }
    return( 0 );
}
```

Visual C++编译器将其转换得到的 32 位 MASM 代码如下，个别指令顺序进行了调整，以让其意图更明晰：

```masm
main    PROC

$LN7:
        mov     QWORD PTR [rsp+8], rbx
        push    rdi
        sub     rsp, 32                             ; 00000020H

; eax = g(y)
        mov     ecx, DWORD PTR y
        call    g

; ebx (lExpr) = i < g(y)
```

```
        xor     edi, edi
        cmp     DWORD PTR i, eax
        mov     ebx, edi ; ebx = 0
        setl    bl ;如果 i < g(y), 将 EBX 置 1

; eax = f(x)
        mov     ecx, DWORD PTR x
        call    f

; EDI = k > f(x)
        cmp     DWORD PTR k, eax
        setg    dil ;如果 k > f(x), 将 EDI 置 1

; 检查 lExpr 是否为 false:
        test    ebx, ebx
        je      SHORT $LN4@main

; 检查 rExpr 是否为 false:
        test    edi, edi
        je      SHORT $LN4@main

; if 语句的"then"部分:
        lea     rcx, OFFSET FLAT:$SG7893
        call    printf
$LN4@main:

; return(0);
        xor     eax, eax

        mov     rbx, QWORD PTR [rsp+48]
        add     rsp, 32                          ; 00000020H
        pop     rdi
        ret     0
main    ENDP
```

如果扫视这段汇编代码，就会看出它总能调用函数 f() 和 g()。请将其与下列的 C 语言程序及其汇编输出进行对比：

```
#include <stdio.h>

static int i;
static int k;

extern int x;
extern int y;
extern int f( int );
extern int g( int );

int main( void )
{
   if( i < g(y) && k > f(x) )
   {
      printf( "Hello" );
   }
   return( 0 );
}
```

以下为其 MASM 汇编输出：

```
main    PROC

$LN7:
        sub     rsp, 40                         ; 00000028H

; 如果(!(i < g(y)))，就放弃执行剩余代码：
        mov     ecx, DWORD PTR y
        call    g
        cmp     DWORD PTR i, eax
        jge     SHORT $LN4@main

; 如果(!(k > f(x)))，就跳过 printf()：
        mov     ecx, DWORD PTR x
        call    f
        cmp     DWORD PTR k, eax
        jle     SHORT $LN4@main

; 这里是 if 语句的主体
        lea     rcx, OFFSET FLAT:$SG7891
```

```
        call    printf
$LN4@main:

; return 0
        xor     eax, eax
        add     rsp, 40                          ; 00000028H
        ret     0
main    ENDP
```

在编程语言 C 中，还可以略施小计，以对任何布尔表达式强制进行全面求值。C 语言的按位运算符不支持短路布尔求值。倘若布尔表达式中的子表达式总是为 0 或 1，那么按位"与"（&）、"或"（|）运算符将产生同逻辑运算符 &&、|| 一致的效果。请看下面的 C 语言程序，以及 Visual C++ 对其编译得到的 MASM 汇编代码：

```c
#include <stdio.h>
static int i;
static int k;

extern int x;
extern int y;
extern int f( int );
extern int g( int );

int main( void )
{
  if(( i < g(y)) & k > f(x) )
  {
    printf( "Hello" );
  }
  return( 0 );
}
```

以下为 Visual C++ 编译器对其生成的 MASM 汇编输出：

```
main    PROC

$LN6:
        mov     QWORD PTR [rsp+8], rbx
        push    rdi
```

```
        sub     rsp, 32                              ; 00000020H

        mov     ecx, DWORD PTR x
        call    f
        mov     ecx, DWORD PTR y
        xor     edi, edi
        cmp     DWORD PTR k, eax
        mov     ebx, edi
        setg    bl
        call    g
        cmp     DWORD PTR i, eax
        setl    dil
        test    edi, ebx
        je      SHORT $LN4@main

        lea     rcx, OFFSET FLAT:$SG7891
        call    printf
$LN4@main:

        xor     eax, eax

        mov     rbx, QWORD PTR [rsp+48]
        add     rsp, 32                              ; 00000020H
        pop     rdi
        ret     0
main    ENDP
```

请注意上面如何使用按位运算符，从而得到与先前采用临时变量序列差不多的代码。这种做法对原始的 C 源文件变动较少。

然而一定要记住，C 语言的按位运算符只有在操作数为 0 和 1 时，结果才会与逻辑运算符相同。值得庆幸的是，有一个小诀窍能将任何 0 与非 0 的逻辑值分别转换为 0 和 1——只要写为 "!!(*expr*)" 的形式，表达式 *expr* 的值为 0 时 C 语言就将其转换为 0，该表达式的值为非 0 时 C 语言就将其转换为 1。为了看看实际用法，请考虑下面的 C/C++ 程序段：

```
#include <stdlib.h>
#include <math.h>
#include <stdio.h>
```

```
int main( int argc, char **argv )
{
    int boolResult;

    boolResult = !!argc;
    printf( "!!(argc) = %d\n", boolResult );
    return 0;
}
```

下面是微软 Visual C++编译器为此小程序生成的 80x86 汇编代码:

```
main    PROC
$LN4:
        sub     rsp, 40              ; 00000028H
        xor     edx, edx             ; EDX = 0
        test    ecx, ecx             ; 系统通过 ECX 寄存器传递 argc
        setne   dl                   ; 若 ECX 等于 0, 则置 EDX 为 1, 否则 EDX 为 0

        lea     rcx, OFFSET FLAT:$SG7886              ; 零标志位未变化
        call    printf               ; printf()的参数 1 是 RCX, 参数 2 是 EDX

; Return 0;
        xor     eax, eax

        add     rsp, 40              ; 00000028H
        ret     0
main    ENDP
```

从这些 80x86 汇编代码可以看出,只要 3 条机器指令,就可将"0/非 0"转换为 0/1,不需要开销甚大的分支指令。

13.4.3　强制在 if 语句中短路布尔求值

能够偶尔强制全面布尔求值是很有必要的,但我们对短路布尔求值的需求可能更常见。现在来看下列 Pascal 语句:

```
if( ptrVar <> NIL AND ptrVar^ < 0 ) then begin
    ptrVar^ := 0;
```

```
end;
```

Pascal 语言规范将使用全面布尔求值还是短路布尔求值的决定权交由编译器的编写者掌握。实际上，编译器可以自由决定使用哪种形式。所以同样一个编译器，很可能对代码某处的语句使用全面布尔求值，而对另一个地方使用短路布尔求值。

很明显，倘若 ptrVar 为指针值 NIL，而编译器使用全面布尔求值，该布尔表达式将失效。该语句能正确工作的唯一办法就是采用短路布尔求值。

使用 AND 运算符模仿短路布尔求值，其实很简单。只要创建两个嵌套的 if 语句，每个 if 各放置一个子表达式即可。例如，将上述 Pascal 示例改写为下列形式，就能确保其按短路布尔求值：

```
if( ptrVar <> NIL ) then begin
  if( ptrVar^ < 0 ) then begin
    ptrVar^ := 0;
  end;

end;
```

该语句的语义等同于前一个例子。我们可以清楚地看出，如果第一个表达式求值为 false，则绝不会执行第二个子表达式。即便这种手法稍微打乱了源文件，但不管编译器支持与否，它都能做到短路布尔求值。

处理逻辑"或"（OR）操作要难一些。如果左边的操作数算出为 true，要想不执行逻辑"或"的右操作数，就得再检测一次。请看下列 C 语言代码（记得吗？C 语言默认按短路方式求值）：

```
#include <stdio.h>

static int i;
static int k;

extern int x;
extern int y;
extern int f( int );
extern int g( int );
```

```
int main( void )
{
  if( i < g(y) || k > f(x) )
  {
    printf( "Hello" );
  }
  return( 0 );
}
```

下面是微软 Visual C++编译器对该段 C 代码生成的机器码：

```
main    PROC

$LN8:
        sub     rsp, 40             ; 00000028H

        mov     ecx, DWORD PTR y
        call    g
        cmp     DWORD PTR i, eax
        jl      SHORT $LN3@main
        mov     ecx, DWORD PTR x
        call    f
        cmp     DWORD PTR k, eax
        jle     SHORT $LN6@main
$LN3@main:

        lea     rcx, OFFSET FLAT:$SG6880
        call    printf
$LN6@main:

        xor     eax, eax

        add     rsp, 40             ; 00000028H
        ret     0
main    ENDP
_TEXT   ENDS
```

下面这个版本的 C 程序没有依靠 C 编译器，自行实现了短路求值。对于 C 语言来说没必要这样做，因为 C 语言规范保证采取短路求值。我们在此只是想展示所有语言都能用这种办法：

```
#include <stdio.h>

static int i;
static int k;

extern int x;
extern int y;
extern int f( int );
extern int g( int );

int main( void )
{
   int temp;

   // 先对左边的子表达式求值，将结果保存到变量 temp 中
   temp = i < g(y);

   // 如果左边的子表达式值为 false，就对右边的表达式求值
   if( !temp )
   {
      temp = k > f(x);
   }
   // 只要两个子表达式中有一个为 true，就显示字符串"Hello"
   if( temp )
   {
      printf( "Hello" );
   }

   return( 0 );
}
```

下面是通过微软 Visual C++编译器得到的相应 MASM 代码：

```
main    PROC

$LN9:
        sub     rsp, 40          ; 00000028H
        mov     ecx, DWORD PTR y
        call    g
        xor     ecx, ecx
        cmp     DWORD PTR i, eax
```

```
        setl    cl
        test    ecx, ecx

        jne     SHORT $LN7@main

        mov     ecx, DWORD PTR x
        call    f
        xor     ecx, ecx
        cmp     DWORD PTR k, eax
        setg    cl
        test    ecx, ecx

        je      SHORT $LN5@main
$LN7@main:

        lea     rcx, OFFSET FLAT:$SG6881
        call    printf
$LN5@main:

        xor     eax, eax

        add     rsp, 40             ; 00000028H
        ret     0
main    ENDP
```

　　从本例可以看出，编译器对此子程序第二个版本生成的代码，也就是进行手工强制短路求值的代码，还不如 C 编译器为第一个示例产生的代码好。然而，如果程序需要实现短路求值的语义方可正确执行，而编译器并不直接支持短路求值的语义，我们恐怕只能容忍代码有一定的效率损失了。

　　倘若要兼顾速度、最小尺寸和短路求值，而我们情愿牺牲少许可读性、可维护性来达到此目标，就可以违背代码的结构化原则，按照类似于 C 编译器短路求值时生成的代码那样编程序。请看下面的 C 程序，以及微软 Visual C++编译器产生的汇编输出代码如下：

```
#include <stdio.h>

static int i;
```

```
static int k;

extern int x;
extern int y;
extern int f( int );
extern int g( int );

int main( void )
{
  if( i < g(y)) goto IntoIF;
  if( k > f(x) )
  {
  IntoIF:
    printf( "Hello" );
  }
  return( 0 );
}
```

以下是从 Visual C++得到的 MASM 输出：

```
main    PROC

$LN8:
        sub     rsp, 40        ; 00000028H

        mov     ecx, DWORD PTR y
        call    g
        cmp     DWORD PTR i, eax
        jl      SHORT $IntoIF$9

        mov     ecx, DWORD PTR x
        call    f
        cmp     DWORD PTR k, eax
        jle     SHORT $LN6@main
$IntoIF$9:

        lea     rcx, OFFSET FLAT:$SG6881
        call    printf
$LN6@main:

        xor     eax, eax
```

```
        add    rsp, 40          ; 00000028H
        ret    0
main    ENDP
```

将此代码与依赖短路求值的原 C 示例 MASM 输出进行比较，就会看出这段代码同样有效率。20 世纪 70 年代人们转向结构化编程时有着相当大的阻力，究其原因，本例就能说明：结构化编程有时会产生效率欠佳的代码。当然，可读性、可维护性通常比几个字节或机器周期更重要。但也别忘了，倘若我们对某小段代码的性能有压倒一切的要求，在某些特殊情况下破坏代码的结构化兴许可提高其效率。

13.5　switch/case 语句

switch/case 控制语句是高级语言的另一种条件语句。if 语句检测一个布尔表达式，根据表达式结果执行两个不同的代码路径之一。而 switch/case 语句却能够基于表达式的序数值，或者说整型结果，将控制分支到多个程序位置。后面几个示例将给出 C/C++、Pascal 和 HLA 中的 switch 及 case 语句。我们先来看 C/C++ 的 switch 语句：

```
switch( expression )
{
    case 0:
        < 当表达式值为 0 时要执行的语句 >
        break;

    case 1:
        < 当表达式值为 1 时要执行的语句 >
        break;

    case 2:
        < 当表达式值为 2 时要执行的语句 >
        break;

    ...

    default:
        < 当表达式不为上述任何值时要执行的语句 >
```

```
}
```

Java 和 Swift 的 switch 语句语法与 C/C++类似，且 Swift 又添加了其他特性。我们将在 13.5.4 节探讨这些附加特性。

下面是 Pascal 的 case 语句示例：

```
case ( expression ) of
  0: begin
     < 当表达式值为 0 时要执行的语句 >
     end;

  1: begin
     < 当表达式值为 1 时要执行的语句 >
     end;

  2: begin
     < 当表达式值为 2 时要执行的语句 >
   end;


...
else
   < 倘若表达式不等于上述这些 case 值时，在此执行的语句 >

end; (* case *)
```

最后来看 HLA 的 switch 语句：

```
switch( REG32 )
  case( 0 )
    < 当 REG32 值为 0 时要执行的语句 >
  case( 1 )
    < 当 REG32 值为 1 时要执行的语句 >
  case( 2 )
    < 当 REG32 值为 2 时要执行的语句 >

  ...

  default
    < 当 REG32 不为上述任何值时要执行的语句 >
```

```
endswitch;
```

从上述示例中可以看出，这些语言所用的语法相差无几。

13.5.1　switch/case 语句的语义

入门级的编程培训和教材大都将 switch/case 语句比作一连串的 if..else..if 语句。这么做是为了在学生已理解 if 后，用 if 的概念来介绍 switch/case 语句。不巧的是，这种方法有误导性。为什么呢？我们来看下面的代码，Pascal 的编程入门图书可能会说，它与我们前面的 case 语句等价：

```
if( expression = 0 ) then begin
  < 当表达式值为 0 时要执行的语句 >
end
else if( expression = 1 ) then begin
  < 当表达式值为 1 时要执行的语句 >
end
else if( expression = 2 ) then begin
  < 当表达式值为 2 时要执行的语句 >
end;
else
  < 当表达式值并非 1 或 2 时要执行的语句 >
end;
```

尽管这一特定序列可以达到与 case 语句同样的效果，但 if..then..elseif 语句和 Pascal 的 case 语句有几点根本区别。首先，case 语句中的情况（case）标号值必须统统为常量，而在 if..then..elseif 链中可以将控制变量与变量之类的非常量值作比；switch/case 语句还限制只可将某表达式与一组常量比较，不能对某种情况比较一个表达式和常量，而对另一种情况比较其他表达式和常量，但 if..then..elseif 链能够办到。这些限制的原因我们过一会儿就能厘清，目前只需注意 if..then..elseif 链在语义上有别于 switch/case 语句，且功能比 switch/case 语句更强。

13.5.2　跳转表与链式比较

switch/case 语句似乎比 if..then..elseif 链更容易看懂，用起来更方便，但高级语言设立这类语句的初衷并非为了可读性和便利，而是出于效率考虑。我们想象一下要检测 10 个单独表达式的 if..then..elseif 链。如果所有的情况都互相排斥，并且概率相等，那么程序平均要执行 5 次比较才能碰到值为 true 的表达式。在汇编语言中，通过使用查找表及间接跳转，可以花费固定时长将控制转往若干不同位置之一，而与情况的数目无关。这种代码使用 switch/case 表达式的值作为地址表的索引，间接跳转到表项指定的语句处。当情况多于三四种时，这种方案通常比相应的 if..then..elseif 链快，占用的内存也较少。我们来看汇编语言对 switch/case 语句的简单实现：

```
// 后面是下列 switch 语句所对应的汇编代码:
//     switch(i)
//     { case 0:...case 1:...case 2:...case 3:...}

static
   jmpTable: dword[4] :=
      [ &label0, &label1, &label2, &label3 ];

   ...
   // 跳转到 jmpTable[i]指定的地址
   mov( i, eax );
   jmp( jmpTable[ eax*4 ] );

label0:
   < 如果 i=0, 就执行本处代码 >
   jmp switchDone;

label1:
   < 如果 i=1, 就执行本处代码 >
   jmp switchDone;

label2:
   < 如果 i=2, 就执行本处代码 >
   jmp switchDone;

label3:
   < 如果 i=3, 就执行本处代码 >

switchDone:
```

为了弄清这段代码的工作原理，我们将逐条说明各指令的操作。jmpTable 声明定义了有 4 个双字指针的数组，这些指针对应所模仿 switch 语句的各种情况。第 0 项存放着 switch 表达式值为 0 时应跳到的语句之地址，第 1 项存放着 switch 表达式为 1 时应跳到的语句之地址，依此类推。请注意，switch 语句的每种可能情况都要在数组中对应下标元素，本例中为 0 到 3。

在本例中，第一条机器指令把 switch 表达式的值，也就是变量 i 的值调入寄存器 EAX。由于使用 switch 表达式的值作为数组 jmpTable 的下标，因此表达式的值必须作为序数值（整数）置于 80x86 的 32 位寄存器中。其后的 jmp 指令是所仿 switch 语句真正干活儿的语句，它将控制转移到数组 jmpTable 中指定的地址，由 EAX 指示元素下标。如果执行 jmp 语句时 EAX 为 0，程序就从 jmpTable[0] 取出双字，将控制转往该地址——这正是标号 label0 后首条指令的地址；倘若 EAX 为 1，jmp 指令从 jmpTable+4 的内存地址取出双字并跳往此处。这里要注意的是，代码采用了 "*4" 的比例变址寻址模式，可参看 3.5.6 节了解详细内容。类似地，假如 EAX 为 2 或 3，jmp 指令就将控制分别转往 jmpTable+8、jmpTable+12 处所保存的地址位置。由于数组 jmpTable 的元素以标号 label0、label1、label2 和 label3 分别在偏移量 0、4、8 和 12 处初始化，因此该特定 jmp 指令会把控制转向 i 值对应的标号位置，即 label0、label1、label2 和 label3。

我们感兴趣的地方首先是，请注意模仿 switch 语句时只需两条机器指令及一个跳转表，就可以将控制转到 4 种可能的情况。相比之下，if..then..elseif 至少需要对每种情况执行两条机器指令才能实现。实际上，倘若向 if..then..elseif 不断添加新的情况，其比较和条件分支的指令数目也跟着增加；而跳转表的机器指令数目却始终为两条，尽管跳转表也会为新的情况添加表项。于是随着情况的增多，if..then..elseif 的实现速度就急剧下降，而跳转表式的实现执行时保持恒定的时长，与情况的数目无关。假如高级语言编译器以跳转表方式实现 switch 语句，且情况有很多种时，switch 语句通常会比 if..then..elseif 序列快得多。

以跳转表实现 switch 语句其实有几个缺点。首先，跳转表是内存中的数组，而访问未经缓存的内存很慢，访问这样的跳转表数组将对系统性能不利。

其次，跳转表实现的另一个问题是必须对每种可能的情况——从最小的情况（case）值到最大的 case 值，包括那些我们实际不用的值——都设置表项。当 case 值从 0 开始顺序到 3 时没有麻烦，但我们来看下面 Pascal 语言的 case 语句：

```
case( i ) of
  0: begin
    < 如果 i=0，就执行本处代码 >
  end;

  1: begin
    < 如果 i=1，就执行本处代码 >
  end;

  5: begin
    < 如果 i=5，就执行本处代码 >
  end;

  8: begin
    < 如果 i=8，就执行本处代码 >
  end;

end; (* case *)
```

用 4 个表项的跳转表无法实现这个 case 语句。i 值为 0 或 1 时是能够取出正确地址的，但对情况 5，到跳转表中的下标会是 20（5×4），而不是 8（2×4）。倘若跳转表只有 4 项共 16 字节，试图通过下标 20 从跳转表取地址将会超出跳转表的范围，很可能导致程序崩溃。这正是原 Pascal 规范中，如果程序所给 case 值并未对应到哪个 case 语句的标号，结果就未定的原因。

在汇编语言中为了解决这一问题，程序员不仅要提供所有可能的 case 标号值，还应确保每种可能情况的标号都有其入口项。在本例中，跳转表需要 9 个入口项来处理 case 值为 0 到 8 的所有可能情况：

```
// 后面是下列 switch 语句所对应的汇编代码:
//    switch(i)
//    { case 0:...case 1:...case 5:...case 8:}

static
  jmpTable: dword[9] :=
```

```
    [
        &label0, &label1, &switchDone,
        &switchDone, &switchDone,
        &label5, &switchDone, &switchDone,
        &label8
    ];

    ...

    // 跳转到jmpTable[i]指定的地址
    mov( i, eax );
    jmp( jmpTable[ eax*4 ] );
label0:
    < 如果 i=0，就执行本处代码 >
    jmp switchDone;

label1:
    < 如果 i=1，就执行本处代码 >
    jmp switchDone;

label5:
    < 如果 i=5，就执行本处代码 >
    jmp switchDone;

label8:
    < 如果 i=8，就执行本处代码 >

switchDone:
    < switch 语句后面要执行的代码 >
```

请注意，假如 i 等于 2、3、4、6 或 7，这段代码就将控制转移到 switch 语句后的第一条语句。诸如 C 语言的 switch 语句、Pascal 语言现代变种的 case 语句，大都采用这种标准语义。当然，倘若 switch/case 表达式值比最大的 case 值还大，C 语言也会将控制转移到此代码处。多数编译器实现的方式都是先执行比较和条件分支指令，据此再间接跳转。举例来说：

```
// 后面是下列 switch 语句所对应的汇编代码，它能够自动处理表达式值大于 8 的情况
//     switch(i)
//     { case 0:...case 1:...case 5:...case 8:}
```

```
static
    jmpTable: dword[9] :=
        [
            &label0, &label1, &switchDone,
            &switchDone, &switchDone,
            &label5, &switchDone, &switchDone,
            &label8
        ];

    ...

    // 检测 case 值是否超出了 switch/case 语句允许的范围
    mov( i, eax );
    cmp( eax, 8 );
    ja switchDone;

    // 跳转到 jmpTable[i]指定的地址
    jmp( jmpTable[ eax*4 ] );

    ...

switchDone:
    < switch 语句后面要执行的代码 >
```

你大概已经注意到，这段代码还有另外一个假设——case 值开始于 0。我们很容易就能修改此代码，使之处理任意范围的 case 值。现在来看下列代码：

```
// 后面是下列 switch 语句所对应的汇编代码，它能够自动处理表达式值大于 16 和小于 10 的情况
// switch(i)
//     { case 10:...case 11:...case 12:...case 15:...case 16:}

static
    jmpTable: dword[7] :=
        {
            &label10, &label11, &label12,
            &switchDone, &switchDone,
            &label15, &label16
        };
    ...

    // 检测 case 值是否超出了 10 到 16 的范围
```

```
mov( i, eax );
cmp( eax, 10 );
jb switchDone;
cmp( eax, 16 );
ja switchDone;

// 下列表达式中的"- 10*4"用以应对 EAX 从 10 而非 0 开始的情况,
// 因为我们仍需要数组下标起始于 0
jmp( jmpTable[ eax*4 - 10*4] );

...

switchDone:
  < switch 语句后面要执行的代码 >
```

本例和上一例有两个不同之处。首先，当然是本例将 EAX 的值与范围 10 到 16 进行比较，倘若 EAX 超出此范围——换句话说，没有对应 EAX 值的标号，就分支到 switchDone 标号。其次，请注意 jmpTable 下标改成了[eax*4 - 10*4]。机器级数组总是以下标 0 开始，表达式中的"- 10*4"正是对 EAX 起始于 10 而非 0 进行修正的。该表达式使 jmpTable 在内存中的起始访问地址比其声明处提前 40 字节。不过既然 EAX 一直大于或等于 10（而且 EAX 要乘以 4，所以 jmpTable 在内存中的起始访问地址总比以 0 开始时多 40 字节以上），这段代码就能在跳转表的声明位置访问跳转表。注意 HLA 将把此偏移量从 jmpTable 地址中扣除，CPU 其实也不在运行时期进行这一减法操作，因此创建此基于下标 0 的访问并无任何效率损失。

注意到，完整的 switch/case 语句实际上需要 6 条指令才能实现：原先那两条指令加上检测范围的 4 条指令 [1]。这些指令再带一条间接跳转到 switch/case 后面语句的指令，其开销比条件分支语句略大些，所以就处理开销而言，情况为三四种时正是 switch/case 语句与 if..then..elseif 链的分水岭。

前面已经提到，switch/case 语句的跳转表实现方案有一个严重缺陷，那就是对每个可能的值——从最小 case 值到最大 case 值，都必须有表项。我们来看下列 C/C++

---

1 事实上，精明的程序员或编译器只需一点儿汇编语言技巧，就能将这 4 条指令缩减为 3 条，即只用一个分支指令。

的 switch 语句：

```
switch( i )
{
    case 0:
        < 如果 i=0, 就执行本处代码 >
        break;

    case 1:
        < 如果 i=1, 就执行本处代码 >
        break;

    case 10:
        < 如果 i=10, 就执行本处代码 >
        break;

    case 100:
        < 如果 i=100, 就执行本处代码 >
        break;

    case 1000:
        < 如果 i=1000, 就执行本处代码 >
        break;

    case 10000:
        < 如果 i=10000, 就执行本处代码 >
        break;
}
```

如果 C/C++ 编译器采用跳转表实现此 switch 语句，那么跳转表将需要有 10 001 个表项，即在 32 位处理器的计算机中占用 40 004 字节的内存。这么简单的语句就要占据如此大的内存块！尽管 case 值太分散，会对内存用量影响很大，但无碍于 switch 语句的执行速度。假如值是连续的话，这一程序照样还是执行 4 条指令——我们假定 case 值起始于 0，不必将 switch 表达式与低端边界进行对比检测。其实采用跳转表实现的 switch 语句的性能差异完全可以归咎于缓存中跳转表尺寸的影响，因为表格越大，在缓存中找到特定表项的可能性就越小。撇开速度问题不谈，这样使用跳转表难以让多数应用程序认同。因此，倘若我们知道编译器要对所有 switch/case 语句生成跳转表（看看其生成代码即可知道），就应当谨慎地创建那些 case 值非常分散的 switch/case 语句。

13.5.3　switch/case 语句的其他实现方案

由于跳转表存在尺寸问题，因此有些高级语言编译器不用跳转表实现 switch/case 语句。一些编译器将 switch/case 语句统统转换为 if...then...elseif 链了事——Swift 正是这么做的。显而易见，在适合采用跳转表时，这样的编译器只会生成速度差劲的代码。许多现代编译器都会聪明地生成代码。它们能确定出 switch/case 语句中的情况数目，以及 case 值的分散程度。然后，编译器会依据某些门限原则来权衡代码尺寸和速度，选择采用跳转表还是 if...then...elseif 链。有的编译器甚至还能结合使用这两种技术。例如，我们来看下面 Pascal 语言的 case 语句：

```
case( i ) of
  0: begin
     < 如果 i=0，就执行本处代码 >
     end;

  1: begin
     < 如果 i=1，就执行本处代码 >
     end;

  2: begin
     < 如果 i=2，就执行本处代码 >
     end;

  3: begin
     < 如果 i=3，就执行本处代码 >
     end;

  4: begin
     < 如果 i=4，就执行本处代码 >
     end;

  1000: begin
     < 如果 i=1000，就执行本处代码 >
     end;

end; (* case *)
```

高明的编译器会发觉，上述情况大都能通过跳转表很好地实现，只有一种或少数几种情况例外。这种编译器会将跳转表和 if..then 结合起来，把这段程序转换为如下的指令序列：

```
mov( i, eax );
cmp( eax, 4 );
ja try1000;
jmp( jmpTable[ eax*4 ] );
...

try1000:
cmp( eax, 1000 );
jne switchDone;
< 如果i=1000，就执行本处代码 >
switchDone:
```

尽管设立 switch/case 语句的初衷是能够在高级语言中使用高效的跳转表转移机制，但很少有哪个语言规范会对控制结构应该如何实现说三道四。因此，除非我们坚持用特定的编译器，并且了解其为所有情形生成代码的规律；否则，编译器从不保证 switch/case 语句一定会编译成跳转表、if...then...elseif 链、两者的结合或者其他什么形式。例如，我们来看下面的 C 语言小程序，以及其汇编输出：

```
extern void f( void );
extern void g( void );
extern void h( void );
int main( int argc, char **argv )
{
    int boolResult;

    switch( argc )
    {
        case 1:
            f();
            break;

        case 2:
            g();
            break;
```

```
      case 10:
        h();
        break;

      case 11:
        f();
        break;
    }
    return 0;
}
```

老版本 Borland C++ 5.0 编译器生成的 80x86 汇编输出如下：

```
_main proc near
?live1@0:
    ;
    ; int main( int argc, char **argv )
    ;
@1:
    push ebp
    mov ebp,esp
    ;
    ; {
    ;    int boolResult;
    ;
    ;    switch( argc )
    ;

; argc 为 1 吗？
    mov eax,dword ptr [ebp+8]
    dec eax
    je short @7

; argc 为 2 吗？
    dec eax
    je short @6

; argc 为 10 吗？
    sub eax,8
```

```
    je short @5

; argc 为 11 吗?
    dec eax
    je short @4

; 如果 argc 不是上面那些值, 就执行下面的指令
    jmp short @2
    ;
    ;       {
    ;           case 1:
    ;               f();
    ;
@7:
    call _f
    ;
    ;               break;
    ;
    jmp short @8
    ;
    ;
    ;           case 2:
    ;               g();
    ;
@6:
    call _g
    ;
    ;               break;
    ;
    jmp short @8
    ;
    ;
    ;           case 10:
    ;               h();
    ;
@5:
    call _h
    ;
    ;               break;
    ;
```

```
    jmp short @8
    ;
    ;
    ;        case 11:
    ;            f();
    ;
@4:
    call _f
    ;
    ;            break;
    ;
    ;    }
    ;    return 0;
    ;
@2:
@8:
    xor eax,eax
    ;
    ; }
    ;
@10:
@9:
    pop ebp
    ret
_main endp
```

从主程序开头可以看出，这段代码将 argc 的值依次与 4 个值 1、2、10、11 进行比较。switch 语句的代码量若这样短小，还算说得过去。

当情况数目相当多、跳转表过于庞大时，许多现代优化型编译器都会生成二分查找树来检测各种情况。举例来说，请看下面的 C 程序及其对应的输出：

```
#include <stdio.h>

extern void f( void );
int main( int argc, char **argv )
{
    int boolResult;

    switch( argc )
```

```
{
    case 1:
        f();
        break;

    case 10:
        f();
        break;

    case 100:
        f();
        break;

    case 1000:
        f();
        break;

    case 10000:
        f();
        break;

    case 100000:
        f();
        break;

    case 1000000:
        f();
        break;

    case 10000000:
        f();
        break;

    case 100000000:
        f();
        break;

    case 1000000000:
        f();
        break;
}
```

```
    return 0;
}
```

下面是 Visual C++编译器生成的 64 位 MASM 输出。注意该微软编译器如何生成二分查找算法来逐个检测这 10 种情况：

```
main    PROC
$LN18:
        sub     rsp, 40                          ; 00000028H

; >+ 100,000?
        cmp     ecx, 100000                      ; 000186a0H
        jg      SHORT $LN15@main
        je      SHORT $LN10@main

;处理 argc 小于 100,000 的情形
;
; 处理 argc = 1 的情形
        sub     ecx, 1
        je      SHORT $LN10@main

; 处理 argc = 10 的情形
        sub     ecx, 9
        je      SHORT $LN10@main

; 处理 argc = 100 的情形
        sub     ecx, 90                          ; 0000005aH
        je      SHORT $LN10@main

; 处理 argc = 1000 的情形
        sub     ecx, 900                         ; 00000384H
        je      SHORT $LN10@main

; 处理 argc = 10,000 的情形
        cmp     ecx, 9000                        ; 00002328H
        jmp     SHORT $LN16@main
$LN15@main:

; 处理 argc = 100,000 的情形
        cmp     ecx, 1000000                     ; 000f4240H
        je      SHORT $LN10@main
```

```
; 处理 argc = 1,000,000 的情形
        cmp     ecx, 10000000                           ; 00989680H
        je      SHORT $LN10@main

; 处理 argc = 10,000,000 的情形
        cmp     ecx, 100000000                          ; 05f5e100H
        je      SHORT $LN10@main

; 处理 argc = 100,000,000 的情形
        cmp     ecx, 1000000000                         ; 3b9aca00H
$LN16@main:
        jne     SHORT $LN2@main
$LN10@main:

        call    f
$LN2@main:
        xor     eax, eax

        add     rsp, 40                                 ; 00000028H
        ret     0
main    ENDP
```

有趣的是，用微软 Visual C++编译 32 位代码会生成真正的二分查找方式。下面是 32 位 Visual C++的 32 位 MASM 输出：

```
_main PROC
    mov eax, DWORD PTR _argc$[esp-4]        ;argc 在 32 位代码中通过栈传递

; 二分查找: argc 大于、等于还是小于 100,000?
    cmp eax, 100000                         ; 000186a0H
    jg SHORT $LN15@main                     ; 如果 argc 大于 100,000, 就跳转至$LN15@main
    je SHORT $LN4@main                      ; 如果 argc 等于 100,000, 就跳转至$LN4@main

; 处理 argc < 100,000 的情形
; 二分查找: argc 小于 100 还是大于 100
    cmp eax, 100                            ; 00000064H
    jg SHORT $LN16@main                     ; 如果 argc 大于 100, 就跳转至$LN16@main
    je SHORT $LN4@main                      ; 如果 argc 等于 100, 就跳转至$LN4@main
```

```
; 若 argc 小于 100, 到这里
        sub     eax, 1
        je      SHORT $LN4@main                 ; 如果 argc 等于 1, 分支到$LN4@main

        sub     eax, 9                          ; 检查 argc 是否为 10
        jmp     SHORT $LN18@main

; 如果 argc 大于 100, 且小于 100,000, 到这里
$LN16@main:
        cmp     eax, 1000                       ; 000003e8H
        je      SHORT $LN4@main                 ; 如果 argc 等于 1000, 分支到$LN4@main
        cmp     eax, 10000                      ; 00002710H
        jmp     SHORT $LN18@main                ; 如果 argc 等于 10,000 或不在范围内...

; 这里处理 argc 大于 100,000 的情形
$LN15@main:
        cmp     eax, 100000000                  ; 05f5e100H
        jg      SHORT $LN17@main                ; 如果 argc 大于 100,000,000, 分支到$LN17@main
        je      SHORT $LN4@main                 ; 如果 argc 等于 100,000, 分支到$LN4@main

; 这里处理 argc 小于 100,000,000 且大于 100,000 的情形
        cmp     eax, 1000000                    ; 000f4240H
        je      SHORT $LN4@main                 ; 如果 argc 等于 1,000,000, 分支到$LN4@main
        cmp     eax, 10000000                   ; 00989680H
        jmp     SHORT $LN18@main                ; 如果 argc 等于 10,000,000 或不在范围内...

; 这里处理 argc 大于 100,000,000 的情形
$LN17@main:
; 检查 argc 是否等于 1,000,000,000
        cmp     eax, 1000000000                 ; 3b9aca00H
$LN18@main:
        jne     SHORT $LN2@main
$LN4@main:
        call    _f
$LN2@main:
        xor     eax, eax
        ret     0
_main   ENDP
```

有的编译器, 尤其是用于某些微控制器设备的编译器, 可以生成一个记录/结构

（二元组）的表格。其中，一个表格项为 case 值，而另一项为 case 值匹配时要跳转的地址。然后，编译器生成一个循环来为 switch/case 表达式扫描此小表格。如果是线性查找的话，实现会比 if..then..elseif 链还慢；倘若编译器采用二分查找法，代码速度可能超过 if..then..elseif 链，但仍可能没有跳转表方案快。

下面是 switch 语句的 Java 示例，并附上编译器生成的 Java 字节码：

```java
public class Welcome
{
    public static void f(){}
    public static void main( String[] args )
    {
        int i = 10;
        switch (i)
        {
            case 1:
                f();
                break;

            case 10:
                f();
                break;

            case 100:
                f();
                break;

            case 1000:
                f();
                break;

            case 10000:
                f();
                break;

            case 100000:
                f();
                break;

            case 1000000:
```

```
                f();
                break;

        case 10000000:
                f();
                break;

        case 100000000:
                f();
                break;

        case 1000000000:
                f();
                break;
        }
    }
}
```

JBC 输出如下：

```
Compiled from "Welcome.java"
public class Welcome extends java.lang.Object{
public Welcome();
  Code:
   0:   aload_0
   1:   invokespecial   #1; //Method java/lang/Object."<init>":()V
   4:   return

public static void f();
  Code:
   0:   return

public static void main(java.lang.String[]);
  Code:
   0:   bipush  10
   2:   istore_1
   3:   iload_1
   4:   lookupswitch{ //10
        1: 96;
        10: 102;
        100: 108;
```

```
         1000: 114;
        10000: 120;
       100000: 126;
      1000000: 132;
     10000000: 138;
    100000000: 144;
   1000000000: 150;
      default: 153 }
 96: invokestatic    #2; //Method f:()V
 99: goto    153
102: invokestatic    #2; //Method f:()V
105: goto    153
108: invokestatic    #2; //Method f:()V
111: goto    153
114: invokestatic    #2; //Method f:()V
117: goto    153
120: invokestatic    #2; //Method f:()V
123: goto    153
126: invokestatic    #2; //Method f:()V
129: goto    153
132: invokestatic    #2; //Method f:()V
135: goto    153
138: invokestatic    #2; //Method f:()V
141: goto    153
144: invokestatic    #2; //Method f:()V
147: goto    153
150: invokestatic    #2; //Method f:()V
153: return
}
```

lookupswitch 字节码指令包含了一个 2 元组表格。正如先前讲述的那样，元组的首个值是 case 值，第二个值则是代码转移的目标地址。或许，字节码解释器对这些值做二分查找，而非人们认为的线性查找。请注意，Java 编译器对每种情况单独调用 f()方法，它不会像 GCC 和 Visual C++那样把各情况优化为一个调用。

注意： Java 还有一个 tableswitch 虚拟机指令，可执行基于表格的 switch 操作。Java 编译器会基于 case 值的密集程度在 tableswitch 和 lookupswitch 之间选择。

有时，在某些情形下编译器能诉诸某些代码技巧来生成相当不错的代码。我们还来看那个简短的 switch 语句，Borland 编译器曾为其生成线性查找的代码。

```
switch( argc )
    {
    case 1:
        f();
        break;

    case 2:
        g();
        break;

    case 10:
        h();
        break;

    case 11:
        f();
        break;
    }
```

下面是微软 Visual C++ 32 位编译器为此 switch 语句生成的代码：

```
; File t.c
; Line 13
;
; 使用 argc 作为查找$L1240 处表格的索引，该表格可返回一个到$L1241 处表格的偏移量

    mov eax, DWORD PTR _argc$[esp-4]
    dec eax                 ;EAX 存放着 argc-1，argc 为 1、2、10、11 分别对应 EAX 为 0、1、9、10
    cmp eax, 10             ;EAX 是否超出了 case 值范围？
    ja SHORT $L1229
    xor ecx, ecx
    mov cl, BYTE PTR $L1240[eax]
    jmp DWORD PTR $L1241[ecx*4]

    npad 3
$L1241:
    DD $L1232        ; 调用函数 f()的情况
    DD $L1233        ; 调用函数 g()的情况
```

```
    DD $L1234        ; 调用函数 h() 的情况
    DD $L1229        ; 默认情况

$L1240:
    DB 0             ; argc 为 1 时调用函数 f()
    DB 1             ; argc 为 2 时调用函数 g()
    DB 3             ; 默认情况
    DB 3             ; 默认情况
    DB 3             ; 默认情况
    DB 3             ; 默认情况
    DB 3             ; 默认情况
    DB 3             ; 默认情况
    DB 3             ; 默认情况
    DB 2             ; argc 为 10 时，调用函数 h()
    DB 0             ; argc 为 11 时，调用函数 f()

; 下面是各种情况所对应的代码
$L1233:
; Line 19
    call _g
; Line 31
    xor eax, eax
; Line 32
    ret 0

$L1234:
; Line 23
    call _h
; Line 31
    xor eax, eax
; Line 32
    ret 0

$L1232:
; Line 27
    call _f
$L1229:
; Line 31
    xor eax, eax
; Line 32
```

```
        ret     0
```

这段 80x86 代码中有一个技巧：微软 Visual C++先是查表，将位于范围 1 到 11 的 argc 值转换为 0 到 3 的值。这些值对应于 3 种情况的代码段，外加一个默认情况。由于要在内存中访问两个表格，这段代码比起有多个对应于默认情况的双字入口项跳转表稍慢一些，但更简短。至于这段代码在速度上与二分查找、线性查找相比如何，就留给你来研究吧——答案可能因处理器而异。然而要注意，Visual C++在生成 64 位代码时，又退回到线性查找方式：

```
main    PROC

$LN12:
        sub     rsp, 40                                  ; 00000028H

; argc 通过 ECX 寄存器传递

        sub     ecx, 1
        je      SHORT $LN4@main  ; case 1
        sub     ecx, 1
        je      SHORT $LN5@main  ; case 2
        sub     ecx, 8
        je      SHORT $LN6@main  ; case 10
        cmp     ecx, 1
        jne     SHORT $LN10@main ; case 11
$LN4@main:

        call    f
$LN10@main:

        xor     eax, eax

        add     rsp, 40                                  ; 00000028H
        ret     0
$LN6@main:

        call    h

        xor     eax, eax
```

```
        add     rsp, 40                              ; 00000028H
        ret     0
$LN5@main:

        call    g

        xor     eax, eax

        add     rsp, 40                              ; 00000028H
        ret     0
main    ENDP
```

难得有哪个编译器会给出选项，供我们显式指定如何转换某个 switch/case 语句。例如，倘若我们真想将前面那个 case 值为 0、1、10、100、1000 和 10 000 的 switch/case 语句生成跳转表，就得以汇编语言写这段代码，或者使用我们知根知底的专门的编译器。不过，任何指望编译器生成跳转表的高级语言代码都不便移植到其他编译器上，因为编程语言很少指定高层控制结构应通过什么具体机器码来实现。

当然，我们也不能完全指望编译器为 switch/case 语句生成体面的代码。假定编译器对 switch/case 语句统统采取跳转表的形式，对高级语言源程序生成巨无霸式的跳转表，我们就应协助编译器得到较好的代码。例如，我们想想前面所示 case 值为 0、1、2、3、4 和 1000 的 switch 语句。如果编译器真会生成有 1001 个表项的跳转表、占用比 4KB 多的内存，我们就应将 Pascal 代码改写成如下形式，以改善编译器生成代码的质量：

```
if( i = 1000 ) then begin
  < 如果 i=1000，就执行本处代码 >
end
else begin

  case( i ) of
    0: begin
       < 如果 i=0，就执行本处代码 >
       end;

    1: begin
       < 如果 i=1，就执行本处代码 >
       end;
```

```
    2: begin
        < 如果 i=2, 就执行本处代码 >
        end;

    3: begin
        < 如果 i=3, 就执行本处代码 >
        end;

    4: begin
        < 如果 i=4, 就执行本处代码 >
        end;

  end; (* case *)
end; (* if *)
```

把值为 1000 的情况移出 switch 语句后,编译器就能对那些表达式值连续的主要情况生成紧凑的跳转表。

还有一种办法,如下面的 C/C++代码所示,有人认为它更易看懂:

```
switch( i )
{
  case 0:
    < 如果 i=0, 就执行本处代码 >
    break;

  case 1:
    < 如果 i=1, 就执行本处代码 >
    break;

  case 2:
    < 如果 i=2, 就执行本处代码 >
    break;

  case 3:
    < 如果 i=3, 就执行本处代码 >
    break;

  case 4:
```

```
   < 如果 i=4，就执行本处代码 >
   break;

default:
   if( i == 1000 )
   {
      < 如果 i=1000，就执行本处代码 >
   }
   else
   {
      < 如果 i 不为上述的任何值时，就执行本处代码 >
   }
}
```

这段代码之所以比前面那段代码稍易看懂，是因为把 i 为 1000 的情况移到了
switch 语句内部——幸亏还有 default 子句，故而不必与 switch 中的其他检测操作
分开。

有的编译器不会为 switch/case 语句生成跳转表。显然我们使用这样的编译器，
却想得到跳转表，几乎束手无策；除非使用汇编语言编程，或者采用非标准的 C 扩展。

如果 switch/case 语句有相当多的情况要处理，并且每种情况的概率相等，那
么用跳转表实现通常会很高效。虽然如此，但务必记住：倘若其中一两种情况远比
其他情况的概率高，if..then..elseif 链会更快。举个例子，如果某变量有多于一
半的概率为 15，多于四分之一的概率为 20，余下 25% 以下的概率可能是其他各种值，
则使用 if..then..elseif 链（或者结合 if..then..elseif 链和 switch/case 语句）
的多分支检测也许更高效。通过首先检测最一般的情况，就能缩短执行多分支语句
所需的平均时间。比如：

```
if( i == 15 )
{
   // 倘若 i=15 有超过一半的可能，我们就有一半以上的机会只需执行一次检测
}
else if( i == 20 )
   {
      // 倘若 i=20 有超过 25% 的可能，我们就有 75% 以上的概率只需执行一到两次检测
```

```
    }
    else if etc....   //在上述两个最大的可能性不存在时，再判断剩余的情况
```

假如 i 等于 15 远比 i 不为 15 的概率大，那么多数时候的代码序列只需经过两条指令，就能执行第一个 if 的语句体；而即便最好的 switch 语句实现，想做到这一点，仍需要更多的指令。

13.5.4 Swift 的 switch 语句

Swift 的 switch 语句在语义上不同于其他语言。Swift 的 switch 与 C/C++的 switch、Pascal 的 case 语句相比，主要有 4 个不同：

- Swift 的 switch 提供特殊的 where 子句，允许我们运用条件筛选到 switch 上。
- Swift 的 switch 让我们可以在多个 case 语句中使用同样的值，而通过 where 子句区分。
- Swift 的 switch 可以使用非整型、序数的数据类型作为选择项值，只要有合适的 case 值即可。数据类型可以是元组、字符串、set 等。
- Swift 的 switch 支持 case 值的模式匹配。

可以查看 Swift 语言的参考手册来了解更多细节。本节并不意在提供 Swift 的 switch 语法、语义，而是讨论 Swift 的设计如何影响到其实现。

由于 Swift 允许将任意类型作为 switch 选择项值，因此，Swift 无法使用跳转表来实现 switch 语句。实现跳转表要求使用序数值——即用整数表示的某种意义——编译器可以用其作为跳转表的下标。而诸如字符串之类的选择项，无法用作数组下标。更重要的是，Swift 让我们可以指定两次同样的 case 值 [1]，这样就存在一个跳转表入口对应两个代码区域的一致性问题，即用跳转表是不可能的。

既然 Swift 的 switch 语句如此设计，唯一的解决方案就是线性查找。在效率方

---

[1] 倘若我们提供两个同样的 case，通常就会用 where 子句来区分它们。如果没有 where 子句或者两个 where 子句的计算结果都是 true，switch 就会执行它所遇到的首个 case。

面，switch 语句等效于一串 if..else if..else if..语句。最起码，switch 语句在
性能上并不比一堆 if 语句有优势。

13.5.5　switch 语句的编译器输出

在着手协助编译器改进为 switch 语句生成的代码前，我们也许应该先查看一下
编译器输出的实际代码。本章描述了各种编译器在机器码级实现 switch/case 语句
的若干种技术，但肯定还有一些实现方案并未提及，也无法提及。尽管我们不能假
设编译器总是为 switch/case 语句生成同样的代码，然而通过查看编译器产生的那
些代码，将有助于我们了解编译器的编写者采用的各种实现方案。

13.6　获取更多信息

- Alfred V. Aho、Monica S. Lam、Ravi Sethi 和 Jeffrey D. Ullman 编写的 *Compilers: Principles, Techniques, and Tools*（第 2 版）[1]，由 Pearson Education 出版社于 1986 年出版。

- William Barret 与 John Couch 编写的 *Compiler Construction: Theory and Practice*，由 SRA 出版社于 1986 年出版。

- Herbert Dershem 和 Michael Jipping 编写的 *Programming Languages, Structures and Models*，由 Wadsworth 出版社于 1990 年出版。

- Jeff. Duntemann 编写的 *Assembly Language Step-by-Step*（第 3 版），由 Wiley 出版社于 2009 年出版。

- Christopher Fraser 与 David Hansen 编写的 *A Retargetable C Compiler: Design and Implementation*[2]，由 Addison-Wesley Professional 出版社于 1995 年出版。

- Carlo Ghezzi 与 Jehdi Jazayeri 编写的 *Programming Language Concepts*（第 3 版），由 Wiley 出版社于 2008 年出版。

1　引进版《编译原理（英文版·第 2 版）》，机械工业出版社于 2011 年出版。——译者注。

2　中文版《可变目标 C 编译器——设计与实现》，王挺等译，电子工业出版社出版。——译者注

- Steve Hoxey、Faraydon Karim、Bill Hay 和 Hank Warren 合著的 *The PowerPC Compiler Writer's Guide*，IBM 的 Warthman 协会于 1996 年出版。

- Randall Hyde 编写的 *The Art of Assembly Language*（第 2 版）[1]，由 No Starch Press 于 2010 年出版。

- Intel 公司编写的 *Intel 64 and IA-32 Architectures Software Developer Manuals* 于 2019 年 11 月 11 日更新，参见网址链接 22。

- Henry Ledgard 与 Michael Marcotty 编写的 *The Programming Language Landscape*，由 SRA 出版社于 1986 年出版。

- Kenneth C. Louden 编写的 *Compiler Construction: Principles and Practice*[2]，由 Cengage 出版社于 1997 年出版。

- Kenneth C. Louden 与 Kenneth A. Lambert 编写的 *Programming Languages: Principles and Practice*（第 3 版）[3]，由 Course Technology 出版社于 2012 年出版。

- Thomas W. Parsons 编写的 *Introduction to Compiler Construction*，由 W. H. Freeman 出版社于 1992 年出版。

- Terrence W. Pratt 和 Marvin V. Zelkowitz 编写的 *Programming Languages, Design and Implementation*（第 4 版）[4]，由 Prentice-Hall 出版社于 2001 年出版。

---

1 中文版《汇编语言的编程艺术（第 2 版）》，包战、马跃译，清华大学出版社于 2011 年出版。——译者注

2 影印版《编译原理与实践》，机械工业出版社于 2002 年出版；中文版《编译原理及实践》，冯博琴等译，机械工业出版社于 2004 年出版。——译者注

3 影印版《程序设计语言——原理与实践（第二版）》，电子工业出版社出版；中文版《程序设计语言——原理与实践（第二版）》，黄林鹏、毛宏燕、黄晓琴等译，电子工业出版社于 2004 年出版。——译者注

4 影印版《程序设计语言：设计与实现（第 3 版）》，清华大学出版社于 1998 年出版；影印版《编程语言：设计与实现（第四版）》，科学出版社于 2004 年出版；中文版《程序设计语言：设计与实现（第 3 版）》，傅育熙、黄林鹏、张冬茉等译，电子工业出版社于 1998 年出版；中文版《程序设计语言：设计与实现（第四版）》，傅育熙、张冬茉、黄林鹏译，电子工业出版社于 2001 年出版。——译者注

- Robert Sebesta编写的*Concepts of Programming Languages*（第 11 版）[1]，由 Pearson出版社于 2016 年出版。

---

1 影印版《程序设计语言原理（英文版·第 5 版）》，机械工业出版社于 2003 年出版；中文版《程序设计语言原理（原书第 5 版）》，张勤译，机械工业出版社于 2004 年出版；中文版《程序设计语言概念（第六版）》，林琪、侯妍译，中国电力出版社于 2006 年出版。——译者注

14

迭代控制结构

大多数程序均把主要时间花在执行循环内的指令上。因此，要想提高应用程序的执行速度，我们首先应看看代码中的循环是否还有性能改善的余地。本章将探讨下列几种循环：

- while 循环
- repeat..until/do..while 循环
- 不定次的 forever 循环
- 定次的 for 循环

14.1 while 循环

　　while 循环大概是高级语言提供的最通用的迭代语句了。正因为如此，编译器一般都竭力为 while 循环生成最优化的代码。while 循环在循环体开头检测一个布尔表达式，如果表达式求值为 true，就执行循环体。循环体执行后，控制又转移回检测表达式的位置，继续这一过程。直到该控制布尔表达式值为 false，程序才把控制移往循环体后的首条语句。注意，倘若程序首次遇到 while 语句，就求得布尔表达式为 false，程序会立即跳过循环体内的所有语句，不会执行哪怕一次循环。下列示例给出了 Pascal 语言的 while 循环：

```
while( a < b ) do begin
    < 如果 a 小于 b，就执行此处的语句。这些语句可能会改动 a、b 的值，从而最终使 a 不再小于 b，结束循环 >
end; (* while *)
< 当 a 不小于 b 时执行的语句 >
```

通过 if 语句和 goto 语句在高级语言中模拟 while 循环是很容易的事。我们来看下面 C/C++中的 while 循环，它在语义上与 if、goto 代码等效：

```
// while 循环
while( x < y )
{
    array[x] = y;
    ++x;
}

// 可用 if 和 goto 转换为：
whlLabel:
if( x < y )
{
    array[x] = y;
    ++x;
    goto whlLabel;
}
```

假定 if/goto 首次执行时，x 小于 y，于是就会执行"循环体"，也就是 if 语句的 then 部分。在"循环体"末尾，有一条 goto 语句将控制转往 if 语句之前。这意味着代码将再次检测表达式，就像 while 循环所做的那样。只有等到 if 表达式为 false 时，控制才会转移到 if 后面，即本段程序 goto 语句之后的第一条语句。

尽管 if/goto 组合与 while 循环在语义上相同，但不要以为 if/goto 方案比典型编译器生成的代码要高效，不是这么回事。我们来看下列示例，这是中等水平的编译器对前面 while 循环所生成的汇编代码：

```
// while( x < y )
whlLabel:
    mov( x, eax );
    cmp( eax, y );
    jnl exitWhile;   // 如果 x 不小于 y, 就跳到标号 exitWhile 处

    mov( y, edx );
    mov( edx, array[ eax*4 ] );
    inc( x );
    jmp whlLabel;
exitWhile:
```

编译器只要说得过去, 就会使用所谓的代码搬移或表达式变换技术对上述代码略加改进。下列代码比前面的 while 循环代码稍高效一些:

```
// while( x < y )
    // 跳过 while 循环体
    jmp testExpr;

whlLabel:
    // 这里是 while 循环体, 与前一例类拟, 只是有几条指令移到了前面
    mov( y, edx );
    mov( edx, array[ eax*4 ] );
    inc( x );

// 我们在此处检测表达式, 决定是否重复执行循环体
testExpr:
    mov( x, eax );
    cmp( eax, y );
    jl whlLabel;        // 如果 x<y, 就将控制仍旧转向循环体
```

该例子中的机器指令数和前一例完全相同, 但循环结束检测操作移到了循环末尾处。为与 while 循环的语义保持一致——注意, 若首次遇到循环时表达式的值就为 false, 则无须执行循环体——该序列的首条语句是 jmp, 它将控制转移到检测循环结束表达式的代码处。要是检测出值为 true, 代码就将控制转向 while 循环体, 即标号 whlLabel 之后。

尽管这段代码的语句数目与前例相同, 但两种实现方法有一个微妙的差别。在

后一例中，最初的 jmp 指令只执行一次，也就是在循环开始执行时。此后代码的每次迭代都会跳过该语句。而在先前的例子中，对应的 jmp 指令位于循环体末尾，每次迭代都会执行。因此，倘若循环体执行超过一次，第二个版本将执行得更快。但如果循环体很少执行过一次以上，前一种方案就会略显高效。假如我们的编译器不能为 while 语句生成最好的代码，应当考虑换一个编译器。正如第 13 章所探讨的那样，在高级语言中试图通过 if 和 goto 语句写出高质量的代码，注定将得到难以看懂的一团"乱麻"。goto 语句多数时候只会削弱编译器生成像样代码的能力。

> **注意：** 本章后面讨论 repeat..until/do..while 循环时，我们将看到 if..goto 的替代方案。此替代方案能让编译器生成结构化更好的代码。同样道理，如果编译器不能实现这么简单的转换，那么我们面临的麻烦也许远不限于 while 循环的编译效率问题。

把 while 循环优化得很棒的编译器一般会对循环做出某些设想。最可能的假设就是认为循环只有一个入口和一个出口。许多语言都有诸如 break 等中途退出循环的语句（可参看 13.3.1 节的讨论）；当然，不少语言还提供某些形式的 goto 语句，允许在任意位置退出循环。然而要知道，这么使用语句也许合法，但会严重妨碍编译器优化代码的能力，所以一定要慎用 [1]。while 循环尽可放手由编译器来管好了，我们自己不必手工优化代码。这种说辞其实对所有循环都成立，毕竟编译器在循环的优化方面很拿手。

14.1.1　在 while 循环中强制全面布尔求值

while 语句的执行有赖于对布尔表达式求值时的语义。与 if 语句一样，有时 while 循环能否正确执行取决于布尔表达式采用全面求值还是短路求值。本节我们来研讨强制 while 循环采取全面布尔求值的办法。14.1.2 节将给出强制短路布尔求值的手段。

关于在 while 循环中强制全面布尔求值的办法，我们乍一想，不就是对 if 语句照着葫芦画瓢吗？然而如果回头看看对 if 语句的解决方案，即 13.4.2 节的内容，我

---

[1] 许多程序员都对循环设置多个入口或出口，想以此来优化代码。这和我们的说法相矛盾。他们越是这样做，越是欲速而不达。

们会发现对付 if 语句的那几招——嵌套 if、利用临时变量进行计算——无法套用到 while 循环。我们必须另辟蹊径。

14.1.1.1 效率不高的简易办法

　　强制全面布尔求值的一个简单办法就是写一个函数，由该函数采用全面布尔求值的办法来计算布尔表达式的结果。我们来看以这一思路实现的 C 语言代码：

```
#include <stdio.h>

static int i;
static int k;

extern int x;
extern int y;
extern int f( int );
extern int g( int );

/* 在函数 func() 中实现对表达式 "i<g(y)||k>f(x)" 的全面布尔求值 */
int func( void )
{
    int temp;
    int temp2;

    temp = i < g(y);
    temp2 = k > f(x);
    return temp || temp2;
}

int main( void )
{
    /* 下面的 while 循环采用全面布尔求值 */
    while( func() )
    {
     IntoIF:
       printf( "Hello" );
    }
    return( 0 );
}
```

下面是 GCC 为此段 C 程序生成的 80x86 汇编代码，事先对其进行了少许清理，以去掉不必要的行：

```
func:
.LFB0:
        pushq   %rbp
        movq    %rsp, %rbp
        subq    $16, %rsp
        movl    y(%rip), %eax
        movl    %eax, %edi
        call    g
        movl    %eax, %edx
        movl    i(%rip), %eax
        cmpl    %eax, %edx
        setg    %al
        movzbl  %al, %eax
        movl    %eax, -8(%rbp)
        movl    x(%rip), %eax
        movl    %eax, %edi
        call    f
        movl    %eax, %edx
        movl    k(%rip), %eax
        cmpl    %eax, %edx
        setl    %al
        movzbl  %al, %eax
        movl    %eax, -4(%rbp)
        cmpl    $0, -8(%rbp)
        jne     .L2
        cmpl    $0, -4(%rbp)
        je      .L3
.L2:
        movl    $1, %eax
        jmp     .L4
.L3:
        movl    $0, %eax
.L4:
        leave
        ret
.LFE0:
        .size   func, .-func
```

```
        .section        .rodata
.LC0:
        .string "Hello"
        .text
        .globl  main
        .type   main, @function
main:
.LFB1:
        pushq   %rbp
        movq    %rsp, %rbp
        jmp     .L7
.L8:
        movl    $.LC0, %edi
        movl    $0, %eax
        call    printf
.L7:
        call    func
        testl   %eax, %eax
        jne     .L8
        movl    $0, %eax
        popq    %rbp
        ret
```

正如上述汇编代码所给出的那样，这种办法的问题在于代码必须调用函数并返回，才能计算表达式的结果，而这些操作都很慢。对于许多表达式来说，调用和返回的开销甚至比实际计算表达式的值还要大！

14.1.1.2 采用内联函数

上述代码存在着使用函数的麻烦，从而在速度和空间方面都引入了相当大的开销。这绝不是我们希望的卓越代码。如果编译器支持内联函数，通过在下面的例子中内联 func()，代码效果将增色不少：

```
#include <stdio.h>

static int i;
static int k;

extern int x;
extern int y;
```

```
extern int f( int );
extern int g( int );

inline int func( void )
{
   int temp;
   int temp2;

   temp = i < g(y);
   temp2 = k > f(x);
   return temp || temp2;
}

int main( void )
{
   while( func() )
   {
    IntoIF:
      printf( "Hello" );
   }
   return( 0 );
}
```

这里是 80x86 处理器上经 GCC 编译器转换得到的 32 位 Gas 汇编代码:

```
main:
   pushl %ebp
   movl %esp, %ebp
   pushl %ebx
   pushl %ecx
   andl $-16, %esp
   .p2align 2,,3
.L2:
   subl $12, %esp

; while( i < g(y) || k > f(x) )
;
; 计算 g(y) 的值，并送入 %EAX
   pushl y
   call g
```

```
    popl %edx
    xorl %ebx, %ebx
    pushl x

; 检测 i 是否小于 g(y)，将此布尔值结果放入%EBX
    cmpl %eax, i
    setl %bl

; 计算 f(x)的值，并送入%EAX
    call f        ; 注意，即便前面的 i 小于 g(y)为 true，函数 f()仍将被调用
    addl $16, %esp

; 检测 k 是否大于 f(x)，将此布尔值结果放入%EAX
    cmpl %eax, k
    setg %al

; 计算上述两个表达式的逻辑"或"结果
    xorl %edx, %edx
    testl %ebx, %ebx
    movzbl %al, %eax
    jne .L6
    testl %eax, %eax
    je .L7
.L6:
    movl $1, %edx
.L7:
    testl %edx, %edx
    je .L10
.L8:

; 循环体
    subl $12, %esp
    pushl $.LC0
    call printf
    addl $16, %esp
    jmp .L2
.L10:
    xorl %eax, %eax
    movl -4(%ebp), %ebx
    leave
```

```
    ret
```

如本例所示，GCC 编译时将函数直接置于 while 循环的条件检测中，从而节省了函数的调用和返回开销。

14.1.1.3　采用按位逻辑运算

　　C 语言支持按位的布尔运算。布尔运算也被称为按位逻辑运算（bitwise logical operation）。我们可以采取与 if 语句中同样的诀窍，使用按位运算符来强制全面布尔求值。当运算符"&&"或"||"两边的操作数值总为 0 或 1 时，类似下列的代码可以用来强制全面布尔求值：

```c
#include <stdio.h>

static int i;
static int k;

extern int x;
extern int y;
extern int f( int );
extern int g( int );

int main( void )
{
   // 我们在此处使用运算符"|", 而非采用"||"来强制全面布尔求值
   while( i < g(y) | k > f(x) )
   {
      printf( "Hello" );
   }
   return( 0 );
}
```

　　Borland C++为这段 C 源程序生成的汇编代码如下：

```
_main proc near
?live1@0:
   ;
   ; int main( void )
   ;
```

```
@1:
    push ebx
    jmp short @3        ;跳到对表达式的检测处
    ;
    ; {
    ;    while( i < g(y) | k > f(x) )
    ;    {
    ;        printf( "Hello" );
    ;
@2:
    ;循环体
    push offset s@
    call _printf
    pop ecx

; 此处开始对表达式的检测
@3:
    ;对 "i<g(y)" 求值, 结果放入寄存器 EBX
    mov eax,dword ptr [_y]
    push eax
    call _g
    pop ecx
    cmp eax,dword ptr [_i]
    setg bl
    and ebx,1

    ; 对 "k>f(x)" 求值, 结果放入 EDX
    mov eax,dword ptr [_x]
    push eax
    call _f
    pop ecx
    cmp eax,dword ptr [_k]
    setl dl
    and edx,1

    ; 对上述两个结果进行逻辑 "或" 运算
    or ebx,edx

    ; 如果为 true, 就再次执行循环体
    jne short @2
    ;
```

```
;    }
;
;    return( 0 );
;
     xor eax,eax
;
; }
;
@5:
@4:
  pop ebx
  ret
_main endp
```

从这些 80x86 输出能够看出，采用按位逻辑运算符时，编译器可生成语义上等价的代码。一定要记住，仅当布尔值 false/true 以 0、1 表示时，上述代码才有效。

14.1.1.4　采用非结构化的代码

如果无法使用内联函数或按位逻辑运算符，可以将非结构化代码视为全面布尔求值的最后出路。其基本思路就是设立一个无限循环，条件无效时就从某处代码跳出循环。我们一般通过 goto 语句或其限制形式，如 C 语言的 break、continue 语句来控制循环结束。现在来看下面的 C 语言示例：

```
#include <stdio.h>

static int i;
static int k;

extern int x;
extern int y;
extern int f( int );
extern int g( int );

int main( void )
{
   int temp;
   int temp2;
```

```
for( ;; )   //C/C++中的无限循环
{
    temp = i < g(y);
    temp2 = k > f(x);
    if( !temp && !temp2 ) break;
    printf( "Hello" );
}

return( 0 );
}
```

通过带有 break 的无限循环，我们就能以分开的语句各自计算布尔表达式的两个组件，从而迫使编译器对所有的子表达式进行求值。下面是 Visual C++编译器为这段 C 程序生成的代码：

```
main    PROC
; File c:\users\rhyde\test\t\t\t.cpp
; Line 16
$LN9:
        sub     rsp, 56                                  ; 00000038H

; 这里跳转到无限循环:
$LN2@main:
; Line 21
;
; temp = i < g(y);
;
        mov     ecx, DWORD PTR ?y@@3HA                    ; y
        call    ?g@@YAHH@Z                               ; g

; 计算 i < g(y)的布尔值, 将结果放入 EAX:
        cmp     DWORD PTR ?i@@3HA, eax
        jge     SHORT $LN5@main
        mov     DWORD PTR tv67[rsp], 1
        jmp     SHORT $LN6@main
$LN5@main:
        mov     DWORD PTR tv67[rsp], 0

$LN6@main:
; temp2 = k > f(x);
        mov     ecx, DWORD PTR ?x@@3HA                    ; x
```

```
        call    ?f@@YAHH@Z                          ; f

; 计算 k > f(x)，将结果放入 EAX：
        cmp     DWORD PTR ?k@@3HA, eax
        jle     SHORT $LN7@main
        mov     DWORD PTR tv71[rsp], 1
        jmp     SHORT $LN8@main
$LN7@main:
        mov     DWORD PTR tv71[rsp], 0
$LN8@main:

; if( !temp && !temp2 ) break;
        or      ecx, eax
        mov     eax, ecx
        test    eax, eax
        je      SHORT $LN3@main
; Line 23
        lea     rcx, OFFSET FLAT:$SG6924
        call    printf

; 跳转回 for(;;)循环的起始位置
;
; Line 24
        jmp     SHORT $LN2@main
$LN3@main:
; Line 26
        xor     eax, eax
; Line 27
        add     rsp, 56                             ; 00000038H
        ret     0
main    ENDP
```

　　研究这些汇编代码就会发现，程序总是对原布尔表达式的两部分都求值。也就是说，我们实现了全面布尔求值。

　　编程要慎重采用非结构化方式。这样做时，非但代码不容易看懂，还难以促使编译器生成我们期望的代码。更进一步来说，对于某些源代码序列，就算我们能确信某编译器可生成较好的代码，但在其他编译器上未必也会收到同样的效果。

如果我们所用的语言不支持 break 之类的语句，那么使用 goto 语句也能终止循环，实现同样的目的。当然了，代码里混有 goto 语句可不是什么好事，但在有些情况下这却是唯一可行的办法。

14.1.2　在 while 循环中强制短路布尔求值

即便 BASIC、Pascal 之类的语言并不支持短路求值，有时我们仍需要对 while 语句的布尔表达式采取短路求值。可以像对 if 语句那样，通过调整程序计算循环控制表达式的方式来达此目的。然而与 if 语句不同的是，我们无法嵌套 while 语句或用语句铺垫 while 循环来做到这一点。尽管如此，多数编程语言仍有办法实现短路布尔求值。

请看下面的 C 程序片段：

```
while( ptr != NULL && ptr->data != 0 )
{
  < 循环体 >
  ptr = ptr->Next;      // 遍历一个链表
}
```

如果 C 语言不能保证按短路方式对布尔表达式求值，程序就会失效。

和强制全面布尔求值相同，在 Pascal 之类的语言中最简单的办法就是写一个函数，由它以短路布尔求值的方式计算并返回表达式的结果。然而，这种手段由于函数调用的开销太大，运行会相当慢。请看下面的 Pascal 示例[1]：

```
program shortcircuit;
{$APPTYPE CONSOLE}
uses SysUtils;
var
  ptr :Pchar;
```

---

[1]　注意，Delphi 语言能让我们选择采用短路布尔求值或全面布尔求值，因此在现实中 Delphi 大可不必采用此方案。不过，既然 Delphi 能编译此段代码，我们就对此例使用了 Delphi 编译器，其实 Free Pascal 也同样能做到。

```
function shortCir( thePtr:Pchar ):boolean;
begin
  shortCir := false;
  if( thePtr <> NIL ) then begin
    shortCir := thePtr^ <> #0;
  end;    // if 结束
end;   // 函数 shortCir()结束

begin
  ptr := 'Hello world';
  while( shortCir( ptr )) do begin
    write( ptr^ );
    inc( ptr );
  end;   // while 结束
  writeln;
end.
```

Borland 的 Delphi 编译器将生成如下 80x86 汇编代码（经过 IDAPro 反汇编）：

```
; function shortCir( thePtr:Pchar ):boolean
;
; 注意: 函数的参数 thePtr 是通过寄存器 EAX 传递的
sub_408570 proc near

  ; EDX 保存函数返回值, 先假设为 false
  ;
  ; shortCir := false;
  xor edx, edx

  ;if( thePtr <> NIL ) then begin
  test eax, eax
  jz short loc_40857C                    ; 如果 thePtr 为 NIL, 就分支到 loc_40857C

  ; shortCir := thePtr^ <> #0;
  cmp byte ptr [eax], 0
  setnz dl                               ; 倘若 thePtr^不是 0, 则 DL 为 1

loc_40857C:
  ; 在 EAX 中返回函数 shortCir()的值
  mov eax, edx
```

```
     retn
sub_408570 endp

; 主程序（相关部分）
;
; 将全局变量 ptr 的地址调入 EBX，然后进入 while 循环
;（Delphi 将 while 循环的条件检测操作移至循环体的尾部）
     mov ebx, offset loc_408628
     jmp short loc_408617
; --------------------------------------------------------
loc_408600:
     ; 显示"ptr"所指地址中的当前字符
     mov eax, ds:off_4092EC              ;ptr 指针
     mov dl, [ebx]                       ;取字符
     call sub_404523                     ;显示字符
     call sub_404391
     call sub_402600
     inc ebx                             ;ptr 指针指向下一个地址单元

; 当函数 shortCir( ptr )为 true 时，执行下列循环
loc_408617:
     mov eax, ebx                        ;ptr 通过 EAX 传递
     call sub_408570                     ;调用函数 shortCir()
     test al, al                         ;返回 true/false
     jnz short loc_408600                ;如果为 true，就跳转到 loc_408600
```

与前面的 C 代码相似，过程 sub_408570 包含的函数将按短路方式对布尔表达式求值。我们可以看出，倘若 thePtr 为 NIL（0），就不会执行解析 thePtr 指针的代码。

如果不愿调用函数，那么唯一可行的途径就是使用非结构化编程法。下面是前面 C 示例强制短路布尔求值的 while 循环的 Pascal 版本：

```
while( true ) do begin
   if( ptr = NIL ) then goto 2;
   if( ptr^.data = 0 ) then goto 2;
   < 循环体 >
   ptr = ptr^.Next;
end;
2:
```

再次指出，像这样生成非结构化的程序，只能作为迫不得已的办法。倘若所用

语言或编译器无法保证按短路方式求值，而我们又需要这种语义，非结构化代码或低效率的函数调用代码恐怕是仅有的选择。

14.2　repeat..until（do..until/do..while）式的循环

现代编程语言大多还有另一种循环很常见，那就是 `repeat..until` 循环。`repeat..until` 循环在循环体末尾检测结束条件。这意味着即便循环首次迭代时布尔表达式即求值为 `false`，循环体也至少会执行一次。尽管 `repeat..until` 循环适用的场合比 `while` 循环少，也不像 `while` 循环那么频繁露面，但在许多情况下 `repeat..until` 循环是再合适不过的控制结构了。经典例子也许是不停读取用户的输入，直到用户输入某个值为止。下列 Pascal 代码段很有代表性：

```
repeat
   write( 'Enter a value (negative quits): ' );
   readln( i );
   // 对 i 值进行某种操作
until( i < 0 );
```

该循环总是执行循环体一次以上。这当然是必要的，因为只有执行循环体来读取用户的输入值，程序才能检测后确定何时结束循环。

`repeat..until` 循环在其布尔表达式值为 `true` 时终止，而 `while` 循环的终止条件为 `false`。字面上就该这样，因为 *until* 意即当控制表达式为 `true` 时停止循环。不过请注意，那不过是很小的语义问题。C/C++/Java/Swift 及许多 C 的延伸语言都提供 `do..while` 循环，只要循环条件为 `true`，就反复执行循环体。从效率角度看，这两种循环并无二致。我们很容易就能将其相互转换，只要对循环终止条件按所用语言的方式取逻辑"非"即可。下面这些例子将给出 Pascal、HLA 以及 C/C++的 `repeat..until`、`do..while` 循环语法。首先来看 Pascal 的 `repeat..until` 循环示例：

```
repeat
   (* 从"input"文件读取一个原始字符，在本例中此文件为键盘 *)
   ch := rawInput( input );
```

```
      (* 保存该字符 *)
      inputArray[ i ] := ch;
      i := i + 1;

      (* 重复此循环，直到用户按回车键 *)
until( ch = chr( 13 ));
```

下面是 C/C++对同一循环的 do..while 版本实现：

```
do
{
    /* 从"input"文件读取一个原始字符，在本例中此文件为键盘 */
    ch = getKbd();

    /* 保存该字符 */
    inputArray[ i++ ] = ch;

    /* 重复此循环，直到用户按回车键 */
}
while( ch != '\r' );
```

接下来是 HLA 的 repeat..until 循环：

```
repeat
    // 从标准输入设备读取一个字符
    stdin.getc();

    // 保存该字符
    mov( al, inputArray[ ebx ] );
    inc( ebx );

    // 重复此循环，直到用户按回车键

until( al = stdin.cr );
```

将 repeat..until（或 do..while）循环转换成汇编语言代码相当简单、直接。编译器需要做的就是将循环控制布尔表达式替换成汇编代码，并在表达式求得"肯定值"时——即 repeat..until 中为 false，而 do..while 中为 true——使分支回到循环体开始处。以下是 HLA 对上面 repeat..until 循环的纯汇编实现，C/C++和 Pascal 编译器可以为各自的示例生成近乎一样的代码：

```
rptLoop:
  // 从标准输入设备读取一个字符
  call stdin.getc

  // 保存该字符
  mov( al, inputArray[ ebx ] );
  inc( ebx );

  //如果用户不按回车键，就重复此循环
  cmp( al, stdio.cr );
  jne rptLoop;
```

　　在此可以看出，比起一般的 while 循环，典型编译器对 repeat..until、do..while 循环生成的代码效率稍高。既然编译器往往对 repeat..until/do..while 循环产生比 while 循环稍高效的代码，只要语义允许，就应当考虑对循环使用 repeat..until/do..while 形式。不少程序的控制用布尔表达式，都在循环首次迭代时为 true。例如，应用程序中类似下面的循环比比皆是：

```
i = 0;
while( i < 100 )
{
   printf( "i: %d\n", i );
   i = i*2+1;
   if( i < 50 )
   {
      i += j;
   }
}
```

　　这样的 while 循环很容易就能转换为下列 do..while 循环：

```
i = 0;
do
{
   printf( "i: %d\n", i );
   i = i*2+1;
   if( i < 50 )
   {
      i += j;
```

```
    }
} while( i < 100 );
```

之所以有这种置换，是因为我们知道 i 的初始值为 0，小于 100，所以循环体肯定要执行一次以上。

将一般 while 循环改用更合适的 repeat..until/do..while 循环，有助于编译器更好地生成代码。注意效率上的收益不算太大，所以这么做时谨防付出可读性和可维护性的代价。原则上，我们总应采取最恰当逻辑的控制结构。倘若循环体至少执行一次，即便 while 循环可行，仍应选用 repeat..until/do..while 循环。

14.2.1　在 repeat..until 循环中强制全面布尔求值

由于在 repeat..until、do..while 中对循环结束的检测是在循环体末尾进行的，因此，强制其全面布尔求值的做法和 if 语句类似。我们来看下面的 C/C++ 代码：

```
extern int x;
extern int y;
extern int f( int );
extern int g( int );
extern int a;
extern int b;

int main( void )
{
  do
  {
    ++a;
    --b;
  }while( a<f(x) && b>g(y));
  return( 0 );
}
```

下面是 GCC 在 PowerPC 上对此 do..while 循环的输出，注意标准 C 采用短路布尔求值：

```
L2:
  // ++a
```

```
// --b

lwz r9,0(r30)              ; 取 a 值
lwz r11,0(r29)             ; 取 b 值
addi r9,r9,-1              ; --a
lwz r3,0(r27)             ; 为函数 f()设置参数 x
stw r9,0(r30)             ; 将值保存回 a
addi r11,r11,1            ; ++b
stw r11,0(r29)           ; 将值保存回 b

; 计算 f(x)
bl L_f$stub              ; 调用函数 f()，结果放入 R3

; a>=f(x)吗？如果是，就退出循环
lwz r0,0(r29)            ; 取 a 值
cmpw cr0,r0,r3          ; 比较 a 与函数 f()的值
bge- cr0,L3

lwz r3,0(r28)            ; 为函数 g()设置参数 y
bl L_g$stub             ; 调用函数 g()

lwz r0,0(r30)            ; 取 b 值
cmpw cr0,r0,r3          ; 比较 b 与函数 g()的值
bgt+ cr0,L2             ; 倘若 b>g(y)，就重复此循环过程
L3:
```

从这段代码中可以看出，只要表达式 a<f(x)为 false，即 a>=f(x)，程序就会跳过对 b>g(y)的检测，到达标号 L3 处。

为了对这种情形强制全面布尔求值，C 语言源代码需要在 while 子句前逐个计算布尔表达式的各组件，并把各子表达式的值保存于临时变量中，而 while 子句只检验最终结果：

```
static int a;
static int b;

extern int x;
extern int y;
extern int f( int );
```

```
extern int g( int );

int main( void )
{
    int temp1;
    int temp2;

    do
    {
        ++a;
        --b;
        temp1 = a<f(x);
        temp2 = b>g(y);
    }while( temp1 && temp2 );
    return( 0 );
}
```

经过 GCC 转换得到的 PowerPC 代码如下：

```
L2:
    lwz  r9,0(r30)          ; r9 = b
    li   r28,1              ; temp1 = true
    lwz  r11,0(r29)         ; r11 = a
    addi r9,r9,-1           ; --b
    lwz  r3,0(r26)          ; r3=x （设置函数 f()的参数）
    stw  r9,0(r30)          ; 保存 b 值
    addi r11,r11,1          ; ++a
    stw  r11,0(r29)         ; 保存 a 值
    bl   L_f$stub           ; 调用函数 f()
    lwz  r0,0(r29)          ; 取 a 值
    cmpw cr0,r0,r3          ; 计算 a<f(x)的布尔值，结果放入 temp1
    blt- cr0,L5             ; 倘若 a<f(x)，则 temp1 为 true
    li   r28,0             ; 否则 temp1 为 false
L5:
    lwz  r3,0(r27)          ; r3 = y （设置函数 g()的参数）
    bl   L_g$stub           ; 调用函数 g()
    li   r9,1              ; temp2 = true
    lwz  r0,0(r30)          ; 取 b 值
    cmpw cr0,r0,r3          ; 计算 b>g(y)
    bgt- cr0,L4             ; 倘若 b>g(y)，则 temp2 为 true
```

```
    li r9,0                              ; 否则 temp2 为 false
L4:
    ;下面才是 while 子句真正的终止条件检测操作
    cmpwi cr0,r28,0
    beq- cr0,L3
    cmpwi cr0,r9,0
    bne+ cr0,L2
L3:
```

当然，实际的布尔表达式（`temp1 && temp2`）仍采用短路求值。然而该短路求值只牵涉临时变量。不管前一个子表达式的结果如何，循环都会将原来的两个子表达式计算一遍。

14.2.2 在 repeat..until 循环中强制短路布尔求值

倘若你所用的编程语言提供从 repeat..until 循环内跳出的功能——例如，C 语言的 break 语句，那么强制短路布尔求值是相当容易的事。考虑 14.2.1 节中强制全面布尔求值示例的 C 语言 do..while 循环：

```
do
{
    ++a;
    --b;
    temp1 = a<f(x);
    temp2 = b>g(y);
}while( temp1 && temp2 );
```

下列代码对其做了变换，以便展示通过短路布尔求值方式来计算终止表达式的方法：

```
static int a;
static int b;

extern int x;
extern int y;
extern int f( int );
extern int g( int );
```

```
int main( void )
{
  do
  {
    ++a;
    --b;

    if( !( a<f(x) )) break;
  }while( b>g(y) );

  return( 0 );
}
```

GCC 为此序列的 do..while 循环生成如下 PowerPC 代码：

```
L2:
  lwz r9,0(r30)                    ; r9 = b
  lwz r11,0(r29)                   ; r11 = a
  addi r9,r9,-1                    ; --b
  lwz r3,0(r27)                    ; 设置 f(x)的参数 x
  stw r9,0(r30)                    ; 保存 b 值
  addi r11,r11,1                   ; ++a
  stw r11,0(r29)                   ; 保存 a 值
  bl L_f$stub                      ; 调用函数 f()

  ; 如果不是 a<f(x)，就跳出循环
  lwz r0,0(r29)
  cmpw cr0,r0,r3
  bge- cr0,L3

  ; 当 b>g(y)时执行下列指令
  lwz r3,0(r28)                    ;设置 g(y)的参数 y
  bl L_g$stub                      ;调用函数 g()
  lwz r0,0(r30)                    ;计算 b>g(y)的布尔值
  cmpw cr0,r0,r3
  bgt+ cr0,L2                      ;如果上述表达式为 true，就重复此循环过程
L3:
```

要是 a 大于或等于 f(x)的返回值，代码立即跳出循环，来到标号 L3 处，而不再检验 b 是否大于 g(y)的返回值。因此，这段代码模仿了对表达式"a<f(x)&& b>g(y)"

的短路布尔求值过程。

如果编译器并未提供像 C/C++中 break 这样的语句，逻辑就得稍微复杂些。下面是一个办法：

```c
static int a;
static int b;

extern int x;
extern int y;
extern int f( int );
extern int g( int );

int main( void )
{
    int temp;

    do
    {
        ++a;
        --b;
        temp = a<f(x);
        if( temp )
        {
            temp = b>g(y);
        };
    }while( temp );

    return( 0 );
}
```

GCC 为此示例生成的 PowerPC 代码如下：

```
L2:
    lwz r9,0(r30)          ; r9 = b
    lwz r11,0(r29)         ; r11 = a
    addi r9,r9,-1          ; --b
    lwz r3,0(r27)          ; 设置 f(x)参数
    stw r9,0(r30)          ; 保存 b 值
    addi r11,r11,1         ; ++a
```

```
    stw r11,0(r29)              ; 保存 a 值
    bl L_f$stub                 ; 调用函数 f()
    li r9,1                     ; 先假定 temp 为 true
    lwz r0,0(r29)               ; 倘若 a<f(x)，将 temp 置为 false
    cmpw cr0,r0,r3
    blt- cr0,L5
    li r9,0
L5:
    cmpwi cr0,r9,0              ; 如果并非 a<f(x)，就跳出 do..while 循环
    beq- cr0,L10
    lwz r3,0(r28)              ; 使用类似上面的方法计算 b>f(y)的布尔值，结果放入 temp
    bl L_g$stub
    li r9,1
    lwz r0,0(r30)
    cmpw cr0,r0,r3
    bgt- cr0,L9
    li r9,0
L9:
    ; 检测 while 终止表达式的值

    cmpwi cr0,r9,0
    bne+ cr0,L2
L10:
```

这些示例采用的是逻辑"与"操作，而实现逻辑"或"操作同样是手到擒来的。我们再举一个 Pascal 序列及其转换的例子，作为本节的结束：

```
repeat
    a := a + 1;
    b := b - 1;
until( a < f(x) OR b > g(y) );
```

要强制为短路布尔求值，可将其变换为：

```
repeat
    a := a + 1;
    b := b - 1;
    temp := a < f(x);
    if( not temp ) then begin
        temp := b > g(y);
```

```
    end;
until( temp );
```

对 Borland 的 Delphi 编译器选中 "*complete Boolean evaluation*" 选项后，该编译器会对上述两个循环生成如下代码：

```
; repeat
;
;    a := a + 1;
;    b := b - 1;
;
; until( (a < f(x)) or (b > g(y)));

loc_4085F8:
    inc ebx                         ; a := a + 1;
    dec esi                         ; b := b - 1;
    mov eax, [edi]                  ; EDI 指向变量 x
    call locret_408570
    cmp ebx, eax                    ; 倘若 a<f(x)，将 AL 置为 1
    setl al
    push eax                        ; 保存布尔值结果

    mov eax, ds:dword_409288        ; 取 y 值
    call locret_408574              ; 计算 g(y)
    cmp esi, eax                    ; 倘若 b>g(y)，将 AL 置为 1
    setnle al
    pop edx                         ; 从栈中取出表达式 a<f(x)的布尔值结果
    or dl, al                       ; 对上述两个表达式进行逻辑 "或" 运算
    jz short loc_4085F8             ; 如果结果为 false，就重复循环过程

; repeat
;
;    a := a + 1;
;    b := b - 1;
;    temp := a < f(x);
;    if( not temp ) then begin
;
;       temp := b > g(y);
;
;    end;
```

```
;
; until( temp );

loc_40861B:
   inc ebx                  ; a := a + 1;
   dec esi                  ; b := b - 1;
   mov eax, [edi]           ; 取 x 值
   call locret_408570       ; 调用函数 f()
   cmp ebx, eax             ; a<f(x)吗?
   setl al                  ; 如果是, 将 AL 置为 1

   ; 倘若上述结果为 true, 就无须检测第二个表达式, 此即短路布尔求值
   test al, al
   jnz short loc_40863C

   ;现在检测表达式 b>g(y)
   mov eax, ds:dword_409288
   call locret_408574

   ;倘若 b>g(y), 就将 AL 置为 1
   cmp esi, eax
   setnle al

; 倘若两个表达式均为 false, 就重复此循环过程
loc_40863C:
   test al, al
   jz short loc_40861B
```

Delphi 编译器为此"强制短路求值"示例生成的汇编代码, 远不及我们放手让编译器做的效果好, 即在编译器中不选择"*complete Boolean evaluation*"选项, 从而要求 Delphi 采用短路布尔求值。下面就是这么设定时所生成的汇编代码:

```
loc_4085F8:
   inc ebx
   dec esi
   mov eax, [edi]
   call nullsub_1           ;调用函数 f()
   cmp ebx, eax
   jl short loc_408613
   mov eax, ds:dword_409288
   call nullsub_2           ;调用函数 g()
```

```
cmp esi, eax
jle short loc_4085F8
```

如果编译器不支持强制短路求值，可以采用这个技巧。但最后一个 Delphi 示例充分说明，可能的话，还是通过编译器的机制实现为妙——这样得到的机器代码质量通常较高。

14.3　forever..endfor 式的循环

对于 while 循环来说，循环条件的检验位置是在循环体开头，而 repeat..until 循环的检验位置则在循环体的结束位置。剩下的可能就是在循环体中部的某个地方检验循环条件。forever..endfor 循环配套设置了一些专门的循环终止语句，就是用于处理这种情况的。

现代编程语言大都提供 while 循环、repeat..until 循环或其等效循环。有趣的是，仅有若干现代命令式编程语言支持显式的 forever..endfor 循环 [1]。这让人觉得很奇怪，因为带有循环终止检测操作的 forever..endfor 其实是 3 种循环形式中最通用的一种。把 forever..endfor 循环变换成 while 循环、repeat..until 循环可谓轻而易举。

幸运的是，任何语言只要提供 while 循环或 repeat..until/do..while 循环，生成 forever..endfor 循环也相当轻松。只需设立一个布尔控制表达式，对于 repeat..until 总是出 false，而对 do..while 一直为 true 即可重复循环。例如，在 Pascal 语言中可使用下面的代码：

```
const
   forever := true;
   ...
   while( forever ) do begin
     < 在无限循环中执行的代码 >
   end;
```

标准 Pascal 语言的一大麻烦在于，除了一般的 goto 语句，再未显式提供从循环

1　Ada 提供了 forever..endfor 循环，而 C/C++提供的是 for(;;)循环。

中跳出的机制。幸亏许多现代 Pascal，如 Delphi 和 Free Pascal 提供了 break 之类的语句，以便能从当前循环里立即跳出。

尽管 C/C++语言没有哪个语句用以设立明确的 forever 循环，然而自从首个 C 编译器问世后，样子古怪的 for(;;)语句就能实现此功能。因此，C/C++程序员可以按下列方式创建 forever..endfor 循环：

```
for(;;)
{
    < 在无限循环中执行的代码 >
}
```

C/C++程序员使用 C 语言的 break 语句，再配以 if 语句，可在循环体中部放置循环终止条件。例如：

```
for(;;)
{
    < 在检测循环结束操作之前至少要执行一遍的代码 >
    if( 循环终止表达式 ) break;
    < 在检测循环结束操作之后要执行的代码 >
}
```

HLA 语言在高层提供了显式的 forever..endfor 语句，可与 break、breakif 语句配套使用，以便在循环某处停止循环。下面是 HLA 的一个 forever..endfor 循环例子，它在循环中间检测循环终止条件：

```
forever
    < 在检测循环结束操作之前至少要执行一遍的代码 >
    breakif（循环终止表达式）;
    < 在检测循环结束操作之后要执行的代码 >
endfor;
```

将 forever..endfor 循环转换成纯粹的汇编语言代码易如反掌。只需一条 jmp 指令，就可以将控制从循环结束转往循环开始处。实现 break 语句同样不费吹灰之力，仅用跳转指令或条件转移指令指向循环后的第一条语句即可。下面是 HLA 的两个代码片段，前一个为带有 breakif 的 forever..endfor 循环，后一个则为其对应的"纯"汇编代码：

```
// HLA 里的高层 forever 语句
forever
   stdout.put
   (
      "Enter an unsigned integer less than five:"
   );
   stdin.get( u );
   breakif( u < 5);
   stdout.put
   (
      "Error: the value must be between zero and five" nl
   );
endfor;

// 上述 forever 循环的 HLA 底层代码
foreverLabel:
   stdout.put
   (
      "Enter an unsigned integer less than five:"
   );
   stdin.get( u );
   cmp( u, 5 );
   jbe endForeverLabel;
   stdout.put
   (
      "Error: the value must be between zero and five" nl
   );
   jmp foreverLabel;
endForeverLabel:
```

当然，稍微将代码变换一下，就能提高些许效率：

```
// 上述 forever 循环使用代码轮转技术后的 HLA 底层编码
jmp foreverEnter;
foreverLabel:
   stdout.put
   (
      "Error: the value must be between zero and five"
      nl
   );
foreverEnter:
```

```
stdout.put
(
    "Enter an unsigned integer less "
    "than five:"
);
stdin.get( u );
cmp( u, 5 );
ja foreverLabel;
```

倘若你所用的语言并不支持 forever..endfor 循环,那么任何像样的编译器都能将 while(true)语句转换成单个跳转指令。假如我们的编译器即便将 while(true)转换成单个跳转指令也办不到,则其优化能力由此可见一斑,且所有手工优化都将是杯水车薪的。正如我们将会很快看到的那样,不要试图用 goto 语句创建 forever..endfor 循环。

14.3.1 在 forever 循环中强制全面布尔求值

既然使用 if 语句可从 forever 循环中退出,那么退出 forever 循环要用到的全面布尔求值技术就与 if 语句完全相同。请参看 13.4.2 节来了解具体细节。

14.3.2 在 forever 循环中强制短路布尔求值

同样道理,既然使用 if 语句可从 forever 循环中退出,那么退出 forever 循环要用到的短路布尔求值技术就与 if 语句完全相同。请参看 14.2.2 节来了解具体细节。

14.4 定次的 for 循环

forever..endfor 是无限循环、不定次循环,只要不用 break 语句中途跳出,循环就一直进行下去。while 和 repeat..until 都是这类循环的例子,之所以称这两种循环也是不定次循环,是因为程序遇到这类循环时,通常事先不知道要迭代多少次。另一方面,尚未执行循环体语句时就已知晓迭代次数的循环就被称为定次循环。Pascal 的 for 循环就是传统高级语言中定次循环的绝好例子,其使用语法如下:

```
for <变量> := <expr1> to <expr2> do
   < 语句 >
```

倘若 *expr1* 小于或等于 *expr2*，循环就从 *expr1* 逐一迭代到 *expr2*。也可以是：

```
for <变量> := <expr1> downto <expr2> do
   < 语句 >
```

如果 *expr1* 大于或等于 *expr2*，循环就从 *expr1* 逐一迭代到 *expr2*。下面是 Pascal 语言的典型 for 循环：

```
for i := 1 to 10 do
   writeln( "hello world" );
```

显然循环总是执行 10 次，因此它是一个定次循环。然而，不要以为编译器在编译时就要确定迭代次数。定次循环同样允许使用表达式，以便在程序运行时确定迭代次数。例如：

```
write( "Enter an integer:" );
readln( cnt );
for i := 1 to cnt do
   writeln( "Hello World" );
```

Pascal 编译器不能决定循环的迭代次数。实际上，既然迭代次数取决于用户的输入值，该循环每回的实际迭代次数都可能不一样。然而只要程序到了这个循环的地方，就已经确切地知道循环该执行多少次，因为本例中的变量 cnt 决定了迭代次数。请注意，Pascal 等支持定次循环的语言大都明确禁止下列这种代码：

```
for i := 1 to j do begin
   < 某些语句 >
   i := < 某值 >;
   < 另外一些语句 >
end;
```

不允许在循环体执行期间修改循环控制变量的值。高水平的Pascal编译器能够检测到对for循环控制变量的改动企图，并报错。另外，定次循环只会对起始和终止值计算一次。因此，倘若for循环修改了第二个表达式中的变量，for循环并不会在每次迭代时重新计算该表达式。例如，即便前例中的for循环体改动了j的值，也不会影响到此for循环的迭代次数[1]。

定次循环有一些特殊的性质，能够让高超的编译器如虎添翼。特别地，编译器尚未执行循环体就能够确定迭代次数，所以通常可免除复杂的循环终止检测操作，只用将某寄存器值减到 0 来控制迭代次数即可。编译器在定次循环中还能使用归纳法，以优化对循环控制变量的访问。在此可参看 12.2 节里归纳法的说明。

C/C++/Java 用户请注意，这些语言中的 for 循环并非真正意义上的定次循环，而是不定次 while 循环的特例罢了。出色的 C/C++编译器大都试图判断 for 循环是否为定次循环，如果是定次循环的话，就能生成高质量的代码。为了协助编译器，我们应当这么做：

- 请将 C/C++的 for 循环依照 Pascal 等语言中定次 for 循环的语义来使用。也就是说，for 循环只初始化一个循环控制变量，当变量值超过某个终点值时就终止循环，并对循环控制变量采用加 1 或减 1 的方式。
- 别在 C/C++的 for 循环内修改循环控制变量的值。
- 循环终止检测操作在循环体执行期间固定不变，也即循环体不应改动循环终止条件，否则会使循环变成不定次循环（即"无限循环"）。举例来说，假如循环终止条件为 i<j，那么循环体不要修改 i 或 j 的值。
- 对于循环控制变量或任何出现于循环终止条件的变量，循环体不要将其通过引用方式传递给能修改实参的函数。

14.5 获取更多信息

13.6 节的参考信息同样适用于本章。请参阅之，了解具体细节。

---

1 当然了，有些编译器可能会在每次迭代时计算该表达式，但 Pascal 语言规范没有要求这样做。实际上，Pascal 规范建议我们在循环体执行期间不要改动这些变量的值。

15

函数与过程

从 20 世纪 70 年代兴起结构化编程革命以来，过程与函数等子程序业已成为软件工程师用于条理化、模块化其代码的主要工具。由于程序员频繁地在代码中调用过程与函数，因此 CPU 厂商也努力使调用过程尽可能地高效。然而，程序员在创建过程或函数时，通常不注意其调用及返回的代价。过程与函数的不当使用将导致程序的体积庞大，运行缓慢。

本章就来讨论其开销问题及避免方法。我们将研究下列主题：

- 函数与过程的调用
- 宏与内联函数
- 参数传递与调用约定
- 活动记录与局部变量
- 参数传递机制
- 函数返回结果

了解这些内容后，我们就能避免某些效率缺陷，而这些缺陷在大量采用函数与过程的现代程序中屡见不鲜。

15.1　简单的函数与过程调用

我们先来了解一些定义。所谓函数（function），指的是计算并返回某值的一段代码，返回值即函数结果；而过程（procedure），在 C/C++/Java/Swift 术语中即无返回值的函数（void function），其实就是完成某些操作的代码段。函数调用通常出现在算术或逻辑表达式中，过程调用在编程语言中则以语句的面目出现。在本节中为讨论方便，我们一般假定函数调用与过程调用是一码事，并交替使用函数与过程这两个术语。多数情况下，编译器对函数与过程调用的实现如出一辙。

注意：函数与过程还是有不同点的。在本章末尾我们将谈到函数结果的效率问题，参看 15.7 节。

在大部分 CPU 上，我们通过类似 80x86 上的 call 指令来调用过程，ARM 和 PowerPC 则用的是"分支、链接"（branch and link）指令；而使用 ret 指令（即"return"）返回调用程序。call 指令完成下面 3 个分立操作：

1. 确定执行完过程后要返回的指令地址。此指令地址通常为 call 指令后的那条指令之地址。
2. 将该地址（一般称为返回地址或链接地址）保存到已知位置。
3. 通过跳转机制将控制转移到过程的第一条指令。

CPU 从过程的第一条指令开始执行，直至遇到 ret 指令为止。ret 指令取得返回地址后，将控制转移到该地址。我们来看下面的 C 语言函数：

```
#include <stdio.h>

void func( void )
{
    return;
}


int main( void )
{
```

```
    func();
    return( 0 );
}
```

GCC 对其编译得到的 PowerPC 代码如下：

```
_func:
    ; 为函数设立活动记录
    ; 注意 R1 在 PowerPC 的 ABI（应用程序二进制接口，由 IBM 定义）中用作栈指针
    stmw r30,-8(r1)
    stwu r1,-48(r1)
    mr r30,r1

    ; 返回前清除活动记录
    lwz r1,0(r1)
    lmw r30,-8(r1)

    ; 返回到调用处，即分支到 LINK 寄存器指向的地址
    blr

_main:
    ; 在主程序中保存返回地址，以便返回到操作系统
    mflr r0
    stmw r30,-8(r1)        ; 保存 r30/31 的值
    stw r0,8(r1)           ; 保存返回地址
    stwu r1,-80(r1)        ; 为 func() 更新栈
    mr r30,r1              ; 设置帧指针

    ; 调用函数 func()
    bl _func

    ; 将 0 作为函数 main() 的返回结果
    li r0,0
    mr r3,r0
    lwz r1,0(r1)
    lwz r0,8(r1)
    mtlr r0
    lmw r30,-8(r1)
    blr
```

GCC 为这段源程序生成的 32 位 ARM 代码如下：

```
func:
    @ args = 0, pretend = 0, frame = 0
    @ frame_needed = 1, uses_anonymous_args = 0
    @ link register save eliminated.

    str fp, [sp, #-4]!  @ 在栈中保存帧指针
    add fp, sp, #0
    nop
    add sp, fp, #0
    @ sp needed
    ldr fp, [sp], #4    @ 从栈中调入帧指针
    bx  lr              @ 从子程序中返回

main:
    @ args = 0, pretend = 0, frame = 0
    @ frame_needed = 1, uses_anonymous_args = 0

    push    {fp, lr}    @ 保存帧指针和返回地址

    add fp, sp, #4      @ 配置帧指针
    bl  func            @ 调用 func()
    mov r3, #0          @ main() 的返回值为 0
    mov r0, r3

    @ 注意将 PC 弹出栈, 返回 Linux
    pop {fp, pc}
```

同样是这段源程序，GCC 为之生成的 80x86 代码如下：

```
func:
.LFB0:
    pushq   %rbp
    movq    %rsp, %rbp
    nop
    popq    %rbp
    ret

main:
.LFB1:
```

```
pushq   %rbp
movq    %rsp, %rbp
call    func
movl    $0, %eax
popq    %rbp
ret
```

可以看出，80x86、ARM 和 PowerPC 代码都花了相当多功夫来设立和管理活动记录（参看 7.1.4 节）。对于这两段汇编语言序列，关键是要注意 PowerPC 的 bl _func 和 blr 指令，ARM 代码中的 bl func 和 bx lr 指令，以及 80x86 代码中的 call func 和 ret 指令。这些指令正是执行调用函数并从中返回操作的。

15.1.1 保存返回地址

但 CPU 究竟把返回地址放在哪儿呢？要是没有递归等程序控制结构，CPU 可以将返回地址放在任意地方——只要内存空间足够大，不仅可放得下返回地址，还能在过程返回调用处时仍保存着该地址。举例来说，程序可选择在机器寄存器中存放返回地址。在这种情况下，返回操作就是间接跳转到寄存器所指向的地址单元。但使用寄存器的问题在于，CPU 的寄存器数量有限，任何存放返回地址的寄存器都无法用于其他目的。由于这个原因，在那些把返回地址存入寄存器的 CPU 上，应用程序通常会将寄存器中的返回地址放到内存，以便腾出寄存器来干别的事情。

我们来看 PowerPC 和 ARM 的 bl（branch and link）指令。该指令将控制转移到其操作数指定的目标地址，并将 bl 后的指令地址拷贝到 LINK 寄存器。进入过程后，如果没有代码修改 LINK 寄存器的值，过程就通过 PowerPC 的 blr（分支到 LINK 寄存器）或 ARM 的 bx（branch and exchange）指令返回调用处。在我们的小例子中，函数 func() 并未执行任何改动 LINK 寄存器的代码，这正是 func() 返回到调用处的办法。然而，假如函数要将 LINK 寄存器挪作他用，它就得负责将返回地址保存起来，从而在函数调用结束处，在即将通过 blr 指令返回前恢复 LINK 寄存器的值。

由内存存放返回地址是更常见的办法。尽管对于多数现代处理器来说，访问内存比起访问 CPU 寄存器慢得多，但在内存中保存返回地址能够允许程序进行大量的嵌套过程调用。CPU 大都用栈保存返回地址。例如，80x86 的 call 指令将返回地址

"*push*"入内存中的栈数据结构，而用 ret 指令将返回地址从栈中"*pop*"出。在内存中采用栈方式存放返回地址有若干优点：

- 由于栈是后进先出（LIFO）的，不仅完全支持嵌套过程调用及返回，还能用于递归过程调用及返回。
- 栈在内存中可高效操作，因为不同过程的返回地址可重用同一内存空间，而非每个过程的返回地址都单独请求一块内存区域。
- 即使对栈的访问慢于寄存器，CPU 仍能比分开存放返回地址更快地访问栈，因为 CPU 对栈的频繁访问会使栈内容位于缓存中。
- 正如第 7 章所述，栈也是保存活动记录的适当场所。活动记录包含着诸如形参、局部变量等过程状态信息。

使用栈也会付出少许代价。最重要的一点是，维护栈通常需要专门占用一个 CPU 寄存器，用来跟踪内存中的栈。CPU 可特意指派某个寄存器用于此目的，比如 x86-64 上的 RSP 寄存器或 ARM 上的 R14/SP 寄存器专职干这件事；如果没有明确提供硬件栈的支持，CPU 也可指定通用寄存器从事这一工作。比如，运行于 PowerPC 系列处理器上的应用程序一般用 R1 行使该职能。

对于提供硬件栈实现和 call/ret 指令对的 CPU 来说，调用过程一点儿也不费事。正如先前 80x86 的 GCC 输出所示，程序只需执行 call 指令将控制转移到过程的开头，并在过程结束时执行 ret 指令返回即可。

PowerPC/ARM 通过"分支、链接"（branch and link）指令实现过程调用，似乎比起 call/ret 机制欠缺效率。这种方式需要的代码稍多一些，但并不明显慢于 call/ret。call 指令是一个复杂指令，即一条指令要完成多个独立任务。因此，典型的 call 指令需要若干个时钟周期来执行。ret 指令的执行与此差不多。这些额外开销与维护软件栈的开销相比孰多孰少，要视 CPU 和编译器而定。然而"分支、链接"指令和通过链接地址的间接跳转指令，由于没有维护软件栈的开销，通常会比相应的 call/ret 指令对快。如果某过程不再调用其他过程，并且通过机器寄存器保存参数和局部变量，就可能一并省去软件栈的维护指令。打个比方，前例中 PowerPC 和 ARM 对 func() 的调用可能比 80x86 高效，因为 func() 无须将 LINK 寄存器的值保存至内存——LINK 寄存器在函数执行期间始终未改变值。

因为许多过程都不长，参数和局部变量又很少，所以出色的 RISC 编译器通常能彻底省掉对软件栈的维护。因此，对于众多的一般过程，RISC 方法会比 CISC 的 call/ret 方法快。不过，切勿以为 RISC 方法总是技高一筹。本节的示例只是很特殊的情况。在这个演示通过 bl 指令调用函数的简单程序中，bl 指令距函数代码很近。而在完整的应用程序中，func()可能离得非常远，编译器就无法把目标地址编码为指令的一部分。这是因为 PowerPC 和 ARM 之类的 RISC 处理器必须将整条指令——包括操作码和函数的偏移量——编码到 32 位内。如果 func()离得太远，超出了预留的偏移量位数范围——在 PowerPC 的 bl 指令中为 24 位，编译器只能生成一串指令来计算目标例程的地址，以便将控制间接转移到那里。在多数场合，这不成问题。毕竟，难得有哪个程序会大到函数距离超出范围的情况：即此范围对于 PowerPC，为 64MB；对于 ARM，则为 ±32MB。然而有一种很常见的情形，GCC 及其他编译器必须生成这种类型的代码——那就是编译器不知道函数目标地址的时候。因为这是一个外部符号，编译完成后，链接器必须将其合并进来。编译器由于不清楚例程将位于内存中的什么地方，加上链接器大都工作于 32 位地址，而非 24 位偏移量，因此它只能假定函数不在上述范围内，而采用最长形式的函数调用。对前面的例子稍加修改如下：

```
#include <stdio.h>

extern void func( void );

int main( void )
{
    func();

    return( 0 );
}
```

其将 func()声明为外部函数。再来看 GCC 生成的 PowerPC 代码，将其与早先的代码进行比较：

```
.text
    .align 2
    .globl _main
_main:
    ; 创建 main 的活动记录
```

```
    mflr r0
    stw r0,8(r1)
    stwu r1,-80(r1)

    ; 调用"桩例程"，由桩例程真正调用函数 func()
    bl L_func$stub

    ; 以 0 作为函数 main 的返回结果
    lwz r0,88(r1)
    li r3,0
    addi r1,r1,80
    mtlr r0
    blr

; 下面就是桩例程，它将调用 func()，不管 func()位于内存何处

    .data
    .picsymbol_stub
L_func$stub:
    .indirect_symbol _func

    ; 先将 LINK 寄存器的值存入 R0，以便随后从中恢复
    mflr r0

    ; 下列代码序列取 L_func$lazy_ptr 的地址，将其放入 R12
    bcl 20,31,L0$_func    ; R11<-adrs(L0$func)
L0$_func:
    mflr r11
    addis r11,r11,ha16(L_func$lazy_ptr-L0$_func)

    ; LINK 寄存器被前面的代码用过，这里从 R0 恢复该寄存器的原值
    mtlr r0

    ; 计算 func()的地址，将其送至 PowerPC 的 COUNT 寄存器
    lwz r12,lo16(L_func$lazy_ptr-L0$_func)(r11)
    mtctr r12

    ; 以环境指针设定 R11
    addi r11,r11,lo16(L_func$lazy_ptr-L0$_func)
```

```
  ; 分支到 COUNT 寄存器所存放的地址,即函数 func() 处
  bctr

; 链接器将把下面的双字 (.long 型) 数据初始化为函数 func() 的实际地址
  .data
  .lazy_symbol_pointer
L_func$lazy_ptr:
  .indirect_symbol _func
  .long dyld_stub_binding_helper
```

这段代码为了调用 func()，辗转调用了两个函数：先是调用一个桩函数（L_func$stub），由它将控制转移到实际的函数 func()。显而易见，这里存在着相当大的额外开销。无须实际评测 PowerPC 代码和 80x86 代码，就能猜出 80x86 较有效率，因为 GCC 编译器的 80x86 版本对主程序生成的代码与早先例子一样，即便按外部引用编译时也是如此。我们还会很快看到，PowerPC 不光对外部函数生成桩函数。故而，CISC 方案通常比 RISC 方案高效，不过 RISC CPU 在其他地方可以弥补自身性能的差距。

微软的 CLR 还提供了常规的调用与返回机制。现在来看下列 C# 程序，它有一个静态函数 f()：

```
using System;
namespace Calls_f
{
    class program
     {
       static void f()
       {
           return;
       }

       static void Main( string[] args)
       {
           f();
       }
     }
}
```

下面是微软 C#编译器为 f()和 Main()函数生成的 CIL 代码：

```
.method private hidebysig static void  f() cil managed
{
  // 代码量      4 (0x4)
  .maxstack  8
  IL_0000:  nop
  IL_0001:  br.s        IL_0003
  IL_0003:  ret
} // program::f()方法结束
.method private hidebysig static void  Main(string[] args) cil managed
{
  .entrypoint
  // 代码量      8 (0x8)
  .maxstack  8
  IL_0000:  nop
  IL_0001:  call        void Calls_f.program::f()
  IL_0006:  nop
  IL_0007:  ret
} // program::Main()方法结束
```

对于前面的倒数第二个示例，下面是其 Java 形式的程序：

```
public class Calls_f
{
    public static void f()
    {
        return;
    }

    public static void main( String[] args )
    {
        f();
    }
}
```

此为其 Java 字节码（JBC）输出：

```
Compiled from "Calls_f.java"
public class Calls_f extends java.lang.Object{
public Calls_f();
```

```
  Code:
   0:    aload_0
         //call Method java/lang/Object."<init>":()
   1:    invokespecial    #1;
   4:    return

public static void f();
  Code:
   0:    return

public static void main(java.lang.String[]);
  Code:
   0:    invokestatic    #2; //Method f:()
   3:    return
}
```

注意微软 CLR 与 Java 虚拟机都有若干种调用与触发函数指令，这些简单的例子展示了对静态方法的调用。

15.1.2 开销的其他来由

当然，对于典型过程的调用和返回操作，其开销不只是对实际过程的call、return指令。在调用过程前，调用代码必须计算并传递过程的参数。一旦进入过程，还需要完成活动记录的构建，即为局部变量分配存储空间。这些操作具体有多少开销取决于CPU和编译器。比如，假定调用代码通过寄存器而非栈等内存单元传递参数，操作就会富有效率。类似地，如果过程能够将其所有局部变量以寄存器保存，而不存于栈中的活动记录，那么这些局部变量访问起来也会高效得多。此乃RISC处理器比CISC处理器显著优越的地方。典型的RISC编译器能保留若干寄存器供参数传递、保存局部变量——RISC处理器通常有 16 个、32 个或更多的通用寄存器。所以，区区几个寄存器并不会令处理器捉襟见肘。对于不再调用其他过程的那些过程，即 15.2 节将要讨论的"叶过程"（leaf procedure），没有必要保留这些寄存器的值，所以参数和局部变量的访问效率很高。倘若CPU的寄存器数目有限——例如，32 位 80x86 就是如此——仍有可能通过寄存器传递少量参数，或者存放几个局部变量。举例来说，许多 80x86 编译器能够将多达 3 个参数或局部变量的值放到寄存器。显然，RISC处理器在这方面略胜一筹[1]。

通晓了这些知识，又阅读了本书早先对活动记录和栈帧的介绍（参看 7.1.4 节等处），我们就能研讨如何编写尽可能高效的过程与函数。确切的规则很大程度上依赖于我们所用的 CPU 和编译器，但有些概念是放之四海而皆准的。15.2 节照旧假定我们在 80x86 或 ARM CPU 上编程，毕竟现有软件绝大多数都运行于这两种 CPU 上。

15.2　叶函数/叶过程

编译器通常能为叶过程/叶函数——即不调用其他过程/函数的过程/函数，生成更好的代码。"叶"的比喻源于调用树（call tree）——对过程/函数调用的图形化表示。调用树有许多圆，这些圆被称作节点（node），表示程序中的函数和过程。某节点到另一个节点的箭头线表示该函数可调用后一个函数。图 15-1 给出了典型的调用树外观。

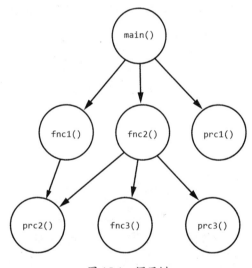

图 15-1　调用树

1　这听起来像自相矛盾，80x86 的可取之处在于该类 CPU 远比典型 RISC 处理器快得多，所以就算多执行一些指令，或者指令需要多个时钟周期，该类 CPU 仍比同时代的 RISC CPU 快。这之所以矛盾，是因为设计 RISC 首先是为了得到更快时钟频率的 CPU，即便完成同样一件事情需要花费比 CISC CPU 更多的指令。

在本例中，主程序直接调用过程 prc1() 和函数 fnc1()、fnc2()；函数 fnc1() 直接调用过程 prc2()；函数 fnc2() 直接调用过程 prc2()、prc3() 以及函数 fnc3()。prc1()、prc2()、prc3() 和 fnc3() 就是该调用树中的叶过程/叶函数，因为它们没有调用其他任何过程/函数。请记住这一点——叶过程/叶函数不会再调用其他过程/函数。

对叶过程/叶函数操作有一个优点，那就是它们不必保存寄存器传递过来的参数，或者不必保留寄存器维护的局部变量值。例如，倘若 main() 通过寄存器 EAX 和 EDX 向 fnc1() 传递两个参数，而 fnc1() 又用 EAX、EDX 向 prc2() 传递两个不同参数，那么 fnc1 必须先保存 EAX、EDX 中的值，才能调用 prc2()。而过程 prc2() 却不必在"调用其他过程/函数"前保存 EAX 和 EDX 中的值，因为 prc2() 根本就不会调用其他过程/函数。类似道理，倘若 fnc1() 在寄存器中分配了局部变量，则 fnc1() 需要在调用 prc2() 前保存这些寄存器的值，因为 prc2() 也会用到这些寄存器。相比之下，如果 prc2() 对某个局部变量使用寄存器，却不必在"调用其他过程/函数"前保存该变量的值，因为它压根儿就不会调用任何子程序。所以，既然叶过程/叶函数不必保留寄存器值，高超的编译器通常就能对其生成效率很高的代码。

对调用树平展化有一个办法，就是将调用树中间节点的过程/函数代码内联至较高层的函数中。例如在图 15-1 中，假若将函数 fnc1() 的代码移入 main() 可行，就无须执行保存、恢复寄存器值等操作。然而要记住，在展平调用树时切勿牺牲程序的可读性、可维护性。那种只调用其他函数/过程，除此之外什么也不干的函数/过程还是别编写为好。还有，我们在展开代码中的函数/过程调用时，不要破坏应用程序设计的模块化结构。

我们已经看到，倘若使用诸如 PowerPC、ARM 之类 RISC 处理器的"分支、链接"指令调用子程序，叶函数将会很方便。PowerPC 和 ARM 的 LINK 寄存器就是在过程调用间保留值的绝好例子。由于叶过程一般不会修改 LINK 寄存器，它就不需要额外的代码去保存 LINK 寄存器的值。为了认识在 RISC CPU 上调用叶函数的好处，我们来看如下 C 语言代码：

```
void g( void )
{
  return;
```

```
}

void f( void )
{
    g();
    g();
    return;
}

int main( void )
{
    f();
    return( 0 );
}
```

GCC 会将其编译为下列 PowerPC 汇编代码：

```
; 函数 g() 的代码
_g:
    ; 设置函数 g() 的环境，即创建活动记录
    stmw r30,-8(r1)
    stwu r1,-48(r1)
    mr r30,r1

    ; 销毁活动记录
    lwz r1,0(r1)
    lmw r30,-8(r1)

    ; 通过 LINK 寄存器返回调用处
    blr

; 函数 f() 的代码
_f:
    ; 创建活动记录，包括保存 LINK 寄存器的值
    mflr r0                  ;R0 = LINK
    stmw r30,-8(r1)
    stw r0,8(r1)             ; 保存 LINK 寄存器的值
    stwu r1,-80(r1)
    mr r30,r1
```

```
; 调用 g() 两次
bl _g
bl _g

; 从活动记录中恢复 LINK 寄存器的值，然后销毁活动记录
lwz r1,0(r1)
lwz r0,8(r1)          ;R0 为所保存的地址
mtlr r0               ;LINK = RO
lmw r30,-8(r1)

; 返回函数 main
blr
```

```
; 函数 main 的代码
_main:
    ;将 main 的返回地址保存到其活动记录中
    mflr r0
    stmw r30,-8(r1)
    stw r0,8(r1)
    stwu r1,-80(r1)
    mr r30,r1

    ; 调用函数 f()
    bl _f

    ;向调用 main 的程序返回 0
    li r0,0
    mr r3,r0
    lwz r1,0(r1)
    lwz r0,8(r1)              ; 将所保存的返回地址放入 LINK 寄存器中
    mtlr r0
    lmw r30,-8(r1)

    ;返回调用处
    blr
```

注意，在这段 PowerPC 代码中，函数 f() 和 g() 的实现有一个重要区别——f() 必须保存 LINK 寄存器的值，g() 却不必这么做。注意这可不只是指令多些的问题，还涉及对内存的访问，而内存访问是很慢的操作。

叶过程的另一个优越性不大起眼，那就是对这类过程/函数构建活动记录时可减少工作量。例如在 80x86 上，出色的编译器无须保存寄存器 EBP 的值，就向 EBP 调入活动记录的地址，从叶过程返回时通过栈指针寄存器 ESP 访问局部数据，也不必恢复 EBP 原来的值。在 RISC 处理器上，栈是手工维护的，这样差距就更悬殊了。对于这样的过程，过程的调用/返回开销、活动记录的维护开销甚至比过程实际干的事情还多，所以省去活动记录的维护操作后几乎能让过程的速度翻一番。正因为如此，加上其他一些因素，我们应当使调用树尽可能地浅。程序所用的叶过程越多，高超的编译器越能编译生成有效率的代码。

15.3　宏和内联函数

结构化编程革命的一个分支，就是教育计算机程序员编写短小、模块化、逻辑连贯的函数 [1]。逻辑浑然一体的函数能出色地做事。这种过程/函数里的所有语句都专门处理某个任务，不产生副作用或进行额外操作。人们通过在软件工程方面的多年研究发现，将问题分而治之，有利于生成更易看懂、更易维护和更易修改的程序。遗憾的是偏离这种做法也同样容易，下列的Pascal函数就是一例：

```
function sum( a:integer; b:integer ):integer;
begin
  (* 将 a、b 之和作为函数结果返回 *)
  sum := a + b;
end;

...

sum( aParam, bParam );
```

在 80x86 上，可能只需 3 条指令就能对两个值相加，并将其和放入内存变量中。例如：

```
mov( aParam, eax );
add( bParam, eax );
```

1　《编程卓越之道（卷 4）》会深入探讨这个课题。

```
mov( eax, destVariable );
```

将其与调用函数 sum()所需的代码相比：

```
push( aParam );
push( bParam );
call sum;
```

假设用的是中等水平的编译器，过程 sum 通常会类似于如下的 HLA 序列：

```
// 构造活动记录
push( ebp );
mov( esp, ebp );

// 获取 aParam 的值
mov( [ebp+12], eax );

// 计算其和，并将和放入 EAX 中返回
add( [ebp+8], eax );

// 恢复 EBP 的原值
pop( ebp );

// 返回调用处，销毁活动记录
ret( 8 );
```

从这个简单例子中可以看出，比起不调用函数而直接运算的做法，使用函数要花费 3 倍的指令数，才能计算两个变量的和。更糟的是，这 9 条指令通常慢于内联代码的那 3 条指令。内联代码可比需要调用函数的代码快 5 到 10 倍。

调用函数/过程时有一个可取之处，即开销总是固定的。不管过程体/函数体有 1 条指令，还是有 1000 条指令，其设置参数和创建、销毁活动记录的指令数都一样。如果过程体很小，过程调用开销所占的比例就会喧宾夺主；当过程体很大时，调用的开销就无关紧要了。因此，为了减少过程/函数调用开销对程序的影响，我们应当尽量放置较大的过程或函数，而将短序列作为内联代码使用。

一方面，要编程结构模块化；另一方面，过度频繁地调用某过程将要求太大的开销。平衡把握这两方面实属不易。可惜，好的程序设计常常不让我们增大过程/函

数的体积，以便将调用和返回占的开销比例减少到某个合理水平。我们当然能将若干函数/过程合并到一个过程/函数中，但这会违背若干编程风格的原则，所以我们卓越编程时通常不采取这种策略。这类程序有一个麻烦，那就是人们难以推敲出其工作原理，从而优化之。然而，即使我们无法通过增大过程体积的办法来降低调用开销的比重，仍有其他门路来改善过程的整体性能。正如我们所见，一个计策就是使用叶过程/叶函数。高明的编译器会对调用树中的叶节点生成较少的指令，因而减少了调用与返回开销。不过，要是过程体很小，就该设法彻底消除过程的调用/返回开销。有的语言提供了宏（macro），可做到这一点。

纯粹的宏在调用过程/函数的地方，将过程/函数展开为过程体/函数体。由于程序中没有调用和返回代码，宏的展开也就免除了与这些指令相关的开销。另外，宏使用参数文本替换，而非将参数数据压入栈或传送到寄存器，从而节省了可观的开销。宏的不足之处在于，编译器将在每个宏调用处都展开宏内容。如果宏本身很大，又在许多不同地方调用，可执行程序的体积将会膨胀不少。宏是时间与空间的典型折中——我们可以通过牺牲体积来换取执行较快的代码。由于这个原因，当过程/函数只有较少的语句，即1～5条短语句时，我们才将其替换为宏，除非个别情况下速度是压倒一切的要求。

有的语言如 C/C++提供了内联函数/内联过程。内联函数/内联过程介于真正的函数/过程与纯宏代码之间。支持内联函数/内联过程的语言大都不保证编译器一定将代码内联展开。究竟是内联展开（inline expansion）还是调用内存中的实际函数，由编译器做主。如果函数体太大，或者参数太多，大部分编译器是不会展开内联函数的。进一步说，不像纯宏代码没有相关的过程调用开销，内联函数仍需要创建活动记录，用以处理局部变量、临时变量等需求。于是乎，即使编译器将此函数内联展开，仍会存在一些纯宏代码所没有的开销。

为了看看函数内联的效果，我们来考虑下面的 C 语言源文件。它准备用微软 Visual C++编译：

```
#include <stdio.h>

// 将 geti()和 getj()设为外部函数，是为了防止常量传播，以便我们查看后面代码的效果
```

```
extern int geti( void );
extern int getj( void );

// 内联函数演示。注意_inline 是老式 Visual C++用于指示内联函数的 C 语言方法。
// 实际的关键字 inline 属于 C++/C99 的特性。
// 这里不用 inline，是为了让汇编输出稍微容易让人看懂些。
//
// inlineFunc()是一个简单的内联函数，用以演示 C/C++编译器怎样对该函数进行内联展开
_inline int inlineFunc( int a, int b )
{
    return a+b;
}


_inline int ilf2( int a, int b )
{
    // 声明一些变量，使得寄存器不足以存放之，从而要求编译器创建活动记录
    int m;
    int c[4];
    int d;

    // 把数组 c 用起来，以免优化程序忽略其声明
    for( m=0; m < 4; ++m )
    {
        c[m] = geti();
    }
    d = getj();
    for( m=0; m < 4; ++m )
    {
        d += c[m];
    }

    // 向调用程序返回结果
    return (a+d) - b;
}

int main( int argc, char **argv )
{
    int i;
    int j;
    int sum;
    int result;
```

```
    i = geti();
    j = getj();
    sum = inlineFunc( i,j );
    result = ilf2( i, j );
    printf( "i+j=%d, result=%d\n", sum, result );
    return 0;
}
```

当我们指定微软 Visual C++ 按 C 语言方式编译时，所得到的 MASM 兼容汇编代码如下所示（若按 C++ 方式编译，输出将更庞杂）：

```
_main       PROC NEAR
main    PROC
;
; 创建活动记录:
;
$LN6:
        mov     QWORD PTR [rsp+8], rbx
        push    rdi
        sub     rsp, 32         ; 00000020H
; Line 66
;
; i = geti();
;
        call    ?geti@@YAHXZ    ; geti()的返回值放在 EAX
        mov     edi, eax        ; 将 i 保存于 EDI
; Line 67
;
; j = getj();
;
        call    ?getj@@YAHXZ    ; getj()的返回值放在 EAX
; Line 69
;
; inlineFunc()的内联展开
;
        mov     edx, eax        ; 通过 EDX 传递 j
        mov     ecx, edi        ; 通过 ECX 传递 i
        mov     ebx, eax        ; 使用 EBX 作为局部变量 sum
        call    ?ilf2@@YAHHH@Z  ; 调用函数 ilf2()
```

```
;           内联计算 sum = i+j
        lea     edx, DWORD PTR [rbx+rdi]
; Line 70
;
; 调用函数 printf():
        mov     r8d, eax
lea     rcx, OFFSET FLAT:??_C@_0BD@INCDFJPK@i?$CLj?$DN?$CFd?0?5result?$DN?$CFd?6?$AA@
        call    printf
; Line 72
;
; 从主函数返回
;
        mov     rbx, QWORD PTR [rsp+48]
        xor     eax, eax
        add     rsp, 32         ; 00000020H
        pop     rdi
        ret     0
main    ENDP

?ilf2@@YAHHH@Z PROC             ; ilf2()入口
; File v:\t.cpp
; Line 30
$LN24:
        mov     QWORD PTR [rsp+8], rbx
        mov     QWORD PTR [rsp+16], rsi
        push    rdi
        sub     rsp, 64         ; 00000040H
;
; 用于阻止与栈数据混在一起的额外代码（清除数组数据，以防访问到旧数据）
        mov     rax, QWORD PTR __security_cookie
        xor     rax, rsp
        mov     QWORD PTR __$ArrayPad$[rsp], rax
        mov     edi, edx
        mov     esi, ecx
; Line 43
;填充数组 v 的循环:
;
        xor     ebx, ebx
$LL4@ilf2:
```

```
; Line 45
        call    ?geti@@YAHXZ    ; geti
        mov     DWORD PTR c$[rsp+rbx*4], eax
        inc     rbx
        cmp     rbx, 4
        jl      SHORT $LL4@ilf2

; Line 47
;
; d = getj();
;
        call    ?getj@@YAHXZ    ; 调用函数 getj()
; Line 50
;
; 第二个 for 循环被内联展开：
;
; d += c[m];
        mov     r8d, DWORD PTR c$[rsp+8]
        add     r8d, DWORD PTR c$[rsp+12]
        add     r8d, DWORD PTR c$[rsp]
        add     r8d, DWORD PTR c$[rsp+4]
;
; 以(a+d) - b 的值返回
;
        add     eax, r8d
; Line 55
        sub     eax, edi
        add     eax, esi
; Line 56
;
; 离开前验证代码未曾与栈数据相混（数组上溢）
;
        mov     rcx, QWORD PTR __$ArrayPad$[rsp]
        xor     rcx, rsp
        call    __security_check_cookie
        mov     rbx, QWORD PTR [rsp+80]
        mov     rsi, QWORD PTR [rsp+88]
        add     rsp, 64         ; 00000040H
        pop     rdi
        ret     0
```

```
?ilf2@@YAHHH@Z ENDP            ; ilf2()函数结束

?inlineFunc@@YAHHH@Z PROC      ; inlineFunc()入口
; File v:\t.cpp
; Line 26
        lea     eax, DWORD PTR [rcx+rdx]
; Line 27
        ret     0
?inlineFunc@@YAHHH@Z ENDP      ; inlineFunc()函数结束
```

从汇编代码中可以看出，对 inlineFunc() 没有函数调用过程。编译器将这个函数展开到 main() 中调用它的地方。虽然函数 ilf2() 也被声明为内联函数，编译器却没将其内联扩展开来，而是作为普通函数对待，这或许是因为它太大的缘故。

15.4 向函数/过程传递参数

编译器为函数/过程生成代码时，参数的数目和类型也对代码效率有着很大影响。简单地说，传递的参数数据越多，调用过程/函数的开销就越大。程序员往往调用或设计某些通用函数，这些函数要求传递若干可选参数，却不使用这些参数的值。这种做法能够使函数更广泛地适用于不同的应用程序，但本节我们将看到其通用性也是有代价的。故而倘若在乎空间或速度的话，我们还是对应用程序专门做一个该函数的版本吧。

传递引用、传递值等等参数传递机制也对过程调用和返回有影响。有些语言允许通过值传递大型数据，比如，Pascal 可以用值传递字符串、数组和记录；C/C++允许以值传递结构；其他语言则取决于其自身的设计。只要通过值传递大型数据，编译器就得生成相关的机器代码，将该数据的值拷贝到过程的活动记录中。这么做相当费时间，特别是拷贝大型的数组或结构时。另外，CPU 的寄存器组可能放不下大型数据，所以在过程/函数中访问此类数据的代价高昂。通常以引用方式，而非值方式传递大型数据会更有效率。间接访问数据所需的额外开销比起将数据拷贝到活动记录还是划算多了。请看下面的 C 代码，它向函数传递了一个大型结构的值：

```
#include <stdio.h>
```

```
typedef struct
{
    int array[256];
} a_t;

void f( a_t a )
{
    a.array[0] = 0;
    return;
}

int main( void )
{
    a_t b;

    f( b );
    return( 0 );
}
```

GCC 为其生成的 PowerPC 代码如下:

```
_f:
    li r0,0     ; 准备设置 a.array[0] 为 0

    ;注意: PowerPC ABI 将前面 8 个双字数据放在寄存器 R3..R10 中传递。
    ;这里我们需要将其保存至内存数组中
    stw r4,28(r1)
    stw r5,32(r1)
    stw r6,36(r1)
    stw r7,40(r1)
    stw r8,44(r1)
    stw r9,48(r1)
    stw r10,52(r1)

    ;好了, 现在将 0 存入 a.array[0]
    stw r0,24(r1)

    ;返回调用处
    blr
```

```
; 主函数
_main:
    ;创建 main 的活动记录
    mflr r0
    li r5,992
    stw r0,8(r1)

    ;为 a 分配存储空间
    stwu r1,-2096(r1)

    ;将除前 8 个外的所有双字拷贝到 f() 的活动记录中
    addi r3,r1,56
    addi r4,r1,1088
    bl L_memcpy$stub

    ;将前 8 个双字按照 PowerPC ABI 的方式调入寄存器
    lwz r9,1080(r1)
    lwz r3,1056(r1)
    lwz r10,1084(r1)
    lwz r4,1060(r1)
    lwz r5,1064(r1)
    lwz r6,1068(r1)
    lwz r7,1072(r1)
    lwz r8,1076(r1)

    ;调用函数 f()
    bl _f

    ;销毁活动记录，向调用 main 的程序返回 0
    lwz r0,2104(r1)
    li r3,0
    addi r1,r1,2096
    mtlr r0
    blr

; 下面是一个桩函数，它为函数 main() 将结构数据拷贝到活动记录。
; 具体拷贝过程调用的是 C 语言标准库函数 memcpy
    .data
    .picsymbol_stub
L_memcpy$stub:
```

```
    .indirect_symbol _memcpy
    mflr r0
    bcl 20,31,L0$_memcpy
L0$_memcpy:
    mflr r11
    addis r11,r11,ha16(L_memcpy$lazy_ptr-L0$_memcpy)
    mtlr r0
    lwz r12,lo16(L_memcpy$lazy_ptr-L0$_memcpy)(r11)
    mtctr r12
    addi r11,r11,lo16(L_memcpy$lazy_ptr-L0$_memcpy)
    bctr
.data
.lazy_symbol_pointer
L_memcpy$lazy_ptr:
    .indirect_symbol _memcpy
    .long dyld_stub_binding_helper
```

可以看出，调用函数 f() 时还调用了 memcpy()，由 memcpy() 把数据从 main() 的局部变量数组拷贝到 f() 的活动记录。内存拷贝过程很慢。这段代码充分说明，我们应当避免通过值传递大型数据。再看以引用传递此结构的同样代码：

```
#include <stdio.h>

typedef struct
{
    int array[256];
} a_t;

void f( a_t *a )
{
    a->array[0] = 0;
    return;
}

int main( void )
{
    a_t b;

    f( &b );
    return( 0 );
}
```

下面是 GCC 对此 C 源程序生成的 32 位 ARM 汇编代码：

```
f:
    @ 构建活动记录:

    str fp, [sp, #-4]!    @ 将原 FP 压入栈
    add fp, sp, #0        @ FP = SP
    sub sp, sp, #12       @ 为局部变量预留存储空间
    str r0, [fp, #-8]     @ 将指针保存到'a'
    ldr r3, [fp, #-8]     @ r3 = a

    @ a->array[0] = 0;

    mov r2, #0
    str r2, [r3]
    nop

    @ 从栈中去除局部变量

    add sp, fp, #0

    @ 从栈中弹出 FP

    ldr fp, [sp], #4

    @ 返回到 main 函数

    bx  lr

main:
    @ 保存返回到 Linux 的返回地址和 FP:
    push    {fp, lr}

    @ 构建活动记录:
    add fp, sp, #4
    sub sp, sp, #1024     @ 为变量 b 预留存储空间
    sub r3, fp, #1024     @ R3 = &b
    sub r3, r3, #4

    mov r0, r3            @ 将&b 传递给 R0 里的 f()
```

```
    bl  f                      @ 调用函数 f()

    @ 将结果 0 返回到 Linux:

    mov r3, #0
    mov r0, r3
    sub sp, fp, #4             @ 清除栈帧 (也就是活动记录)
    pop {fp, pc}               @ 返回 Linux
```

在传递小尺寸的标量数据类型时，通过值可能比通过引用效率略高，这具体取决于所用 CPU 和编译器。例如，要是我们使用的 80x86 编译器以栈传递参数，那么采取引用方式传递内存数据需要两条指令，而以值方式传递只需一条指令。所以，以引用方式尝试传递大型数据的想法不错，但它对小型数据却适得其反。然而这不是铁律，其适用性因我们的 CPU 和编译器而异。

某些程序员也许觉得，通过全局变量传递数据到过程/函数的手段更高效。毕竟，既然存放数据的全局变量可供过程/函数访问，调用该过程/函数时就不需要额外的指令来传递数据了，于是减少了调用开销。这听起来好像非常划算，但这样干之前我们还应想到，过多使用全局变量将使编译器难以优化程序。尽管使用全局变量可以减少调用函数/过程的开销，但同时也阻碍着编译器进行各种可能的优化。下面这个简单的微软 Visual C++ 示例将给出问题所在：

```
#include <stdio.h>

// 将 geti() 设为外部函数，是为了防止常量传播，以便我们查看后面代码的效果
extern int geti( void );

// globalValue 为全局变量，用以向函数 usesGlobal() 传递数据
int globalValue = 0;

// 内联函数演示。注意 _inline 是老式 Visual C++ 用于指示内联函数的 C 语言方法。
// 实际的关键字 inline 属于 C99/C++的特性。这里不用 inline，是为了让汇编输出稍微容易让人看懂些。
_inline int usesGlobal( int plusThis )
{
    return globalValue+plusThis;
```

```
}

_inline int usesParm( int plusThis, int globalValue )
{
    return globalValue+plusThis;
}

int main( int argc, char **argv )
{
    int i;
    int sumLocal;
    int sumGlobal;

    // 注意：我们在设置 globalValue 和调用函数 usesGlobal()之间，故意调用函数 geti()。
    // 编译器并不知晓 geti()未改动 globalValue 的值（其实我们也不知道），因此编译器在
    // 这儿不会使用常量传播进行优化。
    globalValue = 1;
    i = geti();
    sumGlobal = usesGlobal( 5 );

    // 倘若我们传递参数 globalValue 时，它并非全局变量，则编译器可以将下条语句优化掉
    sumLocal = usesParm( 5, 1 );
    printf( "sumGlobal=%d, sumLocal=%d\n", sumGlobal, sumLocal );
    return 0;
}
```

　　微软 Visual C++编译器为此段程序生成的 32 位 MASM 源代码如下，其中加入了手工注释：

```
_main PROC NEAR
; globalValue = 1;
    mov DWORD PTR _globalValue, 1

; i = geti();
; 注意由于死码消除优化，Visual C++其实不会向 i 存入结果，但它仍然必须调用 geti()，
; 因为 geti()会有副作用，比如修改 globalValue 的值。
    call _geti
```

```
; sumGlobal = usesGlobal( 5 );
; 内联展开为: globalValue + plusThis
  mov eax, DWORD PTR _globalValue
  add eax, 5 ; plusThis = 5


; 通过常量传播优化，编译器在编译时就可算出下式的结果为 6, 将其直接传递给这里的打印函数
;   sumLocal = usesParm( 5, 1 );
;
  push 6


; 以下是对上面 usesGlobal 展开算出的结果:
  push eax
  push OFFSET FLAT:formatString  ; 函数 printf() 要打印的字符串
  call _printf
  add esp, 12      ; 从栈中删去函数 printf() 的参数


; return 0;
  xor eax, eax
  ret 0
_main ENDP
_TEXT ENDS
END
```

从这段汇编语言输出代码中可以发现，某些看似无关的代码将使编译器优化全局变量的能力大打折扣。在本例中，调用外部函数 geti() 时并未改动变量 globalValue 的值，编译器却拿不准。因此，编译器在计算内联函数 usesGlobal() 的结果时，不能假设 globalValue 仍为 1。使用全局变量在过程/函数与其调用者间通信时，我们必须极度谨慎。周边执行无关任务的代码——比如这里对 geti() 的调用，可能并不影响 globalValue 的值——却会妨碍编译器优化那些用到了全局变量的代码。

15.5 活动记录和栈

鉴于栈的工作机理，对于软件最后创建的过程，系统也是最先释放其活动记录的。因为活动记录存放着过程参数和局部变量，后进先出（LIFO）的组织形式就成

为实现活动记录的直观做法。为了厘清这种机制怎样工作，我们来看如下简单的
Pascal 程序：

```
program ActivationRecordDemo;

  procedure C;
  begin
    (* 这里为栈的快照 *)
  end;

  procedure B;
  begin
    C;
  end;

  procedure A;
  begin
    B;
  end;

begin (* Main Program *)
  A;
end.
```

图 15-2 给出了该程序执行期间的栈布局。在程序开始执行时，首先为主程序创
建活动记录。然后，主程序调用过程 A（图 15-2 中的步骤①）。进入过程 A 后，代码
完成对 A 活动记录的创建，将 A 的活动记录压入栈。在过程 A 的内部，代码调用过程
B（步骤②）。注意 A 在代码调用 B 时仍是活动的，所以 A 的活动记录位于栈顶。只要
进入过程 B，系统就会创建 B 的活动记录，并将其压入栈顶（步骤③）。在 B 中代码
又调用过程 C，C 在栈顶创建其活动记录。到了注释"(* 这里为栈的快照 *)"的代
码处，栈就是图 15-2 中步骤④所示的样子。

由于过程在其活动记录中存放局部变量和参数值，这些变量的生命期也就从系
统创建活动记录开始，到过程返回其调用处时系统释放活动记录为止。在图 15-2 中，
我们会注意到过程 B、C 的执行期间，A 的活动记录还存在于栈中。因此，A 的参数和
局部变量经历了 B、C 活动记录从出生到灭亡的过程。

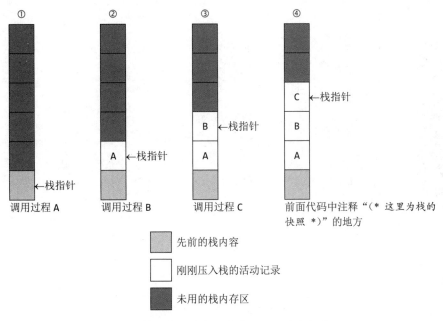

图 15-2　先后嵌套 3 次过程调用的栈布局

请看下面的 C/C++代码，它用到了递归函数：

```
void recursive( int cnt )
{
   if( cnt != 0 )
   {
      recursive( cnt-1 );
   }
}

int main( int argc; char **argv )
{
   recursive( 2 );
}
```

显然，该程序在返回之前要调用函数 recursive() 3 次：主程序以参数值 2 调用 recursive()一次，另外两次则是 recursive()以参数值 1、0 调用自己。由于每次对 recursive()的递归调用都会将另一个活动记录压入栈，因此程序最终以 cnt 为 0 值执行 if 语句，栈于是如图 15-3 所示。

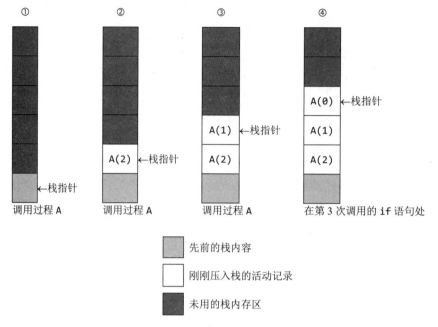

图 15-3　先后 3 次递归过程调用的栈布局

　　由于每次过程调用都有单独的活动记录，因此过程的每次行动都有其配套的参数和局部变量。过程/函数在执行代码时，只能访问最近创建的活动记录中的局部变量和参数[1]，而保留先前那些调用的值不动。

15.5.1　活动记录的拆解

　　既然我们已经明白过程在栈中操作活动记录的原理，是该看看典型活动记录的内部构成了。本节我们将采用一种具有代表性的活动记录布局，这种布局会在 80x86 上执行代码时看到。尽管不同语言、不同编译器、不同 CPU 布放活动记录的方法千变万化，但这种差异是微不足道的。

　　80x86 使用两个寄存器维护栈和活动记录——栈指针ESP/RSP和帧指针EBP/RBP，Intel还称EBP/RBP为"基址指针"寄存器。ESP/RSP寄存器指向当前栈顶，EBP寄存

1　唯一的例外出现在过程递归调用自己时，通过引用方式将其局部变量或参数传递给新的调用。

器则指向活动记录的基地址 [1]。过程可以通过变址寻址模式，给EBP/RBP提供一个正或负的偏移量，以访问活动记录中的数据，具体细节请参看 3.5.6 节。通常情况下，过程会在EBP/RBP值的负偏移量处为局部变量分配内存单元，而在其正偏移量处为参数保留存储空间。请看下列既有参数又有局部变量的Pascal过程：

```
procedure HasBoth( i:integer; j:integer; k:integer );
var
    a :integer;
    r :integer;
    c :char;
    b :char;
    w :smallint; (* smallints 为 16 位数据 *)
begin
    ...
end;
```

图 15-4 展示了该 Pascal 过程的典型活动记录。要知道在 32 位 80x86 上，栈是向低端地址生长的。

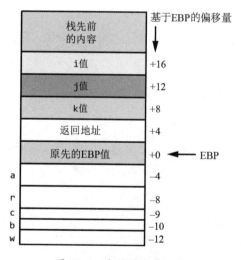

图 15-4　典型的活动记录

1　有人将活动记录称为栈帧（stack frame），术语帧指针正是由此而来的。Intel 将寄存器 EBP 取名为基址指针，是因为 EBP 指向栈帧的基地址。

当我们看到与内存数据有关的术语基地址时，可能以为它是数据在内存中的最低地址。其实没有这种规定。基地址只是内存中的某个地址，根据基地址的某个偏移量就可以找到数据的特定字段。正如此处活动记录展示的那样，80x86 活动记录的基地址位于记录中部。

活动记录的构建分为两个阶段。调用过程的代码把调用参数压入栈时，就开始了第一个阶段。例如，我们这样调用上例的过程 HasBoth()：

```
HasBoth( 5, x, y+2 );
```

这一调用在 80x86 上所对应的 HLA 汇编代码大致如下所示：

```
pushd( 5 );
push( x );
mov( y, eax );
add( 2, eax );
push( eax );
call HasBoth;
```

这段代码序列中的 3 条 push 指令创建了活动记录的前 3 个双字，然后 call 指令将返回地址压入栈，因而在活动记录中创建第 4 个双字。调用 HasBoth()过程后，由 HasBoth()在执行期间继续构建活动记录。

过程HasBoth()的前几条指令负责完成活动记录的构建工作。刚进入HasBoth()时，栈是如图 15-5 所示的样子[1]。

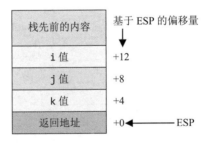

图 15-5　控制来到 HasBoth()入口时的活动记录内容

1　在 x86-64 CPU 上，偏移量稍有不同，因为有些数据（如返回地址）是 64 位条目而非 32 位条目。

过程 HasBoth()的代码首先要保存 80x86 寄存器 EBP 的值。在此过程的入口处，EBP 也许正指向调用者活动记录的基地址；而从 HasBoth()退出时，EBP 应恢复为原值。因此，HasBoth()在入口处要将 EBP 的当前值压入栈，以便保存之；接着，需要修改 EBP，使之指向 HasBoth()活动记录的基地址。下面的 HLA/80x86 汇编代码实现了这两步操作：

```
// 保存调用者的基地址
  push( ebp );

  // ESP 指向我们刚刚保存的值。将其地址作为活动记录的基地址
  mov( esp, ebp );
```

最后，在过程 HasBoth()开始处，代码需要为其局部（自动）变量分配存储空间。正如我们从图 15-4 中看到的那样，这些变量在活动记录中位于帧指针的下面。为了防止以后压栈时将这些局部变量的值挤出，代码得把 ESP 设为活动记录中局部变量的最后一个双字地址。只要使用下列指令从 ESP 中扣除局部变量的字节数，就能轻松做到这一点：

```
sub( 12, esp );
```

像 HasBoth()这样过程的标准入口序列（standard entry sequence）由刚才谈到的 3 条指令组成："push(ebp);"、"mov(esp, ebp);" 和 "sub(12, esp);"。正是这 3 条指令完成了活动记录在过程内的构建操作。而在返回调用处时，Pascal 过程还要负责释放与活动记录相关的存储空间。Pascal 过程标准出口序列（standard exit sequence）的通常形式以 HLA 代码表示如下：

```
// 将 EBP 拷贝至 ESP，以此释放局部变量的存储空间
mov( ebp, esp );

// 恢复 EBP 的原先值
pop( ebp );

// 从栈中弹出返回地址和 12 字节的参数（3 个双字）
ret( 12 );
```

这段标准出口序列的第一条指令释放了图 15-4 所示局部变量的存储空间。请注

意，EBP 指向的位置存放着 EBP 的先前值，该值处于内存中所有局部变量的上端。通过将 EBP 中的值拷贝到 ESP，我们将栈指针跨过了全部局部变量，从而一下子释放了其存储空间。将 EBP 中的值拷贝至 ESP 后，栈指针指向栈中原 EBP 所指的位置。因此，序列中的 pop 指令将恢复 EBP 的原先值，并使 ESP 指向存于栈内的返回地址。标准出口序列的 ret 指令要做两件事：从栈中弹出返回地址，将控制转移到此地址；从栈中删除 12 字节的参数内容。由于 HasBoth() 有 3 个双字参数，从栈中弹出 12 字节将删除这些参数。

15.5.2　对局部变量指定偏移量

在 HasBoth() 示例中，编译器按照遇到局部（自动）变量的顺序为这些变量分配存储空间。典型的编译器在活动记录里为局部变量维护着当前偏移量（current offset）信息。当前偏移量的初始值为 0，编译器只要遇到局部变量，就将当前偏移量减去变量的尺寸，并将相减后的结果作为局部变量在活动记录中基于 EBP/RBP 的偏移地址。举个例子，假定 a 为 32 位整型变量，在编译器遇到变量 a 的声明时，将当前偏移量减去 a 的 4 字节尺寸，以-4 作为 a 的偏移量。接着，编译器遇到变量 r，r 也是 4 字节大小，于是将当前偏移量改为-8，将此偏移量赋给 r。过程中的每个局部变量都照此办理。

然而，这只是编译器为局部变量分配偏移量的典型方法，多数语言都将如何为局部变量分配空间的决定权交给编译器实现。编译器可以重组活动记录中的数据，如果这样更方便的话。这意味着我们设计算法时不要依靠这种分配方案，因为有的编译器采用别的办法。

不少编译器都试图确保所声明的局部变量统统位于其数据尺寸的整数倍偏移量上。例如，假设在某 C 语言函数中有下列两条声明：

```
char c;
int i;
```

一般情况下，可以预见编译器将对变量 c 设置-1 的偏移量，而 4 字节整型变量 i 的偏移量为-5。然而，RISC 之类的 CPU 还要求编译器将双字数据分配到双字边界上。即使那些没有这种要求的 CPU 如 80x86，编译器若将双字数据按双字边界对齐，访问该变量也将可能更快。鉴于这个原因及前面各章提到的原因，许多编译器自动在局部变量间添加填充字节，以便每个变量在活动记录中位于自然的偏移位置。通常字节变量可以位于任何偏移量，字最好位于偶数地址边界，双字的内存地址应为 4 的整数倍。

优化型编译器也许会自动做到这类对齐，但对齐需要付出一定的代价——额外的填充字节。尽管编译器通常可自主决定重组活动记录中的变量，但大多数编译器并不老是这样做。因此，倘若我们在局部变量声明中交错定义字节、字、双字等尺寸的变量，到头来编译器只会费事地向活动记录插入一些填充字节。在软件里要想将这种麻烦减少到最低限度，就应把过程和函数内相同尺寸的数据放在一起声明。请看下列 32 位机器上的 C/C++代码：

```
char c0;
int i0;
char c1;
int i1;
char c2;
int i2;
char c3;
int i3;
```

优化型编译器会在上面的每个字符型变量与其后 4 字节整型变量之间插入 3 个填充字节，这意味着这些代码将浪费 12 字节的空间——每个字符浪费 3 字节的空间。下面的 C 语言代码同样声明这些变量：

```
char c0;
char c1;
char c2;
char c3;
int i0;
int i1;
int i2;
int i3;
```

在本例中，编译器不会向代码插入任何填充字节。为什么呢？因为 1 字节字符型变量可以起始于内存中的任何地址[1]。故而，编译器可以将这些字符型变量置于活

---

1 记住在某些 RISC 机器上，访问内存中单个字节的开销比双字还大。这意味着 RISC 编译器或许为每个字符型变量分配 4 字节（甚至 8 字节）的空间。

动记录中-1、-2、-3和-4的偏移量位置。由于最后一个字符型变量位于 4 的整数倍地址，编译器无须在c3 和i0 之间插入填充字节，声明中的i0 就自然而然地位于-8偏移量处。

所以，恰当安排所声明的变量，使相同尺寸的数据挨在一起，我们就能够帮助编译器生成更好的代码。当然，不要把这个建议用到极端。如果这种安排造成程序难以看懂、难以维护，就该想想这样做是否值得。

15.5.3　对参数指定偏移量

对于如何为过程内的局部（自动）变量指定偏移量，编译器有着相当大的自主权。只要编译器前后照应地使用这些偏移量，具体采用什么分配空间的算法几乎无关紧要。编译器甚至可以对同一程序的不同过程采取不同的指定方案。然而请注意，编译器在对过程指定参数偏移量时，就不能这么随心所欲了。编译器必须遵从某些指定参数偏移量的限制条件，毕竟过程外的代码要访问这些参数。特别地，过程和调用过程的代码必须就活动记录的参数布局保持默契，因为调用代码需要据此创建参数列表。注意，调用代码也许和过程并未位于同一个源文件。事实上，调用过程的代码还能是另一种编程语言。所以说，编译器需要遵守某些调用约定（calling convention），以确保过程和调用该过程的代码之间具备互操作性。本节将考察在 Pascal/Delphi 和 C/C++中常见的 3 种调用约定。

15.5.3.1　Pascal 调用约定

对于包括 Delphi 在内的 Pascal 版本，其标准参数传递约定就是将参数按其在参数表中的出现顺序压入栈中。我们还来看前面例子中对过程 HasBoth()的调用：

```
HasBoth( 5, x, y+2 );
```

以下是该调用所对应的汇编代码：

```
// 将值5作为参数 i 压入栈
pushd( 5 );

// 将 x 的值作为参数 j 压入栈
push( x );
```

```
// 在 EAX 中计算 y+2,并将其作为参数 k 压入栈
mov( y, eax );
add( 2, eax );
push( eax );

// 以这 3 个参数值调用过程 HasBoth()
call HasBoth;
```

当编译器为过程参数指定偏移量时,会为首个参数指定最高的偏移量,为最末一个参数分配最低的偏移量。由于 EBP 的原值位于活动记录的偏移量 0 处,返回地址位于偏移量 4 处,活动记录的最后一个参数将位于距 EBP 偏移量为 8 的地方(假定在 80x86 上采用 Pascal 的调用约定)。我们回头看看图 15-4,参数 k 位于活动记录的偏移量+8 处,参数 j 位于偏移量+12 处,而首个参数 i 则在偏移量+16 处。

Pascal 调用约定还要求,当过程返回至其调用处时,由该过程负责删除调用程序压入栈的参数。我们前面已经看到,80x86 CPU 提供了 ret 指令的一种变形,可以指定返回时从栈中删除多少字节的参数。所以使用 Pascal 调用约定的过程一般会提供参数的字节数,作为返回调用处时 ret 指令的操作数。

15.5.3.2　C 语言调用约定

C/C++/Java 语言采用另一种非常流行的调用约定,即所谓的 cdecl 调用约定。一言以蔽之,其实就是 C 语言调用约定。它和 Pascal 调用约定主要有两点区别:首先,调用采用 C 语言调用约定的函数时,调用方必须将参数按相反顺序压入栈。换句话说,假定栈向低端生长,第一个参数必须位于栈的最低地址,而最末参数位于栈的最高内存地址。其次,C 语言要求由调用方,而非函数来删除栈中的所有参数。

前面那个 Pascal 过程 HasBoth() 的 C 语言版本如下:

```
void HasBoth( int i, int j, int k )
{
    int a;
    int r;
    char c;
    char b;
    short w;    /* 假设 short int 长为 16 位 */
```

```
    ...
}
```

图 15-6 提供了在 32 位 80x86 处理器上所写 C 语言里典型的 HasBoth() 活动记录布局。

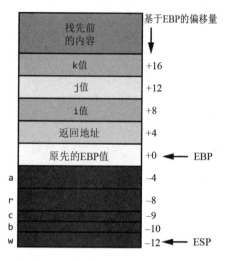

图 15-6　C 语言的 HasBoth() 活动记录

仔细观察，就会发现它与图 15-4 的区别。变量 i 和 k 在活动记录中相互换位，而 j 在两个活动记录中的位置一样则纯属巧合。

由于 C 语言调用约定颠倒了参数的顺序，并且由调用者负责从栈中删除所有的参数，因此 C 语言 HasBoth() 的调用序列与 Pascal 有少许不同。请看下面的 HasBoth() 调用及其对应的汇编代码：

```
HasBoth( 5, x, y+2 );
```

以下是调用 HasBoth() 的 HLA 汇编代码：

```
// 在 EAX 中计算 y+2，并将其作为参数 k 压入栈
mov( y, eax );
add( 2, eax );
push( eax );

// 将 x 的值作为参数 j 压入栈
```

```
push( x );

// 将值 5 作为参数 i 压入栈
pushd( 5 );

// 以这 3 个参数值调用过程 HasBoth()
call HasBoth;

// 从栈中删除这些参数
add( 12, esp );
```

该段代码与 Pascal 实现的汇编代码在两个方面有所不同，这都是使用 C 语言调用约定的结果——其一，该汇编代码将实际参数的值按与 Pascal 相反的次序压入栈，即它首先计算 y+2 并将其压入栈，再将 x 压入栈，最后是 5；其二，上述代码在调用之后紧跟一条 "add(12, esp);" 指令。这个 add 指令在过程返回后即从栈中删除 12 字节的参数。HasBoth() 返回时采用 ret 指令，而非 ret n 指令。

15.5.3.3　通过寄存器传递参数的约定

从前面这些示例中可以看出，通过栈在过程/函数间传递参数，需要花费大量的代码。优秀的汇编语言程序员早就知道通过寄存器传递参数更好。因此，一些遵循Intel ABI（application binary interface）规则的 80x86 编译器可通过寄存器EAX、EDX和ECX 传递多达 3 个参数 [1]。RISC处理器大都专门设定一组寄存器，用以在函数/过程间传递参数。可参看 15.5.5 节了解更多信息。

CPU 大都要求栈指针对齐于某个合理的边界，比如双字边界。即使不强求这种做法的 CPU，如果我们将栈指针对齐得当，其性能也会发挥得更出色。另外，包括 80x86 在内的许多 CPU 无法容易地将某些小尺寸数据，如字节型变量压入栈。因此，不管参数的实际尺寸多大，多数编译器都为其保留最低限度的字节数，这个数目通常为 4。作为例子，请看下列 HLA 的过程片段：

```
procedure OneByteParm( b:byte ); @nodisplay;
```

---

[1] 参数的数目 3 并不是随意而定的。软件工程的研究结果：强烈建议用户所写过程的参数不应多于 3 个。

```
    // 局部变量声明
begin OneByteParm;
    ...
end OneByteParm;
```

该过程的活动记录如图 15-7 所示。

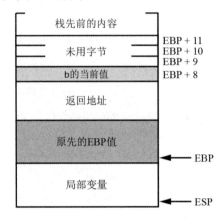

图 15-7　过程 OneByteParm() 的活动记录

不难看出，HLA编译器为参数b保留了 4 字节，虽然b只是一个字节变量。额外的填充字节将确保寄存器ESP的值总对齐于双字边界[1]。通过调用OneByteParm()代码中的push指令，我们很容易将 4 字节的参数b压入栈[2]。

即使程序能访问到参数 b 的额外填充字节，这么做仍然是不妥当的。除非使用汇编语言之类的代码明确将参数压入栈，否则，我们不能认定数据带有填充字节。特别地，这些填充字节可能不是 0。我们的代码既不能假定存在填充字节，也不能认为编译器将为变量填充成 4 字节的空间。某些 16 位处理器可能只填充 1 字节；有的 64 位处理器则填充 7 字节。80x86 上有些编译器可能填充 1 字节，而另一些编译器则填充 3 字节。最好还是别打这些填充字节的主意，除非我们真想固定用一个编译器编译。即便如此，该编译器的新版本出来后，仍旧无法保证其做法和之前一样。

1　当然，这是假定参数 b 进入栈之前已这么对齐。

2　80x86 不直接支持向栈压入 1 字节。因此，倘若编译器只为此参数保留 1 字节的存储空间，80x86 就要花费多条机器指令来模拟 1 字节数据的压栈操作。

15.5.4　对参数和局部变量的访问

一旦子程序建立了活动记录，局部（自动）变量和参数访问起来就如同探囊取物一般。机器码只要通过变址寻址模式，就能访问这些数据。我们还来看图 15-4 的活动记录，过程 HasBoth() 中各变量的偏移量如表 15-1 所示。

表 15-1　Pascal 版本的 HasBoth() 中各局部变量、参数的偏移量

变量	偏移量	寻址模式示例
i	+16	mov([ebp+16], eax);
j	+12	mov([ebp+12], eax);
k	+8	mov([ebp+8], eax);
a	-4	mov([ebp-4], eax);
r	-8	mov([ebp-8], eax);
c	-9	mov([ebp-9], al);
b	-10	mov([ebp-10], al);
w	-12	mov([ebp-12], ax);

编译器为过程内的静态局部变量分配固定地址的内存单元。静态变量不会出现在活动记录中。因此，CPU 使用直接寻址模式访问静态数据[1]。我们大概还记得第 3 章曾提到，使用直接寻址模式的 80x86 汇编语言指令需要将 32 位地址编码为指令的一部分。所以直接寻址模式的指令至少有 5 字节长，而且往往多于 5 字节。在 80x86 上，如果距离 EBP 指针的偏移量在 -128 到 +127 之间，编译器就会将指令编码为 [ebp+constant] 的形式，长度只有 2 到 3 字节。这样的指令要比全 32 位地址的指令高效。同样道理适用于其他处理器，包括那些提供其他寻址模式、地址尺寸的 CPU。特别地，访问偏移量相对小的局部变量，一般都比访问静态变量或者有较大偏移值的变量有效率。

由于编译器大都在遇到局部（自动）变量时为之分配偏移量，故而前 128 字节的局部变量会具有最短小的偏移量值——至少在 80x86 上是这样的；对于其他处理器，该值可能不同。

---

[1] 这里假设数据为标量类型。倘若是数组之类的其他类型，机器码也许会改用变址寻址模式，以便访问静态数组的各个元素。

请看下列两套局部变量的声明，假定它们位于某个 C 语言函数中：

```
// 第一套变量声明:
char string[256];
int i;
int j;
char c;
```

上述声明的另一个版本如下：

```
// 第二套变量声明:
int i;
int j;
char c;
char string[256];
```

尽管这两套声明语义上相同，但 32 位 80x86 上的编译器为访问这些变量所生成的代码却大相径庭。对于第一套变量声明，变量 string 位于活动记录-256 偏移量的位置，i 的偏移量为-260，j 处于-264 的位置，c 在-265 的地方。由于这些偏移量不在-128 到+127 范围内，编译器只好生成 4 字节偏移量的机器指令，而不能用 1 字节偏移量。既然如此，其所涉及的代码将既臃肿，又运行缓慢。

我们再来看第二套变量声明。在该例中，程序员首先声明标量变量，即非数组的变量。所以，变量的偏移量依次如下：i = -4，j = -8，c = -9，string = -265。这显然是恰当的变量配置方案——i、j 和 c 都使用 1 字节偏移量，而 string 采用 4 字节偏移量。

该例说明，声明局部（自动）变量时还应遵循另一项规则：在过程中先声明小的标量数据，之后才轮到数组、结构/记录等较大型数据。

从前面 15.5.3 节的讨论我们知道，假如交错声明几个不同尺寸的局部变量，编译器也许要插入填充字节，以确保大型数据对齐于适当的内存地址。这确实浪费了一些字节，不过在拥有 1GB 或以上内存的机器上，这种担心似乎是庸人自扰的，然而区区一点填充字节就足以将一些局部变量的偏移量挤到-128 之外，从而导致编译器为访问这些变量生成 4 字节偏移量，而非 1 字节偏移量。鉴于这点原因，我们更应该将相同尺寸的局部变量放在一起声明。

在诸如 PowerPC 或 ARM 之类的 RISC 处理器上，允许的偏移量范围往往远远大于±128。这实在太棒了，因为一旦超出 RISC CPU 能够直接编码的活动记录偏移量范围，对参数和局部变量的访问开销就将急剧上升。我们来看下列 C 语言程序：

```c
#include <stdio.h>
int main( int argc, char **argv )
{
    int a;
    int b[256];
    int c;
    int d[16*1024*1024];
    int e;
    int f;

    a = argc;
    b[0] = argc+argc;
    b[255] = a+b[0];
    c = argc+b[1];
    d[0] = argc+a;
    d[4095] = argc+b[255];
    e = a+c;
    printf
    (
        "%d %d %d %d %d ",
        a,
        b[0],
        c,
        d[0],
        e
    );
    return( 0 );
}
```

用 GCC 生成的 PowerPC 汇编代码如下：

```
.data
    .cstring
    .align 2
    LC0:
    .ascii "%d %d %d %d %d \0"
    .text
```

```
; 函数 main
  .align 2
  .globl _main
_main:
  ; 构建 main 的活动记录
  mflr r0
  stmw r30,-8(r1)
  stw r0,8(r1)
  lis r0,0xfbff
  ori r0,r0,64384
  stwux r1,r1,r0
  mr r30,r1
  bcl 20,31,L1$pb
L1$pb:
  mflr r31

  ; 下列代码将在栈中分配 16MB 的存储空间, R30 为栈指针
  addis r9,r30,0x400
  stw r3,1176(r9)

  ; 取出 argc 的值, 放入寄存器 R0 中
  addis r11,r30,0x400
  lwz r0,1176(r11)
  stw r0,64(r30)   ; a=argc

  ; 取出 argc 的值, 放入寄存器 R9 中
  addis r11,r30,0x400
  lwz r9,1176(r11)

  ; 取出 argc 的值, 放入寄存器 R0 中
  addis r11,r30,0x400
  lwz r0,1176(r11)

  ; 计算 argc+argc, 将结果存入 b[0]
  add r0,r9,r0
  stw r0,80(r30)

  ; 计算 a+b[0], 将结果存入 c
  lwz r9,64(r30)
```

```
lwz r0,80(r30)
add r0,r9,r0
stw r0,1100(r30)

; 取 argc 的值，加上 b[1]后存入 c
addis r11,r30,0x400
lwz r9,1176(r11)
lwz r0,84(r30)
add r0,r9,r0
stw r0,1104(r30)

; 计算 argc+a，将其结果存入 d[0]
addis r11,r30,0x400
lwz r9,1176(r11)
lwz r0,64(r30)
add r0,r9,r0
stw r0,1120(r30)

; 计算 argc+b[255]，将其结果存入 d[4095]
addis r11,r30,0x400
lwz r9,1176(r11)
lwz r0,1100(r30)
add r0,r9,r0
stw r0,17500(r30)

;计算 argc+b[255]
lwz r9,64(r30)
lwz r0,1104(r30)
add r9,r9,r0

; **********************************************
  ; OK，现在到了最难看的地方。我们需要计算 e 的地址，以便将 R9 中
  ; 的结果存入 e。但 e 的偏移量已无法编码为单条指令，所以只能使用
  ; 下列指令序列（而非一条指令）来访问 e。
  lis r0,0x400
  ori r0,r0,1120
  stwx r9,r30,r0
; **********************************************
  ; 下列代码设置对函数 printf()的调用，并调用 printf()
  addis r3,r31,ha16(LC0-L1$pb)
```

```
    la r3,lo16(LC0-L1$pb)(r3)
    lwz r4,64(r30)
    lwz r5,80(r30)
    lwz r6,1104(r30)
    lwz r7,1120(r30)
    lis r0,0x400
    ori r0,r0,1120
    lwzx r8,r30,r0
    bl L_printf$stub
    li r0,0
    mr r3,r0
    lwz r1,0(r1)
    lwz r0,8(r1)
    mtlr r0
    lmw r30,-8(r1)
    blr

; 为了调用外部函数 printf()而设的桩函数
    .data
    .picsymbol_stub
L_printf$stub:
    .indirect_symbol _printf
    mflr r0
    bcl 20,31,L0$_printf
L0$_printf:
    mflr r11
    addis r11,r11,ha16(L_printf$lazy_ptr-L0$_printf)
    mtlr r0
    lwz r12,lo16(L_printf$lazy_ptr-L0$_printf)(r11)
    mtctr r12
    addi r11,r11,lo16(L_printf$lazy_ptr-L0$_printf)
    bctr
.data
.lazy_symbol_pointer
L_printf$lazy_ptr:
    .indirect_symbol _printf
    .long dyld_stub_binding_helper
```

这段 GCC 编译输出未经优化。其结果说明，当活动记录大到一定程度时，就不能将活动记录条目的偏移量编码到单条指令中了。

e 的地址偏移量太大，对其编码要用到 3 条指令：

```
lis r0,0x400
ori r0,r0,1120
stwx r9,r30,r0
```

而无法像变量 a 那样，用一条指令就可以将 R0 的值存入变量 a：

```
stw r0,64(r30)        ;a=argc
```

虽然程序中多出两条指令似乎微不足道，可你知道吗，编译器对变量的每次访问都得额外生成这些指令！如果频繁地访问某个偏移量很大的局部变量，编译器将在我们的函数/过程里到处产生这些指令，其多出的数量就不可小觑了。

当然，在 RISC CPU 上运行标准应用程序时，这种问题几乎不会出现，因为我们为局部变量分配存储空间时，难得超出单条指令可编码的地址范围。而且，RISC 编译器一般将标量数据（即非数组、非结构的数据）置于寄存器中，不会没头没脑地将其分配到活动记录的下一个内存地址。例如，倘若我们使用 GCC 时带上 "-O2" 优化命令行选项，就能得到如下的 PowerPC 输出：

```
.globl _main
_main:

; 构建 main 的活动记录
   mflr r0
   stw r31,-4(r1)
   stw r0,8(r1)
   bcl 20,31,L1$pb
L1$pb:
   ; 求值，设置参数，调用 printf()
   lis r0,0xfbff
   slwi r9,r3,1
   ori r0,r0,64432
   mflr r31
   stwux r1,r1,r0
```

```
    add r11,r3,r9
    mr r4,r3
    mr r0,r3
    lwz r6,68(r1)
    add r0,r0,r11    ;c = argc + b[1]
    stw r0,17468(r1)
    mr r5,r9
    add r6,r3,r6
    stw r9,64(r1)
    addis r3,r31,ha16(LC0-L1$pb)
    stw r11,1084(r1)
    stw r9,1088(r1)
    la r3,lo16(LC0-L1$pb)(r3)
    mr r7,r9
    add r8,r4,r6
    bl L_printf$stub

; 清除 main 的活动记录，并返回 0
    lwz r1,0(r1)
    li r3,0
    lwz r0,8(r1)
    lwz r31,-4(r1)
    mtlr r0
    blr
```

对于打开优化功能后得到的这一版本，我们会注意到某个地方——那就是 GCC 不会一遇到变量，就为其在活动记录中分配存储空间，而是将大部分数据，甚至数组元素放到寄存器中。要知道，优化型编译器也许精于重组我们声明的所有局部变量。

基于 32 位操作码的尺寸，ARM 处理器也有类似的限制。现在是 GCC 编译输出的 ARM 代码，该代码未经优化：

```
.LC0:
    .ascii   "%d %d %d %d %d \000"
main:
    @ 创立活动记录

    push    {fp, lr}
```

```
add fp, sp, #4

@ 为局部变量预留空间
@ （由于指令尺寸限制，这里有两条指令）

add sp, sp, #-67108864
sub sp, sp, #1056

@ 将 R0 传递过来的参数 argc 保存到 a
@ 由于 ARM 有 32 位指令编码限制，需要-67108864、4 和-1044 三个值
add r3, fp, #-67108864
sub r3, r3, #4
str r0, [r3, #-1044]

@ a = argc

add r3, fp, #-67108864
sub r3, r3, #4
ldr r3, [r3, #-1044]     @ r3 = argc
str r3, [fp, #-8]        @ a = argc

@ b[0] = argc + argc

add r3, fp, #-67108864
sub r3, r3, #4
ldr r2, [r3, #-1044]     @ R2 = argc
ldr r3, [r3, #-1044]     @ R3 = argc
add r3, r2, r3           @ R3 = argc + argc
str r3, [fp, #-1040]     @ b[0] = argc+argc

ldr r2, [fp, #-1040]     @ R2 = b[0]
ldr r3, [fp, #-8]        @ R3 = a
add r3, r2, r3           @ a + b[0]
str r3, [fp, #-20]       @ b[255] = a  +b[0]

ldr r2, [fp, #-1036]     @ R2 = b[1]
add r3, fp, #-67108864
sub r3, r3, #4
ldr r3, [r3, #-1044]     @ R3 = argc
add r3, r2, r3           @ argc + b[1]
```

```
    str r3, [fp, #-12]        @ c = argc + b[1]

    add r3, fp, #-67108864
    sub r3, r3, #4
    ldr r2, [r3, #-1044]      @ R2 = argc
    ldr r3, [fp, #-8]         @ R3 = a
    add r3, r2, r3            @ R3 = argc + a
    add r2, fp, #-67108864
    sub r2, r2, #4
    str r3, [r2, #-1036]      @ d[0] = argc + a

    ldr r2, [fp, #-20]        @ R2 = b[255]
    add r3, fp, #-67108864
    sub r3, r3, #4
    ldr r3, [r3, #-1044]      @ R3 = argc
    add r3, r2, r3            @ R3 = argc + b[255]
    add r2, fp, #-67108864
    sub r2, r2, #4
    add r2, r2, #12288
    str r3, [r2, #3056]       @ d[4095] = argc + b[255]

    ldr r2, [fp, #-8]         @ R2 = a
    ldr r3, [fp, #-12]        @ R3 = c
    add r3, r2, r3            @ R3 = a + c
    str r3, [fp, #-16]        @ e = a + c

@ 调用函数 printf()
    ldr r1, [fp, #-1040]
    add r3, fp, #-67108864
    sub r3, r3, #4
    ldr r3, [r3, #-1036]
    ldr r2, [fp, #-16]
    str r2, [sp, #4]
    str r3, [sp]
    ldr r3, [fp, #-12]
    mov r2, r1
    ldr r1, [fp, #-8]
    ldr r0, .L3
    bl  printf

@ 从函数返回 Linux
```

```
    mov r3, #0
    mov r0, r3
    sub sp, fp, #4
    pop {fp, pc}
.L3:
    .word   .LC0
```

尽管这看似比 PowerPC 代码好，但它在计算地址方面的表现实在不敢恭维，因为 ARM CPU 无法将 32 常数编码到指令操作码中。要理解 GCC 产生如此古怪常数来计算至活动记录偏移量的原因，可以参阅网上附录 C 中"立即寻址模式"（The Immediate Addressing Mode）部分对关于 ARM 立即操作数的讨论。

如果觉得优化后的 PowerPC 或 ARM 代码难以搞懂，我们再来看同样 C 程序在 80x86 上的 GCC 输出：

```
.file "t.c"
    .section .rodata.str1.1,"aMS",@progbits,1
.LC0:
    .string "%d %d %d %d %d "
    .text
    .p2align 2,,3
    .globl main
    .type main,@function
main:
    ; 构建 main 的活动记录
    pushl %ebp
    movl %esp, %ebp
    pushl %ebx
    subl $67109892, %esp

    ;取 argc 值, 放入 ECX
    movl 8(%ebp), %ecx

    ; EDX = 2*argc
```

```
leal (%ecx,%ecx), %edx


; EAX = a (ECX) + b[0] (EDX)
leal (%edx,%ecx), %eax


; c (ebx) = argc (ecx) + b[1]
movl %ecx, %ebx
addl -1028(%ebp), %ebx
movl %eax, -12(%ebp)


;为调用 printf()准备栈
andl $-16, %esp


;d[0] (eax) = argc (ecx) + a (eax);
leal (%eax,%ecx), %eax


; 为 printf()参数准备空间
subl $8, %esp
movl %eax, -67093516(%ebp)


; e = a + c
leal (%ebx,%ecx), %eax


pushl %eax  ;e
pushl %edx  ;d[0]
pushl %ebx  ;c
pushl %edx  ;b[0]
pushl %ecx  ;a
pushl $.LC0
movl  %edx, -1032(%ebp)
movl  %edx, -67109896(%ebp)
call  printf
xorl  %eax, %eax
```

```
movl   -4(%ebp), %ebx
leave
ret
```

　　显而易见，80x86 没有很多寄存器用于传递参数和保存局部变量，所以 80x86 代码只能在活动记录中存放较多的局部变量。另外，80x86 只对寄存器 EBP 提供附近 −128 到+127 字节范围的偏移量，因此大量指令需要用 4 字节偏移量而非 1 字节偏移量。幸亏 80x86 可将全 32 位地址编码到一条内存访问指令中，故而不必执行多条指令，就能访问距栈帧中 EBP 所指位置很远的变量。

15.5.5　值要保存的寄存器

　　正如 15.5.4 节中示例所演示的那样，RISC 代码在处理参数和局部变量时——由于这些数据的偏移量有指令操作码限制，而无法轻易表示出来，故而表现很差劲。然而在现实代码中，情况还没那么糟糕。编译器足够聪明，可以使用机器寄存器来传递参数、保存局部变量，以提供对这些数的立即访问。这样就显著减少了常用函数的指令数目。

　　我们来考虑寄存器匮乏的 32 位 80x86 CPU。由于只有 8 个通用寄存器，其中两个寄存器 ESP 和 EBP 因为有专门用途而用法受限，没有较多寄存器来传递参数、保存局部变量。典型的 C 编译器使用 EAX、ECX 和 EDX 传递最多 3 个函数参数。函数用 EAX 寄存器返回其结果。函数必须先保存它要用到的其他寄存器（EBX、ESI、EDI 和 EBP 的值）。幸运的是，在函数内对局部变量和参数的内存访问则十分高效。由于寄存器数目有限，32 位 80x86 需要用内存才能达到目的。

　　对于大部分应用程序而言，64 位 x86-64 相比于 32 位 80x86 的最大架构改善并非 64 位寄存器，甚至也不是 64 位地址，而是 x86-64 添加了 8 个新的通用寄存器和 8 个新的 XMM 寄存器。编译器可以用它们来传递参数、保存局部变量。Intel/AMD 为 x86-64 准备的 ABI 允许编译器通过寄存器传递多达 6 个函数参数，而无须调用者在使用这些寄存器之前显式保存它们的内容。表 15-2 列出了这些寄存器。

表 15-2 Ix86-64 通过寄存器传递函数参数

寄存器	用法
RDI	第 1 个参数
RSI	第 2 个参数
RDX	第 3 个参数
RCX	第 4 个参数
R8	第 5 个参数
R9	第 6 个参数
XMM0–XMM7	用来传递浮点参数
R10	可用来传递静态链指针
RAX	倘若参数数目可变，它用来传递参数数目

32 位 ARM（即 A32）的 ABI 指定最多 4 个参数放置在 R0 到 R3 寄存器里。由于 A64 架构有比 A32（32 个寄存器）多一倍的寄存器数量，因此 A64 的 ABI 更奢侈，可通过 R0 到 R7 传递 8 个 64 位整数或指针参数，通过 V0 到 V7 传递 8 个额外的浮点数参数。

PowerPC 的 ABI 有 32 个通用寄存器，通过其中的 R3 到 R10 寄存器传递多达 8 个函数参数。此外，它还有 F1 到 F8 浮点寄存器，可用来向函数传递浮点参数。

除了用寄存器保存函数参数，各 ABI 还定义了各种寄存器，让函数用来保存局部变量或临时值，而不需要在进入函数时，显式保存寄存器原先的值。例如，Windows ABI 可将 R11、XMM8 到 XMM15、MMX0 到 MMX7、FPU 和 RAX 寄存器用于局部变量/临时值。ARM A32 的 ABI 有 R4 到 R8、R10、R11 用于局部变量。A64 的 ABI 提供 R9 到 R15 用于局部变量/临时值。PowerPC 的 R14 到 R30、F14 到 F31 用于局部变量。倘若编译器将 ABI 定义的寄存器全都用来传递函数参数，多数 ABI 期望调用代码通过栈传递多余的参数。类似地，若函数将所有寄存器均用于局部变量，多余的局部变量将在栈里被分配存储空间。

当然了，编译器可以使用其他寄存器来保存局部变量/临时值，而不仅是 CPU 或操作系统的 ABI 中规定的寄存器。然而，编译器要负责在函数调用时保存这些寄存器的先前值。

注意：ABI 是一个约定，而并非底层操作系统或硬件的要求。遵循某一 ABI 的编译器编写者及汇编语言程序员，能够确保其目标码模块可以同采用其他语言编写且遵守同一 ABI 的代码协作。然而，编译器的编写者在选择要使用什么机制时并未受到任何束缚。

15.5.6 Java 虚拟机与微软 CLR 的参数、局部变量

由于 Java 虚拟机与微软 CLR 都是虚拟的栈机器，编译成这两种架构的程序总是将函数参数压栈。抛开这一点讲，两种虚拟机架构各有千秋。这种差异的原因在于 Java 虚拟机支持用按需改善性能的即时编译，对 Java 字节码进行高效解释。而微软 CLR 并不支持解释，CLR 代码（即 CIL）的设计支持高效即时（JIT）编译来优化机器码。

Java 虚拟机是传统的栈架构，函数参数、局部变量和临时值都放在栈里。除这些数据没有用到寄存器外，Java 虚拟机的内存组织与 80x86/x86-64、PowerPC 和 ARM CPU 都非常相似。在即时编译时，很难指出哪些值可以放到寄存器，以及 Java 编译器分配到栈的哪些局部变量可以分配到寄存器里。将这些分配到栈的数据优化至分配到寄存器的操作，会非常耗时。所以 Java 即时编译器能否在应用程序运行时做到这点颇有疑问，因为这么做会大大降低应用程序运行时的性能。

微软的 CLR 则是用另一种哲学方式运作的。CIL 总是即时编译为本机机器码。更重要的是，微软意在让即时编译器生成优化的本机机器码。尽管该即时编译器很难做到与传统 C/C++编译器相媲美的效果，但它通常比 Java 的即时编译器好得多。这是因为微软的 CLR 定义明确挑选了参数和局部变量不要放到内存里供访问。当即时编译器看到这些特殊的指令时，它会将变量分配到寄存器中而不是内存空间中。所以，与 Java 虚拟机的即时编译器相比，CLR 的即时编译器往往更短小、更快，特别在 RISC 架构上更是如此。

15.6 参数传递机制

编程语言大都至少提供两种将实参数据传递到子程序的机制：传递值和传递引

用 [1]。在Visual Basic、Pascal和C++等语言中声明、使用这两种参数类型都很方便，以至于程序员可能认为这两种机制的效率相差无几。本节就是要批驳这一谬论的。

注意： 除了传递值、传递引用，还有其他若干种参数传递机制。例如，FORTRAN 和 HLA 支持所谓的"传递值/结果"（也即"传递值/返回值"）机制；Ada 和 HLA 支持"传递结果"；HLA 和 Algol 则支持所谓"传递名字"的参数传递机制。本书不打算探究这些新颖的机制，因为我们不大可能经常遇到它们。要想使用这些机制中的某一种，可参考编程语言设计方面的好书或 HLA 说明文档。

15.6.1 传递值

传递值是最简单易懂的参数传递机制。调用过程的代码对参数数据生成一份拷贝，将此拷贝传递给过程。对于小尺寸的数值来说，通过值传递参数并不比采用 push 指令费事多少（倘若以寄存器传递参数，则是用另外的指令将数值传送到寄存器的），所以传递值的机制往往很有效率。

通过值传递参数的一大优势在于，CPU 只需将参数视为活动记录里的局部变量。由于向过程传递的参数很少会超过 120 字节，CPU 只要在变址寻址模式中提供较短小的位移值，就能以较短、较有效率的指令访问大多数参数值。

但当我们需要向过程传递大型数据结构，比如数组、记录时，传递值的效率就不敢恭维了。调用过程的代码要将实参逐字节地拷贝到过程的活动记录中，就像前面示例给出的那样。这种做法在我们准备向子程序传递拥有 100 万个元素的数组时会非常地慢。所以除非绝对必要，否则，我们应当避免通过值传递大型数据。

15.6.2 传递引用

传递引用的机制并不传递数据的值，而是传递其地址。比起传递值，这样做有两个好处。首先，传递引用时的参数总是占据固定数目的内存——即指针变量的尺

---

1 C 语言只允许传递值，但可以将某数据的地址作为参数，从而很容易变相地得到传递引用的效果；C++则完全支持以引用传递参数。

寸，通常正好能放到一个机器寄存器中；其次，以引用方式传递参数，还能够修改实参的值，而传递值是不可能做到这一点的。

以引用方式传递参数也并非完美无缺。在过程内访问引用参数通常要比访问值参数的开销大些。这是因为子程序需要在每次访问数据前解析其地址——为了使用寄存器间接寻址模式解析指针，就得将此指针调入寄存器。

例如，请看下列 Pascal 代码：

```
procedure RefValue
(
  var dest:integer;
  var passedByRef:integer;
    passedByValue:integer
);
begin
  dest := passedByRef + passedByValue;
end;
```

在 80x86 上与此过程等效的 HLA 汇编代码如下：

```
procedure RefValue
(
var dest:int32;
var passedByRef:int32;
  passedByValue:int32
); @noframe;
begin RefValue;
  // 由于设置了@noframe，需要有标准入口序列
  // 设置基址指针
  // 注意：既然没有任何局部变量，就不需要 SUB(nn,esp)指令
  push( ebp );
  mov( esp, ebp );

  // 取 passedByRef 指针的值，放到 EDX 寄存器中
  mov( passedByRef, edx );

  // 通过 EDX 寄存器取出 passedByRef 所指的值，放到 EAX 寄存器中
  mov( [edx], eax );
```

```
// 对其加上参数 passedByValue 的值
add( passedByValue, eax );

// 取目标引用参数的地址 dest
mov( dest, edx );

// 将求得的和存入目标引用参数
mov( eax, [edx] );

// 出口序列不必释放任何局部变量的存储空间，因为本来就没有局部变量
pop( ebp );
ret( 12 );
end RefValue;
```

倘若仔细观察这段代码，我们就会注意到，它比特意采取传递值机制的版本要
多两条指令——这两条指令将地址 dest 和 passedByRef 调入寄存器 EDX。通常情况
下，一条指令就能访问以值传递的参数；而通过引用传递时，却要花两条指令来操
纵参数的值——一条指令取地址，另一条指令操作该地址中的数据。因此，如果无
须传递引用机制的语义，我们应尽量采取传递值而非传递引用的方式。

要是 CPU 拥有大量的寄存器可供保存指针值，传递引用机制带来的问题就会淡
化。在这种情况下，CPU 只用一条指令就能通过寄存器指针取出或保存某数据的值。

15.7　函数返回值

高级语言大都在一个或多个 CPU 寄存器中返回函数结果。编译器具体使用哪个
寄存器取决于数据类型、CPU 和自己。然而多数时候，假定返回数据放得下机器的
一个寄存器，函数就会通过寄存器返回结果。

在 32 位 80x86 上，对于返回值为序数值，即整型的函数，大都以寄存器 AL、
AX 或 EAX 返回函数结果；返回 64 位 long long int 类型的函数通常由 EDX:EAX
寄存器组合返回函数结果，其中 EDX 存放 64 位值的高位双字。而在 80x86 家族的
64 位 CPU 成员中，64 位编译器以寄存器 RAX 返回 64 位结果。在 PowerPC 上，编
译器大都遵循 IBM 的 ABI，在寄存器 R3 中返回 8 位、16 位和 32 位结果；32 位 PowerPC

的编译器以 R4:R3 寄存器组合返回 64 位序数值,其中 R4 为函数结果的高位字;而运行于 64 位 PowerPC 上的编译器,通过 R3 可直接返回 64 位序数值结果。

一般来说,编译器使用 CPU 或 FPU 的浮点寄存器返回浮点值结果。运行于 80x86 家族 32 位成员的编译器大都通过 80 位的浮点寄存器 ST0 返回浮点值结果。该家族的 64 位成员也提供了与 32 位成员相同的 FPU 寄存器,然而有些操作系统,如 64 位 Windows 典型情况下使用某个 SSE 寄存器(XMM0)来返回浮点值。PowerPC 系统通常由浮点寄存器 F1 返回浮点函数结果。其他 CPU 也在类似的位置返回浮点值结果。

有些语言允许函数返回非标量的集合型值。编译器得以返回大型函数结果的具体机制因编译器而异。然而,具有代表性的方案就是向函数传递某个存储空间的地址,函数可以在此放置返回结果。我们举个例子,请看下面的 C++ 小程序,其 func() 函数将返回一个结构型数据:

```c
#include <stdio.h>

typedef struct
{
    int a;
    char b;
    short c;
    char d;
} s_t;

s_t func( void )
{
    s_t s;

    s.a = 0;
    s.b = 1;
    s.c = 2;
    s.d = 3;
    return s;
}

int main( void )
```

```
{
    s_t t;

    t = func();
    printf( "%d", t.a, func().a );
    return( 0 );
}
```

GCC 对此 C++程序生成的 PowerPC 代码如下：

```
.text
    .align 2
    .globl _func
; func() ——注意：进入函数后，代码假定 R3 正指向保存返回结果的存储空间

_func:
    li r0,1
    li r9,2
    stb r0,-28(r1)        ;s.b = 1
    li r0,3
    stb r0,-24(r1)        ;s.d = 3
    sth r9,-26(r1)        ;s.c = 2
    li r9,0               ;s.a = 0

    ; 好，现在创建返回结果
    lwz r0,-24(r1)        ;r0 = d::c
    stw r9,0(r3)          ;result.a = s.a
    stw r0,8(r3)          ;result.d/c = s.d/c
    lwz r9,-28(r1)
    stw r9,4(r3)          ;result.b = s.b
    blr

    .data
    .cstring
    .align 2
LC0:
    .ascii "%d\0"
    .text
    .align 2
    .globl _main
```

```
_main:
    mflr r0
    stw r31,-4(r1)
    stw r0,8(r1)
    bcl 20,31,L1$pb
L1$pb:
    ; 为 t 分配存储空间，并为第二次调用 func()准备临时存储空间
    stwu r1,-112(r1)

    ; 恢复 LINK 寄存器先前的值
    mflr r31

    ;取目标存储空间（t）的指针，将其放入 R3，并调用 func()
    addi r3,r1,64
    bl _func

    ; 计算 func().a
    addi r3,r1,80
    bl _func

    ; 取出 t.a 和 func().a，将这些值显示出来
    lwz r4,64(r1)
    lwz r5,80(r1)
    addis r3,r31,ha16(LC0-L1$pb)
    la r3,lo16(LC0-L1$pb)(r3)
    bl L_printf$stub
    lwz r0,120(r1)
    addi r1,r1,112
    li r3,0
    mtlr r0
    lwz r31,-4(r1)
    blr

; printf()的桩函数
    .data
    .picsymbol_stub
L_printf$stub:
    .indirect_symbol _printf
    mflr r0
    bcl 20,31,L0$_printf
```

```
L0$_printf:
    mflr r11
    addis r11,r11,ha16(L_printf$lazy_ptr-L0$_printf)
    mtlr r0
    lwz r12,lo16(L_printf$lazy_ptr-L0$_printf)(r11)
    mtctr r12
    addi r11,r11,lo16(L_printf$lazy_ptr-L0$_printf)
    bctr
    .data
    .lazy_symbol_pointer
L_printf$lazy_ptr:
    .indirect_symbol _printf
    .long dyld_stub_binding_helper
```

GCC 为同样这个函数生成的 32 位 80x86 代码如下：

```
.file "t.c"
    .text
    .p2align 2,,3
    .globl func
    .type func,@function

; 在函数入口处，假设用以保存函数返回结果的存储空间地址正好位于栈中返回地址的上部

func:
    pushl %ebp
    movl %esp, %ebp
    subl $24, %esp              ;为 s 分配存储空间

    movl 8(%ebp), %eax          ;取函数结果的地址
    movb $1, -20(%ebp)          ;s.b = 1
    movw $2, -18(%ebp)          ;s.c = 2
    movb $3, -16(%ebp)          ;s.d = 3
    movl $0, (%eax)             ;result.a = 0;
    movl -20(%ebp), %edx        ;将 s 的其余部分拷贝到存放返回结果的存储单元
    movl %edx, 4(%eax)
    movl -16(%ebp), %edx
    movl %edx, 8(%eax)
    leave
    ret $4
```

```
.Lfe1:
    .size func,.Lfe1-func
    .section .rodata.str1.1,"aMS",@progbits,1
.LC0:
    .string "%d"

    .text
    .p2align 2,,3
    .globl main
    .type main,@function
main:
    pushl %ebp
    movl  %esp, %ebp
    subl  $40, %esp              ; 为 t 和临时结果分配存储空间
    andl  $-16, %esp

    ;将 t 的地址传递给 func()
    leal -24(%ebp), %eax
    subl $12, %esp
    pushl %eax
    call func

    ; 向 func()传递临时存储单元的地址
    leal -40(%ebp), %eax
    pushl %eax
    call func

    ; 从栈中去除过时数据
    popl %eax
    popl %edx

    ; 调用 printf()显示这两个值
    pushl -40(%ebp)
    pushl -24(%ebp)
    pushl $.LC0
    call printf
    xorl %eax, %eax
    leave
    ret
```

我们应注意到，在上面的 80x86 和 PowerPC 示例中，返回大型数据值的函数通常在返回前拷贝结果数据。这一额外的拷贝过程很花时间，尤其是在返回结果的尺寸很大时。倘若我们前面不用大型结构充当函数返回的结果，而是将目标存储空间的指针显式传递给函数，以返回大型结果，那么函数只需进行必要的拷贝操作。这种方法通常更好，往往能节约一些时间和代码。我们来看贯彻这一策略的 C 语言代码：

```c
#include <stdio.h>

typedef struct
{
    int a;
    char b;
    short c;
    char d;
} s_t;

void func( s_t *s )
{
    s->a = 0;
    s->b = 1;
    s->c = 2;
    s->d = 3;
    return;
}

int main( void )
{
    s_t s,t;

    func( &s );
    func( &t );
    printf( "%d %d", s.a, t.a );
    return( 0 );
}
```

经 GCC 转换得到的 80x86 代码如下：

```
.file    "t.c"
.text
```

```
        .p2align 2,,3
        .globl func
        .type   func,@function
func:
    pushl   %ebp
    movl    %esp, %ebp
    movl    8(%ebp), %eax
    movl    $0, (%eax)      ;s->a = 0
    movb    $1, 4(%eax)     ;s->b = 1
    movw    $2, 6(%eax)     ;s->c = 2
    movb    $3, 8(%eax)     ;s->d = 3
    leave
    ret

.Lfe1:
    .size func,.Lfe1-func
    .section .rodata.str1.1,"aMS",@progbits,1
.LC0:
    .string "%d"
    .text
    .p2align 2,,3
    .globl main
    .type main,@function
main:
    ; 构建活动记录, 并为 s 和 t 分配存储空间
    pushl %ebp
    movl %esp, %ebp
    subl $40, %esp
    andl $-16, %esp
    subl $12, %esp

    ; 将 s 的地址传递给函数 func(), 然后调用 func()
    leal -24(%ebp), %eax
    pushl %eax
    call func

    ; 将 t 的地址传递给函数 func(), 并调用 func()
    leal -40(%ebp), %eax
    movl %eax, (%esp)
    call func
```

```
; 从栈中去除过时的数据
addl $12, %esp

;显示结果
pushl -40(%ebp)
pushl -24(%ebp)
pushl $.LC0
call printf
xorl %eax, %eax
leave
ret
```

在此不难看出，这种做法更有效率，因为代码不必两度复制数据——一次生成数据的局部拷贝，另一次则是将结果复制至目标变量。

15.8 获取更多信息

- Alfred V. Aho、Monica S. Lam、Ravi Sethi和Jeffrey D. Ullman编写的*Compilers: Principles, Techniques, and Tools*（第 2 版）[1]，由Pearson Education出版社于 1986 年出版。

- William Barret 与 John Couch 编写的 *Compiler Construction: Theory and Practice*，由 SRA 出版社于 1986 年出版。

- Herbert Dershem 和 Michael Jipping 编写的 *Programming Languages, Structures and Models*，由 Wadsworth 出版社于 1990 年出版。

- Jeff. Duntemann 编写的 *Assembly Language Step-by-Step*（第 3 版），由 Wiley 出版社于 2009 年出版。

- Christopher Fraser与David Hansen编写的*A Retargetable C Compiler: Design and Implementation*[2]，由Addison-Wesley Professional出版社于 1995 年出版。

---

1 引进版《编译原理（英文版・第 2 版）》，机械工业出版社于 2011 年出版。——译者注。
2 中文版《可变目标 C 编译器——设计与实现》，王挺等译，电子工业出版社出版。——译者注

- Carlo Ghezzi 与 Jehdi Jazayeri 编写的 *Programming Language Concepts*（第 3 版），由 Wiley 出版社于 2008 年出版。

- Steve Hoxey、Faraydon Karim、Bill Hay 和 Hank Warren 合著的 *The PowerPC Compiler Writer's Guide*，IBM 的 Warthman 协会于 1996 年出版。

- Randall Hyde 编写的 *The Art of Assembly Language*（第 2 版）[1]，由 No Starch Press 于 2010 年出版。

- "Webster: The Place on the Internet to Learn Assembly"，参见网址链接 23。

- Intel 公司编写的 *Intel 64 and IA-32 Architectures Software Developer Manuals* 于 2019 年 11 月 11 日更新，参见网址链接 24。

- Henry Ledgard 与 Michael Marcotty 编写的 *The Programming Language Landscape*，由 SRA 出版社于 1986 年出版。

- Kenneth C. Louden 编写的 *Compiler Construction: Principles and Practice*[2]，由 Cengage 出版社于 1997 年出版。

- Kenneth C. Louden 与 Kenneth A. Lambert 编写的 *Programming Languages: Principles and Practice*（第 3 版）[3]，由 Course Technology 出版社于 2012 年出版。

- Thomas W. Parsons 编写的 *Introduction to Compiler Construction*，由 W. H. Freeman 出版社于 1992 年出版。

1　中文版《汇编语言的编程艺术（第 2 版）》，包战、马跃译，清华大学出版社于 2011 年出版。——译者注

2　影印版《编译原理与实践》，机械工业出版社于 2002 年出版；中文版《编译原理及实践》，冯博琴等译，机械工业出版社于 2004 年出版。——译者注

3　影印版《程序设计语言——原理与实践（第二版）》，电子工业出版社出版；中文版《程序设计语言——原理与实践（第二版）》，黄林鹏、毛宏燕、黄晓琴等译，电子工业出版社于 2004 年出版。——译者注

- Terrence W. Pratt 和 Marvin V. Zelkowitz 编写的 *Programming Languages, Design and Implementation*（第 4 版）[1]，由 Prentice-Hall 出版社于 2001 年出版。
- Robert Sebesta 编写的 *Concepts of Programming Languages*（第 11 版）[2]，由 Pearson 出版社于 2016 年出版。

1　影印版《程序设计语言：设计与实现（第 3 版）》，清华大学出版社于 1998 年出版；影印版《编程语言——设计与实现（第四版）》，科学出版社于 2004 年出版；中文版《程序设计语言：设计与实现（第 3 版）》，傅育熙、黄林鹏、张冬茉等译，电子工业出版社于 1998 年出版；中文版《程序设计语言：设计与实现（第四版）》，傅育熙、张冬茉、黄林鹏译，电子工业出版社于 2001 年出版。——译者注

2　影印版《程序设计语言原理（英文版·第 5 版）》，机械工业出版社于 2003 年出版；中文版《程序设计语言原理（原书第 5 版）》，张勤译，机械工业出版社于 2004 年出版；中文版《程序设计语言概念（第六版）》，林琪、侯妍译，中国电力出版社于 2006 年出版。——译者注

后记：软件工程学

本卷意在启发我们在用高级语言编程时，要考虑到所用技术对编译器生成机器代码的影响。如果没有对高级语言程序语句和数据结构的效率权衡了然于心，我们就不可能总是写出高效的程序。而倘若我们希望卓越编程，写出的程序就不该效率欠佳。然而，正如本书第 1 章所述，效率只是卓越代码的一个属性。《编程卓越之道（卷 1）》和《编程卓越之道（卷 2）》都提到了现代程序员需要关心的效率问题。本系列图书的下一卷——《编程卓越之道（卷 3）》将从另一个角度出发，探讨卓越编程的其他特质。

特别地，《编程卓越之道（卷 3）》着重讨论编程领域的"个人软件工程学"。软件工程学领域主要涉及大型软件系统的管理，个人软件工程学却涵盖在个体层次与卓越编程有密切联系的话题——创作中的技艺、艺术和愉悦。所以《编程卓越之道（卷 3）》将探究诸如软件开发隐喻、人员隐喻、系统文档等话题。

祝贺你在迈向卓越编程道路上取得的进步，我们《编程卓越之道（卷 3）》再见。

词汇表

A

A32　32 位 ARM CPU。

A64　ARMv8 及其后架构的 CPU，支持 64 位寄存器和操作。

ABI　应用程序二进制接口（application binary interface）。

activation record（活动记录）　内存的一个区域，与子程序和函数的调用关联，它包含了返回地址、函数参数、局部变量和其他一些函数相关信息。

ahead-of-time compilation（提前编译）执行前，将与机器无关的字节码转换成本机码。

allocation granularity（分配粒度）　内存管理器的一个参数，内存分配程序可对存储请求所分配的最小尺寸的块。

AOT　提前（编译）。参见术语"提前编译"（ahead-of-time compilation）。

attribute（属性）　某些对象关联的特性，例如对象名、类型、内存地址和值。

B

basic block（基本块）　一个机器指令序列，除了序列头尾，没有其他执行分支。

basic multilingual plane（基本多语言平面）65 536 个 Unicode 代码指向 U+0000 至 U+CFFF、U+E000 至 U+FFFF。

binding（绑定）　将某属性（比如名、类型、值或地址）关联至某对象的过程。

BMP　参看术语"基本多语言平面"（basic multilingual plane）。

BSS　符号起始（block started by a symbol）区，即目标文件中未初始化的数据所在区域。

C

call tree（调用树）　应用程序中所有函

数或某个函数内调用其他函数的图形化表示。从根节点引出来的箭头线表示由该根节点产生的函数/过程调用。箭头指向的是被节点调用的函数。各节点可以包含它自己到其他函数的调用（离开调用节点的箭头线）。从技术角度看，调用树更一般地说，就是"调用图"，因为递归调用会导致调用树内的箭头线指向比调用节点更高的节点。

calling convention（调用约定） 传递参数，并触发函数/过程执行的机器指令序列。

canonical equivalence（正则等价） 例如，倘若字符串在输出设备上产生同样的字符，它们就是正则等价的。倘若两个字符串是正则等价的，那么，即便其序列的字节长度不同，比较它们是否等于，也会得到 true 结果。

CIL 通用中间语言（Common Intermediate Language），Microsoft 的.NET 术语。

CISC 复杂指令集计算机（complex instruction set computer）。

CLI 微软提出的通用语言基础架构（Common Language Infrastructure），是一种语言规范性文档。

CLR 通用语言运行时（Common Language Runtime），Microsoft .NET 平台的内核之一。

CLS 通用语言规范（Common Language Specification）。

code motion（代码移动） 一种编译优化技术，编译器将某区域的代码移到其他地方，从而更有效率地执行。例如，将循环不变体移出循环体。

code plane（代码平面） 多达 65 536 个不同 Unicode 字符的集合。

code point（码点） 一个介于 0 - 65 535 的数值，表示标量 Unicode 字符，或代理码点（Unicode 字符集扩展）。

COFF 通用目标文件格式（Common Object File Format）。

column-major ordering（列优先顺序） 在内存中存储多维数组元素时，数组最前一个下标快速变化，以存储在连续内存单元。此下标变化一遍后，才到后一个下标继续连续存储。

common subexpression elimination（公共子表达式消除） 一种编译优化技术，保留某些表达式或子表达式的值，以供随后还用，从而避免重复计算此表达式。

complete Boolean evaluation（全面布尔求值） 计算布尔表达式中所有组件的值，尽管有些子表达式对计算最终值已无意义。

CTS 通用类型系统（Common Type System）。

D

dangling pointer（指针悬空） 应用程序已经释放了指针的存储空间，并将其挪作他用，却还要继续使用这个指针。

DBCS 双字节字符集（double-byte character set）。

dead code elimination（死码消除） 一种编译优化技术，从目标模块中删除那些永远不会被执行的代码。

DFA 数据流分析（data flow analysis），也表示"确定性有限状态自动机"（Deterministic Finite-state Automata）。

display（显示） 一种数据结构，通常就是活动记录，提供指针来访问嵌套过程和函数里的中间变量。

dope vector（内情向量） 一个整数数组，用于指定动态分配数组的边界。

E

ECMA 欧洲计算机生产厂家联合会（European Computer Manufacturers Association）。

ELF 可执行、可链接的文件（Executable and Linkable File）格式，是一种目标文件格式。

enumerated data type（枚举数据类型） 一种数据类型，其取值为常数，是一个有意义的名称清单，编译器将各条目与唯一数值相关联。枚举意为计数、清单。

F

filter program（过滤程序） 读文件、处理其输入，并基于输入产生输出的程序。

FSF 自由软件基金会（Free Software Foundation）。

G

Gas GNU 的汇编程序。

glyph（字形） 一组描边数据，用于在输出设备上绘制单个字符。

GNU "Gnu's Not UNIX"的缩写。

grapheme cluster（字形簇） 由单个或多个 Unicode 码点组成的序列，它定义单个字符（字形）的外形，在输出设备上生成人们一眼就能识别出的单个字符。

H

heap（堆） 语言运行时系统为动态变量分配并释放的内存区域。

HLA 高层汇编语言（High-Level Assembly language），是本书作者设计的以高级语

言形式表示的汇编语言，以降低学习汇编语言的难度。

HLL 高级语言（high-level language）。

HO 高位顺序（high order），即多字节数据的高字节。

I

I/O 输入/输出。

IDE 集成开发环境（integrated development environment）。

IL 中间语言（微软术语）。

ILAsm 中间语言的汇编语言，此汇编语言的语法是 Microsoft CLR。

indirect recursion（间接递归） 间接递归指函数调用其他函数（其他函数再调用其他函数，如此等等）后，最终在返回前又调用了此函数。

inline function（内联函数） 一种函数，编译器将其代码展开到调用它的地方，而不是常规地调用此函数。

J

JBC Java 字节码。

JIT 即时（just in time）编译。

L

leaf procedure and function（叶过程与叶函数） 不调用其他任何过程与函数的过程/函数，也就是说它是调用树的"叶"节点。参看术语调用树。

LIFO 后进先出（last-in, first-out），一种栈数据结构的组织形式。

LINK register（LINK 寄存器） PowerPC 上在进入函数入口时保存函数返回地址的寄存器，参看术语"LR"。

LO 低位顺序（low-order），即多字节数据的低字节。

local variable（局部变量） 变量作用域局限在某块代码关联的一个语句序列内，通常就是一个函数或过程，这样的变量叫"局部变量"。

loop invariant（循环不变体） 循环内其值不随每轮循环变化的计算过程。

LR ARM CPU 上的 LINK 寄存器，用于进入函数时保存函数返回地址。

M

macro（宏） 一段文本，编译器将源码中引用宏的位置替换为这段文本。

managed pointer（托管指针） 其运算受到某些限制的指针，用来消除非托管指针的一些常见问题，因为非托管指针允许各种运算。

manifest constant（明示常量）　与某符号名关联的常量。编译器在编译时若遇到这个符号名，会直接将其替换为常量值。

MASM　MASM 是微软推出的汇编程序。

memory leak（内存泄漏）　持续分配内存，却不释放它，即便不再用到它时也不释放。这样的内存无法被系统再访问。

metadata（元数据）　文件里用来描述其他数据的数据。

MSIL　微软推出的中间语言。

MSVC　微软推出的 Visual C（++）。

multiple inheritance（多继承）　类从其多个父类继承属性（数据域）和行为（方法/函数）的能力。

N

namespace pollution（命名空间污染）给定的范围内有太多名字，以至想为新的数据命名，名称却被程序在其他地方用上了，潜在导致名字冲突。

NaN　非数（Not a Number），计算机科学中数值数据类型的一类值，表示未定义或不可表示的值。常在浮点数运算中使用。

NASM　Netwide 提供的汇编程序。

next on stack（栈中的下一项，NOS）　即栈顶之下的那个条目（值）。参看术语"NOS"。

NOS　栈中的下一项（next on stack）。

O

one-address machine（一地址机器）　参看术语单地址机器。

opaque data type（不透明数据类型）内部实现对编程者不可见的数据类型。

opcode prefix byte（操作码前缀字节）一个特殊的机器指令值，它修改紧跟着的那条指令的操作。例如，在 80x86 上，操作码尺寸前缀字节可指定随后指令之操作数为不同的内存或寄存器尺寸。

P

PC　个人计算机（personal computer）。

PE/COFF　微软提出的可移植、可执行（portable executable）/通用目标文件格式（common object file format）。

plain vanilla text（单纯功能文本）　一个 ASCII 或 Unicode 文本文件，只包含

文本信息，没有特殊的格式信息。

R

recursion（递归） 函数调用自身，参看术语间接递归。

RISC 精简指令集计算机。

row-major ordering（行优先顺序） 在内存中存储多维数组元素时，数组最后一个下标快速变化，以存储在连续内存单元。此下标变化一遍后，才到前一个下标继续连续存储。

S

SBC 单板计算机（single-board computer）。

sentinel character（标记字符） 一个特殊值，标志数据序列的边界。例如，在字符串结尾用一个字节 0 表示。

sequence point（序列点） 计算过程的某个位置，编译器可保证所有之前的副作用已经计算或完成。

short-circuit evaluation（短路求值） 当某些地方不会影响整体的计算结果时，忽略计算过程的这些部分。

side effect（副作用） 有些计算过程的结果并非对计算过程期望的主要结果。

典型情况下，这牵涉到值（变量）修改，或者除主要结果外程序状态有变化。

SIMD 单指令多数据，指 CPU 指令。

single-address machine（单地址机器） 算术和逻辑指令是单一操作数，这种架构的 CPU 为单地址机器，通常是基于累加器的架构。

spaghetti code（乱麻式代码） 代码包含太多的控制转移（goto）语句，导致很难判断程序里的控制流向。

stack frame（栈帧） 参看术语活动记录。

stack-based machine（基于栈的机器） 这类机器上的 CPU 用硬件栈完成所有计算，而不是使用寄存器。

static binding（静态绑定） 绑定，即将属性关联到对象上，这种行为发生在程序执行前就叫"静态绑定"。

straight-line code（直线代码） 一段没有分支、条件判断、函数调用或其他引起控制转移的指令序列。

surrogate code point（代理码点） 特殊的 Unicode 值，用于扩展字符集超过65 536 个字符，也就是扩展到16位以上。

T

TASM Borland、Embarcadero 推出的 Turbo 汇编器。

thrashing（颠簸） 不断调入缓存或内存页中没有的值，这是对比于在虚拟存储中存在值时的情形。虚拟存储中存在值时，无须频繁调入。将数据调入缓存或内存页，会挤出应用程序很快要用到的数据，导致更猛烈的颠簸。

three-address machines（三地址机器） 算术指令通常有 3 个操作数的 CPU，这 3 个操作数即一个目标操作数、两个源操作数。大部分三地址机器是基于寄存器的机器。

tokenized（记号化） 含有字等"词素"（lexeme）被标了"记号"的数值数据（通常为单字节）。

TOS 栈顶（top of stack）。

tuple（元组） 一个相关数据值的清单。在 Swift 中，元组大体等效于一个值的清单。

two-address machines（双地址机器/两地址机器） 算术指令通常有两个操作数的 CPU，这两个操作数即一个目标操作数、一个源操作数，也就是目标操作数兼任源操作数。大部分两地址机器是基于寄存器的机器。

U

Unicode 一种通用的标准化字符集，支持大部分已知字符。

Unicode normalization（Unicode 规范化） 调整正则等价的 Unicode 字符串，使之与同样顺序组织起来的字符串有相同的（最小）码点。

unrolling (loop)，展开（循环） 展开循环里的代码，将固定迭代次数的循环展开为各个迭代（依次执行）。通过消除循环开销代码来改善性能。

UTF 通用转换格式（Universal Transformation Format），一种 Unicode 编码方案。UTF-8、UTF-16 和 UTF-32 是 3 种标准 Unicode 编码方案。

V

VB Visual BASIC。

VC++ 微软推出的 Visual C++。

VFP ARM 指令集的浮点矢量（vector floating-point）。

VHLL 超高级语言（very high-level language）。

VM 虚拟机（virtual machine）。

W

WGC1 《编程卓越之道（卷 1）》。

X

x86-64 AMD/Intel 出品的 64 位变种 80x86 CPU。

Z

zero-address machine（零地址机器） 算术和逻辑指令未指定任何操作数的 CPU，通常这是基于栈的机器。

网上附录

本书还包括放在网址链接 25 和网址链接 26 上的补充材料。英文原书有 5 个附录以电子版方式出版，从而能让它们时刻保持更新并可下载。

- **网上附录 A**：x86 最简指令集（The Minimal x86 Instruction Set）
- **网上附录 B**：高级语言程序员需要学习的 PowerPC 汇编语言（PowerPC Assembly for the HLL Programmer）
- **网上附录 C**：高级语言程序员需要学习的 ARM 汇编语言（ARM Assembly for the HLL Programmer）
- **网上附录 D**：高级语言程序员需要学习的 Java 字节码汇编语言（Java Bytecode Assembly for the HLL Programmer）
- **网上附录 E**：高级语言程序员需要学习的 CIL 汇编语言（CIL Assembly for the HLL Programmer）